Kristen Nehemiah Horst (Éd.)

Mercurey

Kristen Nehemiah Horst (Éd.)

Mercurey

Commune (France), Saône-et-Loire, Appellation d'origine contrôlée, Autun, Dogger

Dign Press

Imprint

Publisher:
Dign Press is a trademark of
International Book Market Service Ltd., 17 Rue Meldrum, Beau Bassin, 1713-01 Mauritius
Email: info@bookmarketservice.com
Website: www.bookmarketservice.com

Published in 2011

Printed in: U.S.A., U.K., Germany. This book was not produced in Mauritius.

ISBN: 978-613-8-14234-8

Contents

References

Mercurey

Coordonnées géographiques: 46° 50′ 24″ N 4° 43′ 11″ E

Mercurey	
 Vue d'une partie Mercurey	
Administration	
Pays	France
Région	Bourgogne
Département	Saône-et-Loire
Arrondissement	Chalon-sur-Saône
Canton	Givry
Code commune	71294
Code postal	71640
Maire **Mandat en cours**	Dominique Juillot
Intercommunalité	Le Grand Chalon
Démographie	
Population	1313 hab. (2007)
Densité	85 hab./km²
Gentilé	Mercuréens
Géographie	
Coordonnées	46° 50′ 24″ Nord 4° 43′ 11″ Est
Altitudes	mini. 206 m — maxi. 391 m
Superficie	15.44 km^2

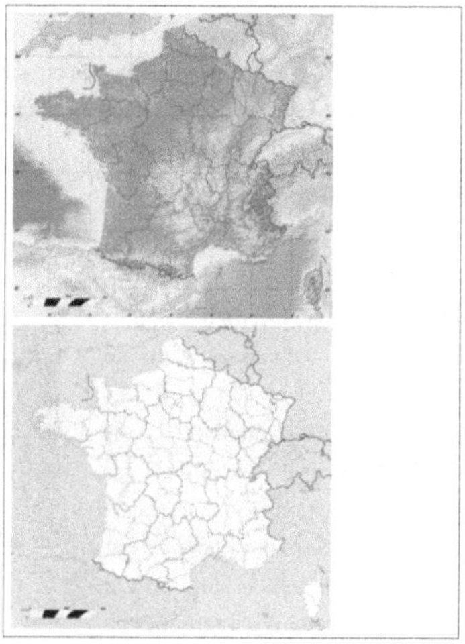

Mercurey est une commune française située dans le département de Saône-et-Loire et la région Bourgogne. Ce village est surtout connu pour ses vins rouges et blancs classés en AOC *village* et *premier cru.*

Géographie

Situé en Bourgogne, dans le département de la Saône-et-Loire, à environ 12 kilomètres au nord-ouest de Chalon-sur-Saône.

Accès et transports

La commune, située à proximité des grands axes de circulation, à 12 kilomètres de l'autoroute A6 (Chalon-sur-Saône), à 6 kilomètres des voies ferrées *Paris-Lyon-Marseille* et 20 kilomètres du TGV (Le Creusot), à 8 kilomètres de la Route Nationale 80 *Chalon-Moulins*, est traversée par la Route départementale 978 *Chalon-Autun*.

Géologie et relief

Vue de Mercurey.

Village viticole typique de Bourgogne dans un paysage vallonné. Les sols sur lesquels se sont déposés les sédiments marno-argilo-calcaires des mers jurassiques (230 à 135 millions d'années). Les roches qui dominent Mercurey sont de la période du Jurassique moyen et début du Jurassique supérieur. Une couche assez épaisse de marnes grises forme le sous-sol des meilleurs crus de Mercurey (époque de l'oxfordien). Une deuxième crête rocheuse est formée par le calcaire que l'on appelle la dalle nacrée.

Le vignoble est implanté sur des sols argilo-calcaires provenant du soubassement rocheux calcaire d'âge jurassique. On distingue trois grands ensembles de sols, en premier des sols issus de calcaires durs (244 hectares)[1] , en deuxième des sols issus de marnes (194 hectares)[1] et en troisième des sols issus de dépôts caillouteux (102 hectares)[1] . À d'autres endroits on trouve des sols avec des argiles profonds, de colluvions... . On retrouve sur ces sols argilo-calcaires des sols lourds, des sols pierreux et d'autres un peu plus sableux.

Hydrographie

Un ruisseau traverse le village, elle se nomme *le giroux*. D'une longueur de 8,1 km, sur les trois communes de Saint-Martin-sous-Montaigu (source), Mercurey, Mellecey (confluence). Il prend sa source près du château Blaizy, à l'altitude 314 mètres (46°49′15″N 4°41′33″E) et se jette dans l'Orbise.

Il existe aussi un étang, nommé *étang du pont-latin.*

Le remembrement du vignoble

Voie d'écoulement des eaux.

Bassin de réception des eaux.

Par deux fois, en 1981 et 1983, Mercurey a été victime d'orages dévastateurs (vignobles ravinés, ceps de vignes déchaussés, murs de soutènement emportés, caves inondées, etc.)[2] . Les causes de ces catastrophes sont l'absence quasi totale de réseaux hydrauliques dans les coteaux, la suppression progressive des haies et des murs dans ces mêmes coteaux, le tassement des sols par l'utilisation de matériels de plus en plus lourds et, pour finir, la suppression des zones tampon par l'augmentation des surfaces plantées en vignes[2] . À la suite de ces événements, les viticulteurs et la population de Mercurey, regroupés en une association foncière (1983), décidèrent de mettre en place un remembrement sur 1400 hectares dont 800 de vignes ce qui, à l'époque, fut une première en France[3] . Ce remembrement permit la réalisation d'aménagements hydrauliques contre le ruissellement et l'érosion des sols, grâce à des bacs de décantation (19 en tout[4]), des bassins de rétention d'eau de pluie (au nombre de 3[4]), des chemins bétonnés (5,5 kilomètres[4]), des canalisations (3,3 kilomètres[4])[5] , etc. Ces travaux d'aménagements hydrauliques furent réalisés en 1988. La démonstration de leur utilité est faite lorsque, le 19 février 2006, s'abattent des pluies diluviennes : tous les bassins de stockage remplissent alors leur fonction, empêchant l'inondation du village[6] .

Climat

C'est un climat tempéré à légère tendance continentale avec des étés chauds et des hivers froids[7] , avec une amplitude thermique assez importante entre ces deux saisons. Les précipitations sont assez hétérogène sur l'année, avec un mois de mai le plus pluvieux de l'année. Le vent qui souffle une partie de l'année est la bise. Les gelées tardives sont peu fréquentes sur le secteur de mercurey en général. Il y a bien quelques lieux-dits ou les risques de gelées sont plus importante (on parle de zones gelives). De violents orages peuvent s'abattre sur ce secteur mais la grêle touche assez peu ce vignoble en général[8] .

Valeurs climatique de Dijon et Mâcon, car Mercurey est situé entre ces deux villes.

Dijon

Pour la ville de Dijon (316 m), les valeurs climatiques jusqu'à 1990 :

mois	jan.	fév.	mar.	avr.	mai	jui.	jui.	aoû.	sep.	oct.	nov.	déc.	année
Température minimale moyenne (°C)	-1	0.1	2.2	5	8.7	12	14.1	13.7	10.9	7.2	2.5	-0.2	**6.3**
Température moyenne (°C)	1.6	3.6	6.5	9.8	13.7	17.2	19.7	19.1	16.1	11.3	5.6	2.3	**10.5**
Température maximale moyenne (°C)	4.2	7	10.8	14.7	18.7	22.4	25.3	24.5	21.3	15.5	8.6	4.8	**14.8**
Précipitations (mm)	49.2	52.5	52.8	52.2	86.3	62.4	51	65.4	66.6	57.6	64.2	62	**732.2**

Source : Infoclimat : Dijon (????-1990)[9]

En 2007 :

mois	jan.	fév.	mar.	avr.	mai	jui.	jui.	aoû.	sep.	oct.	nov.	déc.	année
Température moyenne (°C)	5.3	6.4	6.9	14.7	15.6	18.5	18.7	18.2	14.4	10.7	5.3	1.6	**11.3**

Source : Infoclimat : Dijon (2007)[10]

En 2008 :

mois	jan.	fév.	mar.	avr.	mai	jui.	jui.	aoû.	sep.	oct.	nov.	déc.	année
Température moyenne (°C)	3.8	4.7	6.3	9.1	15.8	17.8	19.9	18.6	13.8	10.3	6.4	2.1	**10.7**

Source : Infoclimat : Dijon (2008)[11]

En 2009 :

mois	jan.	fév.	mar.	avr.	mai	jui.	jui.	aoû.	sep.	oct.	nov.	déc.	année
Température moyenne (°C)	-1	2.5	6.7	12	16.3	18.2	20	21.2	16.5	10.6	8.2	2.9	**11.2**

Source : Infoclimat : Dijon (2009)[12]

Mâcon

Pour la ville de Mâcon (216 m), les valeurs climatiques de 1961 à 1990 :

mois	jan.	fév.	mar.	avr.	mai	jui.	jui.	aoû.	sep.	oct.	nov.	déc.	année
Température minimale moyenne (°C)	-0.6	0.7	2.5	5.2	8.9	12.3	12.4	13.9	11.1	7.5	2.9	0.1	**6.6**
Température moyenne (°C)	2.1	4	6.8	10	13.9	17.5	20.1	19.4	16.4	11.7	6	2.7	**10.9**
Température maximale moyenne (°C)	4.9	7.3	11.1	14.8	18.9	22.8	25.7	24.9	21.7	15.9	9.1	5.3	**15.2**
Précipitations (mm)	66.3	60.9	58.7	69.4	85.9	74.7	58.1	77.1	75.7	71.7	72.7	70.4	**841.4**

Source : Infoclimat : Mâcon (1961-1990)[13]

Histoire

Antiquité

La localité doit son nom à la construction en ce temple élevé au dieu mercure. Elle est implantée sur la voie romaine (Via Agrippa) qui va d'Autun à Chalon, dont il ne reste que peu de traces, cachée sous du bitume. Quelques vestiges ont été découverts à Mercurey et dans ses hameaux :

- Un dieu au maillet Sucellus encastré dans la façade d'une maison ayant appartenu au général Duhesme, et une statuette en bronze[14] .
- Des tuilles à rebord et de la céramique noire[14] .
- Des traces de cendres et de bois carbonisé[14] .

- Des fondations gallo romaines avec lors des fouilles, des tuiles à rebords, de la céramique sigillée et des monnaies romaines ainsi qu'une centaine de monnaies de Constance[14] .
- Un vicus (habitat)[14] .
- Un vaste cimetière de l'époque mérovingienne avec une sépulture sous des dalles de pierres brutes, accompagnée de tombes isolées[15] .
- Des sépultures sous dalles[16] .

Moyen Âge et Renaissance

Château de Montaigu au Moyen Âge.

Mercurey, entre temps, subit les invasions barbares et, parmi elles, celle des Burgondes qui se fixent dans la région lui donne son nom de *Burgondie* (Bourgogne actuel). Le Château de Montaigu est construit par *Robert le Valentinois*, comte de Chalon (aux alentours de 950); ce château possède de la vigne sur un côté. Le XIIe siècle voit l'édification de l'église *Notre Dame de Mercurey* par les moines de Saint-Marcel-lés-Chalon, appartenant à l'abbaye de Cluny[16] . En 1180, le château de montaigu passa sous l'autorité d'Hugues III, duc de Bourgogne qui l'attribua à son fils *Alexandre* (ceci voit le début de la lignée des "Montaigu-Bourgogne")[17] . Un seul seigneur (*Guillaume*) y réside de manière permanente[17] .

Marguerite III de Flandre

En 1241, Eudes I de Montaigu accorde aux habitants de ses *finages* une charte de franchise par laquelle ses vassaux moyennant certaines obligations, sont affranchis du droit de main-morte qui les rattachent encore à la glèbe. C'est à l'époque d'Eudes I qu'est probablement construite l'église de *Touches*[18] . En 1300, le seigneur de Mercurey est *Guillaume de Marnay*[19] . En 1348, à la mort d*'Henri de Montaigu*, le château est partagé entre le duc de Bourggone et la famille *Damas*[17] . En février 1371, le Duc de Bourgogne décide une grosse campagne d'achats de vin, il en fait acheter une quantité notable à *Montaigu*[20] . C'est à Montaigu encore que Méliore, l'envoyé du Pape, trouve à acheter du vin qui est par la suite recherché par la cour pontificale[20] . Philippe le Hardi est détenteur de la moitié du fief de *Montaigu*, en 1392 il en fait le partage, et en donne une partie à Philippe le Bon, qui contribue à sa réputation[21] . Entre 1385 et 1405, les vins de la région de Mercurey figurent même sur la liste des vins en cave pour le service du Duc de Bourgogne dans sa résidence d'Arras[22] , ils plaisent à Marguerite de Flandre[23] .

Antoine de Crey est le seigneur du village en 1423, suivi de *Pierre de Maissey* en 1461 et ce dernier acommpagné de *Philippe Digoine* d'occuper ce titre de seigneur en 1470[19] . La Bourgogne, à cette époque est un grand duché, dont les possesions vont jusqu'en Belgique, et qui est rattaché à la France seulement sous Louis XI en 1477; cette même année, le château de Montaigu tomba dans les mains des rois de France, à la mort du duc de Bourgogne Charles le Téméraire[17] .

Période moderne

Le seigneur de mercurey en 1480 est *Philibert de Pitois*, puis c'est *Jean de Digoine* en 1560[19] . En 1570, l'armée de l'amiral Coligny, chef du parti protestant fait détruire l'église de Mercurey[19] . Plus tard sous le règne d'Henri IV, et bien que vin assez corsé, une chronique mentionne qu'il plaît aux femmes, et plus particulièrement à Gabrielle d'Estrées (maitresse d'Henri VI, qui lui est amateur de Givry)[23] . Le château de Montaigu fut démantelé en 1591 par les troupes catholiques de la ligue[17] .

Le village voit défiler en seigneurs : *Jean de Digoine* en 1625, *Félicité des Barres* en 1652 (veuve de Digoine en temps que dame), *Claude-Baptiste de Montrichard* en 1680, *Adrien de Montrichard* en 1682 et *Jean Quarré* en 1733[19] . Un hiver très froid sévit dans le village en 1767[24] . La *Fontaine de Marjonzin* est édifiée en 1768[24] . Les intempéries touche durement la commune en 1768 et 1770 par de nombreux orages de grêle, en 1779 et 1788 par un froid exceptionnel ()« Il gelait même dans les caves les plus chaudes »[25] . L'année 1789, voit une année malheureuse en tout point : pas de vendanges, pas de moissons et pas de commerce[26] .

Période contemporaine

XIXe siècle

Général Duhesme.

Ce qu'il restait du château de Montaigu, servi de logements et d'entrepôts par des vignerons; puis en 1803, les restes de la forteresse fut vendu à un maçon du *Bourgneuf*, pour servir de carrière de pierres[17] . Parmi les personnalités de Mercurey, le général d'Empire Duhesme est né dans la maison familiale de la famille de Michel Juillot, ses armes figurent sur la cheminée de la maison. De retour de l'ile d'Elbe, Napoléon s'arrête à Mercurey le 15 mai 1815. Un vigneron nommé *Prieur* le reçoit, et lui sert du vin de Mercurey, et Napoléon relate ces mots (inscrits dans les livres de l'empereur)[27] :

> « Napoléon dit : « Que ce mercurey est excellent, sa robe rappelle le ruban de la légion d'honneur, quant à son bouquet, il est comme l'odeur enivrante de la victoire. ». Fièrement Prieur répondit : « Sire, j'en ai du bien meilleur encore dans ma cave ». Étonné, Napoléon demanda : « Pourquoi ne l'as tu pas apporté? » « Ah! sire, c'est que celui là, je le réserve pour les grandes occasions[27] »

C'est le marquis d'*Arcelot* qui devint acquéreur des ruines du château de Montaigu, en 1823[17] . Pendant la guerre franco-allemande de 1870-1871, l'armée du général Bourbaki défile sur la grand route du village[28] . Avant le Phylloxéra, le territoire de Mercurey compte alors 300 hectares de vignes, celui de Touches et Bourgneuf Val d'Or 400 hectares et celui de Saint Martin-sous-Montaigu 300 hectares[29] . En 1880, le village compte à *Mercurey* : 2 exploitants de carrières, 3 charpentiers, 1 charron, 1 menuisier, 2 plâtriers, 2 serruriers, 2 bouchers, 2 boulangers, 1 charcutier, 2 épiciers, 1 marchand de légumes, 1 marchand forain, 4 loueurs d'alambics, 3 marchands de vin, 3 aubergistes, 2 facteurs de vin et 2 voituriers; à *Touches* : 1 exploitant de carrière, 1 entrepreneur, 2 2 charpentiers, 5 maçons, 2 maréchaux-ferrants, 2 menuisiers, 4 platriers, 5 serruriers, 2 merciers, 3 cordonniers, 1 marchand de sabots, 3 chapeliers, 2 marchands de tissus, 2 ferblantiers-lampistes, 1 fabricant d'huile, 10 épiciers, 1 fruitier, 3 bouchers, 2 boulangers, 1 charcutier, 5 loueurs d'alambics, 5 marchands de vin en gros, 3 facteurs de vin, 6 aubergistes, 4 voituriers et 1 notaire[28] . Le phylloxéra apparaît dans ce vignoble en 1878, et le Mildiou en 1885[22] . Après le phylloxéra, le vignoble est reconstitué en 1902[28] . En 1897 la commune de Touches prend le nom de Bourgneuf-Val d'Or.

En 1899 un classement (Revue des viticulteurs) des climats de la Côte chalonnaise est établi :

- Première classe rouge (*les Naugues, les Crêts, le Voyen, les Champs Martin, les Combins, Clos de l'Evêque, le Clos Druard, le Clos Migland, en Moutot, en Mauvarenne, Les Velay, en Sazenay, Clos Marcilly, le Theurot, le Clos du Roy, le Clos des Corvées, Champ Renard, La Chassière, la Roche, le Paradis, les Atres, les Fourneaux, les Ruelles* et *Liberin*)[30]

- Deuxième classe rouge (*Croichot, les Chaseaux, Tonnerre, Vignes Blanches, Cortechats, Grandes Plantes, les Caudroyes, Poizot, Châteaubeau, les Châgnées, Montaigu* et *Retrait*)[30]
- Première classe blanc (*la Rochelle, Teurot de la Perche* et *Poizot*)[30]

XXe siècle

Le 29 mai 1923 est instituée l'appellation mercurey par le tribunal de Chalon-sur-Saône[31] . Les années 1920-1930, voient s'abattre sur le vignoble, le mildiou (1926), la grêle (1927, et 1928) et des gelées importantes (1930 et 1932)[32] . En 1936, la surface de vignes ne compte plus que 500 hectares. Mais le 11 septembre 1936 est créée, par l'INAO, l'appellation mercurey[33] . Une modification de l'AOC intervient avec la reconnaissance de cinq *premiers crus* en 1943 (*le Clos du Roy, le Clos-Voyen, le Clos Marcilly, le Clos des Fourneaux* et *le Clos des Montaigus*)[23] . 1958 voit la naissance de la *Confrérie de la Saint-Vincent* de Mercurey, suite à la fusion de différentes sociétés de secours mutuel[34] . En 1962, Mercurey reçoit pour la première fois la Saint-Vincent tournante[35] .

En 1971, la fusion des deux communes (Mercurey et Bourgneuf Val d'Or) en une seule, par arrêté préfectoral, est prononcée, sous le nom de Mercurey. Parmi les difficultés, le principal obstacle est l'élection d'un seul maire et d'un seul conseil municipal. Bourgneuf possédant le centre proprement dit du village avec la majorité des commerces et une population plus importante, aurait pu l'emporter sur Mercurey, mais ce dernier nom est retenu du fait de l'activité viticole. En 1971 est créé la *Confrérie de la Chanteflute*, par les professionnels de la vigne et du vin : son but est de faire connaitre l'AOC Mercurey[36] et organise deux fois par an un *Chanteflutage* (vins de la côte-chalonaise passant un concours de dégustations, qui ne sélectionne que les meilleurs vins, pour avoir cette mention)[37] . En 1976, la grêle frappe le vignoble, entrainant une récolte peu abondante[38] . En 1981 et 1983, Mercurey est victime d'orages dévastateurs (vignobles ravinés, ceps de vignes déchaussés, murs de soutènement emportés, caves inondées...). À la suite de ces orages, les viticulteurs et la population de Mercurey, décident de mettre en place un remembrement, une première en France[2] . Ce remembrement consiste en la réalisation d'aménagements hydrauliques contre le ruissellement et l'érosion (bacs de décantation, bassins de stockage d'eau de pluie, chemin bétonnés, canalisations...). Le 26 et 27 janvier 1985, le village reçoit pour la deuxième fois la Saint-Vincent tournante[35] . En 1988, sont reconnues de nouvelles délimitations de *premier cru*[39] , tous les premiers crus actuels.

Surnoms donnés aux habitants

- « Les glorieux de Mercurey » : propriétaires, fiers de leur vin, la montre au gousset, et la chaîne étalée sur le gilet, politiquement tournés vers la monarchie[40] .
- « Les fieux d'embarras du Bourgneuf » : population commerçante, républicaine et peu religieuse, ne voulant rien céder à l'ostentation de Mercurey[40] .
- « Les chouans ou les loups de Chamirey » : parce qu'ils vont à la messe, et vivent retirés dans leurs maisons, comme des loups dans leur tanière[40] .
- « Les baulées d'Etroyes » : les habitants de ce hameau ont alors l'habitude d'aller faire leur bois ("Bau"), illégalement, dans la forêt voisine de Marloux[40] .
- « Les voleux de Touches » : suite à un différend avec les habitants des autres hameaux[40] .

Étymologie

La localité doit son nom à la construction en ce temple élevé au dieu romain Mercure. On l'a désigné en 577 *Mercureis*, *Mercuriacum* dans une charte de Charles le Gros en 885, *Mercoriacus* en 942, *Mercuriacus* au XIe siècle.

Héraldique

Les armes de la commune se blasonnent ainsi :

De gueules au caducée d'argent, chaussé d'or chargé de deux grappes de raisin au naturel.

Administration

Liste des maires successifs

Période		Identité	Étiquette	Qualité
1995	en cours	Dominique Juillot	UMP	
1971	1995	Maurice Juillot	UDF	
Toutes les données ne sont pas encore connues.				

Tendances politiques

Politiquement, Mercurey est un village de droite. Depuis 1990, c'est toujours un parti de droite qui est arrivé en tête. Les deux figures politique de la commune sont *Maurice Juillot* qui a été conseiller général du canton de Givry de 1982 à 1998, et ancien maire de 1971 à 1995. La deuxième personne est le fils de Maurice Juillot, Dominique Juillot, maire actuel et ancien député de la circonscription de Chalon-sur-Saône de 2002 à 2007.

Dominique Juillot.

Législative 2007

Au premier tour, Dominique Juillot (UMP), le maire de Mercurey arrive en tête avec 63,74% devant le socialiste Christophe Sirugue (21,72%)[41] . Au deuxième tour, le maire de la commune gagne avec 67,66% contre 32,34% à Christophe Sirugue[42] . Mais Christophe Sirugue l'emporte sur la circonscription (50,30%).

Présidentielle 2007

Au premier tour, Nicolas Sarkozy (UMP) est en tête avec 38,98%, suivi de la socialiste Ségolène Royal (18,64%), de François Bayrou (18,28%) du Modem, de Jean-Marie Le Pen (11,86%) du Front national[43] ... Au deuxième tour, Nicolas Sarkozy l'emporte avec 61,63% contre 38,37% pour Ségolène Royal[44] . Nicolas Sarkozy est élu (53,06% sur la France).

Référendum 2005

Le non l'emporte de quelques voix avec 50,73% contre 49,27% pour le oui[45] . En France, le non l'emporte (55,06%).

Européenne 2004

La liste de Joseph Daul (UMP) est en tête avec 23,15%, suivie par le liste de Pierre Moscovici (PS) avec 21,76%, puis par la liste de Nathalie Griesbeck (UDF) avec 13,89%, puis par Bruno Gollnisch (FN) avec 11,34%[46] ... Sur la région Est, la liste de Pierre Moscovici vire en tête (28,40%).

Cantonale 2004

Au premier tour, pour le canton de Givry, Pierre Voarick (UMP), le conseiller général sortant, arrive en tête avec 54,00%, suivi du socialiste Jean-Philippe Chavy (27,26%) et de la frontiste Bernadette Bessire (12,44%)[47] ... Au deuxième tour, le conseiller général sortant l'emporte avec 60,32%, contre 39,68% au socialiste[48] . Pierre Voarick est réélu sur le canton (53,22%)

Régionale 2004

Au premier tour, la liste UMP de Jean-Pierre Soisson l'emporte avec 36,54%, suivie de la liste PS-PRG-Verts-PC de François Patriat avec 25,90%, puis de la liste FN de Pierre Jaboulet-Vercherre avec 13,38%, puis de la liste UDF de François Sauvadet avec 12,35%[49] ... Au deuxième tour, la liste UMP l'emporte avec 45,66%, devançant la liste PS-PRG-Verts-PC avec 42,39%, et la liste FN avec 11,95%[50] . Sur la Bourgogne, la liste de François Patriat l'emporte (52,49%).

Legislative 2002

Au premier tour, Dominique Perben (UMP) est en tête avec 56,76%, suivi de Bettina Laville (PS) avec 23,03%, puis de Bernadette Bessire (FN) avec 11,74%[51] ... Au deuxième tour, Dominique Perben l'emporte avec 68,18% contre 31,82%[52] . Le député sortant est vainqueur sur la circonscription (59,59%). Dominique Perben est désigné ministre; Dominique Juillot, son suppléant, le remplace à l'assemblée nationale.

Présidentielle 2002

Au premier tour, Jacques Chirac (RPR) remporte 21,55% des votes exprimés, suivi par Jean-Marie Le Pen (FN) avec 18,17%, puis Lionel Jospin (PS) avec 13,10%, puis François Bayrou (UDF) avec 7,61%[53] ... Au deuxième tour, Jacques Chirac l'emporte largement sur la commune, 82,21% sur la France.

Européenne 1999

La liste de Charles Pasqua (RPF) arrive en tête avec 18,25%, devançant la liste de Nicolas Sarkozy (RPR-DL) avec 17,50%, puis la liste de François Hollande (PS) avec 14,00%, puis la liste de Jean Saint-Josse (CPNT) avec 13,25%, puis la liste de François Bayrou (UDF) avec 11,00%[54] ... La liste de François Hollande est en tête sur la France (21,92%).

Cantonale 1998

Pour la succession de Maurice Juillot. Au deuxième tour, Pierre Voarick (DVD) est en tête avec 49,48%, suivi par Christian Wagener (RPR) avec 30,72%, et par Jean-Marie Morlet (UDF) avec 19,79%[55] . Sur le canton de Givry, Pierre Voarick l'emporte de justesse (36,91%) lors d'une triangulaire de droite, avec 33 voix d'avance sur Christian Wagener.

Législative 1997

Au premier tour, Dominique Perben (RPR) arrive en tête avec 43,70%, suivi de Bettina Laville (PS) avec 25,00%, puis de Jean Coupat (FN) avec 12,42%, puis de Michel Chevalier (PC) avec 7,12%[56] ... Au deuxième tour,

Dominique Perben l'emporte sur la commune, 51,04% sur la circonscription.

Démographie

1962	1968	1975	1982	1990	1999	2006
1298	1397	1414	1328	1276	1269	1310
Nombre retenu à partir de 1962 : population sans doubles comptes						

Économie

La part importante de l'économie du village est assuré par la viticulture avec l'AOC Mercurey. Ce village possède des commerces variés : une supermarché (Maxi-Marché), deux garagistes, deux boulangers, un bureaux de tabac/presse, un salon de coiffure, un boucher-traiteur, un fleuriste, une auto-école, une entreprise de produits viticoles et d'articles de caves, une entreprise de vente et réparation de matériel agricole, un magasin d'art, et un caveau (Caveau Divin).

Caveau Divin

Les établissements de restauration et d'hébergement sont présents, avec deux hôtels-restaurants, un restaurant et un café.

De nombreux artisans travaillent sur la commune avec deux platriers-peintres, deux entreprises de plomberie-zinguerie-chauffage, deux électriciens, une tonnelerie, et une entreprise de charpente bois.

Il existe sur ce village trois chambres d'hôtes, et un gîte.

Environ une trentaine de viticulteurs sont implantés sur la commune :

Domaine Bordeaux-Montrieux	Domaine du Meix-Foulot (De Launay)	Domaine Menand
Domaine Bouillien-Guilloux	Domaine de la Perrière (Duvernay)	Domaine de Chamrose
Domaine Brintet	Gadan Stéphane	Nouvion Thibaut
Domaine des Chaumelottes (Bureaux)	Guillot Patrick	Domaine Maurice Protheau
Domaine Charton	Domaine Jeannin-Naltet	Domaine François Raquillet
Domaine de l'Europe (Cinquin)	Domaine Jobard-Martin	Domaine Olivier Raquillet
Cottier Jean-Philippe	Domaine Michel et Laurent Juillot	Domaine de Suremain
Maison Faiveley	Domaine Lorenzon	Domaine Emile Juillot (Theulot)
Domaine de la Vieille Fontaine	Domaine Jean Maréchal	Domaine Tremeaux
Domaine du Château de Mercurey (Devillard)	Mathias Patrice	Domaine Tupinier-Bautista

La commune est dotée également de 3 importants négociants en vins : *À ma cave*, *Antonin Rodet*, et les *Caves Tramier*.

Vignoble

L'appellation fait partie du vignoble de la côte chalonnaise. D'une superficie totale en vigne de 650 hectares, avec en répartition, 580 hectares de vins rouges[57] . et 75 hectares de vins blancs[57] . Deux types d'AOC sont exploités, donnant 170 hectares de *premier cru* (154 hectares de vins rouges et 16 hectares de vins blancs)[57] ; et 485 hectares de *village* (426 hectares de vins rouges et 59 hectares de vins blancs)[57] .

Vue d'une partie du vignoble de Mercurey.

La proportion en couleur représente environ 90 % de vin rouge et 10 % de vin blanc. La production en hectolitres donne environ 24300 hl (dont 6355 hl en premier cru) pour les vins rouges et 3700 hl (dont 685 hl en premier cru) pour les vins blancs[57] . La production en bouteilles donne environ 3167000 bouteilles de vins rouges et environ 482000 bouteilles de vins blancs[57] .

Vue des Combins et des Croichots.

Lieux dits

- Appellations « village » : *le Roc Blanc, les Rochelles, le Bois de Lalier, le Bois Cassien, les Bossebuts, les Doués, les Vaux, les Chenaults, la Chiquette, les Montelons, la Brigadière, Ropiton, les Villeranges, le Clos Rochette, les Mauvarennes, la Framboisière, les Montots, le Closeau, les Bussières, la Vigne d'Orge, la Vigne de Chazeaux, le Petit Clos Fourtoul, la Perrière, les Ormeaux, Mypont-Château, les Vignes Blanches, la Bouthière, le Clos la Marche, les Vignes du Chapitre, les Caudroyes, Garnerot, les Chaumellottes, les Ponges, la Corvée, le Clos des Noiterons, le Clos Rond, Pierrelet, Champ Roin, Champ Ladoy, le Meix de la Guinarde, le Puis Brintet, les Mussiaux, la Pillotte, les Maillonges, en Grillot, Sous Muchau, les Champs Michaux, en pierre Millet, les Marcœurs, Champs Pillot, les Murgers, la Charmée, le Pontot, les Obus, Meix Adenot, Meix du Closeau, le Clos Laurent, Bourgneuf, les Morées, le Fourneau, le Meix Frappé, les Morins, les Petits Creux*, .

Vue du Clos du Roy.

- Appellations « premier cru » : *les Puillets, les Saumonts, la Cailloute, les Croichots, les Champs Martin, les Combins, le Clos des Combins, le Clos des Baraults, les Crêts, les Naugues, le Clos Voyen, le Clos des Grands Voyen, le Clos l'Evêque, le Clos des Myglands, le Grand Clos Fourtoul, le Clos Tonnerre, les Vasées, les Byots, le Clos Marcilly, en Sazenay, la Bondue, la Levrière, la Mission, le Clos du Roy, Clos du Château de Montaigu* et *les Vellées.*

Vie locale

Equipements ou services

Une poste, un point Information (Point I), un trésor public (permanence) et un *Centre de Première Intervention* (Pompiers).

Éducation

Un groupe scolaire regroupant une école maternelle et une école élémentaire. Cette commune possède aussi un Centre Interprofesionnelle de Formation d'Apprentis, nommé *CIFA "Jacques Lameloise"*, spécialisé dans les filières de l'alimentation, de l'hôtellerie, de la coifure, de la vente et de la photographie.

Sports

Un club de football, nommé le *Football Club de Mercurey* (FCM) avec 2 équipes seniors, évoluant en 2011 - 2012, en *Promotion de District* du pays saônois (9e division nationale) pour l'équipe première et en *2e division de district* (11e division nationale) pour l'équipe réserve. Des équipes de jeunes existent et sont en entente avec le club de football de Mellecey. Par rapport à ce club, le site est composé de trois terrains, dont un stabilisé.

Match de football du FC Mercurey au complexe sportif du Champ Ladoix.

Un club de tennis, nommé *Tennis Club de la Côte Chalonnaise*, en entente aussi avec le village de Mellecey. Ce club évolue au niveau départemantale. Par rapport à ce club, 3 terrains de tennis y sont implantés.

Terrain de basket-ball.

À noter aussi que les équipements de ces deux clubs sont présents sur un même site, nommé « complexe sportif du Champ Ladoix ».

Le village possède aussi un terrain de basket-ball, dont ses origines remonte à la présence d'un club de basket-ball, crée en 1947 et jouant jusqu'en 1970, date à laquelle le club fusionnera avec l'Elan Sportif Chalonnais.

Cette commune possède également 2 terrains de pétanque

Santé

Possède un cabinet médical avec 2 médecins, 3 infirmières, 1 kinésithérapeute. Il est implantés aussi une pharmacie et un cabinet de vétérinaire. Le Centre Hospitalier se trouve sur Chalon-sur-Saône.

Écologie et recyclage

Le Grand Chalon gère la collecte de la commune. Il y a une collecte hebdomadaire des ordures ménagères.

Culte

Culte catholique en alternance avec d'autres paroisses.

Associations

Il y a 20 associations à Mercurey : amicale des écoles, amicale des sapeurs pomiers, art et musique, bibliothèque, club du 3e age "le cep d'or", comité de jumelage Mercurey-Melen, confrérie saint-vincent, éternelle alpine, football club mercurey, histoire et art à mercurey, pèche et loisirs, présence, renaissance de montaigu, sauvegarde du patrimoine de mercurey, société de chasse "la saint-hubert du val d'or", tennis club de la côte chalonnaise, tout conte fait, team mercurey rallye et union des producteurs.

Jumelages

Le village est jumelé avec Melen et Genappe, deux villages situés en Belgique. La commune entretient des rapports d'amitié avec Sizzano (Italie).

Lieux et monuments

- Église Saint-Symphorien-de-Touches, XIIe siècle,
- Église romane Notre-Dame de Mercurey ; clocher du XIIe siècle,
- Ruines du château de Montaigu, XIVe siècle,
- Fontaine de Marjonzin de Thomas Dumorey (1768),
- Le château Mypont, XVIIe siècle,
- La Via Agrippa,
- Les moulins, les cadoles et les sites,
- Les croix (19 au total),
- Les maisons bourgeoises,
- Les chapelles,
- Le caveau des vignerons,
- Le château de Garnerot
- Le château d'Etroyes...

Église Saint-Symphorien de Touches.

Église Saint-Symphorien de Touches.

Portail de l'église de Touches.

Croix (Calvaire) vers l'église de Touches.

Eglise de Mercurey.

Église de Mercurey.

Ruines du Chateau de Montaigu.

Personnalités liés à la commune

- Guillaume Philibert Duhesme, né à Bourgneuf le 7 juillet 1766, général d'empire sous Napoléon,
- Dominique Juillot, (1954-), maire actuel, ancien député da la circonscription de Chalon-sur-Saône, président de l'Elan Chalon.

Manifestations

- La Saint Vincent, fête du saint patron des vignerons, qui a lieu chaque avant dernier samedi de janvier.
- La Foire aux Sécateurs et aux Vins, 1er Dimanche de novembre (vins, brocante, gastronomie, etc.).
- Les vendanges, au mois de septembre, dates variables selon les années.
- Fête du 13 et 14 juillet.

Photos de Mercurey

Mairie.

Rue principale (Route d'Autun).

Rue principale (Route d'Autun).

Rue principale (Route d'Autun).

Vue des *Champs Martin*.

Vue de *en Grillot*.

Vue d'une partie du *Clos l'évêque*.

Vue d'une partie du hameau de Chamirey et de son château.

Vue du terrain de Basket-ball, de la mairie-salle des fêtes.

Vue du hameau d'*Etroyes*.

Entrée de Mercurey (par Chalon-sur-Saône).

Bouteille de mercurey premier cru.

Notes et références

Notes

[1] Le journal de Saône-et-Loire : Édition du vendredi 12 décembre (étude géo-podologique sur l'AOC Mercurey)

[2] **(fr)** *Mercurey (Remembrement viticole : {{subst:guillemets}}), 1993*, p. 4.

[3] **(fr)** Henri Cannard, *AOC Mercurey, Géologie, terroir et qualité des vins*, p. 42.

[4] **(fr)** Site de Bourgogne-Vins (*Le plus important remembrement viticole en France*) (http://www.bourgogne-vins.com/le-bourgogne/regions-viticoles/la-saone-et-loire/la-cote-chalonnaise/article/le-plus-important-remembrement), consulté le 15 octobre 2009.

[5] **(fr)** *Mercurey (Remembrement viticole : {{subst:guillemets}}), 1993*, p. 13.

[6] **(fr)** Henri Cannard, *AOC Mercurey, Géologie, terroir et qualité des vins*, pp. 42-43.

[7] André Dominé : *Le vin, « La Bourgogne »*, p. 181.

[8] La grêle a toucher fortement le vignoble en 1976, depuis il n'y en a pas eu de cette ampleur. Il y a juste quelques orages de grêles mais dilué dans l'eau de pluie, entrainant des dégâts de l'ordre de 10 à 20% maximum pour certains gros orages.

[9] Archives climatologiques mensuelles - Dijon (????-1990) (http://www.infoclimat.fr/climatologie/index.php?s=07280&aff=details) Consulté le 17 décembre 2008

[10] Moyennes de températures sur Dijon en [[2007 (http://www.infoclimat.fr/climatologie/stations_principales.php?s=&d=)]] Consulté le 17 décembre 2008

[11] Moyennes de températures sur Dijon en [[2008 (http://www.infoclimat.fr/climatologie/stations_principales.php?s=&d=)]] Consulté le 17 décembre 2008

[12] Moyennes de températures sur Dijon en [[2009 (http://www.infoclimat.fr/climatologie/stations_principales.php?s=&d=)]], consulté le 31 décembre 2009.

[13] Archives climatologiques mensuelles - Mâcon (1961-1990) (http://www.infoclimat.fr/climatologie/index.php?s=07385&aff=details) Consulté le 17 décembre 2008

[14] Marie-Anne Trémeau-Böhm : *Givry et ses environs* (Mercurey : p. 211)

[15] Marie-Anne Trémeau-Böhm : *Givry et ses environs* (Mercurey : p. 211 et 212)

[16] Marie-Anne Trémeau-Böhm : *Givry et ses environs* (Mercurey : p. 212)

[17] Dépliant de l'association : *Renaissance de Montaigu*

[18] Marie-Anne Trémeau-Böhm : *Givry et ses environs* (Mercurey : p. 213)

[19] Marie-Anne Trémeau-Böhm : *Givry et ses environs* (Mercurey : p. 216)

[20] Henri Cannard : AOC Mercurey (Le vignoble d'hier : p. 27)

[21] Henri Cannard : AOC Mercurey (Le vignoble d'hier : p. 30)

[22] Henri Cannard : AOC Mercurey (Le vignoble d'hier : p. 31)

[23] Hubert Duyker (édition "Fernand Nathan") : *Grands vins de Bourgogne* (p. 150 : *Mercurey*)

[24] Marie-Anne Trémeau-Böhm : *Givry et ses environs* (Mercurey : p. 217)

[25] Marie-Anne Trémeau-Böhm : *Givry et ses environs* (Mercurey : p. 217 et 218)

[26] Marie-Anne Trémeau-Böhm : *Givry et ses environs* (Mercurey : p. 218)

[27] Le Journal de Saône-et-Loire

[28] Marie-Anne Trémeau-Böhm : *Givry et ses environs* (Mercurey : p. 220)

[29] Henri Cannard : AOC Mercurey (Le vignoble d'hier : p. 28)

[30] Henri Cannard : AOC Mercurey (Le vignoble d'hier : page 32)

[31] Henri Cannard : AOC Mercurey (La réglementation : page 20)

[32] Henri Cannard : AOC Mercurey (La réglementation : page 24)

[33] Charles Quittanson : *Connaissance des vins et eaux de vie* (page 286 sur Mercurey)

[34] Plaquette de la mairie de Mercurey (page sur *la confrérie Saint-Vincent et disciples de la chanteflute*)

[35] Plaquette de la mairie de Mercurey (page sur *L'histoire de Mercurey*)

[36] Site de la mairie de Mercurey (Page sur la *confrérie de la chanteflute*) (http://www.mercurey.fr/index.php?file=Page&name=LA_CONFRERIE)

[37] Hubert Duyker (édition "Fernand Nathan") : *Grands vins de Bourgogne* (Page 148 : *Mercurey*)

[38] Hubert Duyker (édition "Fernand Nathan") : *Grands vins de Bourgogne* (Page 17 : *Années de récolte*)

[39] Henri Cannard : AOC Mercurey (La réglementation : page 21)

[40] Plaquette de la mairie de Mercurey (page sur *Mercurey ou Bourgneuf Val d'Or?*)

[41] Le journal de Saône-et-Loire : supplément de l'édition du lundi 11 juin 2007 (page 18 sur le canton de Givry)

[42] Le journal de Saône-et-Loire : supplément de l'édition du lundi 18 juin 2007 (page 20 sur le canton de Givry)

[43] Le journal de Saône-et-Loire : supplément de l'édition du lundi 23 avril 2007 (page 10 sur le canton de Givry)

[44] Le journal de Saône-et-Loire : supplément de l'édition du lundi 7 mai 2007 (page 18 sur le canton de Givry)

[45] Le journal de Saône-et-Loire : supplément de l'édition du lundi 30 mai 2005 (page 3 sur le canton de Givry)

[46] Le journal de Saône-et-Loire : supplément de l'édition du lundi 14 juin 2004 (page 4 sur le canton de Givry)

[47] Le journal de Saône-et-Loire : supplément de l'édition du lundi 22 mars 2004 (page 8 sur le canton de Givry)

[48] Le journal de Saône-et-Loire : supplément de l'édition du lundi 29 mars 2004 (page 6 sur le canton de Givry)

[49] Le journal de Saône-et-Loire : supplément de l'édition du lundi 22 mars 2004 (page 10 sur le canton de Givry)
[50] Le journal de Saône-et-Loire : supplément de l'édition du lundi 29 mars 2004 (page 10 sur le canton de Givry)
[51] Le journal de Saône-et-Loire : supplément de l'édition du lundi 10 juin 2002 (page 16 sur le canton de Givry)
[52] Le journal de Saône-et-Loire : supplément de l'édition du lundi 17 juin 2002 (page 14 sur le canton de Givry)
[53] Le journal de Saône-et-Loire : supplément de l'édition du lundi 22 avril 2002 (page 14 sur le canton de Givry)
[54] Le journal de Saône-et-Loire : supplément de l'édition du lundi 14 juin 1999 (page 4 sur le canton de Givry)
[55] Le journal de Saône-et-Loire : supplément de l'édition du lundi 23 mars 1998 (page 6 sur le canton de Givry)
[56] Le journal de Saône-et-Loire : supplément de l'édition du lundi 26 mai 1997 (page 24 sur le canton de Givry)
[57] Le journal de Saône-et-Loire : édition du mardi 7 octobre 2008 (Page 10 sur les pages locales : *Vignoble et vins de Bourgogne*)

Références

Voir aussi

Articles connexes

- Liste des communes de Saône-et-Loire
- Mercurey (AOC)
- Art roman en Saône-et-Loire

Liens externes

- Site officiel (http://www.mercurey.fr)
- Site des producteurs de Mercurey (http://www.mercurey.com)
- (fr) Mercurey (http://wikiwix.com/cache/?url=http://www.ign.fr/affiche_rubrique.asp?rbr_id=1087&CommuneId=67681) sur le site de l'Institut géographique national de la France

Bibliographie

- Henri Cannard : *AOC Mercurey "En Côte Chalonnaise"*, Auteur-éditeur :Henri Cannard, 3e semestre 2006, 110 pages, (ISBN 2-9514792-7-1)
- Marie-Anne Trémeau-Böhm : *Givry et ses environs*, éditions : JPM, 2005, 400 pages, (ISBN 2-84786-036-3)
- Hubert Duyker : *Grands vins de Bourgogne*, édition : Fernand Nathan, Paris, 1980, 200 pages, (ISBN 2-09-284 562-4)
- La Saône-et-Loire *les 573 communes*, éditions Delattre, Granvilliers, 2006, 255 pages, (ISBN 2-915907-23-4)
- André Dominé : *Le Vin*, éditions Place des Victoires, Paris, 2000, 928 pages, (ISBN 2844591086)

Commune (France)

Droit administratif

Généralités

- Histoire du droit administratif français
- Dualité des ordres de juridiction : administratif · judiciaire
- Biens : Domaine public • Expropriation

Organisation administrative

Principes d'organisation

- Déconcentration (liste) · Décentralisation
- Personnalité morale de l'administration
- **Établissement public :** EPA · EPIC
- Service public · Police administrative

Juridictions administratives

- Tribunal administratif · Cour administrative d'appel · Conseil d'État (jurisprudence)
- *Autres …*

Administrations publiques françaises

Administration publique centrale

Ministère · Organisme divers d'administration centrale

Administration territoriale (droit)

Commune · Intercommunalité · Département · Région · Principe de libre administration · Intérêt communautaire

Administration de sécurité sociale

- **Branches** ou **risques** :
  - branche maladie (maladie, maternité, invalidité, décès)
  - branche accidents du travail et maladies professionnelles
  - branche vieillesse et veuvage (retraite)
  - branche famille (dont handicap, logement...).
- **Régime général** : CNAMTS · CNAF · CNAVTS · ACCOS
- **Régime social des indépendants**
- **Régime agricole** : Mutualité sociale agricole

Autorité administrative indépendante (AAI)

Liste indicative *D'après Légifrance* [1] *au 14 mai 2010*

- A : AFLD, AERES, ACNUSA, ACP, AMF, Autorité de la concurrence, ARAF, ARCEP, ARJEL, ASN
- B : BCT
- C : CCNE, CADA, Commission centrale permanente compétente en matière de bénéfices agricoles, CCSDN, Commission des infractions fiscales, CCFP, Commission nationale de contrôle de la campagne électorale relative à l'élection du Président de la République, CNCIS, CNCDH, CNDP, CNDS, CNAC, CNIL, CPPAP, Commission des participations et des transferts, CRE, CSC, Commission des sondages, Commission pour la transparence financière de la vie politique, Conseil supérieur de l'agence France-Presse, CSA, Contrôleur général des lieux de privation de liberté
- D : Défenseur des enfants
- H : HALDE, HAS, H3C, HADOPI
- M : Médiateur national de l'énergie, Médiateur de la République, Médiateur du cinéma

Droit de l'administration

Acte administratif

- Acte administratif unilatéral · Contrat administratif · Acte de gouvernement
- Principe de légalité
- Circulaire · Directive · Arrêté · Règlement

Contentieux administratif

- Responsabilité de l'administration française
- Recours de plein contentieux
- Recours pour excès de pouvoir
- Recours gracieux et hiérarchique

En France, la **commune** est, parmi les divisions administratives du territoire, la plus petite[1] . Une commune correspond généralement au territoire d'une partie d'une ville[2] , d'une ville entière (auquel cas elle est confondue avec l'unité urbaine), d'un regroupement de villes, d'un village ou regroupement de villages. Sa superficie et sa population peuvent varier considérablement (la plus peuplée, Paris, compte plus de deux millions d'habitants, la moins peuplée un habitant (voir infra).

Au 1er janvier 2009, il existait 36682 communes en France métropolitaine et dans les DOM-ROM[3] (à l'exception des cent communes de Saint-Barthélemy, Saint-Martin, Wallis-et-Futuna, la Polynésie française, Mayotte et la Nouvelle-Calédonie, ainsi que et des territoires sans population permanente, comme les terres australes et antarctiques françaises et l'île de Clipperton).

Histoire

Sous l'Ancien Régime

Paroisses

Avant la Révolution il n'existait pas de commune et le premier niveau d'administration était la paroisse. Il y avait plus de 60000 agglomérations d'habitants de toutes tailles mais moins de 30000 paroisses dans le royaume. En campagne, une paroisse se composait principalement de l'église, des maisons autour (le bourg voire le village) et des terres agricoles qui y étaient rattachées. C'est au XIXe siècle, avant 1850 que le nombre des paroisses a culminé, du fait de la création d'un grand nombre d'églises (et d'érection en paroisses de nombreuses succursales) à cette époque de forte densité rurale.

Ce nombre résulte du fait qu'au milieu du XIXe siècle, juste avant la révolution industrielle, la France, avec 25 millions d'habitants, était le pays le plus peuplé d'Europe, le Royaume-Uni n'en comptant que 6 millions. Les rois de France s'enorgueillissaient de régner sur « le Royaume aux 100000 clochers. »

Ces paroisses ne disposaient pas des compétences des communes actuelles. Généralement, un comité des bâtiments constitué de villageois, « le conseil de fabrique », s'occupait des biens immobiliers de la paroisse tels que l'église, le cimetière et les domaines de l'église. En l'absence de toute administration moderne, son rôle social était fondamental : prise en charge de l'aide aux indigents, administration des hôpitaux et des écoles. En 1539, l'édit de Villers-Cotterêts promulgué par François Ier donna au prêtre la charge de tenir le registre des baptêmes, des mariages et des enterrements, fonction amoindrie seulement en 1792, lorsque fut institué le mariage civil. Hormis ces obligations, les paroisses s'organisaient de façon informelle. Les villageois se réunissaient pour prendre des décisions concernant la communauté, par exemple, l'usage des terres agricoles. Face à ces structures pas toujours formelles ni partout permanentes, en de nombreux endroits le seigneur local gérait les affaires. Il collectait les taxes, décidait des corvées, choisissait les terres à exploiter et fixait la part de récoltes qui lui reviendrait.

Villes franches

Il existait d'autre part des villes franches tenant leurs statuts d'autonomie du roi, du comte ou du duc local. Ainsi la ville de Toulouse tenait sa charte des comtes de Toulouse. Les villes étaient constituées de plusieurs paroisses (plusieurs centaines pour Paris) et étaient généralement entourées de remparts. Elles ont obtenu leur émancipation du pouvoir féodal vers les XIIe et XIIIe siècles. Elles se sont alors dotées de structures municipales et d'une administration ce qui leur a donné une ressemblance avec les communes instituées par la Révolution. Il y avait toutefois deux différences : la municipalité n'était pas élue démocratiquement et était généralement dirigée par de riches familles bourgeoises qui ont été ensuite anoblies. Il convient donc de parler d'oligarchie plutôt que de démocratie communale. Les chartes communales n'étaient pas homogènes, chaque ville ayant la sienne et son organisation.

Dans le Nord, les villes étaient généralement administrées par des échevins (du francique skapin) (terme germanique désignant un juge) alors qu'au Sud elles étaient administrées par des consuls (en lien direct avec l'Antiquité romaine). Bordeaux était gouverné par des jurats (étymologiquement des « jurés ») et Toulouse par des capitouls (membres du chapitre). Il n'y avait pas de maire au sens actuel. Tous les échevins ou tous les capitouls étaient égaux et décidaient de manière collégiale. Toutefois, sur certains sujets, un échevin ou un consul prenait le pas et devenait une sorte de maire sans avoir l'autorité et les pouvoirs exécutifs d'un maire actuel. Ils étaient appelés « prévôt des marchands » à Paris et à Lyon, maire à Marseille, Bordeaux, Rouen, Orléans, Bayonne et dans beaucoup de villes. À Lille on parlait du mayeur, du premier capitoul à Toulouse, du viguier à Montpellier, du premier consul dans nombre de villes du sud, du prêteur royal à Strasbourg, du maître échevin à Metz, du maire royal à Nancy ou du prévôt à Valenciennes.

La Révolution française

L'après-midi du 14 juillet 1789, après la Prise de la Bastille, le prévôt des marchands de Paris Jacques de Flesselles était fusillé par la foule sur les marches de l'Hôtel de Ville. Au Moyen Âge les prévôts des marchands symbolisaient l'indépendance de Paris et allèrent jusqu'à s'opposer au roi Charles V et le roi de France supprima la fonction, ensuite rétablie sous une forme totalement contrôlée par le pouvoir royal. Les prévôts des marchands n'apparaissaient plus que comme représentation locale de la monarchie et non comme une émanation de la volonté populaire.

Après cet évènement une « Commune de Paris » a été immédiatement mise en place pour remplacer l'ancienne organisation de Paris datant du Moyen Âge. Pour protéger la ville de toute manœuvre contre-révolutionnaire on créa une garde municipale. Plusieurs autres villes suivirent rapidement cet exemple comme de nombreuses communes. Le 14 décembre 1789, l'Assemblée nationale votait une loi créant les communes désignées comme la plus petite division administrative en France et c'est ainsi qu'étaient officialisées des entités crées *ex nihilo* et autoproclamées.

La décision de l'Assemblée nationale était révolutionnaire car, en plus de transformer les chartes des cités et des bourgades, elle a érigé en communes toutes les paroisses. Les révolutionnaires, imprégnés d'idées cartésiennes et de la philosophie des Lumières, souhaitaient rompre avec le passé et bâtir une société nouvelle où chacun serait égal et où la raison primerait la tradition et le passé. Aussi ont-ils prévu des divisions administratives identiques dans le pays. Le territoire a été divisé en départements divisés en districts, cantons et communes. Toutes ces communes avaient le même statut avec un conseil municipal élu par les habitants et un maire. Une maison commune, la mairie, devait être construite pour accueillir les réunions du conseil et l'administration municipale. Des membres de l'Assemblée nationale étaient opposés à une telle fragmentation du pays mais la proposition de Mirabeau l'emporta : une commune pour chaque paroisse.

Le 20 septembre 1792, le registre des naissances, des mariages et des décès tenu par le curé de la paroisse devenait de la responsabilité d'un officier public élu. Un mariage civil était institué et célébré dans les mairies ; la cérémonie n'était pas très différente de celle célébrée à l'église, la phrase « Au nom de la loi, je vous déclare unis par les liens du mariage » remplaçait celle du prêtre (« Au nom de Dieu, je vous déclare unis par les liens du mariage »). Les prêtres devaient remettre à la mairie leurs registres des baptêmes, des mariages et des enterrements. Ce recul de prérogatives de l'Église n'était pas bien accepté partout et, à l'ouest et au centre du pays, des prêtres étaient relativement réfractaires.

Le terme « commune », au sens de l'administration territoriale actuelle, a été imposé par le décret de la Convention nationale du 10 brumaire an II (31 octobre 1793) : « La Convention nationale, sur la proposition d'un membre, décrète que toutes les dénominations de ville, bourg ou village sont supprimées et que celle de commune leur est substituée ».

Sous le directoire, il existait des « municipalités de canton » et, dans les grandes villes, trois administrations municipales ou plus. Napoléon Bonaparte stabilisait les structures administratives, notamment avec la loi du 28 pluviôse an VIII et réussissait à les faire accepter. Les membres du conseil municipal étaient alors élus au suffrage censitaire. Le maire était nommé par le pouvoir central pour les communes les plus peuplées et par le préfet pour les autres.

Après la Révolution

Les jacobins craignaient les pouvoirs locaux qu'ils considéraient comme des forces conservatrices et contre-révolutionnaires et ils ont donc toujours limité leur autonomie et ont systématiquement favorisé le pouvoir central.

Des changements importants ont eu lieu en 1831, avec un retour au principe d'élection du conseil, et en 1837, avec la reconnaissance de la capacité légale. La fondamentale loi municipale du 5 avril 1884 prévoyait que le conseil serait élu au suffrage universel direct, qu'il siègerait à la mairie et serait présidé par le maire désigné en son sein. C'était la fin de constantes modifications de statut opérées par les différents régimes en place depuis la Révolution française, mais surtout le début de l'autonomie promise par les républicains sous l'Empire.

La Révolution avait créé 41000 communes sur un territoire comparable à celui de la France actuelle (Savoie, Haute-Savoie et Alpes-Maritimes incluses). Ce nombre était inférieur à celui des 60000 paroisses de l'Ancien Régime. Les villes, divisées en plusieurs paroisses, formèrent une seule commune et les très petites paroisses des campagnes furent intégrées dans une commune plus grande. Ce nombre était très important comparé aux autres pays sauf peut-être à l'Empire de Chine où cependant seul le comté disposait d'une administration permanente.

Depuis lors, malgré la révolution industrielle, deux guerres mondiales et un considérable exode rural, les divisions administratives françaises ont peu évolué. Aujourd'hui, 90% des communes et des départements ont les mêmes limites que celles décidées à la Révolution. Aussi, des communes rurales jadis fort peuplées ont aujourd'hui une faible population et, par ailleurs, des bourgs et des villes se sont fort développés et leur aire urbaine s'étend très loin de leurs limites initiales. Le principal exemple est Paris dont l'aire urbaine recouvre 396 communes.

Le territoire des municipalités fut arpenté à partir des années 1800 (cœur du Bassin parisien tout d'abord), pour se terminer en Corse après 1850. Cette opération permit de dresser un cadastre fiable et faisant foi auprès de tous les intervenants dans les échanges fonciers. Les rectifications territoriales furent nombreuses jusqu'au milieu du XIXe siècle, puis se raréfièrent.

Jusqu'en 1870, le pouvoir politique supprime les plus petites communes de chaque département, pour peu qu'elles baissent sensiblement en population. Puis les grands travaux d'urbanisme réalisés par le Second Empire décident celui-ci à faire absorber les faubourgs par les villes connaissant une forte croissance démographique. Ainsi Paris voit-il ses limites adaptées à son extension, par absorption de 14 communes ou portions de commune en 1859 ; Lyon en absorbe trois en 1852 ; Lille, dénoncée dès avant 1850 comme un mouroir de la nouvelle industrie, quadruple sa superficie en absorbant quatre communes en 1858. D'autres, moins grandes, connaissent le même mouvement ; par exemple, Le Mans triple sa superficie en en absorbant cinq entre 1855 et 1865.

Depuis, la loi municipale de 1884 a rendu la fierté d'être et l'autonomie aux municipalités. Le ministère de l'Intérieur a continué à créer quelques communes, notamment littorales, mais n'a plus osé en supprimer. Or, de la guerre au recensement de 1975, la France connut le plus fort exode rural de son histoire. La conscience émergea qu'il fallait remédier à un tissu communal par trop dépeuplé et à fiscalité par ce fait incapable de pourvoir partout aux besoins des communes sans les subsides de l'État. La velléité d'y remédier par la loi, devant le refus d'aucune commune de se fondre avec une commune plus grande et viable, se concrétisa néanmoins en 1971, quand le ministre Raymond Marcellin demanda à chaque préfet de dresser un plan de fusions dans le cadre départemental. Malheureusement, sans plan d'ensemble, les préfets agirent très différemment d'un département à l'autre ; ici ils proposèrent aux communes de vastes fusions ne concernant qu'une partie des communes dépeuplées mais en espérant que l'exemple serait suivi par d'autres (Est surtout) ; là ils proposèrent des plans modestes mais partiels et non systématiques (Ouest surtout) ; ailleurs enfin, ils n'osèrent pas toucher à quoi que ce soit alors même qu'ils administraient des départements à multiples communes inférieures à 50 habitants. Les communes refusèrent la majorité des propositions. Seulement 1316 communes disparurent entre 1968 et 1975. Depuis cette date, trois cents d'entre elles ont réussi à retrouver leur indépendance. Si bien que la France est passée de 41000 communes sous la Révolution à 37963 en 1921 et à 36568 en 2004 (France métropolitaine).

Alors que de nombreux pays d'Europe, autant dans un but de simplification que dans un but d'adaptation à la fois du territoire et de la fiscalité locale au monde contemporain, ont réduit de façon draconienne le nombre de leurs communes. Ainsi l'Allemagne de l'Ouest a réduit le nombre de ses Gemeinden de 24400 à 8400 au cours des années 1970. L'Allemagne réunifiée n'en compte que 12291 pour une population un tiers plus élevée et une superficie un tiers plus petite. De même, la fusion de communes en Belgique a réduit le nombre de 2359 à 596 en 1975. L'Italie en a 8101 pour une population comparable et une superficie d'un peu plus de la moitié de celle de la France. En Europe, seule la Suisse a gardé une organisation communale semblable mais un important mouvement de concentration a commencé récemment. Pour apprécier l'écart entre la France et les autres pays européens on peut faire les comparaisons suivantes :

- l'Union européenne en 2004 : 75000 communes, dont France : 36568 (soit 49 % du total pour 16 % de la population et 14 % de la superficie).
- les États-Unis d'Amérique : 35937 communes pour un territoire 14 fois plus grand et une population cinq fois plus importante (mais attention : les municipalités américaines ne recouvrent pas la totalité du territoire et ne regroupent pas la totalité de la population parce qu'elles résultent d'une création volontaire et démocratiquement décidée).

La France reste donc et de loin le pays ayant le plus grand nombre de communes en Europe.

Rôle et administration

Les communes françaises existent depuis la Révolution. Elles constituent une des collectivités territoriales dont l'existence est garantie par la Constitution de la Ve république et représentent le premier niveau d'administration territoriale. Leur nom est fixé par l'État et tout changement procède d'un décret en Conseil d'État[4].

Malgré les disparités de population et de superficie entre les communes, toutes ont la même structure administrative et les mêmes compétences légales (à l'exception de Paris, Lyon et Marseille régies par la loi PLM). Les communes d'Alsace-Moselle ont des spécificités juridiques héritées de la période 1871-1919, lorsque l'Alsace et la Moselle étaient allemandes. Les communes des départements de la petite couronne ont également des règles particulières, notamment en ce qui concerne la police administrative.

Une commune est administrée par un conseil municipal dont les membres sont élus au suffrage universel (suffrage direct) pour six ans. Le conseil élit en son sein un maire chargé de préparer et d'appliquer les décisions du conseil, et qui dispose de compétences propres. Le maire est assisté d'un ou de plusieurs adjoints, qui peuvent recevoir des délégations.

Le nombre de conseillers municipaux est fonction de la population de la commune, le minimum étant de 9[5]. Les séances du conseil sont publiques mais seuls les élus peuvent s'exprimer.

Une commune est une collectivité territoriale, une personne morale de droit public et dispose d'un budget constitué pour l'essentiel des transferts de l'État (dotation globale de fonctionnement notamment) et des impôts directs locaux :

taxes foncières (portant sur les propriétés), d'habitation et professionnelles (acquittées par les artisans, les commerçants et les entreprises) ; elle s'occupe de l'administration locale (gestion de l'eau, des permis de construire, etc.). En tant que représentant de l'État dans la commune, le maire a la charge des actes d'état civil (naissance, mariage, divorce, décès...) et dispose d'un pouvoir de police (sauf à Paris où la compétence relève du préfet de police, sous l'autorité du gouvernement.

Les décisions des conseils municipaux et des maires peuvent être contestées devant le tribunal administratif.

Les trois communes les plus peuplées (Paris, Marseille et Lyon) sont divisées en arrondissements municipaux (rien à voir avec les arrondissements départementaux, une autre division administrative française) mais leurs compétences sont réduites (ils n'ont pas de budget propre, par exemple).

Les compétences des communes sont essentiellement régies par les parties législative et réglementaire du Code général des collectivités territoriales (CGCT)[6].

Il y a en France environ 500000 conseillers municipaux (maires inclus), certains étant de grands électeurs élisant les sénateurs.

Statistiques

Nombre de communes

Au 1er mars 2008, la France comptait 36783 communes[7] réparties de la manière suivante :

- 36571 en France métropolitaine[7]
- 112 dans les départements d'outre-mer[7]
- 100 dans les collectivités d'outre-mer[8]

Ce nombre est nettement plus élevé que dans la plupart des pays européens : l'Allemagne compte environ 13000 communes, l'Espagne et l'Italie environ 8000 ; la Belgique possède 589 communes, le Royaume-Uni ne possède pas de division territoriale similaire. À elle seule, la France représentait la moitié de la totalité des communes européennes[9] jusqu'à l'adhésion de dix nouveaux membres au 1er janvier 2004.

Carte de la France Métropolitaine découpée en communes (agrandir [8])

Contrairement à d'autres pays dont certaines parties peuvent être directement administrées par une division d'ordre supérieure (comme les États-Unis), la totalité du territoire de la République française est découpé en communes à l'exception de :

- Saint-Martin (Antilles françaises) et Saint-Barthélemy (Antilles françaises), deux collectivités d'outre-mer des Antilles ;
- Wallis-et-Futuna, partagé en trois royaumes ;
- les terres australes et antarctiques françaises ;
- l'île de Clipperton.

La liste suivante récapitule le **nombre de communes par département** ou **communauté d'outre-mer**. De façon générale, les départements du nord et à l'est de la France comptent plus de communes que ceux du Sud et de l'Ouest. Les départements et communautés d'outre-mer sont moins divisés qu'en France métropolitaine. Paris et les départements de petite couronne, du fait de leur petite taille, en comptent beaucoup moins.

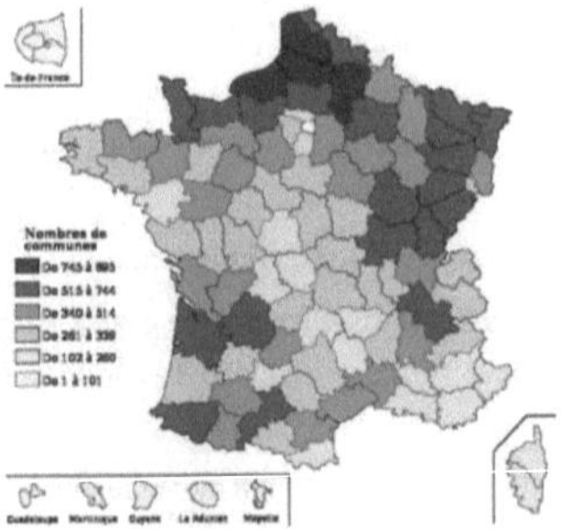

Carte du nombre de communes par département

- 894 - Pas-de-Calais
- 816 - Aisne
- 782 - Somme
- 745 - Seine-Maritime
- 730 - Moselle
- 707 - Côte-d'Or
- 706 - Calvados
- 693 - Oise
- 675 - Eure
- 650 - Nord
- 620 - Marne
- 601 - Manche
- 594 - Doubs
- 594 - Meurthe-et-Moselle
- 589 - Haute-Garonne
- 573 - Saône-et-Loire
- 557 - Dordogne
- 547 - Pyrénées-Atlantiques
- 545 - Haute-Saône
- 544 - Jura
- 542 - Gironde
- 533 - Isère
- 527 - Bas-Rhin
- 515 - Vosges
- 514 - Seine-et-Marne
- 505 - Orne
- 500 - Meuse
- 474 - Hautes-Pyrénées
- 472 - Charente-Maritime
- 470 - Puy-de-Dôme
- 463 - Ardennes
- 463 - Gers
- 454 - Yonne
- 438 - Aude
- 433 - Aube
- 433 - Haute-Marne
- 419 - Ain
- 404 - Charente
- 403 - Eure-et-Loir
- 377 - Haut-Rhin
- 375 - Sarthe
- 373 - Côtes-d'Armor
- 369 - Drôme
- 363 - Maine-et-Loire
- 353 - Gard
- 353 - Ille-et-Vilaine
- 343 - Hérault
- 340 - Lot
- 339 - Ardèche
- 334 - Loiret
- 332 - Ariège
- 331 - Landes
- 327 - Loire
- 323 - Tarn
- 320 - Allier
- 319 - Lot-et-Garonne
- 312 - Nièvre
- 305 - Deux-Sèvres
- 305 - Savoie
- 304 - Aveyron
- 294 - Haute-Savoie
- 293 - Rhône
- 291 - Loir-et-Cher
- 290 - Cher
- 286 - Corrèze
- 283 - Finistère
- 282 - Vendée
- 281 - Vienne
- 277 - Indre-et-Loire
- 262 - Yvelines
- 261 - Mayenne
- 261 - Morbihan
- 260 - Cantal
- 260 - Creuse
- 260 - Haute-Loire
- 247 - Indre
- 236 - Haute-Corse
- 226 - Pyrénées-Orientales
- 221 - Loire-Atlantique
- 201 - Haute-Vienne
- 200 - Alpes-de-Haute-Provence
- 196 - Essonne
- 195 - Tarn-et-Garonne
- 185 - Lozère
- 185 - Val-d'Oise
- 177 - Hautes-Alpes
- 163 - Alpes-Maritimes
- 153 - Var
- 151 - Vaucluse
- 124 - Corse-du-Sud
- 119 - Bouches-du-Rhône
- 102 - Territoire de Belfort
- 48 - Polynésie française
- 47 - Val-de-Marne
- 40 - Seine-Saint-Denis
- 36 - Hauts-de-Seine
- 34 - Martinique
- 33 - Nouvelle-Calédonie
- 32 - Guadeloupe
- 24 - Réunion
- 22 - Guyane
- 17 - Mayotte
- 2 - Saint-Pierre-et-Miquelon
- 1 - Paris

Évolution

Évolution du nombre de communes françaises en métropole + DOM-ROM[7]

au 1er janvier	en métropole		dans les DOM-ROM	au total
1999	36565	–	114	36679
2000	36566	+1	114	36680
2001	36563	-3	114	36677
2002	36565	+2	114	36679
2003	36564	-1	114	36678
2004	36568	+4	114	36682
2005	36570	+2	114	36684
2006	36571	+1	114	36685
2007	36569	-2	112	36681
2008[10]	36569	=	112	36681

Le nombre total de communes en France n'est pas fixe et continue à évoluer, soit à la hausse par fractionnement de communes existantes, soit à la baisse par fusion de communes.

Depuis le 1er janvier 2006 :

- 1er mars 2006: recréation de Cuisles par détachement de Châtillon-sur-Marne[11] (Marne).
- 1er septembre 2006 : fusion d'Argenton-Château, de Boësse et de Sanzay sous le nom d'Argenton-les-Vallées (Deux-Sèvres)[12] .
- 1er janvier 2007 :
  - Recréation de Bosselshausen et de Kirrwiller ; les deux communes avaient fusionné en 1974 et créé Kirrwiller-Bosselshausen[13] (Bas-Rhin).
  - Fusion de Tancua dans Morbier (Jura)[14] .
  - Fusion de Frohen-le-Grand et Frohen-le-Petit sous le nom de Frohen-sur-Authie (Somme)[15] .
- 28 février 2007 :
  - Fusion de Graignes et Le Mesnil-Angot pour former la nouvelle commune de Graignes-Mesnil-Angot (Manche)[16] .
- 29 juin 2007 :
  - Fusion de Guitalens et Lalbarède pour former la nouvelle commune de Guitalens-L'Albarède (Tarn)[17] .
- 1er janvier 2008 :
  - Création de la commune de Verquigneul, détachée de Béthune (Pas-de-Calais)[18] .
  - Recréation de Saint-Symphorien par retrait de la fusion association avec Hédé et Bazouges-sous-Hédé (Ille-et-Vilaine)[19] .
- 12 février 2008 :
  - Recréation de la commune de Rosoy, détachée de Sens (Yonne)[20] .
- 13 février 2008 :
  - Recréation de la commune de Lieoux, détachée de Saint-Gaudens (Haute-Garonne)[21] ,[22] .

- 1er janvier 2009 :
  - Fusion de Blessey et Saint-Germain-Source-Seine pour former la nouvelle commune de Source-Seine (Côte-d'Or)
- 9 décembre 2010 :
  - Fusion de Saint-Pol-sur-Mer et Fort-Mardyck, qui deviennent communes associées, avec Dunkerque.

Changement de département

La commune de Han-devant-Pierrepont était jusqu'en 1997 rattachée au département de la Meuse, elle fait désormais partie de celui de Meurthe-et-Moselle[23] .

La commune de Locunolé était jusqu'en 1857 rattachée au département du Morbihan, elle fait désormais partie de celui du Finistère.

Population

Données basées sur le recensement de 2007, population sans doubles comptes, sauf précisions.

La population médiane des communes de France métropolitaine est de 411 habitants (à titre de comparaison, la population médiane des communes belges est de 11265 habitants, des communes italiennes de 2343 habitants et d'Espagne de 5505 habitants). La population moyenne est de 1722 habitants.

En 1999, en France métropolitaine, 31927 communes ont moins de 2000 habitants (regroupant 25.3% de la population totale), 3764 entre 2000 et 10000 habitants (25.5%), 762 entre 10000 et 50000 habitants (25.3%), 102 entre 50000 et 200000 habitants (14.4%), 11 plus de 200000 habitants (8.9%). Par ailleurs, plus de 10000 communes ont moins de 200 habitants.

La commune de France métropolitaine la plus peuplée est Paris (2181374 habitants). La plus densément peuplée est Levallois-Perret (Hauts-de-Seine, 26079 hab/km²). L'unité urbaine (c'est-à-dire une commune comportant une zone de plus de 2000 habitants où aucune habitation n'est séparée de la plus proche de plus de 200 mètres) la moins densément peuplée est Saintes-Maries-de-la-Mer (Bouches-du-Rhône, 6 hab/km²).

Six communes totalement dévastées après la bataille de Verdun en 1916 ne furent jamais reconstruites et ne comptent aucun habitant : Beaumont-en-Verdunois, Bezonvaux, Cumières-le-Mort-Homme, Fleury-devant-Douaumont, Haumont-près-Samogneux et Louvemont-Côte-du-Poivre. Qualifiées de communes « mortes pour la France », chacune est administrée par un conseil municipal de trois membres nommés par le préfet de la Meuse (*voir Villages français détruits durant la Première Guerre mondiale*).

Mis à part ces six communes, Rochefourchat (Drôme) compte un seul habitant, Majastres (Alpes-de-Haute-Provence) et Ornes (Meuse) deux, Leménil-Mitry (Meurthe-et-Moselle) trois et Aulan (Drôme) quatre.

Le tableau suivant indique les communes françaises de plus de 200000 habitants, classées par population décroissante selon la population légale 2011 basée sur les données de 2008[24] :

	Commune	Population (2008)
1	Paris	2211297
2	Marseille	851420
3	Lyon	474946
4	Toulouse	439553
5	Nice	344875
6	Nantes	283288
7	Strasbourg	272116
8	Montpellier	252998
9	Bordeaux	235891
10	Lille	225784
11	Rennes	206655

Communes et énergie

Les communes, à travers l'aménagement du territoire, l'éclairage public, et leurs incitations à mieux construire, se déplacer et consommer ont un rôle important en matière de gestion et économie de l'énergie. En France, dans les années 2000, les bâtiments que les communes doivent entretenir, chauffer, éclairer etc. représentent 75% de la consommation d'énergie des communes (21 milliards de Kwh en 2005). L'éclairage public et la signalisation viennent juste derrière.

4% (en moyenne) du budget de fonctionnement des communes sont des dépenses en gaz, fuel et électricité.

En 2005[25] 1,5 milliard d'euros ont été dépensés pour éclairer (éclairage public principalement), chauffer et alimenter les matériels électriques du patrimoine communal, c'est 26% de plus qu'en 2000, alors que l'accroissement des consommations s'élevait à 7,3%.

L'éclairage public et les véhicules des collectivités (dont intercommunalités, départements et régions) ont nécessité environ 50 €/an par habitant. En 2009, le parc bâti devant être entretenu par les collectivités était de plus de 280 millions de m² [26] , avec une forte prépondérance des bâtiments scolaires au sein de ce patrimoine. Ces derniers comptent pour 149,2 millions de m² (53% du parc des collectivités), alors que les équipements de sports, loisirs et culture comptent pour 16% et ceux de l'action sociale pour 13% [26] . Les locaux (bureaux, salles de mairies, etc.) même des collectivités ne comptent que pour 10 %[26] . Par contre en termes de consommation d'énergie par mètre carré, ce sont les équipements sportifs, culturels et de loisirs (308 kWh/m², soit 28 %) et les maisons de retraite (242 kWh/m², soit 22% du total des dépenses énergétique des collectivités) qui consomment le plus, devant les bâtiments scolaire (145 kWh/m²13%), les bureaux des collectivités (193 kWh/m²17%) et l'action sociale (227 kWh/m²20 %)[26] . Les communes jouent en outre un rôle d'exemple pour les habitants.

Elles doivent décliner à leur échelle au Facteur 4 (réduction par 4 des émissions de gaz à effet de serre avant 2050) et à l'objectif intermédiaire de la loi Grenelle I du « 3 fois 20 » :

1. - 20% d'émissions de CO_2 (rapport à 1990 et avant 2020)
2. 20% d'économies d'énergie
3. 20% d'énergies renouvelables.

Divers

Superficie

- La taille moyenne d'une commune de France métropolitaine est de 14.88 km^2. La taille médiane des communes de France métropolitaine n'est que de 10.73 km^2, à cause du nombre élevé de communes de faible superficie (là encore, la France fait figure d'exception en Europe : en Allemagne, la taille médiane des communes de la plupart des Länder est supérieure à 15 km^2, en Italie elle est de 22 km^2, en Espagne 35 km^2, en Belgique 40 km^2). Plus de 15000 communes s'étendent sur 2,5 à 10 km^2.
- Dans les départements d'outre-mer, les communes sont généralement plus grandes qu'en France métropolitaine et peuvent regrouper des villages relativement distants.
- La commune la plus étendue est Maripasoula (Guyane, 5 545 habitants) avec 18360 km^2. Sur le territoire métropolitain, Arles (758.93 km^2) et les Saintes-Maries-de-la-Mer (374.45 km^2), toutes les deux dans les Bouches-du-Rhône, sont les deux communes les plus étendues.
- La plus petite commune est Castelmoron-d'Albret (Gironde, 62 habitants) avec 0.0376 km^2. Plessix-Balisson (0.08 km^2, Côtes-d'Armor, 83 habitants, entièrement enclavée dans Ploubalay) et Vaudherland (0.09 km^2, Val-d'Oise, 88 habitants) sont les deux autres communes les plus petites.

Extrêmes géographiques

- Les communes françaises possédant l'altitude maximale la plus haute sont Chamonix-Mont-Blanc (Haute-Savoie, 9830 habitants) et Saint-Gervais-les-Bains (Haute-Savoie, 5276 habitants), qui culminent au sommet du mont Blanc à 4807 m (en prenant en compte la position française sur la frontière franco-italienne dans la région). La commune dont les zones habitées sont les plus élevées est Saint-Véran (Hautes-Alpes, 267 habitants), dont le territoire s'étend entre 1756 et 3175 m d'altitude ; le village est étagé de 1950 m à 2040 m.
- La commune française la plus basse est Les Moëres (Nord, 670 habitants), dont une partie du territoire est située au-dessous du niveau de la mer, jusqu'à -4 m.
- La commune française la plus éloignée de Paris est l'Île des Pins (1671 habitants) en Nouvelle-Calédonie, à 16841 km de la capitale. Sur le territoire métropolitain, il s'agit de Bonifacio (2831 habitants), située à 986 km.
- La commune la plus au nord est Bray-Dunes, Nord.
- Les communes les plus à l'ouest sont :
  - Sur le territoire continental : Le Conquet (Finistère)
  - En France métropolitaine : Ouessant (Finistère)
  - Sur la totalité du territoire : Rimatara (Polynésie française)
- Les communes les plus à l'est sont :
  - Sur le territoire continental : Lauterbourg (Bas-Rhin)
  - En France métropolitaine : Aléria (Haute-Corse)
  - Sur la totalité du territoire : Maré (Nouvelle-Calédonie)
- Les communes les plus au sud sont :
  - Sur le territoire continental : Lamanère (Pyrénées-Orientales)
  - En France métropolitaine : Bonifacio (Corse-du-Sud)
  - Sur la totalité du territoire : Île des Pins (Nouvelle-Calédonie)

Nom

Les communes françaises possédant le nom le plus long sont Saint-Remy-en-Bouzemont-Saint-Genest-et-Isson (Marne, 592 habitants, 45 signes), Saint-Germain-de-Tallevende-la-Lande-Vaumont (Calvados, 1 731 habitants, 44 signes) et Beaujeu-Saint-Vallier-Pierrejux-et-Quitteur (Haute-Saône, 739 habitants, 43 signes) et possèdent toutes les trois 38 lettres. Si l'on ne prend que les noms formé d'un seul tenant, les communes au nom les plus long sont Niederschaeffolsheim et Mittelschaeffolsheim avec 20 lettres (les deux sont situées dans le Bas-Rhin).

Panneau indiquant la sortie de la commune d'Y

La commune française avec le nom le plus court est Y (Somme, 89 habitants). 15 communes possèdent un nom de deux lettres (Ay, Bû, By, Eu, Fa, Gy, Oô, Oz, Py, Ri, Ry, Sy, Ur, Us et Uz).

La première commune par ordre alphabétique est Aast (Pyrénées-Atlantiques, 190 habitants). La dernière commune par ordre alphabétique est Zuytpeene (Nord, 469 habitants).

Il y a 3 927 communes qui commencent par « Saint » (10,7 % des communes françaises), y compris Le Saint. Le « Saint » le plus courant est Saint-Martin (222 communes), suivi de Saint-Jean (170 communes) et Saint-Pierre (155 communes). 471 autres communes possèdent le terme « Saint » à l'intérieur de leur nom. Seulement 4 préfectures (dont 1 d'outre-mer) commencent par « Saint » : Saint-Brieuc, Saint-Étienne, Saint-Lô, Saint-Denis.

Il y a 334 communes qui commencent par « Sainte » (0,9 % des communes françaises), y compris Saintes[27] . La sainte la plus courante est Sainte-Marie (40 communes, y compris Saintes-Maries-de-la-Mer), suivie de Sainte-Colombe (27 communes) et Sainte-Croix (25 communes). 62 autres communes possèdent le terme « Sainte » à l'intérieur de leur nom.

Les noms des communes sont généralement d'origine française ou ont été francisés (comme Toulouse de l'occitan *Tolosa*, Strasbourg de l'alsacien *Strossburi* ou Perpignan du catalan *Perpinyà*). Certaines communes conservent cependant le nom de leur langue d'origine, comme par exemple :

- alsacien : Mittelhausbergen (Bas-Rhin, 1680 habitants)
- basque : Ainhoa (Pyrénées-Atlantiques, 599 habitants)
- breton : Kermoroc'h (Côtes-d'Armor, 324 habitants)
- catalan : Banyuls-dels-Aspres (Pyrénées-Orientales, 1007 habitants)
- comorien : M'tsangamouji (Mayotte, 5382 habitants)
- flamand : Steenvoorde (Nord, 4024 habitants)
- langues amérindiennes : Kourou (Guyane, 19107 habitants)
- langues austronésiennes : Kouaoua (Nouvelle-Calédonie, 1524 habitants)
- langues polynésiennes : Hitiaa O Te Ra (Polynésie française, 8286 habitants)
- occitan : Belcastel (Aveyron, 251 habitants)

La plupart des communes corses portent un nom officiel italianisé à l'époque des dominations génoises et pisanes.

- exemples : San-Gavino-di-Carbini (Corse-du-Sud, 738 habitants), en corse *San-Gavinu-di-Carbini* ; Porto-Vecchio (Corse-du-Sud, 10326 habitants), en corse *Purtivechju.*
  - exceptions notoires : Saint-Florent, L'Île-Rousse, Sartène.

communes jumelles: certaines communes sont voisines avec leurs (presque) homonymes séparées par les vissicitudes de l'histoire.

- Boussac (Creuse), Boussac-Bourg, toutes les deux en Creuse.
- Seyssel (Ain), Seyssel (Haute-Savoie),

- Pont-de-Beauvoisin (Isère) et Le Pont-de-Beauvoisin (Savoie)
- Avricourt (Moselle) et Avricourt (Meurthe-et-Moselle)
- Saint-Pierre-d'Entremont (Savoie) et Saint-Pierre-d'Entremont (Isère).
- Roquestéron-Grasse et Roquesteron toutes les deux dans les Alpes-Maritimes
- Saint-Gingolph (Haute-Savoie),Saint-Gingolph (Suisse)
- Goumois (Doubs), Goumois (Suisse)
- Scheibenhard (Bas-Rhin) et Scheibenhardt (Allemagne).
- Comines (Nord) et Comines (Belgique)
- Warneton (Nord) et Warneton (Belgique)
- Gognies-Chaussée (Nord) et Gœgnies-Chaussée (Belgique)
- Wervicq-Sud (Nord) et Wervik (Belgique)
- Mondorff (Moselle) et Mondorf-les-Bains (Luxembourg)
- Leers (Nord) et Leers-Nord (Belgique)
- Grosbliederstroff (Moselle) et Kleinblittersdorf (Allemagne)

Communes insulaires

Parmi les communes entièrement situées sur une ou plusieurs îles situées en mer, on peut citer :

- Aix
- Arz
- Batz
- Belle-Île (4 communes : Bangor, Locmaria, Le Palais et Sauzon)
- Bréhat
- Corse (360 communes)
- Guadeloupe (32 communes)
- Groix
- Hoëdic
- Houat
- Hyères (qui s'étend aussi sur les îles d'or (Îles d'Hyères))
- Île-aux-Moines
- Martinique (34 communes)
- Mayotte (17 communes)
- Molène
- Noirmoutier (4 communes : Barbâtre, L'Épine, La Guérinière et Noirmoutier-en-l'Île)
- Nouvelle-Calédonie (33 communes)
- Oléron (8 communes)
- Ouessant
- Polynésie française (48 communes)
- Ré (10 communes)
- La Réunion (24 communes)
- Saint-Pierre-et-Miquelon (2 communes : Miquelon et Saint-Pierre)
- Sein
- Yeu

Il existe également des communes situées sur des îles fluviales, comme par exemple L'Île Saint Denis ou Béhuard.

Intercommunalité

Évolution historique

Le terme « intercommunalité » désigne différentes formes de coopération entre les communes. Ce type de coopération est apparu dès le XIXe siècle avec la loi du 22 mars 1890 qui régit les associations intercommunales. De très nombreux syndicats de communes ont été créés pendant toute la durée du XXe siècle, notamment afin de gérer des activités à une échelle plus large que celle de la Commune. C'est ainsi que, dès les années 1920, la banlieue parisienne s'est dotée de grandes structures telles que le *Syndicat des communes de la banlieue pour l'électricité* (devenu le SIPPEREC en 1924), chargé d'assurer la distribution de l'électricité dans ces communes, ou le Syndicat des eaux d'Île-de-France en 1923, qui produit et distribue, en gestion déléguée, l'eau potable aux habitants.

Toutefois, le gouvernement a noté, à la fin des années 1960, que la France était le pays d'Europe qui comptait le plus grand nombre de communes, dont l'immense majorité avait moins de 2 000 habitants, le nombre de petites communes croissant d'ailleurs avec l'exode rural. C'est pourquoi le gouvernement a décidé de réduire le nombre de communes par un mécanisme de fusion. Instauré lors de la loi du 16 juillet 1971, dite « loi Marcellin »[28] , ce mécanisme devait donner naissance à une commune nouvelle et unique regroupant les communes fusionnées ou bien il conférait aux communes fusionnées les statuts de, respectivement, *chef-lieu* ou *commune associée*. Dans la dynamique de cette loi, il avait été envisagé environ 3 500 fusions regroupant 10 000 communes.

Cette loi fut un échec, puisqu'en 2009, le nombre de communes effectivement fusionnées n'était que 1100 :

Nombre de communes fusionnées[29]

Années	Nombre de fusions prononcées	Nombre de communes supprimées par fusion (A)	Nombre de dé-fusions	Nombre de communes créées par dé-fusions (B)	Communes réellement supprimées (A-B)
1971-1995	912	1308	151	211	**1097**
1996-1999	16	19	11	11	**8**
2000-2009	15	16	18	21	**-5**
Total 1971-2009	943	1343	180	243	**1100**

Les petites communes préfèrent en effet conserver leurs prérogatives quitte à les confier à des *établissements publics de coopération intercommunale*, à des *sociétés d'économie mixte* ou à des associations.

Néanmoins sont créés à partir de 1966, et de manière ressentie comme autoritaire, les communautés urbaines et les districts. Ces structures restent peu nombreuses, et ces structures intercommunales intégrées ne sont que moins de 250 en 1992, année où est créée par la loi du 6 février 1992 relative à l'administration territoriale de la République la communauté de communes[30] .

Le développement de l'intercommunalité a été relancé par la Loi relative au renforcement et à la simplification de la coopération intercommunale du 12 juillet 1999, dite « loi Chevènement »[31] . Désormais, les principales structures intercommunales sont les communautés urbaines, communautés d'agglomération et communautés de communes, financées par une fiscalité propre.

Cette loi a connu un grand succès, et de très nombreuses communautés de communes ou communautés d'agglomération ont depuis été créées.

Dans ce cadre, la *loi n° 2010-1563 du 16 décembre 2010 de réforme des collectivités territoriales*[32] se fixe comme objectif d'achever et de rationaliser la carte intercommunale afin de parvenir à une couverture intégrale du territoire par des intercommunalités à fiscalité propre avant le 1er juin 2013. Elle crée également de nouvelles structures intercommunales, la métropole et le pôle métropolitain, tout en incitant à nouveau au regroupement de communes, par la création des communes nouvelles[33] .

Il y a deux sortes de structures intercommunales :

Les structures sans compétences fiscales

Elles correspondent à la forme d'intercommunalité la moins contraignante. Les syndicats de communes en sont la forme la plus connue. Les communes s'associent et contribuent financièrement au syndicat mais ce dernier ne peut lever ses propres taxes. Les communes peuvent le quitter à n'importe quel moment. Les syndicats peuvent être mis en place pour un sujet précis ou traiter différents problèmes. Ces structures sans pouvoir fiscal n'ont pas été touchées par la loi Chevènement et voient leur intérêt diminuer.

Les structures ayant une compétence fiscale

Ce sont ces structures qui ont été créées ou modifiées par la loi Chevènement. Elles sont au nombre de quatre :

- La communauté de communes, pour les communes rurales.
- La communauté d'agglomération, pour les ensemble de plus de 50 000 habitants[34] .
- La communauté urbaine, pour les ensembles de plus 450 000 habitants[35] , La Loi du 16 décembre 2010 a abaissé le seuil de création des communautés urbaines des 500000 habitants fixés par la Loi Chevènement à 450.000 habitants.
- La métropole, créée par la *loi n° 2010-1563 du 16 décembre 2010 de réforme des collectivités territoriales*[32] , qui constitue la forme la plus intégrée des intercommunalités françaises, réservée aux ensembles de plus de 500000 habitants.

Ces quatre structures disposent de différents niveaux de compétences fiscales. Les métropoles, les communautés urbaines et les communautés d'agglomération ont plus de pouvoir en matière fiscale, elles disposaient, jusqu'en 2010, de la taxe professionnelle qui doit être au même niveau dans toutes les communes membres. Comme un syndicat intercommunal, elles gèrent le traitement des ordures ménagères et les transports mais elles s'occupent aussi du développement économique, des projets d'urbanisme et de la protection de l'environnement. Les communautés de communes ont moins de compétences et laissent beaucoup plus d'autonomie aux communes.

Pour encourager la création de communautés de communes l'État leur alloue des subventions dont le montant dépend du niveau de population. Plus il y aura de communes unies et plus les subventions seront importantes. Cet encouragement est déterminant dans le choix que font les communes de s'unir.

La loi Chevènement est un succès car la grande majorité des communes françaises ont rejoint la nouvelle structure intercommunale. Au 1er janvier 2007 on comptait 2573 communautés de communes en France métropolitaine (y compris 5 syndicats d'agglomérations nouvelles). Cela représente 33327 communes (91.1 % du total métropolitain) et plus de 52 millions d'habitants (86.7 % de la population française métropolitaine).

Toutefois ces chiffres impressionnants cachent une réalité moins brillante. En zone rurale de nombreuses communes n'ont rejoint une communauté que dans le but de bénéficier des subventions de l'État. Souvent, ce sont de simples syndicats intercommunaux qui ont été transformés en communautés de communes. Celles-ci se limitent alors aux activités de la structure précédente, ce qui bien sûr est contraire à l'objectif initial.

Dans les zones urbaines les nouvelles structures intercommunales sont beaucoup plus vivantes. Le plus souvent leurs créateurs avaient dès le départ la volonté de s'unir et de travailler ensemble. Malgré tout, de vieilles haines ne manquent pas de ressurgir ici ou là. Il n'est pas rare de voir une communauté urbaine incomplète car telle ou telle commune a refusé d'y adhérer, quitte à créer une communauté parallèle ; ainsi, la ville de Marseille est partagée en quatre districts intercommunaux. Dans plusieurs endroits, les communes les plus riches se sont regroupées entre elles et n'ont pas accepté l'adhésion des communes plus pauvres pour ne pas avoir à les financer. D'autre part, il faut bien admettre que de nombreuses communautés restent fragiles. Il y a souvent des tensions entre communes, les villes centrales sont souvent suspectées de vouloir dominer ou même absorber les communes limitrophes, sans oublier, bien sûr, les querelles entre partis politiques.

Toulouse et Paris sont deux bons exemples de cette situation :

Toulouse n'a longtemps formé avec ses banlieues qu'une simple communauté d'agglomération, qui ne s'est transformée en Communauté urbaine du Grand Toulouse qu'en janvier 2009, alors que c'est une des plus grandes villes de France qui aurait dû être dotée d'une communauté urbaine depuis longtemps. Celle-ci, bien qu'elle apporte beaucoup plus de subventions, a été refusée par les communes environnantes car elles avaient peur de perdre trop de pouvoir.

De la même façon, Paris ne fait partie d'aucune structure intercommunale à fiscalité propre. Les communes de la banlieue de Paris craignant l'avènement d'un « Grand Paris » ont longtemps préféré créer plusieurs entités intercommunales excluant systématiquement la capitale, et celle-ci ne souhaitait pas réellement s'allier structurellement avec certaines communes limitrophes. Dans le cadre du débat complexe autour du Grand Paris initié par le Président Sarkozy, le syndicat mixte Paris Métropole a été créé en février 2009, qui regroupe, en décembre 2009, 105 collectivités franciliennes.

Le principal défaut des structures intercommunales est qu'elles ne sont pas dirigées par des représentants directement élus. Ce sont les élus des communes qui siègent au conseil intercommunal. La structure bureaucratique prend donc souvent le pas dans le processus décisionnel (un peu comme dans les institutions européennes) et crée en définitive une carence de démocratie. Pendant de longues années eut lieu un débat sur l'intérêt de voir élire les membres des conseils de communautés au suffrage universel direct, ce qui aboutirait toutefois nécessairement à une baisse du poids politique des maires et des communes par rapport à celui des intercommunalités et de leurs présidents.

La *loi n° 2010-1563 du 16 décembre 2010 de réforme des collectivités territoriales*[32] a réformé le mécanisme, et, à partir des élections municipales de 2014, les conseillers communautaires des communes de plus de 3500 habitants seront élus au suffrage universel direct, dans le cadre des élections municipales. Les représentants des communes de plus petite taille (c'est-à-dire environ 90 % de l'ensemble des communes) resteront élus en leur sein par les conseils municipaux[36] .

Un débat toujours d'actualité

Depuis plus de trente ans on entend régulièrement[évasif] des appels réclamant la fusion des communes. Le président de la Cour des Comptes a lui-même émis un avis dans ce sens[réf. nécessaire]. Mais jusqu'à présent les conservatismes locaux restent les plus forts[réf. nécessaire]. Le parlement français n'a jamais fait aucune proposition de loi obligeant les communes à fusionner. En 1971 la loi Marcellin offrait une assistance et une aide financière pour inciter les communes à se regrouper librement. Ce fut un échec complet[interprétation personnelle] (seulement 1300 communes acceptèrent de se dissoudre dans une entité plus grande).

Les partisans du regroupement des communes font remarquer que les villes françaises ont un faible poids en regard de leurs sœurs européennes. Selon ces mêmes partisans leurs limites, définies il y a 200 ans, ne seraient plus représentatives de la réalité. Par exemple, la ville de Lyon intra-muros est une commune de faible superficie qui ne compte que 465300 habitants. Elle se classe loin derrière de nombreuses villes européennes alors que la population de son agglomération compte 1700000 habitants. À ce titre, elle fait partie des plus grandes villes d'Europe et se situe à un niveau comparable à celui de Munich. Par comparaison, la population de la commune (Gemeinde) de Munich est de 1300000 habitants soit presque trois fois celle de la commune de Lyon et sa superficie est de 310 km^2 soit 6,5 fois plus que celle de Lyon (48 km^2).

Les maires des villes françaises[Qui ?] regrettent aussi que leur pouvoir soit sous-évalué[évasif] quand ils se trouvent confrontés à leurs confrères européens. En effet ils ne dirigent le plus souvent que le cœur historique de l'agglomération qu'ils représentent. Un bon exemple de cette situation est la ville de Paris. L'agglomération parisienne avec ses 12 millions d'habitants est la plus grande de l'Union Européenne après Londres (14000000) et Rhin-Rhur (13000000), mais la population de Paris intra-muros n'est que de 2145000 habitants, soit moins que la ville de Rome (2550000) qui pourtant ne forme qu'une agglomération de 3,5 millions d'habitants.

À l'autre bout de la chaîne, de nombreuses communes éloignées ont été pratiquement vidées de leur population par l'exode rural. Elles sont maintenant dans l'incapacité de financer les services de base tels que l'adduction de l'eau courante, le ramassage des ordures ménagères ou l'entretien des chaussées.

La *loi n° 2010-1563 du 16 décembre 2010 de réforme des collectivités territoriales*[32] se fixe donc pour objectif d'achever et de rationaliser la carte intercommunale, en créant des structures adaptées pour les très grands ensembles urbains, les métropoles, et en créant les conditions pour assurer l'intégration de toutes les communes dans des intercommunalités, voire en façilitant leur regroupement au sein des communes nouvelles.

Habitants

Le gentilé est le nom donné aux habitants d'une commune.

Notes et références

[1] Toutefois, Paris, Lyon et Marseille sont des communes françaises subdivisées en arrondissements.

[2] Définition d'une ville sur le site de l'INSEE (http://www.insee.fr/fr/methodes/default.asp?page=definitions/ville.htm)

[3] INSEE, Circonscriptions administratives des régions au 1er janvier (http://www.insee.fr/fr/themes/tableau.asp?reg_id=99&ref_id=CMRSOS01208)

[4] l'article L 2111-1 du Code général des collectivités territoriales (http://www.legifrance.gouv.fr/WAspad/UnArticleDeCode?code=CGCTERRL.rcv&art=L2111-1)

[5] Le nombre des conseillers municipaux est fixé par l'article L 2121-2 du Code général des collectivités territoriales (http://www.legifrance.gouv.fr/WAspad/UnArticleDeCode?code=CGCTERRL.rcv&art=L2121-2)

[6] Le CGCT a remplacé l'ancien Code des communes. Il a été promulgué en deux temps : * la loi du 21 février 1996 pour la partie législative
* par le décret n° 2000-318 du 7 avril 2000 pour la partie réglementaire
Le code a été, depuis, modifié à de nombreuses reprises

[7] Code officiel géographique (http://www.insee.fr/fr/nom_def_met/nomenclatures/cog/index.asp) de l'Insee.

[8] Documentation du Code officiel géographique - Codes outre-mer (http://www.insee.fr/fr/nom_def_met/nomenclatures/cog/doc_outremer.asp).

[9] L'analyse des comptes 2003 des communes (http://www.colloc.minefi.gouv.fr/colo_otherfiles_fina_loca/presentations/comm.html), Minefi

[10] Direction de la coordination statistique et des relations internationales (http://www.google.fr/url?sa=t&ct=res&cd=8&url=http://projetbabel.org/gl/cog.pdf&ei=TCkrSIiHKob67AXz1_nVBQ&usg=AFQjCNHDukYnLgUyGBeJ16hFlf3_TfI2BA&sig2=Bew5AnJjbcFNLUgeUFKUTA), p. 206

[11] Arrêté du 20 février 2006 portant modification aux circonscriptions administratives territoriales (création de communes) (http://www.legifrance.gouv.fr/WAspad/UnTexteDeJorf?numjo=INTB0600351A)

[12] Arrêté du 8 juin 2006 relatif à une fusion de communes (http://www.legifrance.gouv.fr/WAspad/UnTexteDeJorf?numjo=INTB0600630A) et rectificatif (http://www.legifrance.gouv.fr/WAspad/UnTexteDeJorf?numjo=INTB0600630Z)

[13] Arrêté du 29 décembre 2006 portant modification aux circonscriptions administratives territoriales (création de communes) (http://www.legifrance.gouv.fr/WAspad/UnTexteDeJorf?numjo=INTB0700032A)

[14] Arrêté du 10 octobre 2006 portant modification aux circonscriptions administratives territoriales (fusion de communes) (http://www.legifrance.gouv.fr/WAspad/UnTexteDeJorf?numjo=INTB0600909A)

[15] Arrêté du 29 décembre 2006 portant modification aux circonscriptions administratives territoriales (fusion de communes) (http://www.legifrance.gouv.fr/WAspad/UnTexteDeJorf?numjo=INTB0700038A)

[16] Arrêté du 14 février 2007 portant modification aux circonscriptions administratives territoriales (fusion de communes) (http://www.legifrance.gouv.fr/WAspad/UnTexteDeJorf?numjo=INTB0700167A)

[17] Journal Officiel n° 137 (http://www.legifrance.gouv.fr/WAspad/UnTexteDeJorf?numjo=IOCB0754956A) (15 juin 2007), p. 10360, texte n°5

[18] Arrêté du 9 novembre 2007 portant modification aux circonscriptions administratives territoriales (http://www.legifrance.gouv.fr/WAspad/UnTexteDeJorf?numjo=IOCB0770478A)

[19] Arrêté du 12 mars 2007 portant modification aux circonscriptions administratives territoriales (création de communes) (http://www.legifrance.gouv.fr/WAspad/UnTexteDeJorf?numjo=IOCB0765208A)

[20] Arrêté du 20 décembre 2007 portant modification aux circonscriptions administratives territoriales (http://www.legifrance.gouv.fr/WAspad/UnTexteDeJorf?numjo=IOCB0802719A)

[21] Arrêté du 1er février 2008 portant modification aux circonscriptions administratives territoriales (http://www.legifrance.gouv.fr/WAspad/UnTexteDeJorf?numjo=IOCB0803808A) - Attention : ce texte est contradictoire et indique à l'inverse que Saint-Gaudens est détachée de Lieoux. Voir référence ci-dessous.

[22] article dans *La Dépêche* (http://www.ladepeche.fr/article/2008/02/10/432903-Lieoux-une-commune-est-nee.html) du 10 février 2008
[23] Décret n° 96-709 du 7 août 1996 portant modification des limites territoriales de départements, d'arrondissements et de cantons (http://legifrance.gouv.fr/affichTexte.do?cidTexte=JORFTEXT000000561502), JORF n° 187 du 11 août 1996, p. 12238, NOR INTA9600199D.
[24] INSEE, Communes de France les plus peuplées (http://www.insee.fr/fr/themes/tableau.asp?reg_id=0&ref_id=NATTEF01214)
[25] source : Equête Energie et patrimoine communal (ADEME/EdF GdF)
[26] Source étude du Centre d'Etudes et de Recherches Economiques sur l'Energie (CEREN), repris par le Rapport : Chantier collectivité territoriales (http://infos.lagazettedescommunes.com/telechargements/Rapport_Chantier_Collectivites_Territoriales_Grenelle.pdf) (PDF, 73 p), finalisé 22 juillet 2010
[27] Le nom de Saintes vient du peuple gaulois des Santons, et n'a rien à voir avec la religion
[28] Loi n°71-588 sur les fusions et regroupements de communes (http://www.legifrance.gouv.fr/affichTexte.do?cidTexte=LEGITEXT000006068419&dateTexte=vig) du 16 juillet 1971
[29] **[PDF]** Étude d'impact du projet de loi de réforme des collectivités territoriales(page 46) (http://www.legifrance.gouv.fr/html/actualite/actualite_legislative/EI_reforme_collectivites_territoriales.pdf) sur http://www.legifrance.gouv.fr", *2010, p. 46. Consulté le 16 janvier 2011*
[30] Qu'est ce que l'intercommunalité ? (http://www.adcf.asso.fr/2-163-Fiche-Intercommunalite.php?num=121) sur http://www.adcf.asso.fr", 31 *décembre 2008. Consulté le 1er avril 2010*
[31] Loi relative au renforcement et à la simplification de la coopération intercommunale n° 99-586 (http://www.legifrance.gouv.fr/affichTexte.do?cidTexte=LEGITEXT000005628197&dateTexte=vig) du 12 juillet 1999
[32] Loi n° 2010-1563 du 16 décembre 2010 de réforme des collectivités territoriales (http://www.legifrance.gouv.fr/WAspad/UnTexteDeJorf?numjo=IOCX0922788L)
[33] Michel Verpeaux, « La réforme des collectivités territoriales : la fin — provisoire — du parcours », dans *Revue Lamy des collectivités territoriales*, n° 64, janvier 2011, p. 52-57 (ISSN 1770-1775 (http://worldcat.org/issn/1770-1775&lang=fr))
[34] Art. L. 5216-1 du Code général des collectivités territoriales (http://www.legifrance.gouv.fr/WAspad/UnArticleDeCode?code=CGCTERRL.rcv&art=L5216-1)
[35] Art. L. 5215-1 du Code général des collectivités territoriales (http://www.legifrance.gouv.fr/WAspad/UnArticleDeCode?code=CGCTERRL.rcv&art=L5215-1)
[36] Article L 5211-6 du Code général des collectivités territoriales, dans sa rédaction issue de la loi n° 2010-1563 du 16 décembre 2010 de réforme des collectivités territoriales (http://www.legifrance.gouv.fr/WAspad/UnArticleDeCode?code=CGCTERRL.rcv&art=L5211-6)

Voir aussi

Bibliographie

- Roger Figuères, Les noms révolutionnaires des communes de France : Liste par départements et liste générale alphabétique, Paris, Société de l'histoire de la Révolution Française, 1901, 128 p.
- Maud Bazoche, *Commune ou Ville intercommunale ? De Condorcet à Nicolas Sarkozy 1793 - 2009*, éditions L'Harmattan, février 2010.

Articles connexes

- Commune • Changements de nom de communes françaises • Section de commune
- Administration territoriale • Administration territoriale de la France
- Maire • Maire (France)
- Conseil municipal • Conseil municipal (France)
- Élection municipale française
- Fusion de communes en France : Commune associée • Commune nouvelle • Liste de communes fusionnées en France • Listes des anciennes communes de France
- Finances locales en France • Impôts locaux en France
- Biens communaux
- Espace urbain • Aire urbaine (France) • Unité urbaine
- Intercommunalité • Intercommunalité en France • communauté de communes • communauté d'agglomération • communauté urbaine • Métropole • Établissement public de coopération intercommunale
- Ville nouvelle • Politique des villes nouvelles françaises • syndicat d'agglomération nouvelle

- Listes des communes de France • Liste des communes de France les plus peuplées

Liens externes

- Liste des 36682 communes de France (au 1er janvier 2009) (http://www.insee.fr/fr/nom_def_met/nomenclatures/cog/index.asp) sur le site de l'Insee
- Les comptes des communes (http://www.colloc.minefi.gouv.fr/) sur le site du ministère des Finances et de l'Industrie
- Code général des collectivités territoriales (http://www.droit.org/code/index-CGCTERRL.html) Volet législatif des compétences des communes
- Code général des collectivités territoriales (http://www.droit.org/code/index-CGCTERRM.html) Volet règlementaire des compétences des communes
- Villes et communes de France (http://www.lescommunes.com) Les communes de France, contacts, histoire, découverte
- Loi du 14 décembre 1789, relative à l'organisation des communes du royaume de France

Saône-et-Loire

Saône-et-Loire	
saône-et-loire LE DÉPARTEMENT	
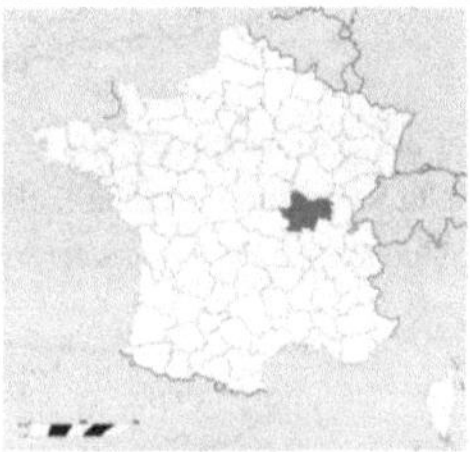	
Administration	
Pays	France
Région	Bourgogne
Code département	71
Création	4 mars 1790
Chef-lieu (Préfecture)	Mâcon
Sous-préfecture(s)	Autun Chalon-sur-Saône Charolles Louhans
Président du conseil général	Arnaud Montebourg

Préfet de département	Thierry Lataste
Statistiques	
Population totale	553968 hab. (2008)
Densité	65 hab./km^2
Superficie	8575 km^2
Subdivisions	
Arrondissements	5
Circonscriptions législatives	6
Cantons	57
Intercommunalités	43
Communes	573

La **Saône-et-Loire** est un département français de Bourgogne dont la préfecture est la ville de Mâcon. L'Insee et la Poste lui attribuent le code 71.

Histoire

Au Moyen Âge, le département, bien que n'existant pas, avait un rôle important en tant que carrefour entre le Sud et le Nord du Royaume de France. De grands barons se partageaient le territoire, comme les barons de Brancion, qui dominèrent pendant plusieurs siècles la majeure partie de la Saône-et-Loire, les comtes de Chalon-sur-Saône ou ceux du Charollais.

L'Abbaye de Cluny

Le département a été créé officiellement à la Révolution française, le 4 mars 1790, en application de la loi du 22 décembre 1789, à partir d'une partie de la province de Bourgogne. Les états généraux du Charolais, réunis dans l'ancien couvent des pères Blancs — revendu plus tard comme bien national — et libre en tant que province indépendante réunie depuis peu à la couronne, ont préféré installer la préfecture à Mâcon, plutôt qu'à Chalon-sur-Saône ; c'est ainsi que Mâcon est devenue le chef-lieu du département.

Après la victoire des coalisés à la bataille de Waterloo (18 juin 1815), le département est occupé par les troupes autrichiennes de juin 1815 à novembre 1818 (voir occupation de la France à la fin du Premier Empire).

Héritage culturel

Le signal d'Uchon

Géographie

Le département de Saône-et-Loire fait partie de la région Bourgogne. Il est limitrophe des départements de la Côte-d'Or, du Jura, de l'Ain, du Rhône, de la Loire, de l'Allier et de la Nièvre.

Les ensembles et sous-ensembles qui le composent sont :

- l'Autunois adossé au massif du Morvan, au nord-ouest
  - Autunois
  - Morvan
  - Auxois (région)
- le Charolais, qui descend sur la Loire, au sud-ouest
  - Charolais
  - Brionnais
  - Bourbonnais
- le bassin minier, dit bassin du Creusot-Montceau-Blanzy entre les deux précédents (rattaché au niveau agricole aux sous-ensembles de l'Autunois et du Charolais)
- le Chalonnais, au nord
  - Côte chalonnaise
  - Chalonnais
  - Sologne chalonnaise
- le Mâconnais (***Mâconês*** en francoprovençal) au sud
  - Mâconnais
  - Clunisois
- la Bresse (***Brêsse***) bourguignonne, à l'est de la Saône
  - Bresse chalonnaise
  - Bresse louhanaise

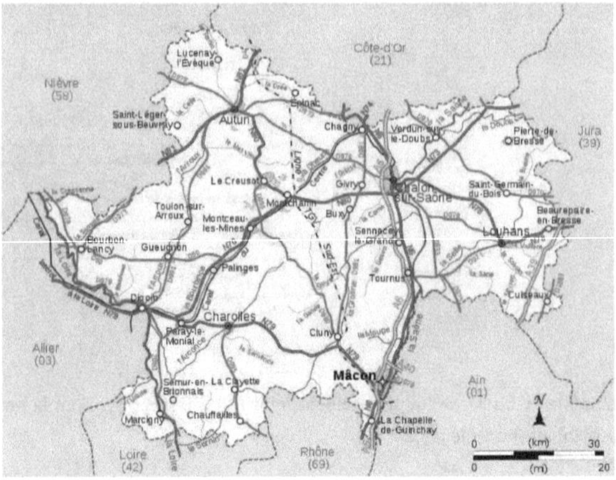

Carte détaillée du département de Saône-et-Loire

La Saône-et-Loire est traversée par la ligne de partage des eaux entre les bassins de la Loire et du Rhône (***Rôno***). C'est dans le département que cette ligne présente les plus basses altitudes en France, ce qui lui vaut d'être un carrefour important.

S'y croisent ainsi les principaux axes français nord-sud (A6, dans la plaine de la Saône) et est-ouest (Route Centre-Europe Atlantique, par le col des Vaux). De même, le grand axe ferroviaire Paris-Lyon traverse le département, via la ligne classique et via la ligne à grande vitesse (avec deux gares TGV : Le Creusot-Montceau-TGV et Mâcon-Loché-TGV). Enfin, le canal du Centre relie les bassins de de la Loire et du Rhône.

Climat

Climat tempéré à légère tendance continentale.

Mâcon

Pour la ville de Mâcon (216 m), les valeurs climatiques de 1961 à 1990 :

mois	jan.	fév.	mar.	avr.	mai	jui.	jui.	aoû.	sep.	oct.	nov.	déc.	année
Température minimale moyenne (°C)	-0.6	0.7	2.5	5.2	8.9	12.3	12.4	13.9	11.1	7.5	2.9	0.1	**6.6**
Température moyenne (°C)	2.1	4	6.8	10	13.9	17.5	20.1	19.4	16.4	11.7	6	2.7	**10.9**
Température maximale moyenne (°C)	4.9	7.3	11.1	14.8	18.9	22.8	25.7	24.9	21.7	15.9	9.1	5.3	**15.2**
Précipitations (mm)	66.3	60.9	58.7	69.4	85.9	74.7	58.1	77.1	75.7	71.7	72.7	70.4	**841.4**

Source : Infoclimat : Mâcon (1961-1990)[1]

Économie

Agriculture (bresse, charolais...), viticulture (côte chalonnaise et mâconnais)...

Démographie

Voir également : Démographie de la Saône-et-Loire

Les habitants de Saône-et-Loire sont les *Saône-et-Loiriens*. Avec une population de 553 968 (INSEE 1er janvier 2011) habitants, le département est le plus peuplé de la région Bourgogne. C'est également ce département qui totalise le plus grand nombre de villes. Cependant, la répartition de la population tend à se déséquilibrer entre est et ouest. En effet, si l'ouest du département tend à se dépeupler – notamment dans le bassin du Creusot-Montceau –, l'est, parfaitement desservi par les voies de communication modernes, tend à gagner des habitants : Bresse bourguignonne, Mâconnais et Chalonnais).

C'est actuellement la Bresse bourguignonne, sans grande ville notable, qui, par sa prospérité, gagne le plus d'habitants (ouverture de classes...). De même, Chalon-sur-Saône conserve son statut de ville la plus peuplée avec 52 260 habitants (insee 2007).

Mâcon, préfecture du département, tend à gagner des habitants, notamment dans son agglomération (aire urbaine de 104 000 habitants répartie sur l'Ain, le Rhône et la Saône-et-Loire). La proximité de Lyon a favorisé l'emploi et l'installation de nombreux Lyonnais ainsi que les investissements.

Culture

Le Festival Musique en Brionnais propose chaque année durant la première semaine d'août des concerts et des conférences destinées à promouvoir la musique de chambre et le patrimoine culturel et naturel du Charolais-Brionnais.

Il existe un festival du blues au Creusot depuis 1991[2] .

Tourisme

Le département fonde son activité touristique sur ses paysages variés (plaine de la Bresse, collines du Mâconnais et du Charolais, monts du Morvan), sa gastronomie réputée (vins de Bourgogne, bœuf charolais, poulet de Bresse, etc.), son riche patrimoine (Bibracte, Autun, Cluny, Paray-le-Monial, Brionnais, le château de Pierre de Bresse etc.).

Politique

- Liste des députés de Saône-et-Loire
- Liste des sénateurs de Saône-et-Loire
- Liste des conseillers généraux de Saône-et-Loire

Administration

- Liste des préfets de Saône-et-Loire
- Communes de Saône-et-Loire
- Anciennes communes de Saône-et-Loire
- Intercommunalités de Saône-et-Loire

Sports en Saône et Loire

- Basket : Élan Sportif Chalonnais en Pro A. ES Prissé-Mâcon et CS Autun Basket en Nationale 2.
- Football : FC Gueugnon et CS Louhans-Cuiseaux en National. L'équipe amateur du FC Montceau Bourgogne a participé aux demi-finales de la Coupe de France de football 2006-2007.
- Rugby : RC Chalon en Fédérale 1. ASM Mâcon et le Club olympique Creusot Bourgogne (Le Creusot) en Fédérale 2.
- Handball : HBC Chalon-sur-Saône en Nationale 1 (3e échelon national).
- Volley-Ball : VB Sennecey le Grand en Nationale 3 (4e échelon national).

Divers

Personnages célèbres

- Marguerite-Marie Alacoque (1647-1690) : sainte née à Vérosvres
- Christophe Alévêque (1963) : humoriste et chanteur né au Creusot et ayant grandi à Montceau-les-Mines
- Lise London née Ricol en 1916 à Montceau-les-Mines : résistante.
- Lucie Aubrac (1912-2007) : résistante née à Paris (14ème arrondissement) mais dont le père est originaire de Salornay-sur-Guye et la mère de La Chapelle-de-Guinchay
- Gaby Basset (1902-2001) : actrice, épouse de Jean Gabin, née à Varennes-Saint-Sauveur
- Rachida Dati (1965) : femme politique, ministre de la Justice, née à Saint-Rémy
- André Frénaud (1907-1993) : poète né à Montceau-les-Mines
- Jean-Pierre Gayet (1760-1825) : homme politique né à Charolles
- Jean-Baptiste Greuze (1725-1805) : peintre né à Tournus
- Claudie Haigneré (1957) : médecin, chercheuse, spationaute, femme politique, ministre, née au Creusot
- Alphonse de Lamartine (1790-1869) : poète et écrivain né à Mâcon
- Alain Longet (1950) : artiste Meilleur ouvrier de France, président délégué grande région de la Societé des Meilleurs Ouvriers de France à Paris, auteur et créateur de la « guitare d'or », trophée du Show-Biz remis a l'Olympia de Paris, a exposé au Grand Palais et au palais de l'Élysée
- Patrice de Mac Mahon (1808-1893) : maréchal, président de la République, né au château de Sully
- Jacqueline Maillan (1923-1992) : actrice née à Paray-le-Monial
- Étienne Maynaud Bizefranc de Lavaux (1751-1828) : homme politique né à Digoin, mort à Cormatin
- Arnaud Montebourg (1962) : homme politique, dirigeant du Parti socialiste, député et président du Conseil général du département
- Nicéphore Niepce (1765-1833) : inventeur de la photographie, né à Saint-Loup-de-Varennes
- Florent Pagny (1961) : chanteur né à Chalon-sur-Saône

- Fernand Point (1897-1955) : chef cuisinier, 1er chef trois étoiles au Michelin, né à Louhans
- Robin Renucci (1956) : acteur né au Creusot
- Dominique Rizet : journaliste et présentateur, originaire d'Uxeau
- Alain Robert alias Spiderman (1962) : grimpeur spécialiste de l'escalade urbaine né à Digoin
- Waldeck Rochet (1905-1983) : homme politique, secrétaire général du Parti communiste français, né à Sainte-Croix
- Bernard Thévenet (1947) : coureur cycliste, double vainqueur du Tour de France, né à Saint-Julien-de-Civry
- Louis Thibaudet (1901-1980) : peintre né à Simandre, originaire de La Frette
- François Pérol 1963 Ancien conseiller à l'Elysée (2005-2007) banquier (Président des Banques Populaires Caisses d'Epargne) né à Montceau-les-Mines
- Joseph Archer né à Charolles en 1883. Ingénieur et homme politique. Concepteur d'une monnaie européenne Europa (monnaie)

Héraldique

- Armorial des communes de Saône-et-Loire
- Blason de la Saône-et-Loire : *d'or aux deux pals ondés d'azur, au chef parti : au premier d'azur semé de fleurs de lys d'or et à la bordure componée d'argent et de gueules, au second bandé d'or et d'azur de six pièces et à la bordure de gueules.* Ce blason a été dessiné par Robert Louis[3], mais n'a jamais été utilisé par le département.

« Bourgogne-du-sud »

En 2003, le président du Conseil général a proposé de renommer le département en « Bourgogne-du-sud »[4]. Les arguments avancés étaient le manque de notoriété du nom Saône-et-Loire, la confusion induite avec les Châteaux de la Loire, opposés à la notoriété internationale de la Bourgogne et le caractère accrocheur de *sud*, évoquant l'influence méditerranéenne qui remonte jusqu'au département.

La procédure n'a pas abouti. L'expression « Bourgogne-du-sud » reste cependant utilisée dans le domaine touristique. Ce terme suit donc la même voie que celui de « Septimanie » proposé pour renommer la région Languedoc-Roussillon.

Annexes

Bibliographie

- Pierre Goujon (éd.), *La Saône-et-Loire, de la préhistoire à nos jours*, Saint-Jean-d'Angély, 1992. (Un ouvrage collectif consacré à l'histoire de ce département)
- Bibliographie Bourguignonne [5] (élaborée depuis 1937 à la Bibliothèque Municipale de Dijon).

Notes et références

[1] Archives climatologiques mensuelles - Mâcon (1961-1990) (http://www.infoclimat.fr/climatologie/index.php?s=07385&aff=details)

[2] site officiel (http://www.festival-du-blues.com/)

[3] Selon Brian Timms (http://perso.numericable.fr/~briantimms/chf/14bourgogne.htm) (consulté le 9 décembre 2006)

[4] *Lettre d'information du Comité départemental du tourisme de Saône-et-Loire*, juin-juillet 2003 (http://www.pro.bourgognedusud.com/pdf/newsletter 06_07.pdf)

Voir aussi

Articles connexes

- Bourgogne
- Démographie de la Saône-et-Loire

Liens externes

- Préfecture (http://www.Saone-et-Loire.pref.gouv.fr/)
- Conseil général (http://www.cg71.fr/)
- Archives départementales (http://www.archives71.fr/archives/arkotheque/index.php)
- Catégorie Saône-et-Loire (http://dmoz.org/World/FranÃ§ais/RÃ©gional/Europe/France/RÃ©gions/Bourgogne/SaÃ´ne-et-Loire) de l'annuaire dmoz
- Comité départemental du tourisme (http://www.bourgognedusud.com)
- DDT 71 (http://www.saone-et-loire.equipement.gouv.fr)

Coordonnées géographiques: 46°40′N 04°42′E

Appellation d'origine contrôlée

L'**appellation d'origine contrôlée** (AOC) est un label officiel français ou suisse[1] de protection d'un produit lié à son origine géographique. Il garantit l'origine de produits alimentaires traditionnels, issu d'un terroir et d'un savoir-faire particulier. Ils sont tous deux reconnus comme faisant partie des Appellations d'origine protégée européennes (AOP).

Logo français des AOC

Logo suisse des AOC

Historique

Joseph Capus, député de la Gironde

Le baron dégustant

La création des AOC est due à Pierre Le Roy de Boiseaumarié, dit le baron Le Roy, vigneron à Châteauneuf-du-Pape. Avec son ami Joseph Capus, ils sont à l'origine du renouveau des appellations vitivinicoles en France et dans le monde[2] . Pierre Charnay explique : « Lorsqu'il est arrivé dans le Vaucluse, les viticulteurs de Châteauneuf-du-Pape avaient de graves problèmes : le phylloxéra, la chute de qualité, la tromperie sur la marchandise... certains d'entre eux faisaient venir du raisin du Gard[3] . » Connaissant la formation de juriste du baron, les viticulteurs de la commune firent appel à lui pour remettre de l'ordre dans cette pagaille. Il fit d'abord créer en 1924, le syndicat des vignerons de Châteauneuf-du-Pape, puis, en 1929, le syndicat des Côtes-du-Rhône[2] .

En 1932, au sein de la « Fédération des Associations Viticoles de France », fut créée une « Section des grands crus » dont le secrétaire général fut le baron. Cette initiative fut immédiatement soutenue et appuyée par le sénateur Capus, ancien ministre de l'Agriculture de 1923 à 1925[4] .

Elle allait d'ailleurs dans le même sens que la fondation, en 1929, par Édouard Barthe, député de l'Hérault, de l'Office International de la Vigne et du Vin et, en 1931, du « Comité National de Propagande en faveur du Vin »[4] .

Sur la base d'un procès en justice, le baron obtint en 1933, un jugement qui définit et délimita l'appellation Châteauneuf-du-pape[5] . La même année, avec le gastronome Curnonsky, il fut à l'initiative de la création de l'Académie du vin de France [6] .

Édouard Barthe, député de l'Hérault

Le 12 mars 1935, Joseph Capus déposa sur le bureau du Sénat une proposition de loi qu'il avait élaborée en totale concertation avec le baron Leroy. Les dispositions de la « Loi Capus » furent ensuite intégrées par Édouard Barthe dans le décret-loi du 30 juillet 1935[4] . Cette loi permit la fondation d'un « Comité National des Appellations d'origine des vins et des eaux-de-vie qui allait devenir par décret du 16 juillet 1947 l'Institut National des Appellations d'Origine des vins et des eaux-de-vie[4] . La première présidence fut assumée par Joseph Capus puis, à sa mort[7] , le baron lui succéda de 1947 à 1967[8] .

Dès sa création, le statut de cet organisme présenta une originalité. Organisme privé, doté d'une personnalité civile, il fut chargé d'un service public. Mais sa grande innovation fut de constituer légalement une nouvelle catégorie des vins et eaux-de-vie à appellation d'origine dite « contrôlée ». Le devenir des vins puis à leur suite d'autres produits du terroir en étaient désormais changé[4] .

Leur signification

Les appellations d'origines ne sont ni des marques commerciales, ni des modèles déposés, mais des certifications officielles de qualité délivrées par un organisme dépendant d'un ministère et sanctionnée par un service de répression des fraudes.

Les AOC

Le piment AOC d'Espelette

Les AOC (appellations d'origine contrôlée) identifient un produit, l'authenticité et la typicité de son origine géographique. Elles sont garantes de ses qualités et de ses caractéristiques, de son terroir d'origine, du savoir-faire du producteur (vins, cidres, fromages, fruits et légumes, produits laitiers, miels, etc.), de l'antériorité et de la notoriété d'un procédé et de son nom qui sont trop anciens pour faire l'objet d'un brevet. La quantité et le contrôle d'étiquetage des produits sous AOC répondent à un cahier des charges validé, en France, par l'INAO (Institut national des appellations d'origine) dépendant du Ministère de l'Agriculture et en Suisse par l'OIC (l'Organisme intercantonal de certification)[9] dépendant de l'OFAG (l'Office fédéral de l'agriculture).

Reconnaître les produits

L'objectif de ces signes de qualité est de les rendre facilement reconnaissables. Les fromages, par exemple sont marqués en *talon* (encre alimentaire rouge) ou sont reconnaissables à leur étiquette ou à une plaque de caséine (matériau alimentaire). L'étiquette indique un numéro ainsi que l'organisme certificateur. En France, la couleur de la plaque de caséine indique la classification : verte pour les produits fermiers et rouge pour les produits laitiers.

Exemples de pratique

Réforme de la filière vitivinicole française

En juillet 2001, le ministre de l'Agriculture Hervé Gaymard a lancé la réforme de filière vitivinicole française en recevant les représentants des organisations professionnelles qui siègent au conseil de l'Onivins (Office national interprofessionnel des vins). Il s'agit de sortir de la deuxième plus grande crise, la première restant celle due au phylloxera dans les années 1860, que le secteur ait connue de son histoire, car très peu de régions échappent à la chute dramatique des ventes et aux faillites en nombre.

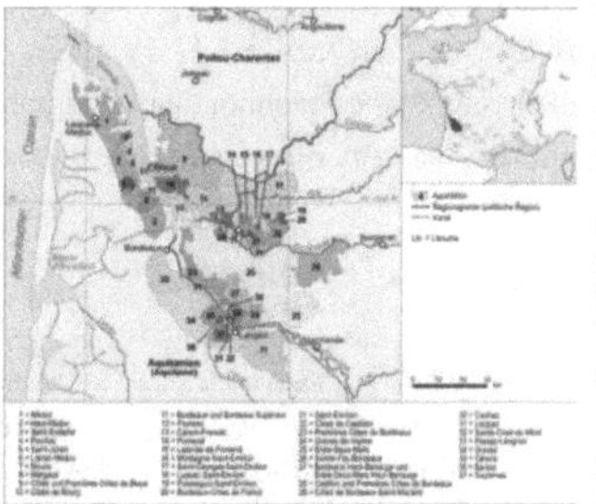

Carte du Vignoble de Bordeaux (cliquer pour agrandir)

Trois causes sont responsables de la situation actuelle : la concurrence des vins étrangers, le contexte économique mondial, mais surtout la complexité extrême de la production française et son inadéquation aux marchés étrangers. Le pire peut côtoyer le meilleur et les consommateurs sont décontenancés devant les étiquettes des vins français et leur classement entre les vins de table, les trois dénominations de vins de pays (départementale, de zone et régionale), les AOVDQS, les AOC et les crus.

René Renou, président du comité des vins et spiritueux de l'INAO, chargé des AOC et auteur d'un projet de réforme radical, annonce : « Si nous ne faisons pas le ménage nous-mêmes, le marché le fera à notre place (...) Le consommateur ne s'y retrouve pas, il faut regagner sa confiance et produire toujours de meilleurs vins ». Les exportations ont chuté de 3% en 2003 et au premier trimestre 2004, elles enregistrent une baisse de 7% en valeur et de 4,6% en volume, par rapport au premier trimestre 2003.

La nouvelle organisation proposée s'articule autour de deux grands groupes de produits :

- Ceux dont l'offre est bâtie sur le terroir et la typicité, comme les AOC (« marketing de l'offre »).
- Ceux capables de répondre aux attentes de chaque catégorie de consommateurs et à même de s'adapter aux exigences des marchés internationaux (« marketing de la demande »), ceux où la concurrence est la plus dure, et où l'on va proposer des vins identifiables par leur cépage ou par leur marque, et qui pourront avoir accès à de nouvelles technologies, comme celle de l'utilisation des copeaux de bois.

Harmonisation européenne

La Commission de l'Union Européenne ayant souhaité harmoniser les « signes officiels de qualité », on ne peut plus créer de label régional. Ils sont actuellement au nombre de six. Ainsi les IGP (Indication géographique protégée) correspondent à l'échelle européenne aux labels régionaux. Parallèlement, les AOC ont pour équivalent européen les AOP (Appellation d'origine protégée). Depuis 2002, un label ou une AOC ne peut exister sans être automatiquement inscrit respectivement en IGP ou en AOP.

En Italie, l'AOC correspond à « DOC » pour *Denominazione di Origine Controllata*; en Allemagne on a les « QbA » pour les vins (*Qualitätswein bestimmter Anbaugebiete*) et en Espagne les « D.O. » pour *Denominación de Origen*. En

Suisse on utilise également la terminologie française AOC.

Appellations au Québec

Au Québec, *Loi sur les appellations réservées et des termes valorisants* qui remonte à 1996 a conduit à faire reconnaître l'appellation biologique. Un Conseil des appellations réservées et des termes valorisants (CARTV) est mis sur pied le 6 novembre 2006[10] et prend la relève du Conseil des appellations agroalimentaires du Québec (CAAQ) le 1er janvier 2008. La loi québécoise protège quatre types d'appellations[11] : *appellation biologique, appellation d'origine, attestation de spécificité, indication géographique protégée.*

Le 24 mars 2009, par décision du ministre de l'Agriculture, des Pêcheries et de l'Alimentation du Québec, l' « agneau de Charlevoix » est devenu le premier produit du terroir à se voir reconnaître une appellation réservée dans la province de Québec[12] . L' « agneau de Charlevoix » est ainsi reconnu publiquement protégeant ainsi son authenticité et sa dénomination géographique. L'usage de l'appellation est désormais réservé aux produits certifiés conformes au cahier des charges de l'appellation[13] .

Notes et références

[1] Site des AOC suisses (http://www.aoc-igp.ch/fr-home)
[2] Pierre Le Roy de Boiseaumarié sur le site du château Fortia (http://www.chateau-fortia.com/baronleroy.html)
[3] Le baron Leroy de Boiseaumarié (http://www.ledauphine.com/huit-personnalites-locales-du-xxe-siecle-br/-pierre-le-roy-de-boiseaumarie-le-garant-des-aoc-@/index.jspz?article=70431)
[4] *L'Élite des vins de France*, *op. cit.*, p. 59.
[5] INAO, décembre 1940 (http://constel07.u-bourgogne.fr:8080/sdx/sdx/api-url/getatt?app=org.pleade.test&base=fa&id=FRMSH021INAO_de-1050-image-22372)
[6] Curnonsky, prince des gastronomes (http://agriculture.gouv.fr/curnonsky-prince-des-gastronomes)
[7] Joseph Capus sur le site assemblee-nationale.fr (http://www.assemblee-nationale.fr/sycomore/fiche.asp?num_dept=1429)
[8] Pierre Le Roy de Boiseaumarié sur le site dico-du-vin.com (http://www.dico-du-vin.com/le-roy-de-boiseaumarie-pierre-pionnier-a-lorigine-de-linao/)
[9] AOC suisses : Contrôles et certification (http://www.aoc-igp.ch/index.php?cat=40&page=45&l=fr)
[10] Site canadien CARTV (http://www.cartvquebec.com)
[11] Appellations prévues au Québec (http://www.cartvquebec.com/fr/les-appellations-rÃ©servÃ©es-prÃ©vues-au-quÃ©bec)
[12] *L'agneau de Charlevoix: premier produit du terroir à appellation contrôlée* (http://argent.canoe.com/lca/infos/quebec/archives/2009/04/20090401-112529.html)
[13] *Agneau de Charlevoix - Indication géographique protégée* (http://www.cartvquebec.com/fr/igp-agneau-de-charlevoix)

Voir aussi

Articles connexes

- Signes d'identification de l'origine et de la qualité
- Appellation d'origine
- Denominazione di Origine Protetta
- Liste des vins AOC français
- Liste des liqueurs et alcools AOC
- Liste des AOC laitières
- Liste des AOC agroalimentaires
- Signes d'identification de l'origine et de la qualité
- Spécialité traditionnelle garantie

Liens externes

- (France) : Site officiel de l'Institut national des appellations d'origine (INAO) (http://www.inao.gouv.fr/)
- (France) : Site officiel de la Confédération nationale des producteurs de vins et eaux-de-vie de vins à appellation d'origine contrôlée (CNAOC) (http://www.cnaoc.org/)
- (France) : Site d'information sur les vins AOC (http://www.aoc-vins.fr/)
- (France) : Site d'information sur les AOC laitières (http://www.fromages-aop.com/)
- (Suisse) : Site officiel de l'Association suisse des AOC-IGP (http://www.aoc-igp.ch/)

Autun

Coordonnées géographiques: 46° 57′ 06″ N 4° 17′ 58″ E

Autun

Vue générale d'Autun et de sa cathédrale

Détail

Administration	
Pays	France
Région	Bourgogne
Département	Saône-et-Loire (sous-préfecture)
Arrondissement	Autun (chef-lieu)
Canton	Autun-Nord et Autun-Sud
Code commune	71014
Code postal	71400
Maire **Mandat en cours**	Rémy Rebeyrotte 2008-2014
Intercommunalité	Communauté de communes de l'Autunois
Site web	www.autun.com [1]
Démographie	
Population	14887 hab. (2008)
Densité	242 hab./km²
Gentilé	Autunois, Autunoises
Géographie	

Coordonnées	46° 57′ 06″ Nord 4° 17′ 58″ Est
Altitudes	mini. 280 m — maxi. 642 m
Superficie	61.52 km^2

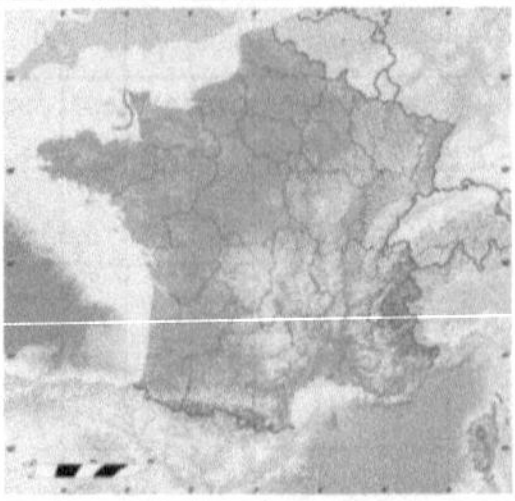

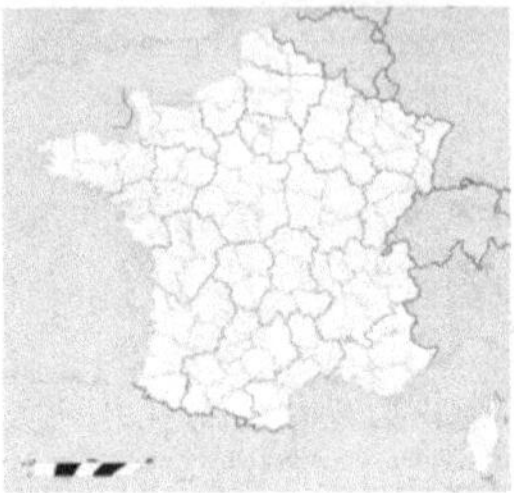

Autun (en bourguignon-morvandiau *Autègne*) est une commune française du département de Saône-et-Loire et de la région Bourgogne, située aux portes du Morvan. Sous-préfecture de Saône-et-Loire depuis 1790, la ville comptait 15069 habitants (*Autunois* et *Autunoises*) au recensement de 2007, au cœur d'une intercommunalité regroupant environ 27000 habitants [1] .

Fondée par les Romains comme *Augustodunum, sœur et émule de Rome*[2] au début du règne de l'empereur Auguste, capitale gallo-romaine des Éduens en remplacement de Bibracte, évêché dès l'Antiquité, Autun a été jusqu'à la fin du XVe siècle une cité prospère et un centre culturel influent, en dépit des pillages et des invasions. Son enclavement géographique et la concurrence croissante de Dijon, de Chalon-sur-Saône et plus tard du Creusot ont contribué à son déclin au cours des siècles suivants. Difficilement convertie dans l'industrie au XIXe siècle (exploitation du schiste bitumineux et de la fluorine), Autun a connu au XXe siècle un regain de dynamisme qui en a fait le siège de plusieurs entreprises nationales (Dim, Nexans) et de l'un des six lycées de la Défense français. La ville conserve de son passé antique et médiéval un riche patrimoine qui en fait par ailleurs un important site touristique au cœur de la Bourgogne.

Devise

Roma celtica, soror et aemula Romae, Devise inscrite sur le fronton de l'hôtel-de-ville.

Géographie

La ville s'adosse sur le rebord sud d'une dépression nommée *bassin d'Autun* daté du Permien qui comprend le stratotype Autunien formant l'Autunois. Elle est cernée au nord de prairies bocagères (bocage à maille large), à l'ouest par le massif du Morvan, et au sud de forêts de feuillus (forêt domaniale de Planoise) couvrant un plateau gréseux. La région de l'Autunois est composée de soixante-quatre communes regroupées en sept cantons. On trouve dans les cantons d'Autun-Nord et d'Autun-Sud les communes suivantes : Antully, Auxy, Curgy, Dracy-Saint-Loup, Monthelon, Saint-Forgeot, Saint-Pantaléon (commune militant pour sa défusion) et Tavernay.

Communes limitrophes de Autun

Tavernay, *l'Arroux*	Saint-Forgeot	Curgy
Monthelon, *le Morvan*		Auxy
Brion	Mesvres	Antully, Le Creusot, *Forêt de Planoise*

Hydrographie

- Le Ternin, affluent de l'Arroux, lui même affluent de la Loire, traversent une partie de l'agglomération.
- La Celle, ruisseau se jetant dans l'Arroux en aval d'Autun et dont les eaux partiellement détournées, alimentent la ville.
- Nombreux ruisseaux et sources *intra-muros*, le ruisseau de *Mugne* ou *des Tanneries* se jette dans l'*Arroux* en aval du pont Saint-Andoche.
- Le ruisseau de *La Fée* qui vient du plateau de Planoise, grossi vers le Pont Saint Pierre du ruisseau de *La Croix des Châtaigniers* se jettant lui même en dessous du Pont l'Evêque, dans le ruisseau:
- L' *Accoron* qui vient des hauteurs de Montjeu et plonge dans l' *Arroux* au pied de l'enceinte, sous les murs de la caserne Changarnier.
- Le *Saint-Pierre*, ruisseau formé par la réunion des ruisseaux de *la Chapelle* et de *la Papeterie*[3] .

Climat

Le climat de la ville est caractérisé par des influences méridionales plus marquées que dans le reste du Morvan, notamment du fait de l'altitude inférieure à quatre cents mètres. La pluviométrie est modérée (inférieure à 900 mm/an sur trente ans).

Panorama sur la ville d'Autun

Les principaux quartiers d'Autun

l'Arroux	L'Orme	Saint-Symphorien, Saint-Pantaléon
La Guinguette	*N*	Saint-Pierre
	O **Autun** *E*	
	S	
	Couhard, Croix de la Libération	

Histoire

Autun est une grande ville d'histoire qui a conservé de nombreuses traces antiques ou médiévales. La ville fut l'une des capitales catholiques Romaines.

Augustodunum, ville romaine

C'est sous le règne de l'empereur romain Auguste (-27/14) qu'a été fondée la cité d'Autun : son nom antique, *Augustodunum*, signifie *la forteresse d'Auguste*. Auguste avait la volonté de créer une grande cité en Gaule qui montrerait la puissance romaine. *Augustodunum* fut donc doté de splendides monuments qui font aujourd'hui encore sa renommée.

Le temple de Janus

La porte Saint-André

Le théâtre gallo-romain

La ville s'équipe rapidement :

- une enceinte longue d'environ 6 km et enfermant une superficie de 200 ha[4] , comportant de nombreuses tours. Elle était percée de quatre portes (dont deux subsistent) aux extrémités des deux rues principales qui se coupaient à angle droit (*cardo maximus* et *decumanus maximus*) ;
- un théâtre romain pouvant contenir jusqu'à 20000 personnes, le plus grand en capacité de la partie occidentale de l'Empire romain ;
- un amphithéâtre aujourd'hui disparu, situé à côté du théâtre ;
- les portes de Saint-André et d'Arroux qui constituaient deux des quatre entrées permettant de franchir les murailles de la cité ;
- le temple dit « de Janus », à l'extérieur des remparts. Ce temple a été à tort attribué à la divinité romaine Janus, en vérité les archéologues ignorent quelle divinité était vénérée en ce lieu. On peut lire sur une plaque explicative près du temple de Janus :

  > « Au nord-ouest de la ville antique, sur la rive droite de l'Arroux, se développait un quartier dont le seul vestige visible, le temple dit « de Janus » souligne la vocation cultuelle. [...] La forme particulière de ce temple, dit fanum est de tradition gauloise quoique sa technique de construction, datable du 1er siècle de notre ère soit romaine. Le nom de Janus lui a été associé à tort au XVIe siècle par l'historien Pierre de Saint-Julien de Balleure qui interprètera ainsi le nom du secteur où il s'élève : La Genetoye. Ce terme désigne en fait un lieu où poussent des genêts. La divinité vénérée ici, reste totalement inconnue. [...] » En 1976, à la suite de la grande sécheresse la prospection aérienne de René Goguey permit enfin au bout de 13 ans de mettre en évidence tout un ensemble dont un vaste théâtre à 150 mètres au Nord-Ouest du Temple de Janus dont les sondages de 1977, révélaient des murs courbes et rayonnants de la *cavea* édifiée sur les murs d'un important bâtiment antérieur. Son diamètre de 120 mètres dépassant le demi-cercle, il appartient à la série des théâtres gallo-romains associés à des Temples[5] ,

- la pyramide de Couhard, qui se dresse à proximité d'une ancienne nécropole le « Champs des Urnes », serait la sépulture du druide éduen Divitiacus, ami de Cicéron et de César ou encore d'un ancien vergobret. Est-ce un tombeau ou un cénotaphe[6] ,[7] ?

La création d'Autun attira les populations environnantes et notamment les habitants de Bibracte, l'oppidum éduen, qui tomba peu à peu dans l'oubli.

Autun fut célèbre pour son école de rhétorique, dont les premiers à avoir apporté les lettres à Trèves furent les panégyristes, professeurs de rhétorique venant des écoles d'Autun, Bordeaux, Rome et de Trèves même. Dans les discours de 197 à 312, cinq sont composés à Autun[8] . En 107 déjà cette école de philosophie et de Rhétorique d'Autun attire des étudiants de tout l'Empire[9] . Le poème de 148 hexamètre, est écrit par un rhéteur de la fameuse école de rhétorique qui florissait à Autun à l'époque de Constantin[10] ,[11] .

Prise par Julius Sacrovir en l'an 21, elle fut le foyer de la révolte de ce Gaulois (qui se tua aux environs). Au IIIe siècle, elle fut assiégée pendant sept mois, prise et détruite par l'usurpateur Victorinus en 270 ; puis rebâtie dans le siècle suivant par Constantin.

Début 2010, lors de la construction de logements, près de la porte d'Arroux, les travaux ont permis de découvrir un quartier antique ainsi plus de 100000 pièces de monnaie en bronze datant du IIIe siècle[12] ,[13] ,[14] .

La "pyramide de Couhard"

Le martyre de saint Léger

Marie-Madeleine (sculpture provenant de la tombe de saint Lazare dans la cathédrale d'Autun, musée Rolin désormais)

Moyen Âge

Léger (vers 616- décédé en 678), était évêque d'Autun. Il fut torturé à Lucheux (Somme) sur l'ordre du maire du palais Ébroïn, qui le fit ensuite assassiner.

La cathédrale Saint-Lazare

La ville fut saccagée par les Sarrasins du général Ambiza le 22 août 725, et suite à ce désastre, quelques années plus tard en 733, Charles Martel la confie à Théodoric Ier (708 - 755?), petit-fils de Bernarius, fondateur de la lignée des Thierry comtes d'Autun, dont Thierry II d'Autun (748-804) est frère du célèbre Guillaume de Gellone (751-28 mai 812).

Elle est à nouveau saccagée par les Normands en 888. Elle fut depuis le Xe siècle le chef-lieu d'un comté dépendant du duché de Bourgogne.

Au Moyen Âge, la ville devient un important lieu de pèlerinage, et se voit dotée d'une nouvelle cathédrale en plus de la Cathédrale Saint Nazaire d'Autun. On venait y vénérer les reliques supposées de Lazare d'Aix, non pas celles de saint Lazare, celui de la Bible, mais celles d'un

Le tympan de la Cathédrale Saint-Lazare, réalisé par Gislebert au XIIe siècle, est une œuvre majeure de l'art roman bourguignon.

évêque d'Aix-en-Provence du Ve siècle ; ce dernier avait participé à l'évangélisation de la Provence et avait été décapité sous le règne de Domitien, en l'an 94. Le culte de Lazare d'Aix, dit aussi saint Lazare à Autun au XIIe siècle répondait certainement à celui de Marie-Madeleine présent à Vézelay. La **cathédrale Saint-Lazare** (1120), église romane de type clunisien, est célèbre, grâce à son tympan sculpté avec beaucoup de détails représentant le jugement dernier et signé de l'artiste Gislebert. Ce portail magistral doit aux chanoines d'Autun sa préservation exceptionnelle.

Les causes d'appel de la cour du Duc de Bourgogne, reconnaisent que l'Abbaye de Saint-Martin d'Autun, posséde d'ancienneté, la haute, moyenne et basse justice sur la terre de "*Chanchauvain* " aujourd'hui Champ-Chanoux et qui a appartenu aussi au Prieuré de Chanchanoux, au finage de Saint-Eugène.

C'est le 13 juillet 1463, que les habitants de Saint-Martin et de Saint-Pantaléon reçurent leurs lettres d'affranchissement de l'Abbé de l'Abbaye de Saint-Martin d'Autun[15] .

Héraldique

Blasonnement

« D'or au lion de gueules, au chef bandé d'or et d'azur de six pièces et bordé aussi de gueules. »

Commentaires : Première mention de ce blason en 1529 par Barthélemy de Chasseneuz dans son *Catalogus De Gloriae Mundi* imprimé à Lyon.

Temps modernes

En 1788, Talleyrand devient évêque d'Autun. Il fut élu député du clergé pour les États généraux (France) de 1789. Il prononça un vibrant discours en 1789 pour se faire connaître, car il n'était venu qu'une fois auparavant.

Le lycée du XVIIe siècle tient une place importante dans l'histoire de la ville et même de la France puisque Napoléon Bonaparte, qui lui a donné son nom actuel, ainsi que ses frères Joseph et Lucien y ont fait leurs études. Ce lycée continue de fonctionner de nos jours. On peut y admirer les grilles en fer forgé érigées en 1772, les matières enseignées dans ce lieu y sont indiquées par divers représentations d'objets le long du haut de ces grilles.

L'ancien hôtel du marquis de Fussay situé rue de l'Arquebuse, construit en 1782, devient le siège de la sous-préfecture en 1820. Pendant la guerre franco prussienne, Garibaldi en fait son quartier général fin 1870 et début 1871.

Époque contemporaine

Le Tacot du Morvan

Croix de la Libération sur les hauteurs d'Autun

Au début du XXe siècle, la commune était desservie par une des lignes du Tacot du Morvan : le chemin de fer d'Autun à Château-Chinon.

Sa gare terminus était située aux côtés de la gare de la liaison PLM. Ce terminus marquait le départ du calcul des points kilométriques de la ligne ; la gare était donc située au PK 0.

Après avoir traversé un pont métallique (dont il ne subsiste de nos jours que la pile de la rive droite) au-dessus de l'Arroux, la ligne disposait de deux haltes facultatives au carrefour de *La Folie* (appelé *carrefour de la Légion* aujourd'hui) et au hameau *Les Moreaux*.

Le trafic voyageurs fut stoppé le 31 juillet 1931, remplacé par un service d'autocars. La ligne, fermée définitivement en 1936, fut démontée entièrement en 1939.

Tacot du Morvan d'Autun à Château-Chinon

Terminus	**Autun** Avenue de la République *(Gare terminus - Liaison PLM)* La Folie *(halte facultative)* Les Moreaux *(halte facultative)*	Commune suivante **Tavernay**

La Seconde Guerre mondiale

Au cours de la Seconde Guerre mondiale, Autun est libérée le 9 septembre 1944 par les troupes françaises débarquées en Provence[16] et les groupes armés FFI (Corps franc Pommiès, colonne Demetz).

Administration

Hôtel de ville d'Autun (1900)

Jusqu'à la Révolution, on désignait le maire sous le nom de *vierg*. Cette appellation était typiquement autunoise et venait de vergobret.

Viergs connus

(liste non exhaustive)

- 1650 - Claude Thiroux

Baillis

(liste non exhaustive)

- 1318 - Jean de Chatillon, bailli de Dijon, vient exercer à Autun[17]
- 1326 - Eudes li Changerres[18]
- 1500 - François Rolin
- 1520 - Jehan Rolin
- 1528 - Hugues de Loges
- 1534 - Louis de Loges
- 1550 v Philibert de Marcilly, frère de l'évêque d'Autun.

- 1568 - Henri Ravier, bailli d'Autun, seigneur d'Aigrevault
- 1595 - Simon de Loges, seigneur de La Boulaye
- 1675 - François de Rochefort, marquis de La Boulaye, gouverneur des villes et châtreaux de Vézelay et Avallon, Grand-Bailli d'Autun

Gouverneurs

(liste non exhaustive)

- 1620 v. - Gaspard II de Coligny-Saligny, (1590- ...), Comte de Saligny, baron de la Motte Saint-Jean, du Rouffet, bailli du Charolais[19].
- av.1685 - Jean de Coligny-Saligny,Comte de Saligny, (1617-1686), fils du précédent. il décédé en fonction[20].
- 1700 v. - Pierre Quarré d'Aligny, Comte d'Alligny
- av.1730 - Claude Quarré d'Aligny, 3e fils du précédent.
- 1754 v. - Marquis de Ganay

Autun fait partie de la communauté de communes de l'Autunois, composée de 22 communes, ainsi que du pays de l'Autunois-Morvan, composé de 5 communautés de communes regroupant au total 61 communes.

Liste des maires successifs

Période		Identité	Étiquette	Qualité
1540	1541	Hugues Rolet	-	vierg
1579	1580	Jean de Ganay	-	vierg
1613	1614	Simon de Montagu	-	vierg
février 1790	octobre 1790	Anne-Paul de Fontenay	-	1er maire
13 novembre 1791-	16 septembre 1792	Ferdinand Guillemardet	-	-
1816	1817	Collins de Gévaudan	-	-
1817	1826	Bernard Billardet	-	-
1826	1830	Delagrange	-	-
1832	1843	Jules Laureau	-	-
1843	1848	Victor-Prosper Rey	-	-
?	1931	Charles Perrucot	-	-
1931	1945	Dr Fernand Renaud	divers droite	-
1945	1945	Chanoine François Trinquet	-	-
octobre 1947	1965	Jean René Monrose	-	-
janvier 1969	1995	Marcel Lucotte	R.I. (UDF)	-
juin 1995	2001	Didier Martinet	PS	-
mars 2001	*en cours*	Rémy Rebeyrotte	PS	-
Toutes les données ne sont pas encore connues.				

Démographie

La population est de 2000 habitants (soit environ 400 feux) à la fin du XVe siècle[21] .

1793	1800	1806	1821	1831	1836	1841	1846	1851	1856
7 792	9 176	9 400	9 744	9 936	10 435	11 164	11 637	11 997	11 156
1861	1866	1872	1876	1881	1886	1891	1896	1901	1906
11 897	12 389	11 684	12 889	14 049	14 895	15 187	15 543	15 764	15 479
1911	1921	1926	1931	1936	1946	1954	1962	1968	1975
15 498	13 856	14 119	14 045	14 863	14 438	14 399	15 305	18 398	21 556
1982	1990	1999	2006	2007	2008	-	-	-	-
20 857	17 906	16 419	14 806	15 069	14 887[22]	-	-	-	-

De 1962 à 1999 : population sans double compte (recensement) ; à partir de 2006 : population municipale légale.
Sources : Cassini[23] et INSEE[24]

Histogramme de l'évolution démographique depuis 1793 :

Économie

Monuments aux morts

Le sous-sol riche en charbon et surtout en huile minérale n'est pas étranger à l'essor de la ville. La seconde était extraite depuis l'époque romaine des schistes bitumineux autuniens. À l'époque romaine, les schistes furent utilisés comme roches décoratives (le schiste dont on extrait l'huile minérale étant solide à l'état natif). Leur exploitation industrielle entamée en 1824, a fourni dès 1837 une « huile de schiste » destinée à l'éclairage. L'extraction a continué tant bien que mal jusqu'en 1957 malgré la concurrence croissante du pétrole. Seuls les deux terrils des Télots et quelques bâtiments en ruine témoignent de ce passé minier.

Le patrimoine historique, culturel, naturel ainsi que la proximité du Parc naturel régional du Morvan dont Autun est une ville partenaire, est sa plus grande richesse et la ville tente, par le tourisme, d'assurer son développement.

La ville d'Autun profite également de la présence de trois sites de production Dim (fabrication d'articles chaussant à mailles, centre logistique) qui représentent 1379 emplois. Autun est devenu le berceau de la marque Dim en 1956. La société les Câble de Lyon, devenue Nexans par la suite, est aussi un point fort économique pour la ville.

En 2004, Autun a créé son premier centre commercial dans la zone d'activité de Bellevue. La ville a aussi un bureau de la Chambre de commerce et d'industrie de Saône-et-Loire.

Par sa proximité avec le Morvan, Autun est aussi une ville de l'industrie du bois. La présence de forêts privées et publiques (bureau de l'ONF d'Autun) a facilité le développement de corps de métiers et d'entreprises liés à cette industrie. Autun possède une chaufferie utilisant la biomasse environnante, construite par la firme Dalkia en 1999.

Enseignement

Collèges

- Collège La Châtaigneraie
- Collège Du Vallon
- Collège Saint-Sacrement (Privé)
- Collège Changarnier (Militaire)

Lycées

- Lycée Bonaparte Pôle Général
- Lycée Bonaparte Pôle Technologique et Professionnel
- Lycée Saint-Lazare (Privé)
- Lycée militaire d'Autun

Le lycée Bonaparte d'Autun

Culture

Autun est classée Ville d'Art et d'Histoire. En 1973, Autun accueille la cinquième édition du Festival Europa Cantat

Le lycée militaire d'Autun ("Enfants de troupe" par le passé; toit bourguignon aux tuiles vernissées)

Monuments et lieux touristiques

Autun, au cœur de la Bourgogne, a gardé un certain charme et possède de nombreux monuments.

- La **cathédrale St-Lazare**, d'époque romane, connue par ses sculptures, en particulier, celles du tympan.
- La **Tour des Ursulines** est une tour octogonale située sur les hauteurs de la ville. La tour, entourée des remparts romains, est surmontée d'une statue de la Sainte-Vierge haute de 3 m, datant de 1862, également classée. Elle est la propriété depuis 1997 du restaurateur d'art et peintre japonais Hisao Takahashi. Le premier week end de mai, on peut voir des carpes de tissus de la cérémonie de kodomo no hi flotter au vent. Il est possible de grimper au sommet en été seulement.

« Vue générale d'Autun prise sur le chemin de Monjeu » [25] (Jean-Baptiste Lallemand, vers 1780).

- La **Place du Champ de Mars**, qui est le cœur de la ville où se greffent les deux rues piétonnes (rue aux Cordiers et rue Saint-Saulge). L'Hôtel de Ville et le Théâtre à l'italienne de la ville inauguré en 1884. Le marché s'y tient le mercredi et le vendredi ;
- Le **Théâtre romain**, où est interprété le spectacle d'Augustodunum tous les étés ;
- Les **portes romaines** : Porte Sait-André, Porte d'Arroux ;
- Le **temple dit « de Janus »**;
- La pierre de Couhard, monument funéraire antique de forme pyramidale, porteur de légendes.

- Les **remparts** qui ceinturent la vieille ville.
- Le Lycée militaire d'Autun, aux belles tuiles vernissées. Ancien grand séminaire construit au XVIIe siècle, il comprend maintenant depuis 1884 une école militaire préparatoire, puis un collège et enfin, depuis 1981, un lycée militaire. Il accueille des élèves originaires de toutes les régions françaises, dont les parents sont au service de l'État. Les deux quartiers abritent les élèves de la 6e aux classes préparatoires. La construction de nouveaux bâtiments a récemment permis la découverte de vestiges romains importants.
- Le **Passage Balthus** ex **Passage couvert de la Halle** : anciennes halles édifiées de 1742 à 1746, sur des plans de l'architecte François Franque, transformées en passage couvert en 1848 par l'architecte Palluet. Du XVIIIe siècle, il subsiste la façade rue du général Demetz, tandis que les boutiques et les galeries qui les surmontent datent du XIXe siècle, mais sont d'inspiration néorenaissance[26] .

Le passage couvert de la Halle (XIXe siècle, style néorenaissance)

- L'ancienne prison cellulaire, construite en 1854, fut l'une des premières prisons françaises à adopter le mode de détention cellulaire, le Panoptique. Désaffectée depuis 1955, elle est maintenant protégée par les monuments historiques et est notamment remarquable pour son plan circulaire.
- Alignements mégalithiques du Champ de la Justice [27]
- La "cascade pittoresque de Brisecou", lieu romantique.
- La "Croix de la Libération" qui domine tout Autun.
- Le "plan d'eau du Vallon" formé par une retenue artificielle.
- Complexe tourbeux de l'étang Saint-Georges de 14 ha, Espace Naturel Sensible (n°28)

Remparts romains : la tour des Ursulines

Le clocher de la cathédrale Saint-Lazare

La fontaine Saint-Lazare

Le théâtre à l'italienne, place du Champ-de-Mars

Les remparts romains

Prison cellulaire

Plaque commémorative sur la Croix de la Libération

Monuments disparus

-Intra-muros-

- Basilique Sainte Croix, déjà en ruine en 853[28]
- Cathédrale Saint-Nazaire, première cathédrale de la ville déjà citée en 532. Il ne subsiste que la Chapelle Saint-Aubain, dans la cour de la maîtrise.
- l'Église Saint-Jean-de-la-Grotte, église paroissiale souterraine, située sous la Cathédrale Saint-Nazaire.
- Abbaye Sainte-Marie de Saint-Jean-le-Grand d'Autun, moniales bénédictines, fondée au VIe siècle siècle par l'évêque d'Autun, Syagre.
- Abbaye Saint-Andoche d'Autun, Abbaye royale de moniales bénédictines, fondée en 592 par la Reine Brunehaut sur la recommandation de l'évêque Syagre.

-Hors les murs-

- Prieuré Saint-Racho-lez-Autun, fondé au VIe siècle siècle, de l'Ordre des Bénédictins, situé hors les murs à droite après la porte Saint André
- Abbaye de Saint-Martin d'Autun, de moines Bénédictins, fondée vers 589 - 592 par la Reine Brunehaut et Syagre l'évêque d'Autun, elle est située sur la commune de Saint-Pantaléon.
- Abbaye de Saint-Symphorien d'Autun, de moines bénédictins, de l'Ordre des Bénédictins, située hors les murs, attestée en 452, rattaché à l'abbaye de Saint-Martin en 910, deviendra un Prieuré.
- Tour Saint-Léger, reste d'un ancien donjon daté du IXe siècle

Musées

- Muséum d'histoire naturelle d'Autun dans la rue Saint-Antoine (zoologie, minéralogie, paléontologie, botanique) .
- Musée Rolin (archéologie, art du Moyen Âge, histoire et Beaux-Arts), installé rue des Bancs dans l'Hôtel Rolin qui fut la demeure de ce chancelier.
- Musée lapidaire Saint-Nicolas (archéologie), rue Saint-Nicolas, sur le site d'un ancien hôpital pour miséreux.
- Le musée national des anciens enfants de troupe, installé dans l'enceinte du lycée militaire d'Autun (dans l'ancienne crypte).
- Mini-musée de la vigne et du vin, rue de la Grange-Vertu, petit musée privé situé dans l'enceinte d'un négoce en vin.
- Musée Verger-Tarin, petite maison bourgeoise avec mobilier des trois derniers siècles, ne se visite plus pour cause de dégâts importants, Ethnologie (art de vivre au XVIIIe et XIXe), 7 rue des Sous-Chambres.

Manifestations culturelles

- Fête du livre en avril.
- Festival Musique en Morvan[29]
- Grand spectacle Gallo-Romain "*Augustodunum III, la quête de la paix.*"
- La Foire du 1er mars et du 1er septembre, où tout le centre ville devient zone piétonne avec de nombreux stands. Une fête foraine s'installe pendant 15 jours.
- Les nuits de la gargouille en juillet et août.
- L'épopée gallo-romaine, quand Autun redevient Augustodunum en mai et août (avec Bibracte, Alésia et l'association Légion VIII Augusta).
- Festival *tuyaux et vieilles dentelles* en juillet.
- Visites guidées à thèmes (cathédrale, musée Rolin, théâtre romain, musée lapidaire, au fil de l'eau, les remparts antiques, quartier marchaux, lycée militaire ...).
- En juillet et août, visites guidées de la cathédrale en anglais et en néerlandais.

Sport

Quelques clubs phares de la ville :

- Basket : le CS Autun Basket évolue en Nationale 2 et joue dans la Salle de l'Arquebuse.
- Rugby : l'AS Autunoise évolue en Fédérale 3 secteur Nord-Est et joue au Stade Saint Roch.
- Football : l'Autun FC et Le Football Benfica Autun évoluent en Ligue Bourgogne et jouent au Stade Saint Roch.
- Handball : O.C. Autun
- Natation : Club Nautique Autunois
- Société de tir autunoise (à Saint-Forgeot) : de nombreux titres en armes anciennes

Le plan d'eau du Vallon ; à gauche, le centre nautique

- Golf d'Autun

Cultes

Catholique

- Cathédrale Saint-Lazare
- Église Notre-Dame (place du champ de Mars)
- Église Saint-Jean (avenue de la République)
- Église de Saint-Pantaléon (Saint-Pantaléon), patronage à l'abbé de l'Abbaye de Saint-Martin d'Autun, bénéfice assigné par l'abbé Guillaume de Fontangy pour son anniversaire en 1295[30] .
- Église de Saint-Forgeot (Saint-Forgeot)
- Église de Fragny (Fragny)
- Église de Couhard (Couhard)

Musulman

- Association Culturelle FRANCO-TURC d'Autun, rue du 8 novembre Saint-Jean. http://associationautunturc.jimdo.com/
- Association Culturelle Musulmane d'Autun, rue du Faubourg Saint-Andoche.

Protestant

- Chapelle Saint-André, temple de l'église réformée (accolée à la porte Saint-André)

Chrétien millénariste

- Témoins de Jéhova, temple, 21 route d'Arnay.

Ville de garnison

Unités militaires ayant tenu garnison à Autun :

- 29e régiment d'infanterie, 1906

Personnalités liées à la commune

(par ordre chronologique de naissance)

- Diviciacos, druide d'Autun, vergobret, député à Rome
- Dumnorix, vergobret, frère de Diviciacos, opposant à Jules-César.
- Viridomaros (Éduen), jeune chef eduen, ayant participé à insurrection de 52 av-J-C.
- Liscus, vergobret des Eduens en 58 av J-C.
- Vedeliacus, magistrat eduens.
- Convictolitavis, vergobret, confirmé par Jules-César qu'il trahira.
- Surus, le seul chef eduen à ne pas avoir déposé les armes.
- Julius Sacrovir, au premier siècle, dernier chef de la rébellion contre les romains.
- Symphorien d'Autun († vers 178), saint, martyr chrétien.
- Eumène (rhéteur), né à Autun vers 260, décédé en 311, écrivain et rhéteur romain, secrétaire de Constance Chlore et de Maximien Hercule.
- Lautein, dit Lothain ou Lothein et en latin: Lautenus (Autun v. 477 - Silèze v. 518) : saint, moine ermite qui s'installa à Silèze et y fonda un monastère, sous le vocable de de Saint-Martin, le village prit par la suite le nom de Saint-Lothain. Il fonda ensuite le Prieuré de Saint-Symphorien de Maximiacus à Buvilly.
- Léonien d'Autun, hongrois, prisonnier des Burgondes, ermite à Autun et à Vienne en France, où il fonda 2 Abbayes au VIe siècle.
- Eptade d'Autun, (Autun. Fin duVe siècle - 525, monétaire d'Autun, ermite, prêtre et moine fondateur de l'abbaye de Cervon, au VIe siècle.
- Grégoire de Langres, (Saint), gouverneur du pays d'Autun en qualité de comte, veuf il devint évêque de Langres, il est l'arrière-grand-père de Grégoire de Tours. Décédé et fêté le 4 janvier 539.
- Virgile d'Arles, (?-1er octobre 610, Abbé de l'Abbaye de St Symphorien d'Autun, puis archevêque d'Arles, vicaire du pape Grégoire le Grand, dans les royaumes de Bourgogne, de France et d'Austrasie.
- Saint-Germain d'Autun, (Autun. 496 - Paris. 576), Abbé de Saint-Symphorien, évêque de Paris, fondateur de l'Abbaye de Saint-Germain-des-Prés.
- Saint-Didier, Évêque de Vienne, Disciple de Saint Saint-Syagre, après des remontrances à Brunehaut, elle le fit déposer puis assassiner en 608.
- Léger d'Autun ou Leodogarius (sur les bords du Rhin, en Austrasie v. 615 - forêt de Sarcing auj. Lucheux, Somme 678) : évêque d'Autun (659-678) ; il fut martyrisé à plusieurs reprises et mourut décapité.
- Frodulphe, ou Frou, (Autun. VIIIe siècle -Barjon).(Saint), ermite, moine et abbé de l'Abbaye de Saint-Martin d'Autun, ami de Saint-Merry ou Médéric.
- Nicolas Rolin (Autun 1376 - id. 1462) : homme d'État bourguignon ; fut chancelier de Bourgogne.
- Ferry de Clugny Conforgien, né à Autun (1430-1483), Évêque de Tournai, Cardinal de Santa Maria in Domnica.
- Jean Guijon, né à Saulieu av 1446, professeur de Médecine à Autun, époux de Cécile Rollet et père de 4 savants nés à Autun.
- Barthélemy de Chasseneuz, né en 1480, à Issy-l'Évêque, a demeuré longtemps à Autun. Docteur en droit, avocat à Autun en 1508, il publia des *Commentaires* sur la Coutume qui parurent en 5 éditions, son: *Catalogus Gloriæ Mundi -Consultations*, imprimées à Lyon en 1531. Conseiller au Parlement de Paris, Premier Président du Parlement de Provence,
- Pierre d'Ailleboust, médecin de la faculté de Montpellier, il enseigna et exerça à Autun où il épousa vers 1517, Perette de Séez et devint le médecin ordinaire de François Ier, il décéda au Château de Fontainebleau et son cœur

fut enterré dans la chapelle Saint-Côme et Saint-Damien de l'Église Saint-Jean-de-la-Grotte à Autun. Père de l'évêque d'Autun: Charles d'Ailleboust.

- André d'Ailleboust, né à Autun, épousa Odotte Rolet en 1547, devint économe de l'Abbaye de Saint-Martin d'Autun. Frère de l'évêque d'Autun, Charles d'Ailleboust.
- Hugues Rolet, seigneur d'Aigrevault, greffier au bailliage, en 1515, notaire, maître forestier et contrôleur au grenier à sel en 1523, échevin puis vierg d'Autun en 1540.
- Pierre Jeannin, (ca 1540- 1623), natif d'Autun, premier Président au Parlement de Bourgogne, ambassadeur de France en Hollande, Surintendant des Finances, écrivain, inhumé dans la cathédrale Saint-Lazare d'Autun.
- Jean Munier, né et décédé à Autun (1557-1637), Conseiller et avocat du roi au Bailliage et Siège présidial d'Autun et écrivain.
- Nicolas de Chevanes, Avocat et receveur des décimes, s'établit à Dijon en 1620, où il décéda en 1654, père de Jacques-Auguste de Chevanes, jurisconsulte, commentateur des Coutumes de Bourgogne.
- Gabriel Breunot, (... 1611), Conseiller au Parlement en 1575, a écrit un journal manuscrit, pendant la ligue en Bourgogne.
- George de la Boutière, descendant de François de la Boutière, avocat du roi à Autun. A traduit *L'Âne d'or*, d'Apulée et *Les 12 Césars* de Suétone, en 1556.
- Edmé Thomas, (Dijon. 1591 - Autun 1660), chantre, chanoine et historien d'Autun[31].
- Antoine Girard,(Autun. 1603- La Flèche.1679), R. P. Jésuite, écrivain, traducteur.
- Léonard Bertaut,(...-1662), Minimes, Historien né à Autun décédé à Châlons-sur-Saône
- Louis Laguille (1658-1742), Jésuite né à Autun et décédé à Pont-à-Mousson, à écrit une : " *Histoire d'Alsace ancienne et moderne, depuis César jusqu'en 1725* " 2 vol in-folio et 8. vol in-8°.
- Pierre-Bénigme Germain, (Autun. 1689 - 1751), chanoine d'Autun et historien.
- Pierre André de Charency, bienfaiteur de l'hôpital d'Autun, sa ville natale, en 1768, seigneur de Charency à Saint-Didier-sur-Arroux
- Charles-Laure de Mac-Mahon, 2e marquis d'Éguilly (1775), marquis de Vianges, (8 mai 1752 - Autun † 18 octobre 1830[32] - Saint-Max, Meurthe-et-Moselle), général puis homme politique français des XVIIIe et XIXe siècles.
- Gagnare, Docteur en médecine de l'école de Paris, Chirurgien en chef adjoint de l'hôpital civil d'Autun en 1801, encore en activité en 1823.
- Talleyrand [Charles-Maurice de Talleyrand-Périgord] (Paris 1754 - id. 1838) : homme politique, diplomate et homme d'Église : il fut évêque d'Autun (1788-1791).
- Claude Bertrand (astronome), 1757-1792, Prêtre, Astronome, géographe, né à Autun, décédé au Cap de Bonne-Espérance.
- Napoléon-Bonaparte est admis au collège d'Autun le 1er janvier 1779 grâce à son père assesseur de la juridiction royale d'Ajaccio, et connaissant Mgr de Marboeuf (frère du gouverneur de Corse). Il y retrouve ses frères Lucien Bonaparte et Joseph Bonaparte.
- Nicolas Changarnier (Autun 1793 - Paris 1877) : général et homme politique ; fut gouverneur de l'Algérie (1848).
- Jules Miot (Autun 1809 - 1883) : membre du Conseil de la Commune de Paris.
- Jean Roidot-Déléage (1794-1878 Autun) : Archéologue, botaniste, entomologiste.
- Jacques Gabriel Bulliot,né à Autun, (1817-1902), négociant en vin, archéologue amateur, membre de plusieurs sociétés savantes, découvreur du site de Bibracte, au Mont Beuvray.
- Ernest Pinard (Autun 1822 - Bourg-en-Bresse, Ain 1909) : homme politique ; ministre de l'Intérieur (1867-1868).
- Jules Basdevant (Anost, Saône-et-Loire 1877 - id. 1968) : juriste, professeur de droit, spécialiste en droit international ; il fut président de la Cour internationale de justice de La Haye (1949-1952).
- Marcel Barbotte, (1903-1998), journaliste, écrivain et romancier installé et décédé à Autun.
- Claude Régnier (linguiste), (Saint-Pantaléon 1914 - 2000 Autun), grammairien,; philologue, professeur à la Sorbonne, membre co-fondateur de l'Académie du Morvan.

- Lulu Charleu, né à Autun, musicien, compositeur, accordéoniste, enregistra plusieurs disques, il demeurait à l'Auberge des Brizards aux Les Brizards à Quarré-les-Tombes.
- Joseph Décréaux,(1920-2009), né et décédé à Autun; prêtre, archéologue, professeur honoraire d'archéologie, membre de l'Académie du Morvan.
- Michel-Marie Calvet archevêque de Nouméa, est né le 3 avril 1944 à Autun.
- Corinne Bouchard, écrivain, née à Autun en 1958
- Laurence Cote, actrice française, est née le 11 février 1966 à Lyon et a grandi à Autun.
- Romain Galland (Romano sur skyrock) est un animateur radio qui a grandi à Autun et maintenant qui habite à Paris

Jumelages

- Ingelheim-Am-Rhein (Allemagne) depuis le 19 mai 1963
- Stevenage (Angleterre) depuis le 29 avril 1975
- Kawagoe (Japon) depuis le 18 octobre 2002
- Arévalo (Espagne)

Iconographie

(liste non exhaustive)

- Timbre d'Autun par Pierre Albuisson, maître graveur, valeur faciale 0€58 semi panoramique 6cmx 2.5 cm, sortie les 14 & 15 mai 2011.

Bibliographie

- l'Abbé Germain: " *Histoire d'Autun* ". (Mémoires sur les Antiquités d'Autun 1723).
- Edmé Thomas,:" *Histoire d'Autun* ", Lyon 1660.- Paris, Autun 1846 - réédition Laffitte Marseille 1977.
- Jean Meunier: " *Recherches et mémoires, servans à l'histoire de l'ancienne cité et ville d'Autun* " édité par Claude Thiroux, chez Philibert Chavance à Dijon 1660. (texte en ligne).
- Anatole de Charmasse: " *Cartulaire de l'église d'Autun*", Autun, Dujussieu, 1865-3 vol.
- Anatole de Charmasse: " *Cartulaire de l'Evêché d'Autun* ", Autun, Dejussieu, 1880.
- Anatole de Charmasse: " *Le bailliage d'Autun* ", MSE, 1899.
- Harold de Fontenay: " *Epigraphie autunoise*", Paris Champion, MSE, 1882.
- Joseph Rosny: " *Histoire de la ville d'Autun, connue autrefois sous le nom de Bibracte, capitale de la République des Eduens* ", A2utun, Impr P. Ph. Dejussieu.1802, In-4°,XXI-353 p.
- Robert Baschet: " *Autun, ville d'art* ", Nouvelles Editions Latines. 1900.
- Chanoine,Denis Grivot: " *Autun* ", Lescuyer, Lyon, 1967.79 p, Plans et ill.
- Chanoine Denis Grivot: " *Autun* ", ImprLescuyer, Lyon 1954, 326 p. in-4°
- Chanoine Denis Grivot: " *Le bestiaire de la cathédrale d'Autun* ", Ed Ange Michel, Lyon, 1954, In-12°, 36 p.
- Chanoine Denis Grivot: " *Le monde d'Autun* ", Ed:Zodiaque 1965, in-4°, 205 p.
- Chanoine Denis Grivot: " *La légende dorée d'Autun* ", Ed: Lescuyer à Lyon, 1974.
- Jean Berthollet:" *L'Evêché d'Autun* ", Atun Impr: N-D des Anges 1947.192 p.Plans et photos.
- Partrice Boussel: " *Guide de la Bourgogne et du Lyonnais mystérieux* ", les guides noirs, Ed:Claude Tchou 1974. pp. 134-167.
- Collectif. " *Bourgogne* ",Ed.MSM, avec la collaboration de Julie Roux. p. 182-191(ISBN 2-911515-39-0)
- Jean Bonnerot: " *Autun* ", Ed H.Laurens, Paris(les visites d'art)1921-In-12°, 64 p.
- Arthur de Gravillon:" *Discours d'inauguration de la statue de Divitiac à Autun par son statuaire* " , (18 octobre 1894) Lyon, Impr:A?Rey, 1894.in-8°, 16,p.

Notes et références

[1] Communauté de communes de l'autunois (http://www.cc-autunois.com/71/CC_de_L_Autunois/)

[2] http://www.augustodunum.org/le_site.htm

[3] Dictionnaire topographique de la France

[4] Gérard Coulon, *Les Gallo-Romains : vivre, travailler, croire, se distraire - 54 av. J.-C.-486 ap. J.-C.*, Paris : Errance, 2006. Collection *Hespérides*, ISBN 2-87772-331-3, p. 21

[5] Archéologia, n° 482 de novembre 2010. pp.40-41.

[6] Pierre-Bénigme Germain, Théologal, *Lettres sur les Antiquités d'Autun*, 1746

[7] Joseph Rosny (1771-1814), *Histoire de la ville d'Autun*, Dejussieu, Autun, 1802

[8] Jacqueline Champeaux, Martine Chassignet, Hubert Zehnack: " *Aerius perennius*" Paris Sorbonne-2006. 702. p.

[9] Jean-Paul Coudeyrette: Compilhistoire. texte en ligne.

[10] Claudio Moreschini & Enrico Norelli: " *Histoire de la littérature chrétienne antique grecque et latine* " de Paul I à l'ére de Constantin; Ed Labor & Fides - 200. 470/510pp.

[11] http://www.alvinet.com/actualite/ article-7128872-plus-de-100-000-pieces-romaines-decouvertes-a-autun-dans-un-chantier-de-logements-sociaux.html

[12] Autun (71) : Un trésor romain découvert (http://bourgogne-franche-comte.france3.fr/info/sud-bourgogne/ autun-71--un-tresor-romain-decouvert-66202722.html?utm_source=feedburner&utm_medium=feed&utm_campaign=Feed:+ France3-InfoBourgogneFranche-Comte+(France+3+RÃ©gions+-+Info+Bourgogne+Franche-ComtÃ©))

[13] Découverte archéologique sur un chantier de HLM à Autun (http://www.batiactu.com/edito/ decouverte-archeologique-sur-un-chantier-de-hlm-a--27530.php)

[14] Articles en relation avec « Plus de 100.000 pièces romaines découvertes à Autun dans un chantier (http://www.alvinet.com/actualite/ article-7128872-plus-de-100-000-pieces-romaines-decouvertes-a-autun-dans-un-chantier-de-logements-sociaux.html)

[15] Cartulaire de l'Abbaye de Saint-Martin d'Autun, Charte X, supplémément. du 13 juillet 1463.

[16] Stéphane Simonnet, *Atlas de la Libération de la France*, éd. Autrement, Paris, 1994, réimp. 2004 (ISBN 2-7467-0495-1) , p 35

[17] Jacques-Gabriel Bulliot:Histoire de l'Abbaye de St Martin d'Autun chartes, p.159 notes charte 103. Texte en ligne.

[18] Cartulaire de l'Abbaye de Saint-Martin d'Autun, charte 108 de 1326. Texte en ligne

[19] François-Alexandre de la Chenaye-Aubert, *Dictionnaire de la Nobless*, Paris, 1176.

[20] Katia Béguin, *Les Princes de Condé, rebelles, courtisans, ...*, éd. Champ Vallon, 1999, p.413/462.pp.

[21] Denis Grivot, *Autun*, 1967, éditions Lescuyer, Lyon, p 77

[22] INSEE : Population légale d'Autun au 1er janvier 2008 (http://www.insee.fr/fr/ppp/bases-de-donnees/recensement/populations-legales/ commune.asp?depcom=71014&annee=2008) (données en vigueur au 1er janvier 2011)

[23] http://cassini.ehess.fr/Population par commune avant 1962 (résultats publiés au journal officiel ou conservés aux archives départementales) (http://cassini.ehess.fr/cassini/fr/html/6_index.htm)

[24] INSEE : Populations légales depuis le recensement de 1962 (http://www.insee.fr/fr/ffc/docs_ffc/psdc.htm)

[25] Aujourd'hui faubourg Saint-Blaise. La maison au premier plan existe toujours.

[26] http://www.petit-patrimoine.com/fiche-petit-patrimoine.php?id_pp=71014_4

[27] Site Mégalithique du Champ de la Justice (http://www.mairie-saint-pantaleon.fr/mairie/patrimoine/petit-carnac/petit-carnac01.htm)

[28] Diplôme de Charles le Chauve (V Cartulaire de l'Église d'Autun, p.28.)

[29] Site officiel du Festival Musique en Morvan (http://www.musique-en-morvan.com/)

[30] Cartulaire de l'Abbaye de Saint-Martin d'Autun, charte LII de 1295. Texte en ligne.

[31] Portrait d'Edmé Tomas. Base Joconde.

[32] ou le 26 août 1837 selon *Le dictionnaire des parlementaires.*

Voir aussi

- Liste des communes de Saône-et-Loire

Articles connexes

- Cathédrale Saint-Lazare
- La Tentation d'Ève
- Liste des évêques d'Autun
- Liste des comtes d'Autun
- Chartes bourguignonnes
- Chemin de fer d'Autun à Château-Chinon
- Art roman en Saône-et-Loire

- Aire urbaine d'Autun

Liens externes

- Site officiel de la ville d'Autun (http://www.autun.com/)
- Site de la communauté de communes de l'Autunois (http://www.cc-autunois.com/)
- Office de tourisme d'Autun (http://www.autun-tourisme.com/)
- Autun sur le site de l'Insee (http://www.recensement.insee.fr/searchResults.action?zoneSearchField=&codeZone=71014-COM)

Dogger

ère **Mésozoïque**
Crétacé
Jurassique
Malm
Dogger
• Callovien
• Bathonien
• Bajocien
• Aalénien
Lias
Trias

Le **Dogger**, aussi connu sous le nom de **Jurassique moyen**, est une époque de la période géologique du Jurassique. Cette époque s'étend de -175,6 ± 3,0 à -161,2 ± 4,0 Ma.

Le Dogger est divisé en quatre étages :

- Callovien (164,7 ± 4,0 - 161,2 ± 4,0 Ma)
- Bathonien (167,7 ± 3,5 - 164,7 ± 4,0 Ma)
- Bajocien (171,6 ± 3,0 - 167,7 ± 3,5 Ma)
- Aalénien (175,6 ± 2,0 - 171,6 ± 3,0 Ma)

Voir aussi

- Échelle des temps géologiques

Malm

ère **Mésozoïque**
Crétacé
Jurassique
Malm
• Tithonien
• Kimméridgien
• Oxfordien
Dogger
Lias
Trias

Le **Malm**, aussi connu sous le nom de **Jurassique supérieur**, est une époque de la période géologique du Jurassique. Cette époque s'étend de 161.2 ± 4.0 à 145.5 ± 4.0 Ma. C'est la plus courte époque stratigraphique du Jurassique, le Lias et le Dogger étant plus longues.

Subdivisions

Le Malm est divisé en trois étages :

Tithonien (ou anciennement Portlandien)[1]	(150,8 ± 4 - 145,5 ± 4 Ma)
Kimméridgien	(155,7 ± 4 - 150,8 ± 4 Ma)
Oxfordien	(161,2 ± 4 - 155,7 ± 4 Ma)

Paléogéographie

Pangée se divise en deux supercontinents, Laurasia au nord et Gondwana au sud. L'Atlantique Nord commence à se former à cette époque mais il reste étroit jusqu'au Crétacé.

Falaise crayeuse, dépôt sédimentaire datant du Malm à Bat's Head dans le Dorset

Formes de vie

Cette époque est caractérisée par un certain nombre de dinosaures comprenant de nombreux Sauropodes, les plus grands herbivores terrestres ayant existé, des ornithopodes, des Plésiosaures etc. Les premiers oiseaux évoluent durant le Malm.

- *Camarasaurus*, *Brachiosaurus*, *Diplodocus Supersaurus* des Sauropodes herbivores d'Amérique du Nord,
- *Dicraeosaurus*, un grand Sauropoda africain,
- *Allosaurus*, le plus communs de la fin du Jurassique, début du Crétacé des Théropodes d'Amérique du Nord,
- *Epanterias*, un grand carnivore Théropoda d'Amérique du Nord
- *Ceratosaurus*, un carnivore d'Afrique et d'Amérique du Nord,

- *Compsognathus*, un Théropoda d'Europe et *Yanchuannosaurus*, un grand Théropodes asiatique,
- *Tuojiangosaurus*, un Thyréophores d'Asie, *Stegosaurus* et *Gargoyleosaurus* en Amérique du Nord,
- *Dryosaurus*, *Camptosaurus* Thyréophores d'Amérique du Nord,
- *Archaeopteryx* le premier oiseaux connu, en Europe,
- *Rhamphorhynchus*, un Ptérosaure d'Europe.
- *Ophthalmosaurus*, un Ichthyosaure très commun,
- *Liopleurodon*, un plésiosaure des mers d'Europe,
- *Pterodactylus*, Ptérosaure volant d'Europe.

Voir aussi

- Échelle des temps géologiques

Références

[1] Le Portlandien a été abandonné dans les années 1990.

- (en) Kazlev, M. Alan (2002-06-28). Late Jurassic - The Malm Epoch: The Acme of the Dinosaurs. Palæos (http://www.palaeos.com/Mesozoic/Jurassic/LateJura.html).

Marne (roche)

La **marne** que l'on nomme aussi, en fonction de sa qualité, **pierre de France** ou encore pierre de Maastricht, est une roche sédimentaire contenant du calcaire $CaCO_3$ et de l'argile en quantités à peu près équivalentes (35 % à 65 %).

Utilisation

Marnes bleues au Col Saint-Jean à Montclar

Depuis l'âge de bronze on extrait la marne sous forme de blocs de pierre à destination de la construction. On retrouve ce matériau abondant, facile à extraire et à façonner dans nombre de bâtiments anciens modestes ou prestigieux. Avec l'épuisement des carrières en marne de qualité, la faible dureté du matériau et sa mauvaise résistance conduiront cependant à un abandon progressif de cet usage. Apparu il y a peu, le phénomène des pluies acides constitue un redoutable ennemi des bâtiments construits en matériaux marneux. Les derniers gisements de marnes de qualité sont donc réservés à la restauration.

Au XIXe siècle on industrialisa la production de chaux. La marne avec sa composition calcaire élevée et son abondance était un ingrédient idéal pour les usages qui ne requéraient pas en final une chaux d'un haut niveau de pureté, l'élaboration de mortier par exemple. Le ciment Portland d'aujourd'hui utilise toujours la marne comme ingrédient principal.

Broyé, c'est aussi un produit d'amendement des cultures afin de rendre les sols moins acides.

Les marnières

La marne fut extraite comme matériau de construction dès que les outils en métal furent connus.

Les marnières permettaient également d'extraire la craie pour amender les terres agricoles.

À l'époque, enlever d'importantes couches de terre végétale était impossible; on commença donc à extraire là où la marne affleurait et on poursuivit en creusant des réseaux de galeries. À notre époque, la marne est extraite dans de gigantesques carrières à ciel ouvert, généralement proches de la cimenterie où elle est transformée en ciment.

Les anciennes *marnières* étaient souvent souterraines et disséminées (extraction au plus près, pour limiter le transport). Après usage elles ont été rebouchées, leurs emplacements étant seulement repérés par des arbres. Au fil du temps (et des remembrements), ces arbres généralement isolés au milieu des champs ont disparu et la mémoire du site avec eux.

Les phénomènes d'érosion et de dissolution conduisent quelquefois à des effondrements. Leurs conséquences sont particulièrement graves si des constructions ont été édifiées au-dessus. La Normandie est régulièrement victime d'accidents de cette nature.

Le Marnage

Le marnage est une technique agricole consistant à rendre un sol plus calcaire en y ajoutant de la marne. Ceci permettait de remonter le pH des sols acides et les rendre plus propices à l'activité agricole. On a longtemps utilisé cette technique et ce même avec des argiles non calcaires ce qui n'avait aucune efficacité.

Arts du feu

Ceci grâce au carbonate de calcium que la marne contient.

Les marnes bleues contiennent souvent des fossiles

Mastic

Spécialement pour le mastic de vitrier.

Calendrier

La marne se fête le 17 nivôse dans le calendrier républicain.

Notes et références

Voir aussi

Articles connexes

- Manufacture générale des Blancs Minéraux de Meudon
- Gué de Blanquetaque
- Blanc (couleur)
- Liste de couleurs
- Noms et adjectifs de couleur

Liens externes

- Marnières et bétoires (http://www.univ-lehavre.fr/cybernat/pages/marniere.htm) sur le site de l'université du Havre
- Marnières, karst et cavités souterraines en Haute-Normandie (http://explor-e.fr/géologie/marnières-karst-et-cavités/) Des origines aux solutions (inventaires, périmètres de sécurité, localisation, traitement...)
- Les Marnière en Normandie (http://marniere.com/), si vous êtes confronté à un problème de marnière, vous pouvez commencer par consulter ce site
- Le blanc de Meudon (http://pourpre.com/chroma/dico.php?typ=fiche&&ent=meudon) sur pourpre.com, le site de la couleur
- Les utilisations en art plastique (http://www.dotapea.com/terresblanches.htm)

Orbise

Orbise (Orbize)	

l'Orbize à Mellecey	
Caractéristiques	
Longueur	21.2 km
Bassin	?
Bassin collecteur	Rhône
Débit moyen	?
Cours	
Source	à proximité du bois de Jambles
· **Localisation**	Châtel-Moron
· **Altitude**	440 m
· **Coordonnées**	46°46′52″N 4°37′51″E
Confluence	Corne
· **Localisation**	Saint-Rémy
· **Altitude**	179 m
· **Coordonnées**	46°45′16″N 4°49′52″E
Géographie	
Principaux affluents	
· **Rive gauche**	le Giroux
· **Rive droite**	sans
Pays traversés	France
Régions traversées	Bourgogne
Principales villes	Givry, Châtenoy-le-Royal, Saint-Rémy

L' **Orbise**[1] ou **Orbize**[2] est une rivière française du département Saône-et-Loire de la région Bourgogne et un affluent de la Corne, c'est-à-dire un sous-affluent du Rhône par la Saône.

Géographie

D'une longueur de 21,2 kilomètres[1] , l'Orbise prend sa source sur la commune de Châtel-Moron à l'altitude 440 mètres, à proximité du bois de Jambles[2] . Cette source s'appelle source de la Manche[3] .

Il coule globalement du sud-ouest vers le nord-est et après un coude dans la commune de Mellecey redescend du nord-ouest vers le sud-est.

Il conflue avec la Corne sur la commune de Saint-Rémy, à l'altitude 179 mètres[2] .

Communes et cantons traversés

Dans le seul département de la Saône-et-Loire (71), l'Orbise traverse dix communes[1] et trois cantons :

- dans le sens amont vers aval : Châtel-Moron (source), Jambles, Barizey, Saint-Jean-de-Vaux, Saint-Martin-sous-Montaigu, Mellecey, Dracy-le-Fort, Givry, Châtenoy-le-Royal, Saint-Rémy (confluence).

Soit en termes de cantons, l'Orbise prend source dans le canton de Givry, traverse le canton de Chalon-sur-Saône-Ouest, conflue dans le canton de Chalon-sur-Saône-Sud.

Affluents

L'Orbise a un affluent référencé[1] :

- le ***ruisseau le Giroux***, (rg) 8.1 km, sur les trois communes de Saint-Martin-sous-Montaigu (source), Mercurey, Mellecey (confluence).

Il prend sa source près du château Blaizy, à l'altitude 314 mètres. 46°49′15″N 4°41′33″E

Aménagements

Sur son cours, on voit encore parmi les lieux dits treize moulins et deux châteaux : Le Moulin Tourneau, le Moulin Baudy, le Moulin Liboureau, le Moulin de Saint-Sulpice, le château de Germolles, le moulin des Buissons, le Moulin Ravenot, le château de Dracy-le-Fort, le Moulin Roussot, le Moulin Madame, le Moulin de la Creuse, le Moulin Patin, le Moulin de Quincampoix, le Moulin de la Perche, et le Moulin Martorez.

le château de Germolles

Galerie photos

L'Orbise à Saint-Martin-sous-Montaigu

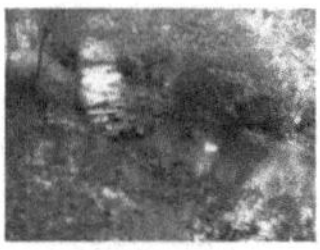

Orbise à Saint-Martin-sous-Montaigu avec passerelle

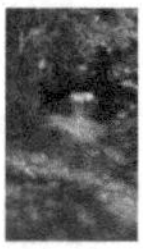

L'Orbize à Mellecey

L'Orbize à Mellecey

Voir aussi

- La Côte Chalonnaise
- La Voie Verte et chemin de grande randonnée GR 7
- Le château de Germolles
- Le château de Dracy-le-Fort

Notes et Références

[1] SANDRE, « Fiche rivière l'orbise (U3120640) (http://sandre.eaufrance.fr/app/chainage/courdo/htm/U3120640.php?cg=U3120640) ». Consulté le 30 mai 2010

[2] Géoportail - Institut géographique national (France), « Géoportail (http://www.geoportail.fr/) ». Consulté le 30 mai 2010

[3] Dictionnaire topographique de la France, « L'Orbise (http://cths.fr/topo/pagint/nomenclature.php?cid=13614&clettre=O) ». Consulté le 30 mai 2010

Saint-Martin-sous-Montaigu

Coordonnées géographiques: 46° 49′ 02″ N 4° 42′ 52″ E

Saint-Martin-sous-Montaigu	
 Place de la salle des fêtes (*Place de Corcelles*)	
Administration	
Pays	France
Région	Bourgogne
Département	Saône-et-Loire
Arrondissement	Chalon-sur-Saône
Canton	Givry
Code commune	71459
Code postal	71640
Maire **Mandat en cours**	Pierre Voarick 2008-2014
Intercommunalité	Le grand Chalon

Démographie	
Population	342 hab. (2007)
Densité	94 hab./km²
Géographie	
Coordonnées	46° 49′ 02″ Nord 4° 42′ 52″ Est
Altitudes	mini. 214 m — maxi. 397 m
Superficie	3.65 km^2

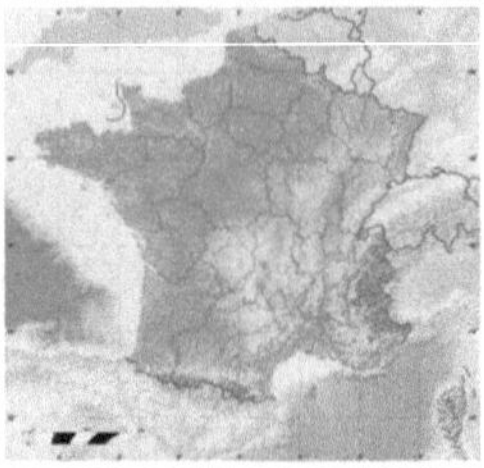

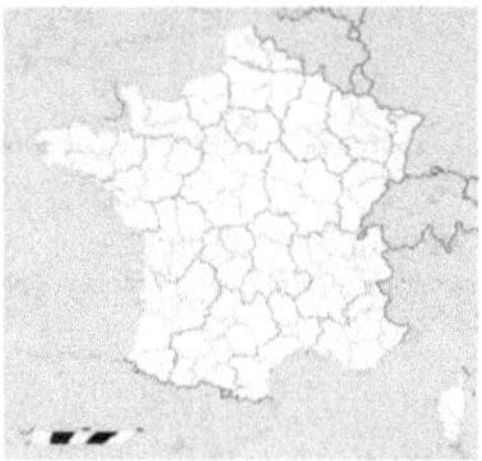

Saint-Martin-sous-Montaigu est une commune française, située dans le département de Saône-et-Loire et la région Bourgogne. C'est un village viticole, dont une partie est classé dans l'appellation Mercurey. Les habitants sont appelés les *Acimontimartinois(e).*

Géographie

Situé en Bourgogne, dans le département de la Saône-et-Loire, à environ 12 kilomètres au nord-ouest de Chalon-sur-Saône. Village viticole.

Accès et transports

Situé à proximité des grands axes de circulation, à 13 kilomètres de l'autoroute A6 (Chalon-sur-Saône), à 7 kilomètres des voies ferrées *Paris-Lyon-Marseille* et 21 kilomètres du TGV (Le Creusot) et à 8 kilomètres de la Route Nationale 80 *Chalon-Moulins.*

Géologie et relief

Vue de Saint-Martin-sous-Montaigu

Village viticole, dans un paysage vallonné. Les sols sur lesquels se sont déposés les sédiments marno-argilo-calcaires des mers jurassiques (230 à 135 millions d'années). Les roches qui dominent Saint Martin-sous-Montaigu, sont de la période du Jurassique moyen et début du Jurassique supérieur. Une couche assez épaisse de marnes grises forme le sous-sol (époque de l'oxfordien). Une deuxième crête rocheuse est formée par le calcaire que l'on appelle la dalle nacrée.

Le vignoble est implanté sur des sols argilo-calcaires provenant du soubassement rocheux calcaire d'âge jurassique. On retrouve sur ces sols argilo-calcaires des sols lourds, des sols pierreux et d'autres un peu plus sableux. L'altitude de la commune va de 200 mètres (à l'orbise) jusqu'à 397 mètres (au lieu dit du *Chatelet*).

Lieux-dits

Voici les lieux-dits du vignoble du village :

- Appellation « village » : *la Pidancerie*, *les Libertins*, *les Eriglats*, *en Boussoy*, *le Chatelet*, *Vignes de Chateaubeau*, *Sous les Roches*, *les Vignes Blanches*, *la Châgnée*, *les Arotes*, *le Cray*, *les Hattes*, *la Ratte*, *au Retrait*, *a la Ponsote*, *en Marrian Froid*, *les Bouères*, *les Bourguignons*, *Sur le Teu*, *la Grelode*, *la Moinerie* et *la Mourandine*.
- Appellation « premier cru » : *le Clos des Montaigus*, *le Clos Paradis*, *la Chassière*, *les Fourneaux*, *le Clos des Fourneaux* et *les Ruelles*.

Hydrographie

Une rivière traverse le bas du village, elle se nomme l'**Orbise**.

L'Orbise vers un des lavoirs de la commune

L'Orbise avec passerelle

Climat

C'est un climat tempéré à légère tendance continentale avec des étés chauds et des hivers froids[1] , avec une amplitude thermique assez importante entre ces deux saisons. Les précipitations sont assez hétérogène sur l'année, avec un mois de mai le plus pluvieux de l'année. Le vent qui souffle une partie de l'année est la bise. Les gelées tardives sont peu fréquentes sur le village en général. Il y a bien quelques lieux-dits ou les risques de gelées sont plus importante (on parle de zones gelives). De violents orages peuvent s'abattre sur la commune avec rarement de la grêle.

Valeurs climatiques de Dijon et Mâcon, car Saint Martin-sous-Montaigu est situé entre ces deux villes.

Dijon

Pour la ville de Dijon (316 m), les valeurs climatiques jusqu'à 1990 :

mois	jan.	fév.	mar.	avr.	mai	jui.	jui.	aoû.	sep.	oct.	nov.	déc.	année
Température minimale moyenne (°C)	-1	0.1	2.2	5	8.7	12	14.1	13.7	10.9	7.2	2.5	-0.2	**6.3**
Température moyenne (°C)	1.6	3.6	6.5	9.8	13.7	17.2	19.7	19.1	16.1	11.3	5.6	2.3	**10.5**
Température maximale moyenne (°C)	4.2	7	10.8	14.7	18.7	22.4	25.3	24.5	21.3	15.5	8.6	4.8	**14.8**
Précipitations (mm)	49.2	52.5	52.8	52.2	86.3	62.4	51	65.4	66.6	57.6	64.2	62	**732.2**

Source : Infoclimat : Dijon (????-1990)[2]

En 2007 :

mois	jan.	fév.	mar.	avr.	mai	jui.	jui.	aoû.	sep.	oct.	nov.	déc.	année
Température moyenne (°C)	5.3	6.4	6.9	14.7	15.6	18.5	18.7	18.2	14.4	10.7	5.3	1.6	**11.3**

Source : Infoclimat : Dijon (2007)[3]

En 2008 :

mois	jan.	fév.	mar.	avr.	mai	jui.	jui.	aoû.	sep.	oct.	nov.	déc.	année
Température moyenne (°C)	3.8	4.7	6.3	9.1	15.8	17.8	19.9	18.6	13.8	10.3	6.4	2.1	**10.7**

Source : Infoclimat : Dijon (2008)[4]

En 2009 :

mois	jan.	fév.	mar.	avr.	mai	jui.	jui.	aoû.	sep.	oct.	nov.	déc.	année
Température moyenne (°C)	-1	2.5	6.7	12	16.3	18.2	20	21.2	16.5	10.6	8.2	2.9	**11.2**

Source : Infoclimat : Dijon (2009)[5]

Mâcon

Pour la ville de Mâcon (216 m), les valeurs climatiques de 1961 à 1990 :

mois	jan.	fév.	mar.	avr.	mai	jui.	jui.	aoû.	sep.	oct.	nov.	déc.	année
Température minimale moyenne (°C)	-0.6	0.7	2.5	5.2	8.9	12.3	12.4	13.9	11.1	7.5	2.9	0.1	**6.6**
Température moyenne (°C)	2.1	4	6.8	10	13.9	17.5	20.1	19.4	16.4	11.7	6	2.7	**10.9**
Température maximale moyenne (°C)	4.9	7.3	11.1	14.8	18.9	22.8	25.7	24.9	21.7	15.9	9.1	5.3	**15.2**
Précipitations (mm)	66.3	60.9	58.7	69.4	85.9	74.7	58.1	77.1	75.7	71.7	72.7	70.4	**841.4**

Source : Infoclimat : Mâcon (1961-1990)[6]

Histoire

Préhistoire et antiquité

Vue de la grosse roche au lieu-dit *Le Gros Theu*

Le lieu dit du *Le Gros Theu* (une énorme roche), a vu la mise au jour de pierres taillées, témoins de la présence de l'homme préhistorique à Saint-Martin[7] . Un sondage effectué au pied de la corniche de *Châteaubeau* et au *Châtelet* a révélé la présence d'un magma de chevaux et d'un camp préhistorique, avec mur d'enceinte en arc de cercle, qui remonterait au Néolithique[7] . Par la suite, le site a été occupé par les Gallo-romains[7] . Ce sont les Romains qui ont implanté de la vigne dans ce village. L'empereur romain Domitien, en 92, ordonna l'arrachage partiel des vignes dans le Midi et en Bourgogne afin d'éviter la concurrence[8] . Mais Probus annula cet édit en 280[9] . Dans une maison, découverte d'une stèle gallo-romaine de la déesse Epona. Les Mérovingiens se sont à leur tour installés dans le pays, comme en témoigne la présence de 7 sépultures découvertes près de *Châteaubeau*[7] .

Moyen Âge et renaissance

Château de Montaigu au Moyen Âge

Pendant cette période, est construit le Château de Montaigu par *Robert le Valentinois*, comte de Chalon (aux alentours de 950)[10] ; ce château possède de la vigne sur un côté. En 1180, elle passa sous l'autorité d'Hugues III, duc de Bourgogne qui l'attribua à son fils *Alexandre* (ceci voit le début de la lignée des "Montaigu-Bourgogne")[11] . Un seul seigneur (*Guillaume*) y réside de manière permanente[11] . En 1348, à la mort d'*Henri de Montaigu*, le château est partagé entre le duc de Bourggone et la famille *Damas*[11] , et le lieu n'est plus occupé que par un prévot[12] et une petite garnison[10] . En février 1371, le Duc de Bourgogne décide une grosse campagne d'achats de vin, il en fait acheter une quantité notable à *Montaigu*[9] . C'est à Montaigu encore que Méliore, l'envoyé du Pape, trouva à acheter du vin qui sera par la suite recherché par la cour pontificale[9] . Philippe le Hardi fut détenteur de la moitié du fief de *Montaigu*, en 1392 il en fit le partage et en donna une partie à Philippe le Bon, qui contribua à sa réputation[13] . Le château de Montaigu tomba dans les mains des rois de France en 1477, à la mort du duc de Bourgogne Charles le Téméraire[11] .

Période moderne

Pendant les Guerres de religion, la garnison de Montaigu, qui est du parti du roi, n'hésite pas à faire des incursions sur le territoire de Chalon, ville ligueuse[10] . Les chalonnais font appel au *duc de Nemours*, gouverneur du Lyonnais, qui vient investir la forterrese de Montaigu en 1591[10] . Le roi Henri IV décide peu après de démanteler tout château féodal qui pourrait nuire à l'autorité royale[10] . Quelques pièces de canon sont dressées sur le lieu dit du *Theurot de la Perche* et de là on démantèle la forteresse de Montaigu[14] ,[11] .

Période contemporaine

XIXe siècle

Ce qu'il restait du château de Montaigu servit de logements et d'entrepôts pour des vignerons; puis en 1803, les restes de la forteresse furent vendus à un maçon du *Bourgneuf*, pour servir de carrière de pierres[11] . C'est le marquis d'*Arcelot* qui devint acquereur des ruines de ce château, en 1823[11] ,[14] . Au XVIIIe siècle, le vignoble de Mercurey s'étendait sur les communes de Mercurey, *Bourgneuf Val d'Or*, *Touches* et *Saint-Martin-sous-Montaigu*. Avant le Phylloxéra, le territoire de Mercurey comptait 300 hectares de vignes, celui de Touches et Bourgneuf Val d'Or 400 hectares et celui de Saint Martin-sous-Montaigu 300 hectares[15] . Le phylloxéra est apparu dans ce vignoble en 1878[16] , et le Mildiou en 1885[17] . Après le phylloxéra, le vignoble fut reconstitué en 1902. En 1899 un classement (Revue des viticulteurs) des climats de la Côte chalonnaise est établi :

Vue du « premier cru » *La Chassière*

- Première classe rouge (*les Naugues, les Crêts, le Voyen, les Champs Martin, les Combins, Clos de l'Évêque, le Clos Druard, le Clos Migland, en Moutot, en Mauvarenne, Les Veley, en Sazenay, Clos Marcilly, le Theurot, le Clos du Roy, le Clos des Corvées, Champ Renard,* **La Chassière**, **la Roche**, **le Paradis**, **les Atres**, **les Fourneaux**, **les Ruelles** et **Libertin**)[18]
- Deuxième classe rouge (*Croichot, les Chaseaux, Tonnerre,* **Vignes Blanches**, *Cortechats, Grandes Plantes, les Caudroyes, Poizot,* **Châteaubeau**, **les Châgnées**, **Montaigu** et **Retrait**)[18]
- Première classe blanc (*la Rochelle, Teurot de la Perche* et *Poizot*)[18]

À la fin du XIXe siècle, il y a dans le village 3 exploitants de carrières, 1 meunier, 1 facteur de vin, 1 voiturier marchands de vins, 4 loueurs d'alambics, 2 bouilleurs, 2 aubergistes, 1 mercier et 2 marchands de tissus[16] .

XXe siècle

Le 29 mai 1923 est instituée l'appellation Mercurey par le tribunal de Chalon-sur-Saône dont Saint-Martin-sous-Montaigu fait partie[19] . Les années 1920-30, voient s'abattre sur le vignoble le mildiou (1926), la grêle (1927 et 1928) et des gelées importantes (1930 et 1932)[20] . Le 11 septembre 1936 est créée par l'INAO, l'appellation Mercurey, dont une partie des vignes de Saint-Martin-sous-Montaigu est englobée dans cette appellation[21] . Une modification de l'AOC intervient avec la reconnaissance de cinq *premiers crus* en 1943 (*le Clos du Roy, le Clos-Voyen, le Clos Marcilly,* **le Clos des Fourneaux** et **le Clos des Montaigus**), ces deux derniers font partie de la commune[22] . Aux environs des années 1950, il est recensé 2 épiciers, 1 aubergiste, 1 mercier, 1 receveur-buraliste, 1 marchands de vins, 6 loueurs d'alambics, 1 messager, 1 garde-champêtre et 1 entrepreneur de transports en commun[16] . 1981 voit la fusion des syndicats viticoles de Mercurey et de Saint-Martin-sous-Montaigu[23] . En 1988, sont reconnues de nouvelles délimitations de *premier cru*[24] (tous les premiers crus actuels). 1990 voit le jumelage de la commune avec Corcelles-près-Concise (Suisse)[16] .

XXIe siècle

Pendant la canicule de 2003, les vendanges débutent mi-août, soit environ un mois plus tôt que la moyenne habituelle[25] .

Administration

Liste des maires

Liste des maires successifs

Période		Identité	Étiquette	Qualité
1934	1948	Antoine Roussot		
1948	1959	Marcel Isaïe		
1959	1982	Emile Voarick		Ancien Conseiller Général du canton de Givry
1982	1988	Robert Size		
1988	?	Pierre Voarick	UMP	Conseiller Général du canton de Givry
Toutes les données ne sont pas encore connues.				

Jumelages

Village jumelé avec Corcelles-près-Concise, en Suisse dans le canton de Vaud, située dans le district du Jura-Nord vaudois.

Démographie

Évolution démographique

(Source : INSEE[26] et Cassini[27])

1793	1800	1806	1821	1831	1836	1841	1846	1851
375	353	420	420	427[28]	379	368	360	353

1856	1861	1866	1872	1876	1881	1886	1891	1896
335	317	315	317	299	332[28]	311	295	280

1901	1906	1911	1921	1926	1931	1936	1946	1954
285	269	256	204	187	187	215	213	221

1962	1968	1975	1982	1990	1999	2007
225	230	287	372	402	373	342[29]

Nombre retenu à partir de 1962 : population sans doubles comptes

Pyramide des âges

Chiffres de 2007 avec une population de 342 habitants :

- 48,8 % d'hommes (0 à 14 ans = 20,0 %, 15 à 29 ans = 13,9 %, 30 à 44 ans = 18,2 %, 45 à 59 ans = 23,6 %, plus de 60 ans = 24,3 %) ;
- 51,2 % de femmes (0 à 14 ans = 17,3 %, 15 à 29 ans = 8,1 %, 30 à 44 ans = 20,8 %, 45 à 59 ans = 25,4 %, plus de 60 ans = 27,7 %).

Économie

Présentation

Il n'y a pas de commerces dans ce village. Mais il y quelques artisans comme un menuisier, un électricien... Le village possède aussi deux gites. Mais la principale acitivité dans cette commune est représenté par la viticulture, avec la présence d'une dizaine de viticulteurs :

Domaine du Taluchot (Boudriot)	Domaine Anne et Thierry Duréault
Domaine Garrey Hubert et fils	Domaine Philippe Garrey
Domaine du Clos Moreau (Massenot)	Domaine Narjoux-Normand
Domaine Patrick Size	Domaine Robert Size et fils
Domaine Emile Voarick (Picard)	Domaine Virot Paul

Vignoble

Vue du 'premier cru' *Clos des Montaigu*

Village viticole de la Côte Chalonnaise, d'une superficie de 200 hectares de vignes plantées dont 120 hectares en appellation Mercurey[30] , comprenant des parcelles en appellation *village* et en *premier cru*. Possède aussi des appellations *régionales* (Bourgogne Côte Chalonnaise, Bourgogne...).

Revenus de la population et fiscalité

En 2007, le revenu fiscal médian par ménage était de 19233 €[29] .

Bouteilles de Mercurey 1er cru de producteurs du village

Vie locale

Éducation

Il existe une école primaire qui compte environ 30 élèves avec deux classes, avec une comprenant les sections : maternelle supérieur, CP et CE 1; et une autre avec CE 2, CM 1 et CM 2. Le collège se trouve à Givry et les lycées surtout sur Chalon-sur-Saône.

Vue de l'école et de la cantine-garderie

Equipements ou services

Le village possède un *centre de première intervention* (CPI) de pompiers volontaires en regroupement avec les communes de Saint-Jean-de-Vaux et de Saint-Mard-de-Vaux. Le local des pompiers se trouve sur la commune de Saint-Martin-sous-Montaigu.

Sport

Randonné dans les chemins du village et des vignes. La pétanque avec un petit terrain aménagé à cette pratique.

Un petit terrain de pétanque

Santé

Il n'y a pas de docteur, pas de pharmacie, pas de kinésithérapeute, pas de dentiste sur ce village. Les plus proches se trouvent à Givry, Mercurey ou Mellecey. Le Centre Hospitalier se trouve sur Chalon-sur-Saône.

Écologie et recyclage

Le Grand Chalon gère la collecte de la commune. Il y a une collecte hebdomadaire des ordures ménagères. La commune possède également une déchèterie faisant partie aussi des déchèteries du Grand Chalon.

Culte

Culte catholique en alternance avec d'autres paroisses.

Associations

Il y a quelques associations à Saint-Martin-sous-Montaigu, comme *les amis de l'école*, *montaigu amitié*, *renaissance de montaigu* et *société de saint-vincent saint-martin-sous-montaigu.*

Manifestations

Les manifestations se font par l'intermédiaire des associations du village. La *Société des vignerons* organise la saint-vincent (mi-janvier) avec messe, défilé, vin d'honneur, banquet et bal ; elle organise aussi des feux de la saint-jean avec barbecue géant. Les *Amis de l'école* organisent trois grosses manifestations par an : spectacle de Noël, carnaval et méchoui de fin d'année scolaire. La mairie organise elle un repas d'anciens lors du 11 novembre. *Montaigu amitié* organise un vide-greniers au mois de septembre, un Marché de Noël (avec l'association des *Amis de l'école*) début décembre.

Société des vignerons de Saint-Martin-sous-Montaigu lors de la Saint-Vincent 2010

Fête de l'école (spectacle et méchoui) en 2009

Fête de l'école (spectacle et méchoui) en 2009

Carnaval de l'école en 2010

Culture locale et patrimoine

Lieux et monuments

Plusieurs monuments sont à voir sur cette commune :

- Les ruines du château de Montaigu (ancien château fort), avec son donjon roman.
- Les différentes croix dont la croix du Teux d'où il y a un panorama sur toute la vallée.
- L'église Saint-Martin, au centre du village, qui présente une très ancienne fresque restaurée récemment et une cloche de 1778.
- Les différentes caves des viticulteurs du village.
- Une carrière de pierre.
- Les 2 lavoirs.

Ruines du château de Montaigu

Ruines du château de Montaigu

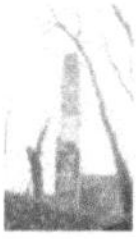
Ruines du château de Montaigu

Clos des Montaigu au pied du château de Montaigu

Un des 2 lavoirs de la commune

Un des 2 lavoirs de la commune

Église

Monument aux morts à côté de l'église

Personnalités liées à la commune

Pierre Voarick

- *Pierre Voarick* (1954-) : Maire actuel et conseiller général du canton de Givry. Ancien viticulteur.
- *Emile Voarick* (?-1982) : Ancien maire et conseiller général du canton de Givry. Viticulteur.
- *Robert Size* (1928-1988) : Ancien maire. Viticulteur.
- Le *comte Mathieu Joblot* (fin du XIXe siècle), a été un grand acteur pour le développement des vins du village. Grand passionné de la vigne et de l'écologie, il fit beaucoup pour sa commune. Il est aussi l'un des premiers à utiliser le moteur à explosion. Il a reçu pour cela les honneurs du président de la République Mac Mahon.
- La donzelle *Boinet* (compagne du comte Mathieu Joblot) fut nommée à la tête de l'Opéra de Paris par ce même Mac Mahon.
- *Merlin Holland* (1945-). Journaliste anglais, unique petit-fils d'Oscar Wilde. Actuellement conseiller municipal.
- *Antoine Roussot* (1895-1951). Ancien maire. Président du Syndicat Viticole depuis 1922. Maire pendant l'occupation allemande. À l'issue d'un long procès, le tribunal de Chalon-sur-Saône rendait enfin un arrêt accordant le bénéfice de l'appellation contrôlée Mercurey aux vins fins de la commune. Ce résultat est l'œuvre d'Antoine Roussot[31] .

Merlin Holland

- Alain Longet (1950-). Artiste : Professionnel en architecture, design médiamiste, peinture, performances artistiques, photographie et sculpture[32] . Il est aussi musicien, batteur et auteur compositeur. Désigné Meilleur ouvrier de France dans la catégorie *artiste peintre sculpteur*[33] .

Galerie photos

Mairie

École primaire

École primaire

École primaire

Place de la salle des fêtes (*Place de Corcelles*)

Place de la salle des fêtes (*Place de Corcelles*)

Cimetière

Cimetière

Vue d'une partie du village avec le quartier des *Boussoy*

Vue d'une partie du bourg du village

Vue d'une partie du village

Vue de *la Chagnée*

Bibliographie

- Henri Cannard, *AOC Mercurey "En Côte Chalonnaise"*, Auteur-éditeur : Henri Cannard, 3e semestre 2006, 110 p. (ISBN 2-9514792-7-1)
- Marie-Anne Trémeau-Böhm, *Givry et ses environs*, éditions JPM, 2005, 400 p. (ISBN 2-84786-036-3)
- Hubert Duyker, *Grands vins de Bourgogne*, édition Fernand Nathan, Paris, 1980, 200 p. (ISBN 2-09-284 562-4)
- *La Saône-et-Loire les 573 communes*, éditions Delattre, Granvilliers, 2006, 255 p. (ISBN 2-915907-23-4)
- Charles Quittanson, *Connaissance des vins et eaux de vie*, édition Bres, Paris, 848 p. dépot légal : 4e trimestre 1984 - n° 24.501/O
- André Dominé, *Le Vin*, éditions Place des Victoires, Paris, 2000, 928 p. (ISBN 2844591086)

Notes et références

Notes

[1] André Dominé : *Le vin*, « *La Bourgogne* », p. 181.

[2] Archives climatologiques mensuelles - Dijon (????-1990) (http://www.infoclimat.fr/climatologie/index.php?s=07280&aff=details) Consulté le 17 décembre 2008

[3] Moyennes de températures sur Dijon en [[2007 (http://www.infoclimat.fr/climatologie/stations_principales.php?s=&d=)]] Consulté le 17 décembre 2008

[4] Moyennes de températures sur Dijon en [[2008 (http://www.infoclimat.fr/climatologie/stations_principales.php?s=&d=)]] Consulté le 17 décembre 2008

[5] Moyennes de températures sur Dijon en [[2009 (http://www.infoclimat.fr/climatologie/stations_principales.php?s=&d=)]], consulté le 31 décembre 2009.

[6] Archives climatologiques mensuelles - Mâcon (1961-1990) (http://www.infoclimat.fr/climatologie/index.php?s=07385&aff=details) Consulté le 17 décembre 2008

[7] Marie-Anne Trémeau-Böhm : *Givry et ses environs* (Saint-Martin-sous-Montaigu : p. 259)

[8] Marcel Lachiver, *op. cit.*, pp. 37-38.

[9] Henri Cannard : AOC Mercurey (Le vignoble d'hier : p. 27)

[10] Marie-Anne Trémeau-Böhm : *Givry et ses environs* (Saint-Martin-sous-Montaigu : p. 260)

[11] Dépliant de l'association : *Renaissance de Montaigu*
[12] Un *prévot* est magistrat royal ou ségneurial
[13] Henri Cannard : AOC Mercurey (Le vignoble d'hier : p. 30)
[14] Marie-Anne Trémeau-Böhm : *Givry et ses environs* (Saint-Martin-sous-Montaigu : p. 261)
[15] Henri Cannard : AOC Mercurey (Le vignoble d'hier : p. 28)
[16] Marie-Anne Trémeau-Böhm : *Givry et ses environs* (Saint-Martin-sous-Montaigu : p. 264)
[17] Henri Cannard : AOC Mercurey (Le vignoble d'hier : p. 31)
[18] Henri Cannard : AOC Mercurey (Le vignoble d'hier : p. 32)
[19] Henri Cannard : AOC Mercurey (La réglementation : p. 20)
[20] Henri Cannard : AOC Mercurey (La réglementation : p. 24)
[21] Charles Quittanson : *Connaissance des vins et eaux de vie* (page 286 sur Mercurey)
[22] Hubert Duyker (édition "Fernand Nathan") : *Grands vins de Bourgogne* (P. 150 : *Mercurey*)
[23] Henri Cannard : AOC Mercurey (La réglementation : p. 23)
[24] Henri Cannard : AOC Mercurey (La réglementation : p. 21)
[25] Le journal de Saône-et-Loire : Dossiers (2003, année historique) (http://www3.lejsl.com/dossiers/bvins/20030828.JSL_D5546.html?0928), consulté le 30 décembre 2009.
[26] Saint-Martin-sous-Montaigu sur le site de l'Insee (http://www.recensement.insee.fr/searchResults.action?zoneSearchField=&codeZone=71459-COM)
[27] Saint-Martin-sous-Montaigu sur le site de Cassini (http://cassini.ehess.fr/cassini/fr/html/fiche.php?select_resultat=33496)
[28] La Saône-et-Loire : *Les 573 communes* (page 198 sur Saint Martin-sous-Montaigu)
[29] Site de l'INSEE, CC-Résumé statistique/com,dep,zone empl (http://www.statistiques-locales.insee.fr/esl/baseTelechProduit.asp?strProd=1632&IdSousTheme=&IdSource=2&NomThemeOuSource=Insee+-+Recensement+de+la+population+1999), consulté le 14 aout 2010.
[30] Henri Cannard : AOC Mercurey (Le Site : p. 27)
[31] Le Journal de Saône-et-Loire : *Le Courrier de Saône et Loire* du 22 février 1952
[32] Site d'Alain Longet, biographie (http://www.alainlonget.com/?go=user_pages/bio&login=longet), consulté le 14 août 2010.
[33] Site de La Gazette des Arts, page sur Alain Longet (http://www.lagazettedesarts.fr/107.html), consulté le 14 août 2010.

Références

Voir aussi

Articles connexes

- Communes de Saône-et-Loire
- Mercurey (AOC)

Liens externes

- Site des Producteurs de Mercurey et Saint-Martin-sous-Montaigu (http://www.mercurey.com)
- Saint-Martin-sous-Montaigu sur le site de l'Institut géographique national (http://wikiwix.com/cache/?url=http://www.ign.fr/affiche_rubrique.asp?rbr_id=1087&CommuneId=67994)
- Vidéo de Saint-Martin-sous-Montaigu sur le site *Le Grand Chalon* (http://visites.legrandchalon.fr/saintmartin_adsl.html)

Haie

Une **haie** est une association d'arbustes ou d'arbres généralement plantés et entretenus pour former une clôture. Les haies sont usuellement disposées en limites de parcelle pour assurer la séparation des propriétés ou la protection contre l'intrusion.

Bocage gallois, au parc national des Brecon Beacons

Dans le paysage rural de bocage, composé de pâtures encloses de haies, elles assurent diverses fonctions : frontière, rétention/infiltration des eaux de ruissellement, source de bois-énergie ou de construction, de baies et fruits... protection microclimatique contre les chaleurs excessives ou le vent avec les haies brise-vent. On leur reconnait aujourd'hui aussi un rôle d'abri pour de nombreux auxiliaires de l'agriculture et de corridor biologique.

La haie végétale est moins répandue dans les régions aux sols pauvres et acides et/ou fortement soumises aux embruns et vents littoraux, là où toute végétation ligneuse élevée a du mal à se développer. Elle y est alors remplacée par des murets ou des haies murées.

- **La haie naturelle** est constituée d'espèces et essences locales et variées, à la différence des plantations artificielles et uniformes de thuyas, de lauriers ou de troènes, plus sensibles aux maladies et aux sécheresses, et presque désertées par la faune.
- **La haie vive** est une haie large et touffue où les arbres ne sont pas taillés (à la différence de la *« haie basse »*)
- **L'émondage** est une des techniques traditionnelles d'entretien des haies. En taillant de manière répétée (tous les 7 ans par exemple) un arbre bas, il permettait d'entretenir de très vieux arbres têtards produisant des piquets[réf. nécessaire], des perches ou du fourrage. Avec l'élagage drastique et répété des troncs verticaux et hauts, il produisait (par exemple dans le bocage breton ou normand) de grands troncs solides qui servaient autrefois à faire des poutres.

Étymologie

Le mot **haie** a pu désigner originellement autre chose qu'une rangée d'arbre, puisqu'on le trouve dans le sens de « lisière de forêt » sous la forme ancienne *haye* en toponymie (Cf. La Haye-Aubrée, etc.), voire par extension des massifs forestiers eux-mêmes. Cependant, le sens actuel est clairement attesté dans le *Psautier de Cambridge* au XIIe siècle : « clôture faite d'arbres d'arbustes servant à protéger un champ ou un jardin. »

Le terme haie est issu du germanique **hagja* qui a déjà le même sens[1] reconstitué d'après le moyen néerlandais *hegge*, haie, clôture. On le trouve en latin médiéval sous la forme *haja* dès le IXe siècle. Le même étymon indoeuropéen **khag-*, "entouré de" a donné le celtique **kagio-* qu'on trouve sous les formes *caïo*, *cagio*, *cagium* en bas latin,[2] à l'origine des termes quai (forme normano-picarde) et chai (forme du français central)[3] ,[4] .

De nombreux toponymes forestiers utilisent ce terme, où il désigne bien la forêt.

En France, la plus célèbre est la forêt de Haye, qui couronne Nancy. Moins connue, la forêt de Front de Haye, où se déroulèrent des combats au cours du premier conflit mondial. Au nord d'Avesnes-sur-Helpe, une forêt linéaire formant un arc de cercle (autrefois un cercle complet, avec une extension vers l'est) est la *Haie d'Avesnes*. Toute la Thiérache était constellée de *haies*, dont certaines existent encore : la haie de Fourmies, qui est de forme massive et non linéaire (ce mot désigne donc bien une forêt); les haies de Cartignies, d'Aubenton et Rumigny, de Dohain et *Beaurevois*, d'Hargnies ou de Gommegnies. Une structure comparable a existé en Champagne, la Haie de Nangis. Ces forêts linéaires, selon certains auteurs, auraient eu un rôle défensif, à l'instar des *« zassieka »* (voir à ce sujet : ru:Засечная черта) qui protégeaient l'État de Moscou des attaques de cavalerie notamment entre les XVIe et XVIIIe siècles.

En France, dans la région du charolais, les haies qui délimitent les champs et prés sont appelées des « trasses », le terme de « bouchure » est également utilisé en Allier et en Saône-et-Loire.

Origine

Les haies ont été plantées en Europe et en France dès l'antiquité : Jules César, dans la *Guerre des Gaules*, parle des haies défensives utilisées par les Nerviens. Au Moyen Âge, elles ont permis aux paysans d'avoir accès au bois, alors que les seigneurs détenaient l'accès à certaines forêts (Silva Forestis), notamment pour la chasse, et qui étaient interdites de défrichement. Les haies fournissaient le bois de chauffage, indispensable à la cuisine, ainsi qu'un complément appréciable d'alimentation grâce aux fruits et aux petits animaux qu'elles abritaient.

On les retrouve plus fréquemment à partir du XVIe et du XVIIe siècles. On les utilisait alors pour clore son terrain et délimiter sa propriété mais également pour empêcher les autres paysans de venir faire paître leurs troupeaux. Des modes de taille et d'entretien comme le plessage renforçaient leur caractère infranchissable[5]. À cette époque, au gré du développement des villages, la mise en place de haies s'est progressivement intensifiée pour donner la tradition bocagère qui a façonné le paysage rural jusqu'à la révolution industrielle.

À la fin du XVIIIe siècle, l'Académie française[6] définit la haie comme une « clôture faite d'épines, de ronces, de sureau, &c. ou seulement de branchages entrelacés », en précisant qu'appelle « haie vive, une haie d'épines, ou d'autres plantes de même espèce qui ont pris racine ». En 1798, les académiciens ajoutent qu'on appelle « haie morte ou sèche, celle qui est faite d'épines ou d'autres bois morts entrelacés. »

État des lieux

Le bocage et les haies sont un patrimoine semi-naturel en nette régression depuis le XIXe siècle, hormis concernant les petites haies de clôtures de l'habitat périurbain. Les remembrement ont causé la perte de dizaines de milliers de kilomètres de haies : 45000 km de haies ont disparu de 1975 à 1987 en France selon l'IFEN, alors qu'environ 2000 km ont été replantées dans les années 1990-2000. Dans ce pays, diverses aides existent pour la plantation de haies et parfois pour la restauration de véritables corridors boisés, dans le cadre de la trame verte promue par les régions ou le Grenelle de l'environnement[7].

Avantages

La haie et le bocage, et notamment les réseaux de haies vives constituées d'espèces autochtones adaptées aux stations présentent de nombreux intérêts pour les cultures et plus généralement sur l'environnement. Les agriculteurs appréciaient autrefois leurs capacité à délimiter les parcelles, en fournissant du bois d'œuvre et de chauffage et des perches, tout en protégeant les cultures du vent (fonction brise-vent) et de l'érosion, en abritant le bétail et en servant de refuge à de nombreuses espèces utiles comme auxiliaires de l'agriculture.

Exemple de bocage mêlant haies vives et basses, champs et prairies, d'un grand intérêt paysager et écologique.

Régulation climatique

La haie joue un rôle de régulateur microclimatique : en été, elle offre de l'ombre, et son évapotranspiration augmente la sensation de fraîcheur et la formation plus durable de rosée. La nuit et en hiver, elle offre une protection contre les vents froids.

Le potager, le jardin ou la maison sont protégés des coups de vents violents. La modération micro-climatique peut être de +/- 5 °C à l'abri d'une haie vive et suffisamment dense mais non étanche au vent. Derrière un « mur végétal » composé par exemple de conifères exotiques densément plantés (thuyas, cyprès...), le vent se heurte à l'obstacle et l'impression de froid peut augmenter à cause des turbulences plus importantes. Ces haies sont par ailleurs plus sensibles aux tempêtes. Du printemps à l'automne, en climat tempéré, la haie naturelle a un effet tampon, capte la chaleur pour la restituer progressivement

Haies de type *néobocage*, protégeant des champs de l'érosion et du vent (Nord Dakota, 1997, USA). Pauvre en biodiversité parce que presque monospécifique, d'une même classe d'âge et soumise aux apports de pesticides, cette haie sera néanmoins une source importante de bois, et éventuellement de BRF, dans un système dit d'agro-sylviculture.

Régulation hydraulique et protection des sols

S'opposant au ruissellement et favorisant l'infiltration de l'eau le long de ses racines, la haie contribue à améliorer l'alimentation des nappes phréatiques et à limiter à la fois les risques et effets des phénomènes de sécheresses/inondations. De plus, elle ralentit fortement l'érosion éolienne ou hydrique des sols.

Régulation des ravageurs agricoles, sylvicoles et des vergers

Les haies et leur strate herbacée ont une fonction de conduction (Corridor biologique) pour plusieurs espèces dites "utiles", jouant notamment un rôles dans la régulation des populations de ravageurs[8],[9] . Les prédateurs insectivores forestiers peuvent grâce aux haies continues accéder à une partie du paysages agricole semi-ouvert et aux vergers où ils peuvent jouer un rôle d'auxiliaire de l'agriculture[10] .

Ce *néobocage* est moins géométrique, mais monospécifique (une seule espèce) et reste très artificiel (Açores, Portugal)

Par ailleurs, les haies composées d'arbres fourragers (frênes, robiniers, ormes, érables, mûriers) peuvent apporter, en plus du gite, un complément appréciable pour l'alimentation des prédateurs s'attaquant aux ravageurs[11] .

Contribution à la préservation et restauration de la biodiversité

Dans le contexte actuel de forte réduction de la biodiversité, la haie contribue à préserver ce qui peut encore l'être, notamment grâce à ses fonctions de remaillage des écosystèmes soumis à une fragmentation croissante.

Les réseaux de haies vives forment des corridors écologiques permettant de relier des sites boisés ou systèmes de lisières ou clairières utiles ou nécessaires au déroulement des cycles biologiques de la faune : sites de nourrissage, de repos, d'hibernation, de reproduction, etc. La haie est aussi un corridor essentiel pour certains champignons forestiers et pour des plantes forestières (soit par le transfert de leurs fruits ou graines par des animaux circulant dans les haies, soit par un bon transfert de pollen de certaines espèces[12]), malgré le caractère « *linéaire* » de la haie (par ex pour *Trillium grandiflorum*, étudié au Canada)

Les haies plantées en privilégiant les espèces locales et génétiquement diversifiées participent à la conservation de la diversité génétique.

En outre, la biodiversité nécessitant à la fois une intégrité écologique, une certaine hétérogénéité écopaysagère et une complexité des écosystèmes ; la haie différencie des zones plus ou moins abritées des intempéries, et des zones d'ombre et de soleil, plus sèches ou plus fraîches et humides, aux sols moins colmatés, etc. Elle offre à un grand nombre d'espèces le minimum de complexité écopaysagère nécessaire à leur survie.

Pour augmenter encore le potentiel écologique de la haie, on peut y introduire et/ou conserver des arbres sénescents, têtards et du bois mort afin d'offrir aux insectes xylophages la nourriture et l'habitat dont ils ont besoin et aux oiseaux et mammifères cavernicoles les abris et la nourriture qui leur sont vitaux. Selon le contexte, on pourra aussi utilement lui associer une bande enherbée, un fossé, un réseau de mares et/ou des talus

Protection visuelle et de l'intimité

Une haie bien fournie peut être très efficace pour préserver une propriété du regard des voisins, ou de la vue d'une route ou d'un paysage peu intéressant.

Préservation du paysage bocager

Le paysage bocager est de plus en plus menacé. Les haies représentent, au regard d'une politique productiviste, une surface agricole non exploitée. Il est donc fréquent qu'elles soient rasées sans autre forme de procès. En replantant les haies, et en tentant de recréer un réseau, on contribue efficacement au maintien de ce paysage traditionnel des campagnes.

Valorisation du paysage

Une haie bien pensée confère au terrain un potentiel esthétique non négligeable. En plantant des arbres à fleurs ou à baies, on peut apprécier, à chaque saison, une nouvelle palette de couleur. De plus, certaines espèces sont particulièrement odorantes, le chèvrefeuille par exemple, donnera une touche agréablement parfumée à la haie.

Productions utiles à l'Homme

Les haies apportent des fruits et des baies (noisettes, prunelles, mûres...), elles sont également source de plantes médicinales. Les produits de la taille offrent du bois de chauffage et les résidus peuvent être compostés.

Conception d'une haie

Grands types de haies

On classe généralement les haies en cinq grandes familles :

- **La haie taillée**

La haie taillée sur les trois côtés est une association d'arbustes à feuilles caduques ou persistantes, adaptés à la taille sévère en « mur végétal ». Elle sert traditionnellement de clôture. Sa hauteur est généralement comprise entre 1 m et 1.5 m. Elle pourra toutefois être plus haute, pour accueillir plus d'animaux et offrir une meilleure protection.

Haie taillée en Allemagne

- **La haie libre ou haie vive**

La **haie libre** associe des arbustes à feuilles caduques ou persistantes. Elle est généralement composée de 4 à 8 espèces, choisies pour leur floraison, leur fructification ou leur feuillage automnal décoratif. La taille permet d'équilibrer les différents végétaux entre eux et de limiter un développement excessif.

Haie libre

Haie libre en cours de régénération dans le Kent. Le charme, le noisetier, le houx, le sorbier et l'aubépine sont couramment utilisés

- **La haie composite brise-vent**

La haie brise-vent est une haie haute de plus de trois mètres. Elle est efficace pour protéger les cultures en augmentant la productivité d'une parcelle dans les premiers mètres après la haie. Ces haies présentent de nombreux intérêts pour les cultures en abritant aussi des auxiliaires de l'agriculture[13] . La haie composite est constituée d'espèces de haut jet, de bourrage haut et de bourrage bas[14] .

- **La bande arbustive**

La bande arbustive est une haie d'au moins deux mètres de large composée d'arbres et d'arbustes en mélange. C'est en fait un petit bois allongé, idéal pour le fond des grands jardins. Sa hauteur varie de 6 à 20 mètres.

- **La haie fruitière**

La haie fruitière[15] est une haie qui allie plusieurs avantages : brise-vent, délimitation, production fruitière. Sa hauteur avoisine 2 à 5 mètres.

À ces cinq types de haies, on peut ajouter d'autres arrangements végétaux comme les bandes boisées, les bosquets ou les allées boisées, qui se rapprochent plus du boisement que de la haie.

Hermann Benjes a décrit à la fin des années 1980 une technique originale, proche du plessage mais réalisée avec du bois mort. Les "haies de Benjes"[16] sont des haies constituées de branches de bois mort disposées à l'horizontal sur le sol. Elles servent d'abri et de réserves de nourriture aux oiseaux et autres animaux. Ceux-ci déposent leurs déjections sous ces monticules de bois donnant ainsi naissance en quelques années à une haie naturelle.

Haies de Benjes.

Le choix des essences

Le choix des essences sera déterminé par un grand nombre de facteurs, parmi lesquels on peut citer la composition du sol, l'exposition du terrain, l'espace disponible, ou encore la forme, le style ou le but recherché. Un grand terrain permettra de planter la haie sur deux rangs en quinconce, pour offrir aux animaux plus d'espace. Il est important d'utiliser des espèces indigènes en mélange et de les alterner tous les trois ou quatre pieds. On peut mélanger les espèces à feuilles caduques, persistantes et celles au feuillage marcescent. En effet, les arbres persistants resteront verts toute l'année, alors que les arbres à feuilles caduques perdent leurs feuilles en hiver, mais prennent des teintes très variés en fonction des saisons. Les arbres à feuillage marcescent ont leurs feuilles qui flétrissent pendant l'hiver mais sans tomber.

Les tableaux ci-dessous donnent quelques exemples des espèces indigènes que l'on peut planter en France, et plus généralement en Europe occidentale. Pour les espèces indigènes au Canada, voir le site d'Evergreen [17]

- Haie taillée

	Type de sol	Type de milieu	Caractéristique	Commentaires
Aubépines ***Crataegus laevigata*** **et *Crataegus monogyna***	Tous sol	Montagne et plaine	Caduc	Baies rouges en automne-hiver fleurs blanches
Bourdaine ***Frangula alnus***	Sol humide, acide	Plaine	Caduc	Baies rouges toute l'année fleurs jaunes
Buis ***Buxus sempervirens***	Sol sec, calcaire	Montagne et plaine	Persistant	fleurs jaunes
Charme commun ***Carpinus betulus***	Tous sol	Plaine	Marcescent	
Chèvrefeuille des bois ***Lonicera periclymenum***	Sol sec, humide	Plaine	Caduc	Baies rouges en automne-hiver fleurs blanches, grimpant
Cornouiller sanguin ***Cornus sanguinea***	Sol humide, calcaire	Montagne et plaines	Caduc	Baies noires en automne-hiver fleurs blanches
Cotinus ***Cotinus coggygria***	Sol sec, calcaire	Plaine	Caduc	
Érable champêtre ***Acer campestre***	Sol sec, humide, calcaire	Montagne et plaine	Caduc	
Fragon petit houx ***Ruscus aculeatus***	Tous sol		Persistant	Baies en automne-hiver
Genêt à balais ***Cytius scoparius***	Sol sec, acide	Montagne et plaine	Persistant	fleurs jaunes
Houx vert ***Ilex aquifolium***	Sol sec, humide, acide	Montagne et plaine	Persistant	Baies rouges en automne-hiver
Nerprun alaterne ***Rhamnus alaternus***	Sol sec, calcaire	Plaine	Persistant	Baies noires en automne-hiver
Nerprun purgatif ***Rhamnus cathartica***	Sol sec, humide, calcaire	Montagne et plaine	Caduc	Baies noires en automne-hiver fleurs blanches
Noisetier ou Coudrier ***Corylus avellana***	Sol humide, calcaire	Montagne et plaine	Caduc	Graines en automne-hiver
Prunellier ***Prunus spinosa***	Tous sol	Montagne et plaine	Caduc	Baies noires en automne-hiver fleurs blanches
Troène commun ***Ligustrum vulgare***	Tous sol	Plaine	Persistant	fleurs blanches

- Haie libre

	Type de sol	Type de milieu	Caractéristique	Commentaires
Amélanchier ***Amelanchier ovalis***	Sol sec, calcaire	Montagne et plaine	Caduc	Baies rouges en été fleurs blanches
Argousier ***Hippophae rhamnoïdes***	Sol sec, calcaire	Plaine	Caduc	Baies orange toute l'année
Chèvrefeuille des haies ou Camérisier à balais ***Lonicera xylosteum***	Sol sec, calcaire	Montagne et plaine	Caduc	Baies rouges en été fleurs blanches
Cerisier de Sainte Lucie ***Prunus mahaleb***	Sol sec, calcaire	Plaine	Caduc	Baies noires en été fleurs blanches
Cornouiller mâle ***Cornus mas***	Sol sec, calcaire	Plaine	Caduc	Baies rouges en été fleurs jaunes
Épine-vinette ***Berberis vulgaris***	Sol sec, calcaire	Montagne et plaines	Caduc	Baies rouges en automne-hiver
Érable de Montpellier ***Acer monspessulanum***	Sol sec	Plaine	Caduc	Graines en automne-hiver
Fusain d'Europe ***Euonymus europaeus***	Sol sec, calcaire	Montagne et plaine	Caduc	Baies rouges en automne-hiver fleurs blanches
Groseillier des Alpes ***Ribes alpinum***	Sol sec, humide	Montagne	Caduc	Baies rouge en été
Néflier ***Mespilus germanica***	Sol sec	Plaine	Caduc	Baies en automne-hiver fleurs blanches
Poirier sauvage ***Pyrus pyraster***	Sol sec	Montagne et plaine	Caduc	Baies en été
Pommier sauvage ***Malus sylvestris***	Sol humide	Montagne et plaine	Caduc	Baies en automne-hiver
Sureau noir ***Sambucus nigra***	Sol humide, calcaire	Montagne et plaine	Caduc	Baies noires en été fleurs blanches
Les sureaux à grappes ***Sambucus racemosa***	Sol humide, acide	Montagne	Caduc	Baies rouges en été
Viorne lantane ***Viburnum lantana***	Sol sec, calcaire	Montagne et plaine	Caduc	Baies rouges en été fleurs blanches
Viorne obier ***Viburnum opulus***	Tous sol	Plaine	Caduc	Baies rouges en été

- Haie brise-vent

	Type de sol	Type de milieu	Caractéristique	Commentaires
Alisier blanc ou Allouchier *Sorbus aria*	Sol calcaire	Plaine	Caduc	Baies rouges en automne-hiver fleurs blanches
Aulne glutineux *Alnus glutinosa*	Sol humide	Plaine	Caduc	Graines en automne -hiver
Cerisier à grappes *Prunus padus*	Sol humide	Plaine	Caduc	Baies noires en été fleurs blanches
Châtaignier *Castanea sativa*	Sol sec, acide	Plaine	Caduc	Graines en automne-hiver
Chêne pubescent *Quercus pubescens*		Montagne et plaine	Marcescent	Graines en automne-hiver
Érable champêtre *Acer campestre*	Sol sec, humide, calcaire	Montagne et plaines	Caduc	
Frêne commun *Fraxinus excelsior*	Sol humide, calcaire	Montagne et plaine	Caduc	Graine en automne-hiver
Hêtre *Fagus silvatica*	Sol humide, calcaire, acide	Montagne	Marcescent	Graines en automne-hiver
Mélèze d'Europe *Larix decidua*	Sol sec	Montagne	Caduc	
Merisier *Prunus avium*	Sol humide, calcaire, acide		Caduc	Baies rouges en été
Mûrier blanc *Morus alba*	Sol calcaire	Plaine	Caduc	Baies en été
Noyer commun *Juglans regia*	Sol humide, calcaire	Plaine	Caduc	Graines en automne-hiver
Orme champêtre *Ulmus minor*	Sol humide	Montagne et plaine	Caduc	
Sorbier des oiseleurs *Sorbus aucuparia*	Sol sec	Montagne	Caduc	Baies en automne-hiver
Tilleul à grandes feuilles *Tilia platyphyllos*	Sol humide, calcaire	Plaine	Caduc	
Résineux persistant			Persistant	

Pourquoi planter des espèces indigènes

Une espèce indigène est une espèce qui croît naturellement dans une zone donnée de la répartition globale de l'espèce et dont le matériel génétique s'est adapté à cet endroit en particulier Une espèce indigène est donc particulièrement adaptée au climat, à la faune et à la flore qui l'entoure. Planter une espèce indigène permet de maintenir les équilibres écosystémiques de la région.

- Une espèce indigène est adaptée aux conditions du milieu, au type de sol, etc. Elle n'aura donc pas besoin de soin spécifique, l'arrosage, les engrais ou les pesticides ne seront pas nécessaires.
- Une espèce indigène a évolué en même temps que la faune du milieu. La flore indigène répond donc parfaitement aux besoin de la faune, en termes de nourriture, d'habitats, etc.
- Les espèces locales ont de plus en plus tendance à disparaître. On les remplace fréquemment par des espèces exotiques plus colorées, mais bien souvent parfaitement inadaptées au milieu. Cultiver des espèces indigènes permet de maintenir un réservoir génétique de semences locales.

- En plantant les espèces locales, on favorise la mise en place de corridors écologiques et on contribue à rétablir les interconnexions entre les différents milieux.

À titre indicatif, le tableau suivant nous renseigne sur la richesse comparée des communautés d'Invertébrés abrités par des espèces végétales indigènes et exotiques en Europe occidentale.

Espèces Indigènes	Nombre d'espèces d'insectes associés
Saule (5 espèces)	358
Chêne	353
Bouleau (2 espèces)	281
Aubépine	179
Peuplier (4 espèces)	143
Prunellier	131
Pin	131
Pommier sauvage	118
Aulne	115
Orme	103
Noisetier	89
Hêtre	81
Frêne	54
Tilleul	44
Sorbier des oiseleurs	43
Charme	39
Érable champêtre	38
Genévrier	32
Frêne des montagnes	28
Houx	8
If	3
Moyenne	113

Espèces exotiques	Nombre d'espèces d'insectes associés
Épicéa	53
Érable sycomore	29
Mélèze	27
Châtaignier	8
Marronnier d'Inde	6
Marronnier	4
Chêne vert	3
Acacia	1
Platane	0

Moyenne	14

Règlementation

En France, de nombreux textes règlementent la plantation des haies. Ces textes règlementent notamment la distances des plantations (Code civil art. 671/1), l'entretien et la responsabilité du propriétaire (Code civil art. 673), les haies mitoyennes (Code civil art. 666 à 670 et art. 1322) ou l'entretien des haies mitoyennes (Code civil art. 667). En France, on peut obtenir des informations à ce sujet en consultant les textes de loi sur le site Legifrance [18], ou auprès des services technique de la mairie.

Bibliographie

- Boutefeu Emmanuel, Rotheval Jean-Pierre, Centre d'études sur les réseaux, l'urbanisme et les constructions publiques (France), *Composer avec la nature en ville*, France, Documents officiels, 2001, 375 p., (ISBN 2-11-090866-1)
- DEBRAS J-F., Rôles fonctionnels des haies dans la régulation des ravageurs : le cas du psylle *Cacopsylla pyri* L. dans les vergers du sud-est de la France - Thèse de doctorat - Université d'Avignon - 2007
- DUBOIS J.-J., « Les haies forestières de l'Avesnois Thiérache : un exemple de « forêt-frontière » ? », *Hommes et Terres du Nord*, 1983-4, p. 6-15, Lille, Institut de géographie, Faculté des lettres de Lille, 1983.
- HIGOUNET C., « Les grandes haies forestières de l'Europe médiévale », *Revue du Nord*, tome LXII, n° 244, janvier – mars 1980, p. 213- 220, Lille, Université de Lille III, Faculté de Sciences Humaines, 1980.
- HÜFFEL G., « La Haye, étude de sémantique, de géographie et d'histoire forestière », *Revue des Eaux et Forêts*, p. 757-769 et 848-860, Nancy, Breger-Levrault Éditeurs, 1933.
- IDF, *État des lieux 1996 Haies et talus de Bretagne*, Paris, IDF, 1995.
- JALMAIN M.-D., « La haie de Nangis », dans les Actes du Colloque « Frontières en Gaule », Caesarodunum, *Bulletin de l'Institut d'études latines et du centre de recherche A. Piganiol*, n° XVI, p. 223-225, Tours, 1981.
- JALMAIN M.-D., « La haie de Nangis et l'étude de défrichements par photo aérienne », dans les Actes du Colloque « Le bois dans la Gaule romaine et les provinces voisines », Caesarodunum, *Bulletin de l'Institut d'études latines et du centre de recherche A. Piganiol*, n° XXI, p. 240-247, Paris, Errance, 1985.
- LIAGRE F., *Les Haies rurales : Rôles, création, entretien*, éd. France Agricole, 2006
- Noblet Jean-François, *La nature sous son toit, hommes et bêtes : comment cohabiter*, 2e éd., Luçon, Delachaux et Niestlé, 176 p., (ISBN 2-603-01324-6)
- Conseil général de l'Isère - Service Environnement, *Planter des haies champêtres en Isère*, 2004, 27 p.
- Dominique Soltner, *Planter des haies* ; 2000 (ISBN 2907710079)
- Dominique Soltner, *Bandes enherbées et autres dispositifs bocagers*, 2001, , Ed : Sciences et techniques agricoles, Collection : Collection Sciences et techniques agricoles, 23 pages ; (ISBN 2-907710-21-4).

Notes

[1] Albert Dauzat, J. Dubois et H. Mitterand, *Nouveau dictionnaire étymologique et historique*, Larousse 1971.

[2] HÜFFEL, 1933

[3] Pierre-Yves Lambert, *la langue gauloise*, éditions errance 1994.

[4] Étymologie sans rapport avec cage, issu du latin *cavea*, dérivé de *cavus* qui a donné cave.

[5] Issu des techniques de haies défensives gauloise. Cf *La guerre des Gaule*

[6] *Dictionnaire de l'Académie française*, 4ᵉ édition (1762)

[7] ex : Appel à projet en 2008 de « création de corridors biologiques boisés » lancé par la région et la DIREN du Nord-Pas-de-Calais, destiné aux PNR, aux agglomérations, communautés de communes, pays et communes « engagés dans une stratégie de préservation et de restauration de la biodiversité » (appel clos le 30 septembre 2008).

[8] Jean-François DEBRAS *Rôles fonctionnels des haies dans la régulation des ravageurs : le cas du psylle Cacopsylla pyri L. dans les vergers du sud-est de la France* (https://www.avignon.inra.fr/avignon/content/download/5291/85049/file/ThÃ¨seJFD.pdf), Thèse en Sciences de la vie soutenue le 25 Septembre 2007, Université d'Avignon et des Pays de Vaucluse

[9] Armand, E. (1985). *Étude du cortège de parasitoides du psylle du poirier Psylla pyri (L.) (Homoptera: Psyllidae) au cours de la période hivernale, printanière et estivale.* Mémoire de DEA. Avignon (FR), Avignon

[10] Blommers, L. H. (1994). *Integrated pest management in European apple orchards* ; Annual Review of Entomology 39: 213-224

[11] La pullulation des campagnols : conséquence collatérale d'une trop forte spécialisation de l'élevage à l'herbe ? (http://www.agroof.net/agroof_actualites/documents/2011_05_campagnols_haies.pdf)

[12] Schmucki R., De Blois S. [2009]. « *Pollination and reproduction of a self incompatible forest herb* in hedgerow corridors and forest patches ». *Oecologia 160(4) : 721-733 (13 p., 3 fig., 5 tab.*, 89 réf.).

[13] Marjolaine Bernier Leduc, *Évaluation de la faune aviaire des haies brise-vent intégrant des arbustes porteurs de produits forestiers non ligneux.* , Mémoire présenté de l'Université Laval (programme de maîtrise en agroforesterie, Faculté de foresterie et de géomatique, 2007), 108 pages (Télécharger (http://archimede.bibl.ulaval.ca/archimede/uid/1f281121-31c5-4b44-a596-e67df7e7baa1))

[14] Les haies composites (http://www.ruralcat.net/ruralcatApp/gecNews.Module.ruralcat?sectorid=699554&contentId=699147)

[15] Exemple d'application : la haie fruitière "à la diable" (http://www.pomum.fr/?p=8) :

[16] Source: Wikipedia allemande.

Articles connexes

- Bocage
- talus
- chemin, mur
- Écologie du paysage, réseau écologique, corridor biologique, Trame verte
- Biodiversité dans le bâti et le jardin
- Jardin, Jardin sauvage
- Plessage
- Quinzième cible HQE
- Mesure agri-environnementale,
- Agroforesterie, Agrosylviculture
- Haie de Cornouailles

Liens externes

- Film de 78 min sur les nombreux rôles de la haie (http://www.lamagiedeshaies.com)
- l'Association Française des Arbres et des Haies Champêtres (http://www.haie-champetre.fr)
- Le jardin naturel (http://jardinnaturel.nnbavaisis.org/Accueil.php)
- Conseils pour planter une haie (http://jardihaie.free.fr/) et composition des différents types de haie (http://www.aujardin.info/fiches/encyclopedie-haies.php)
- Les fiches des Amis de la Terre sur les haies (http://www.amisdelaterre.be/article.php3?id_article=22)
- La haie : un bienfait pour les cultures (http://www.univers-nature.com/dossiers/haie.html)
- Pourquoi conserver ou établir des haies ? (http://www.croqueurs-de-pommes.asso.fr/soins/haies.htm)
- **[PDF]** L'arbre et la haie dans les paysage bas-normands (http://www.basse-normandie.ecologie.gouv.fr/pdf/Arbre_haie.pdf) sur le site de la Direction régionale de l'environnement de Basse-Normandie

(www.basse-normandie.ecologie.gouv.fr)

Remembrement

Le **remembrement** ou **remembrement rural** a pour but la constitution d'exploitations rurales d'un seul tenant sur de grandes parcelles afin de faciliter l'exploitation agricole des terres.
Il vise aussi l'aménagement rural du périmètre où est mis en œuvre le regroupement des terres agricoles appartenant à un ou plusieurs agriculteurs autour de l'exploitation agricole.

Après la Première Guerre mondiale, le moteur à explosion remplace la machine à vapeur qui elle même remplaçait la force animale et humaine, encourageant ou permettant une diminution régulière de l'emploi agricole, et imposant une modification du paysage et des pratiques agricoles

Le bocage traditionnel (ici du Cotentin, en France, vers 1945) offrait un compromis entre protection et exploitation des sols et des agro- et éco-systèmes. Souvent associé à la culture de fruitiers et à l'élevage laitier, il permettait des systèmes polyculture-élevages autonomes et résilients, fonctionnant en boucle fermée, c'est-à-dire sans intrants, et sans déchets.

Les aménagements fonciers en France

Histoire du remembrement

Sous l'occupation romaine de nombreux remembrements, dont les traces sont encore visibles dans le paysage, furent effectués. Leur objectif était multiple :

- établir la propriété privée ou communautaire et répartir les terres entre autochtones et vétérans de l'armée ;
- produire une base simple et reconnue de cadastre ;
- maîtriser l'espace pour notamment mieux valoriser conjointement les routes et les cultures ;
- être une vitrine de Rome, même à la campagne, loin de l'exemple des villes.

Les remembrement ont favorisé l'apparition de grandes parcelles de Vignes ici, sur coteau de la Moselle

Cette solution a également été utilisée au Moyen Âge pour regrouper les biens des abbayes.
En France, le premier remembrement moderne a eu lieu à

Rouvres-en-Plaine (Côte-d'Or) en 1707. Un siècle plus tard, le sénateur de Dijon cite en exemple ce remembrement. La pratique du remembrement privé commence à être massivement visible dans le bassin parisien durant le XIXe siècle. Par la suite, il se fait généralement avec le soutien des pouvoirs publics.

Paysage d'agriculture intensive sur des parcelles remembrées dans la Beauce

Au début du XXe siècle, une première loi instaure le remembrement mais elle remporte peu de succès. La seconde, de 1941, n'est elle même que lentement mise en œuvre. Ce sera des années 1960 aux années 1980 que le remembrement deviendra réellement intensif.
Environ 15 millions d'hectares ont été remembrés à ce jour, ces remembrements successifs ont affecté avant tout les paysages d'openfield et, dans un second temps, les paysages de bocages, supprimant près de 750 mille km de haies vive. Les régions sur lesquelles le remembrement s'est exercé à grande échelle étaient les régions les moins accidentées comme dans le nord de la France. Sur ces territoires, la suppression des obstacles physiques (haies, fossés, chemins) permettait de tirer le meilleur parti de la mécanisation des exploitations.

Objectif

En regroupant des parcelles de faibles superficies ou trop dispersées pour être facilement exploitables, le remembrement veut réduire les temps et coûts d'exploitation, faciliter et optimiser le travail de l'agriculteur en limitant ses déplacements et transports et en adaptant le parcellaire et la topographie aux techniques et engins agricoles modernes (mécanisation, engins plus grands et plus lourds tels que grands tracteurs et moissonneuses batteuses).
Le remembrement a comme principal objectif d'améliorer la structure des exploitations agricoles, mais il est souvent l'occasion de *moderniser* la voirie locale.

L'*Aménagement Foncier Agricole et Forestier* est précédée d'enquête publique et d'étude d'impact, incluant par exemple la construction de chemins nouveaux, la destruction de tout ou partie de l'ancien maillage des chemins, le déplacement de fossés l'alignement de parcelles et chemins, l'aplanissement des talus, l'arrachage et la réimplantation de haies (mesures compensatoires), le drainage des terres et dans certains cas le recalibrage des cours d'eau, avec ou sans subventions publiques et participations financières des agriculteurs.

Ces procédures ont souvent été critiquées pour avoir été la cause d'une destruction massive et non compensée du bocage et des réseaux de talus, ainsi que des réseaux de fossés, mares et micro zones humides qui constituaient une trame verte fonctionnelle écologiquement et agronomiquement utile en abritant de nombreux auxiliaires de l'agriculture. En France le *Grenelle* de l'Environnement a, en 2007, proposé l'idée d'instituer une nouvelle forme de remembrement qui réparerait ces dégâts, dit *« Remembrement environnemental »* ou *« remembrement écologique »*.

Impacts environnementaux

Le remembrement a largement été pratiqué en France (des années 1960 à 1980, moins fréquemment dans les années 1990). Il a engendré des impacts écopaysagers collatéraux importants, sur l'eau (inondations, drainage, eutrophisation) et les sols.
Dès les années 1960, des agronomes et naturalistes s'inquiètent des conséquences des arasages de talus, comblements de mares et arrachage d'arbres ou de haies pratiqués à l'occasion des remembrements. En 1960, l'émission *« État d'urgence »*, présentée par Roger Louis alerte le public quant à la banalisation des paysages et aux impacts environnementaux ; Paul Matagrin, directeur[1] de l'École nationale supérieure d'agronomie de Rennes fondée en

1961 y dénonçait « *des conséquences climatiques, des problèmes d'eau, d'érosion des sols. Notre équilibre écologique ancestral s'est brisé et nous ne savons pas encore quelle sera la limite de ces destructions irréversibles* ».

Aujourd'hui

En France, le remembrement est maintenant très encadré par la loi, qui prévoit une procédure concertée, mais qui en fin de compte s'impose aux propriétaires et exploitants pour permettre que sa mise en œuvre ne soit pas compromise par le désaccord d'une partie des personnes concernées.

Dans les années 1990, avec la prise en compte croissante des questions sociales, écologiques, sanitaires, des besoins de gestion qualitative et quantitative de l'eau, le regard des élus locaux, des agriculteurs et du public sur le remembrement et sur le paysage a commencé à changer. D'un outil d'industrialisation de l'agriculture, le remembrement est devenue un outil d'aménagement du monde rural.

Le remembrement s'accompagnait autrefois d'un important appauvrissement écologique du milieu ; par intensification de l'agriculture, et surtout à la suite de la destruction du réseau de haies, talus, fossés et points d'eau, ce qui aggravait l'érosion des sols et la pollution de l'eau.

Aujourd'hui l'État et les Départements, quand ils accompagnent financièrement les remembrements, conditionnent leurs aides au respect de conditions environnementales et de procédures légales. Ils doivent maintenant être accompagnées de mesures compensatoires, visant notamment à reconstituer ou préserver les milieux naturels détruits, et pour ce faire s'accompagner d'études d'impact.

Les grands remembrements sont maintenant le plus souvent induits par la construction d'infrastructures nouvelles telles qu'autoroutes et voies ferrées fragmentant le parcellaire agricole. Dans les régions viticoles historiquement sujettes à l'érosion, le remembrement est encore présenté comme un moyen utile pour la combattre.

En France, le remembrement - en tant que tel - n'existe plus aujourd'hui, puisque la « *Loi Relative au Développement des Territoires Ruraux* » (LDTR du 23 février 2005) l'a remplacée par la procédure d'*Aménagement foncier agricole et forestier.*

On parle parfois aussi de *remembrement urbain* à propos d'opération d'aménagement foncier ayant pour but une redistribution des propriétés urbaines.

Échange parcellaire

L'échange parcellaire est l'initiative de deux exploitants visant à améliorer la disposition de leurs terres en échangeant une part de celles-ci, donc sans investissement financier conséquent. Il s'est donc pratiqué de tout temps et en tout lieu, c'est-à-dire avant comme après un éventuel remembrement.

Les objectifs et les principes de l'échange sont assimilables à ceux du remembrement, mais sont beaucoup plus faciles à respecter, deux personnes et deux terrains étant en cause. Il s'agit aussi davantage de redessiner les terres et de les rapprocher du cœur de l'exploitation que d'agrandir la surface moyenne des parcelles. L'échange une fois convenu est officialisé selon les usages et réglements locaux.

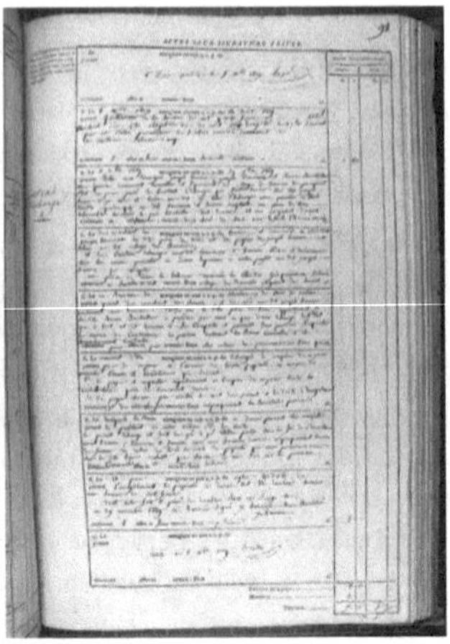

Transcription d'un acte d'échange de terres en France en 1819 dans les registres de l'Enregistrement ; les originaux, archives privées, sont souvent perdus.

Après un remembrement, l'échange vient en complément de celui-ci dans les années qui suivent, puis plus tard, est utilisé pour une adaptation à une possible évolution des pratiques agricoles (agriculture plus - ou moins - intensive ; répartition entre culture et élevage), l'intérêt d'une parcelle dépendant de son mode d'exploitation. Une variante de l'échange parcellaire se pratique, non entre propriétaires, mais entre locataires par un simple arrangement.

L'échange de terres est une pratique freinée par des obstacles psychologiques : attachement à la terre ; routine ; mauvaises relations entre exploitants ; peur de perte dans l'échange, etc. En France, à l'occasion du Space de 2010, ont été présentées ces difficultés ainsi que les expériences positives en Bretagne, *positives* c'est-à-dire quand la démarche *gagnant-gagnant* a abouti[2] .

En France, l'échange, lorsqu'il est pratiqué dans un but de remembrement, n'est pas soumis aux droits de mutation ; seul le salaire du conservateur des hypothèques est demandé (soit 0,10 % du prix ou de la valeur exprimés dans l'acte). Il est aussi exigé que les immeubles échangés soient dans la même commune ou dans des communes limitrophes. Si une terre échangée fait l'objet d'un bail rural, le locataire suit toujours le propriétaire ou le bail est résilié en partie ou en totalité.

Voir aussi

Articles connexes

- Agriculture intensive
- Bocage, Haies
- Aménagement du territoire
- Aménagement du territoire en France
- Aménagement foncier rural
- Société d'aménagement foncier et d'établissement rural (SAFER)
- Association foncière d'aménagement foncier agricole et forestier
- Zone de revitalisation rurale

Liens externes

- (fr)Site du Ministère du Développement Durable [3]
- (fr)Site de la DDT 38 [4]
- (fr)Site du CG de la Somme [5]
- (fr)Site du CG de Charente [6]
- (fr)Site du CG des Vosges [7]

Notes et références

[1] source :H.M.R. Keyes, *International Handbook Of Universities And Other Institutions Of Higher Education 1962*; The international association of universities,

[2] Article de Ouest-France du mercredi 15 septembre 2010 : *Échanger ses terres pour faire des économies.*

Gel

Cette page d'homonymie répertorie les différents sujets et articles partageant un même nom.

Le mot **gel** peut désigner :

- le fait pour un liquide de se solidifier (en particulier l'eau se transformant en glace) ;
    - par extension, la période hivernale pendant laquelle la température est en dessous du point de fusion de l'eau (« températures négatives »).
- une **solution colloïdale** est une forme galénique semi-solide sous laquelle peuvent se présenter des préparations pharmaceutiques, cosmétiques, etc.
- Gel (matériau)
- en politique, l'opération de gel des crédits, afin de préparer leur annulation (finances publiques). Il a été critiqué du fait qu'il ne se traduisait pas par des économies de la part de l'État, mais par un allongement des délais de paiement des fournisseurs. En France, la loi organique relative aux lois de finances devrait limiter sa pratique.

GEL désigne également selon la norme ISO 4217 le Lari, monnaie utilisé en Géorgie.

Climat continental

Le **climat continental** est un climat qui concerne des régions éloignées du littoral ou recevant les vents et précipitations de l'intérieur du continent à des latitudes moyennes. Il se caractérise par une forte amplitude thermique intermensuelle (plus de 30 °C) [1].

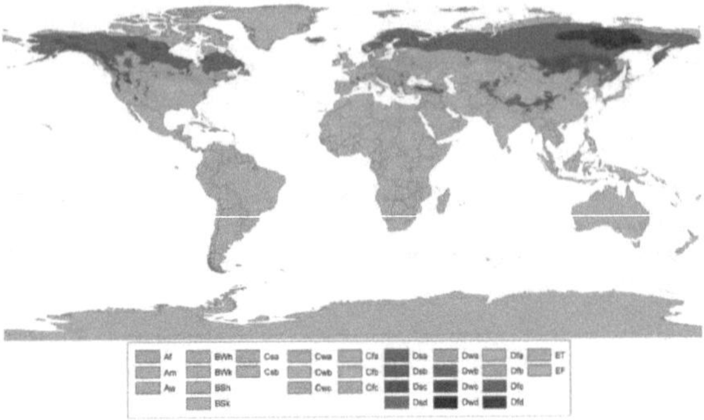

Carte de climat continental

Typologie

Climats continentaux

Plus on s'éloigne du littoral, plus le climat océanique se dégrade : les précipitations diminuent, les hivers sont plus froids que sur la côte. La typologie est celle de Georges Viers[2].

Le climat hypercontinental : l'amplitude thermique annuelle atteint son maximum en Iakoutie. Ce sont des régions de hautes latitudes qui conjuguent les effets de la continentalité et des différences saisonnières. L'amplitude thermique est par exemple de 66 °C à Verkhoïansk[3].

Les climats continentaux

Nom	Hiver	Été	Amplitude thermique annuelle	Précipitations annuelles	Régions concernées
russo-polonais	hiver long et froid	relativement long et chaud	entre 20 et 30 °C	entre 430 et 650 mm	Europe de l'est, de la Vistule à l'Oural ; ouest des Grands Lacs (Amérique du Nord)
sibérien	hiver très froid	très court	forte	entre 400 et 600 mm	Nord de la Scandinavie, Sibérie (sauf le littoral arctique); centre du Canada
yakoute ou hypercontinental	glacial et peu neigeux	très court	la plus forte de la planète	autour de 200 mm	Yakoutie

Climats de façade orientale

On y retrouve d'importants contrastes thermiques entre l'été et l'hiver, à cause de l'alternance de flux puissants, froids en hiver, chauds en été. Pendant ces deux saisons, ces flux ne suivent pas l'orientation ouest-est mais sont d'orientation nord-sud en hiver et sud-nord en été : on appelle cela la circulation méridienne alternée. Les flux méridiens provoquent l'envahissement des masses d'air polaires en hiver (*cold waves* en janvier-février aux USA), et des masses d'air tropicale en été : aussi, le climat de façade orientale se distingue du climat continental par ses étés chauds et humides : 26,3 °C à Saint-Louis (latitude : 39,4°N) aux États-Unis, 26,4 °C à Tianjin (latitude : 39°N) en Chine[4]. C'est le climat que l'on retrouve typiquement dans le nord-est des États-Unis et au Québec; ou dans le nord de la Chine et de la Corée. Les côtes orientales présentent un dégradé climatique, au nord le climat continental dévie vers le sud sur un climat subtropical humide, comportant lui aussi des étés chauds et moites, mais avec des hivers plus doux.

Les climats de façade orientale[5]

Nom	Hiver	Été	Amplitude thermique annuelle	Précipitations annuelles	Régions concernées
acadien	hiver froid et neigeux	été frais et humide	entre 20 et 30 °C	réparties régulièrement	nord du Japon, Kamtchatka ; sud-est du Canada, Acadie
mandchourien	hiver froid et très sec	été chaud et humide	entre 35 et 45 °C	irrégulières	nord de la Chine orientale
missourien	hiver froid	été chaud et humide	entre 25 et 30 °C	autour de 700 mm	centre de la Chine orientale, centre des États-Unis
haut plateaux	hiver froid	été chaud et sec	entre 30 et 35 degres	500 mm	Anatolie, centre d'Algerie, centre d'Espagne, centre d'Iran, est du Maroc

Flore

Les formations végétales sont très variées

- la Prairies, savanes et brousses tempérées
- la taïga
- la forêt mixte

Taïga en Amérique du Nord

Diagrammes climatiques

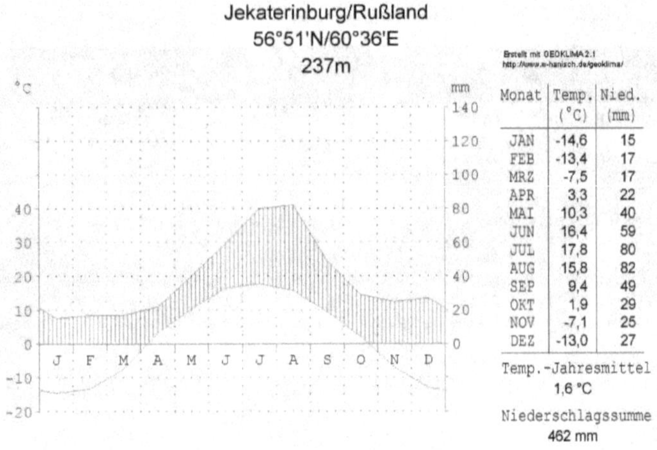

Ekaterinbourg, Russie

Voir aussi

Notes

[1] G. Viers, *Éléments de climatologie*, 1990, p.128

[2] Georges Viers, *Éléments de climatologie*, Paris, Nathan, 1990, (ISBN 2091902683) Réédition en 2001 (ISBN 2091911879)

[3] G. Viers, *Éléments de climatologie*, 1990, p.129

[4] G. Viers, *Éléments de climatologie*, 1990, p.130

[5] Georges Viers, *Éléments de climatologie*, Paris, Nathan, 1990

Bibliographie

- Jean-Paul Amat, Lucien Dorize, Charles Le Cœur, Emmanuelle Gautier, *Éléments de géographie physique*, Paris, Bréal, coll. Grand Amphi, 2002, ISBN 2-7495-0021-4
- Georges Viers, *Éléments de climatologie*, Paris, Nathan, 2001, 2e édition ISBN 978-2-09-191187-8 : chapitre 10, les climats continentaux et les climats de façades orientales, p.128-143.

Climat tempéré

On distingue en général plusieurs climats dans la zone tempérée, située entre les parallèles 30° et 50° de latitude dans l'hémisphère nord et sud.

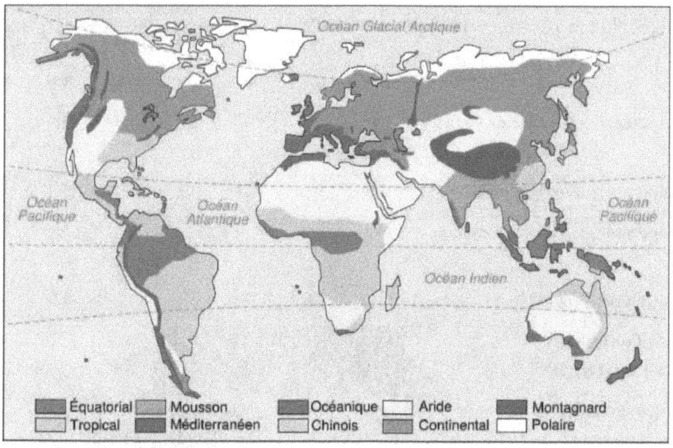

Carte des climats mondiaux: Climat tempéré

Climat tempéré océanique

mois	jan.	fév.	mar.	avr.	mai	jui.	jui.	aoû.	sep.	oct.	nov.	déc.	année
Température moyenne (°C)	5	5	6	8	11	14	15	15	13	10	7	6	**9.5**
Précipitations (mm)	68	51	50	47	58	53	59	75	73	68	69	79	**750**

Ce tableau est sujet à caution car il ne cite pas ses sources.

Le climat océanique se rencontre sur les côtes occidentales des continents : au nord-ouest des États-Unis (État de Washington), dans les îles britanniques, sur la façade atlantique de la France, autour de la mer du Nord et de la Manche, sur le littoral atlantique nord ouest du Maroc. Il se caractérise par un total annuel des précipitations assez fort et par une faible amplitude thermique. Les étés dans le domaine océanique ne sont pas secs, sauf accident (comme les sécheresses de 1976 en France et 2005 dans l'ouest de l'Europe).

Climat océanique dégradé

mois	jan.	fév.	mar.	avr.	mai	jui.	jui.	aoû.	sep.	oct.	nov.	déc.	année
Température moyenne (°C)	-1	1	4	8	13	17	18	17	14	8	4	1	**8.7**
Précipitations (mm)	30	30	40	40	60	70	80	70	50	40	40	40	**590**

Ce tableau est sujet à caution car il ne cite pas ses sources.

À l'intérieur des continents, le climat tempéré océanique se dégrade :

- L'amplitude thermique sur l'année augmente: il fait plus froid en hiver et plus chaud en été.
- Les précipitations annuelles en plaines sont moins importantes.
- Les vents perdent de leur force.

Le climat se transforme alors en **tempéré continental**. Cette dégradation progressive s'observe typiquement en Europe, d'ouest en est.

Climat continental

Le climat est dit continental, c'est-à-dire qu'il comporte de fortes variations de température entre l'été et l'hiver. Il connaît des hivers froids, voir même très froid et des étés humides et chauds. Le printemps et l'automne sont brefs. En été, la température avoisine souvent 25 °C et elle descend aux environs de -10 °C l'hiver.

mois	jan.	fév.	mar.	avr.	mai	jui.	jui.	aoû.	sep.	oct.	nov.	déc.	année
Température minimale moyenne (°C)	-10.5	-9.9	-5.0	2.2	7.3	11.9	13.6	12.0	6.9	2.2	-3.9	-7.9	**1.6**
Température moyenne (°C)	-7.5	-6.7	-1.4	6.3	12.8	17.1	18.4	16.4	10.8	5.0	-1.6	-5.4	**5.4**
Température maximale moyenne (°C)	-4.6	-3.1	2.3	11.1	18.1	22.2	23.4	21.4	15.2	8.2	0.6	-3.0	**9.3**
Précipitations (mm)	46	36	33	38	52	84	90	80	67	66	60	53	**705**
Record de froid (°C) (année du record)	-42.2 (1940)	-38.2 (1929)	-32.4 (1913)	-21.0 (1879)	-7.5 (1885)	-2.3 (1916)	1.3 (1886)	-1.2 (1885)	-8.5 (1881)	-16.1 (1960)	-32.8 (1890)	-38.8 (1892)	**-42.2**
Record de chaleur (°C) (année du record)	8.6 (2007)	8.3 (1989)	17.5 (2007)	28.0 (1950)	33.2 (2007)	34.7 (1901)	38.2 (2010)	37.3 (2010)	32.3 (1890)	24.0 (1915)	12.6 (1934)	9.6 (2008)	**38.2**

*Source : **Le climat à Moscou (en °C et mm, moyennes mensuelles et records)** Pogoda.ru.net* [1]

Par exemple pour Moscou :

- Nombre moyen de jours avec de la neige dans l'année: 119
- Nombre moyen de jours de pluie dans l'année: 142
- Nombre moyen de jours avec de l'orage dans l'année: 29
- Nombre moyen de jours avec tempête de neige dans l'année: 15
- Nombre moyen de jours avec du brouillard dans l'année: 15
- Nombre moyen de jours avec du givre dans l'année: 87

Climats subtropicaux

Ces climats, entrant dans la classification large des climats tempérés, sont qualifiés parfois de "tempérés chauds" en raison de la présence d'un hiver qui tempère la forte chaleur estivale.

Climat méditerranéen

{{Relevé météo Ifrane bénéficie d'un climat très humide et tempéré avec une pluviométrie annuelle de 1498 mm et une température moyenne annuelle de 10.8 °C. Le versant nord des montagnes du Moyen-Atlas est en effet la région la plus arrosée du Maroc après la chaîne de montagnes du Rif. Les précipitations ont lieu essentiellement en hiver. Les montagnes du Moyen-Atlas se trouvent alors sur le trajet des perturbations en provenance de l'Atlantique. En hiver il neige beaucoup sur la ville.

mois	jan.	fév.	mar.	avr.	mai	jui.	jui.	aoû.	sep.	oct.	nov.	déc.	année
Température minimale moyenne (°C)	-2.5	-0.8	0.6	1.8	5	8.4	12.4	13.9	10	4.8	1.2	-1.6	**4.4**
Température moyenne (°C)	3.2	4.5	6.2	7.5	11.4	15.4	20.5	21.4	17.3	11.6	9.8	3.9	**10.8**
Température maximale moyenne (°C)	8.9	9.9	11.9	13.2	17.8	22.5	28.7	28.9	24.7	18.4	12.5	9.4	**17.2**
Précipitations (mm)	204	186	152	146	92	58	47	53	62	118	168	212	**1498**
Record de froid (°C)	-33.2	-26.8	-22.4	-17.3	-12.6	-4.1	5.3	4.2	-6.6	-17.5	-22.9	-28.7	**-33.2**
Record de chaleur (°C)	11.6	14.5	25.9	29.4	33.8	36.1	40.2	38.5	32.7	25.3	23.4	18.6	**40.2**

*Source : **Le climat à Ifrane (en °C et mm, moyennes mensuelles)** climate-charts.com* [2]

Climat subtropical humide

mois	jan.	fév.	mar.	avr.	mai	jui.	jui.	aoû.	sep.	oct.	nov.	déc.	année
Température moyenne (°C)	4	5	8	13	18	21	25	27	23	17	11	6	**15**
Précipitations (mm)	49	65	98	122	145	192	140	153	182	203	96	58	**1501**

Ce tableau est sujet à caution car il ne cite pas ses sources.

Le climat subtropical humide, comme le climat méditerranéen, peut être classé dans les climats tempérés en raison de sa saison froide en hiver, sous influence continentale. Mais il est sujet à des masses d'air tropicales en été, qui sont à l'origine de sa forte humidité et de ses phénomènes violents (tornades et cyclones au sud-est des États-Unis, typhons en Chine et au Japon).

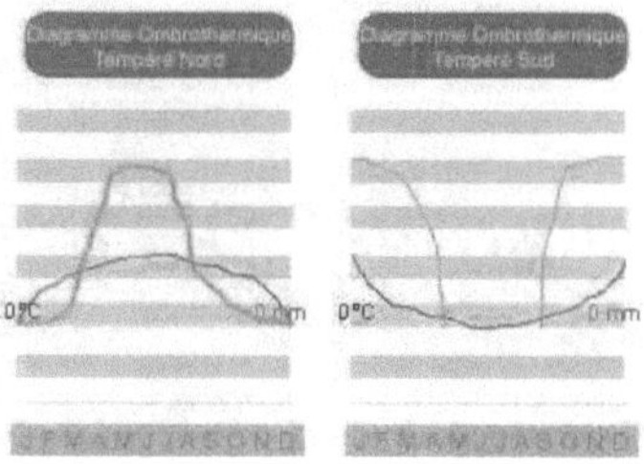

Voir aussi

Bibliographie

- Jean-Paul Amat, Lucien Dorize, Charles Le Cœur, Emmanuelle Gautier, *Éléments de géographie physique*, Paris, Bréal, coll. Grand Amphi, 2002, ISBN 2-7495-0021-4
- Georges Viers, *Éléments de climatologie*, Paris, Nathan, 2001, 2e édition ISBN 978-2-09-191187-8

Grêle

La **grêle** est un type de précipitation qui se forme dans des cumulonimbus particulièrement forts lorsque l'air est très humide et que les courants ascendants sont puissants. Elle prend la forme de billes de glace (*grêlons*) dont le diamètre peut varier de quelques millimètres à plusieurs dizaines de centimètres mais dont le diamètre habituel est entre 5 et 50 millimètres[1],[2] . Les averses de grêle durent peu de temps et ne touchent que la superficie limitée traversée par l'orage. Cependant, si les nuages convectifs sont nombreux, une succession de trajectoire de grêle peut affecter une région et laisser plusieurs dizaines de tonnes de glace au sol[3] .

Gros grêlon, laissant apparaitre des bulles en transparence

Le code METAR de la grêle est GR.

Origine

Un orage se forme dans une masse d'air chaud et humide, bien au-dessus du point de congélation, et très instable. L'air ainsi soulevé va éventuellement devenir saturé, car sa température diminue avec l'altitude selon la loi des gaz parfaits. L'excédant d'humidité forme d'abord le nuage et puis des gouttes de pluie. Les grêlons croissent lorsque les gouttes de pluie contenues dans l'orage continuent leur ascension dans le fort courant ascendant et gèlent[4] . Pour geler les gouttes doivent être sous le point de congélation et rencontrer un noyau de congélation. Si elles n'en rencontrent pas, elles sont en surfusion et pourront le rester jusqu'à une température de -39 °C, ce qui leur permet d'atteindre de très grandes altitudes dans le nuage.

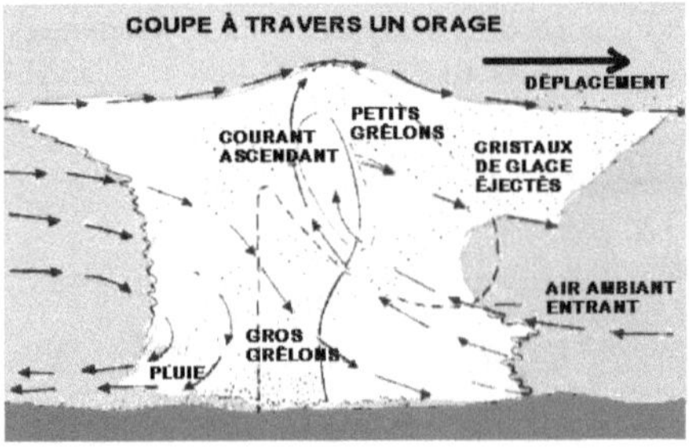

Mouvement de l'air et des grêlons dans l'orage

Dès qu'une goutte gèle dans les niveaux supérieurs de la troposphère (couche inférieure de l'atmosphère terrestre) où la température est inférieure à -10 °C, elle devient un noyau de congélation qui peut commencer le grêlon. La pression de vapeur de saturation de la glace étant moindre que celle de l'eau à des températures sous le point de congélation, la vapeur d'eau contenue dans l'air en ascension va donc se condenser sur les noyaux de glace plus facilement que sur les gouttes liquides. Les grêlons croissent donc plus rapidement que les gouttes de pluie dans une atmosphère humide comme celle de l'orage.

De plus, les embryons de grêle cannibalisent la vapeur d'eau des gouttes surfondues dans leur entourage. En effet, à la surface des gouttes il y a toujours un échange de vapeur d'eau avec l'air environnant et le grêlon semble attirer les molécules d'eau vers lui parce qu'il leur est plus facile de s'y recondenser que sur la goutte (voir Effet Bergeron)[5] . Finalement, les gouttes de pluie qui entrent en contact avec les grêlons, gèlent instantanément sur sa surface. Le tout permet aux grêlons de croître rapidement dans les régions du nuage à fort contenu liquide. Le taux de croissance est particulièrement important autour de -13 °C.

La formation de la grêle n'a rien à voir avec celle de la neige. Cette dernière se forme dans des nuages stratiformes à faible mouvement vertical, à des températures sous zéro degré Celsius et dans une masse d'air contenant relativement peu d'humidité. Dans ces conditions, les cristaux de glace qui se forment sont très petits, et croissent lentement pour donner des flocons. Il y a peu de gouttelettes surfondues dans ces conditions[6] .

Structure en couches

La structure en couche de ces grêlons est visible

Une coupe transversale des gros grêlons montre qu'ils ont une structure en pelure d'oignon, c'est-à-dire formée de couches de croissance épaisses et translucides alternant avec des couches minces, blanches et opaques[7] . La théorie voulait antérieurement que les grêlons fussent sujets à plusieurs allers-retours, retombant dans la zone humide puis regelant dans une nouvelle phase ascendante, ce qui aurait généré les couches successives. Cependant, les recherches théoriques et sur le terrain ont démontré que ce n'était pas le cas[8] .

En fait, le grêlon en ascension traverse des zones du nuage où la concentration d'humidité et de gouttelettes en surfusion varie. Son taux de croissance change selon les variations rencontrées. Le taux d'accrétion des gouttelettes est un autre facteur de croissance. Ces dernières s'agglomèrent par contact avec le grêlon. Ainsi lorsque le grêlon passe dans une zone riche en gouttelettes, il va acquérir une couche translucide en les capturant, alors que dans les régions de l'orage où c'est surtout de la vapeur d'eau qui est disponible, il se formera une couche de givre blanc opaque.

De plus, le grêlon se meut verticalement à une vitesse variable qui dépend de sa position dans le courant ascendant ainsi que de son poids. C'est ce qui va faire varier l'épaisseur des couches car le taux de capture des gouttelettes surfondues (accrétion) dépend des vitesses relatives entre celles-ci et le grêlon, certaines vitesses d'ascension la favorisant. La croissance des grêlons amène le relâchement de chaleur latente, ce qui peut garder l'extérieur du grêlon liquide, le rendant plus "collant". Les grêlons peuvent alors s'agglomérer à deux ou plusieurs, selon les collisions, pour en former de plus gros, aux formes irrégulières[9] .

Un gros grêlon formé de la fusion de plusieurs plus petits

Le grêlon s'élève donc jusqu'à ce que son poids ne puisse plus être supporté par le courant ascendant, ce qui prend au moins une trentaine de minutes compte tenu de la force de ces courants dans un orage à grêle dont le sommet est généralement à plus de 10 km de hauteur. Puis il se met à redescendre vers le sol tout en continuant sa croissance par les mêmes procédés jusqu'à ce qu'il sorte du nuage[8] . Ce trajet unique dans l'orage est donc suffisant pour expliquer la configuration en couches de la grêle. Le seul cas où on peut parler de trajets multiples est celui des orages multicellulaires où un grêlon peut être éjecté du sommet de la cellule-mère et être repris dans le courant ascendant d'une cellule-fille plus intense, mais il s'agit là d'un cas exceptionnel[8] .

Chute

La grosseur maximale des grêlons dans le nuage n'est pas celle que l'on retrouve au sol. En effet, une fois qu'il quitte le nuage, le grêlon commence à se sublimer car l'air n'y est plus à saturation. Lorsqu'il passe dans la couche où la température dépasse le point de congélation, il se met aussi à fondre et à s'évaporer. Ce que l'on retrouve au sol est donc ce qui n'a pu se transformer et dépend de la hauteur du niveau de congélation.

Petite grêle

Les cumulus bourgeonnants (nuages d'averses), avec un courant ascendant beaucoup plus faible et un sommet moins froid, peuvent donner de la très petite grêle (moins de 5 mm) par un processus similaire. Cette petite grêle est parfois nommée grésil.

Dégâts

La grêle est un phénomène destructeur pour les récoltes et la propriété. De plus, les plus gros grêlons sont dangereux pour les personnes et les animaux.

Dégâts de grêle sur pommiers

Mitigation

On utilise parfois l'ensemencement des nuages pour tenter de minimiser les dégâts causés par la grêle. En augmentant le nombre de noyaux de congélation on espère augmenter le nombre de grêlons aux dépens de leur taille. L'iodure d'argent est le plus souvent utilisé pour cela. Mais les météorologues sont partagés sur l'efficacité de cette méthode[3].

L'efficacité du canon anti-grêle est controversée et n'a pas été démontrée, de plus les météorologues ne comprennent pas comment il pourrait agir[10] ; cependant il est toujours utilisé par certains cultivateurs dans plusieurs pays.

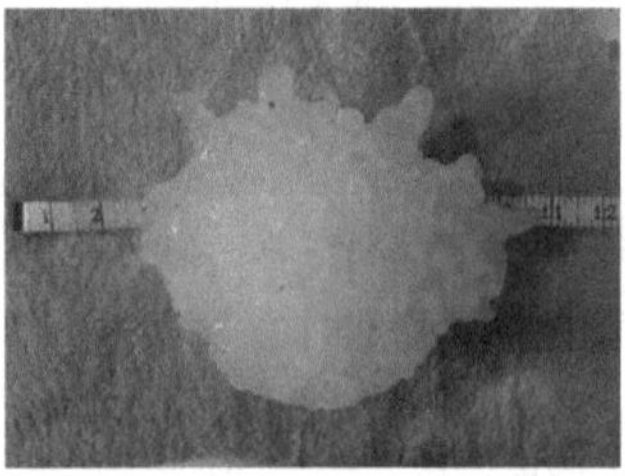

Le plus gros grêlon jamais rapporté aux États-Unis : diamètre de 20.3 cm et 47.3 cm de circonférence

Extrêmes

Records homologués par l'Organisation météorologique mondiale (OMM) et le National Oceanic and Atmospheric Administration (NOAA):

- Aux États-Unis, le grêlon détenant le record du plus grand diamètre, soit 20.3 cm (la taille d'un melon), et celui du plus pesant, 879 g, est tombé à Vivian au Dakota du Sud, le 23 juillet 2010. Cependant, celui ayant la plus grande circonférence est tombé à Aurora au Nebraska, le 22 juin 2003. Celle-ci était de 47.6 cm, soit 0.3 cm de plus que celui de Vivian[2] ;
- Le record mondial du plus lourd grêlon est de 1.02 kg. Il est tombé à Gopalganj (23°00′N 89°56′E) au Bangladesh le 14 avril 1986. Quatre-vingt-douze personnes furent tuées durant l'orage, pas nécessairement par la chute des grêlons[11] ,[12] .

Non homologués par l'OMM :

- En 1829 à Cordoue en Espagne : un grêlon de 2 kg ;
- Le 11 août 1958, un orage de grêle dévaste la région de Strasbourg[13] . Le plus gros grêlon atteint 972 g.
- En 1959, au Kazakhstan, on pèse un grêlon de 1,9 kg ;

- Le 25 mai 2009 dans la Picardie et le Nord-Pas-de-Calais en France, les plus gros grêlons atteignent 12 centimètres de diamètre lors d'une épisode supercellulaire[14].

Notes et références

[1] Organisation météorologique mondiale, « Grêle (http://www.eumetcal.org/euromet/glossary/hail.htm) », *Glossaire de la météorologie*, Eumetcal. Consulté le 2011-05-12

[2] **(en)**National Weather Service, « South Dakota Storm Produces Record Hailstone (http://www.nws.noaa.gov/pa/fstories/2010/fs30jul2010.php) », NOAA News, 30e juillet 2010. Consulté le 2010-11-22

[3] Grêle (http://comprendre.meteofrance.com/pedagogique/pour_tous/glossaire/g/g_detail?page_id=2832&document_id=1022&portlet_id=19597), *Comprendre la météo*, Météo-France. Consulté le 2011-05-12

[4] Grêlon (http://comprendre.meteofrance.com/jsp/site/Portal.jsp?&page_id=2832&document_id=1024&portlet_id=1766), *Comprendre la météo*, Météo-France. Consulté le 2011-05-12

[5] **(fr)** Effet Bergeron (http://comprendre.meteofrance.com/jsp/site/Portal.jsp?page_id=2852&page_id=238&document_id=1528&portlet_id=1784), *Comprendre la météo*, Météo-France. Consulté le 2011-05-12

[6] Neige (http://comprendre.meteofrance.com/pedagogique/pour_tous/glossaire/n/n_detail?page_id=2848&document_id=1747&portlet_id=19660), *Comprendre la météo*, Météo-France. Consulté le 2011-05-12

[7] Organisation météorologique mondiale, « Grêlon (http://www.eumetcal.org/euromet/glossary/hailston.htm) », *Glossaire de la météorologie*, Eumetcal. Consulté le 2011-05-12

[8] **(en)** Stephan P. Nelson, « The Influence of Storm Flow Struce on Hail Growth », dans *Journal of Atmospheric Sciences*, Boston, MA, AMS, vol. 40, n° 8, août 2003, p. 1965-1983 (ISSN 1520-0469 (http://worldcat.org/issn/1520-0469&lang=fr)) [texte intégral (http://journals.ametsoc.org/doi/pdf/10.1175/1520-0469(1983)040<1965:TIOSFS>2.0.CO;2), lien DOI (http://dx.doi.org/10.1175/1520-0469(1983)040<1965:TIOSFS>2.0.CO;2) (le 2011-05-12)]

[9] Erreur dans la syntaxe du modèle Article**(en)** Julian C. Brimelow, Gerhard W. Reuter et Eugene R. Poolman, « Modeling Maximum Hail Size in Alberta Thunderstorms », dans *Weather and Forecasting*, vol. 17, n° 5, , p. 1048–1062 (ISSN 1520-0434 (http://worldcat.org/issn/1520-0434&lang=fr)) [texte intégral (http://journals.ametsoc.org/doi/pdf/10.1175/1520-0434(2002)017<1048:MMHSIA>2.0.CO;2), lien DOI (http://dx.doi.org/10.1175/1520-0434(2002)017<1048:MMHSIA>2.0.CO;2) (le 2011-05-12)]

[10] **(en)** Cannons both hailed and blasted (http://www.rockymountainnews.com/drmn/local/article/0,1299,DRMN_15_4833500,00.html), Rocky Mountain News, 10 juillet 2006. Consulté le 2007-09-14

[11] **(en)**BBC Weather, « Hail (http://www.bbc.co.uk/weather/features/understanding/hail.shtml) », BBC News. Consulté le 2008-08-29

[12] **(en)** Global Weather & Climate Extremes (http://wmo.asu.edu/), Université d'État de l'Arizona, 2009. Consulté le 2009-07-26

[13] « L'apocalypse du 11 août 1958 », dans *Dernières Nouvelles d'Alsace*, 10 août 2008 [texte intégral (http://sitemap.dna.fr/articles/200808/10/apocalypse-du-11-aout-1958,region,000003952.php) (le 2011-05-21)]

[14] **(en)** Bilan climatique du mois de mai 2009 (France) (http://www.lachainemeteo.com/information/meteo/evenement/bilan-climatique-du-mois-de-mai..._360_2009-06-01.php), *Les infos*, La Chaîne météo, 7 juin 2009. Consulté le 2009-07-07

Voir aussi

Bibliographie

- Rogers and Yau, A Short Course in Cloud Physics, Massachusetts, Butterworth-Heinemann, 1989 (ISBN 0-7506-3215-1)

Articles connexes

- Orage
  - Prévision des orages violents
- Pluie
- Neige
- Grésil
- Granule de glace
- Modification du temps
  - canon anti-grêle
  - Ensemencement des nuages

Liens externes

- **(fr)** Service météorologique du Canada, « Formation des observateurs : Identification des nuages (http://www.on.ec.gc.ca/canwarn/clouds-f.html) », *réseau Canwarn*, Environnement Canada, 14 mai 1999. Consulté le 2011-05-12
- **(fr)** Ressources naturelles Canada, « Principales tempêtes de grêle au Canada (http://atlas.nrcan.gc.ca/site/francais/maps/environment/naturalhazards/naturalhazards1999/majorhailstorms/hailstorms_stats_new.html) », *Atlas du Canada*, 2 mai 2007. Consulté le 2011-05-12
- **(fr)** KERAUNOS Prévision, suivi et étude des orages en France (http://www.keraunos.org) sur *Observatoire Français des Tornades et des Orages Violents*. Consulté le 2011-05-12
- **(fr)** Photographies de grêle en France (http://www.infoclimat.fr/multimedia/photolive.php?motcle=grele&auteur=&start=&ord=&d=&dept=&region=&=Rechercher) sur *Association Infoclimat*. Consulté le 2011-05-12
- **(fr)** Études et prévention grêle (http://www.anelfa.asso.fr) sur *Association Nationale de lutte contre la grêle*. Consulté le 2011-05-12

Château de Montaigu

Le **château de Montaigu** est situé sur les communes de Mercurey et de Saint-Martin-sous-Montaigu en Saône-et-Loire, sur la croupe d'une colline.

Ruines du château de Montaigu

Description

La forteresse comportait une double enceinte dont la plus petite couronnait le sommet de la colline. L'enceinte extérieure, constituée par un mur crénelé très épais, était flanquée de dix à douze tours reliées par un chemin de ronde. La porte principale, protégée par deux tours, une poterne et un système de herses, ouvrait au sud vers Saint-Martin-sous-Montaigu. Une poterne donnait au nord en direction de Couches. L'enceinte intérieure, aux murailles moins épaisses, potégeait le donjon, la grande salle, le logement seigneurial et une petite cour où se trouvait le puits. Enfin, le donjon carré, muni d'un pont-levis, pouvait être entièrement isolé. À la Révolution, après deux siècles d'abandon, on distinguait encore les tours de l'enceinte extérieure. Au début du XXe siècle, on pouvait encore accéder au pied du donjon et des murailles. Cette forteresse, imprenable au temps de la féodalité, n'a pas résisté au perfectionnement des armements: c'est maintenant un tas de pierrailles signalé seulement, et pour un temps indéterminé, à l'attention des promeneurs, par un pan de mur du donjon.

Château de Montaigu au Moyen Âge

Le site est une propriété privée et ne se visite que sur autorisation.

Historique

Armes des Bourgogne capétiens

Armes des Damas

Armes des Valois-Bourgogne

- vers 950 : à la demande du duc de Bourgogne, un château est construit par **Lambert de Valentinois**, comte de Chalon par son mariage avec **Adélaïde de Vermandois**, dans le but de protéger la ville des invasions venant de l'ouest et de surveiller la voie romaine Lyon, Chalon, Autun, Paris
- 1180 : **Guillaume II, dernier comte héréditaire de Chalon**, ayant pillé la Bourgogne, est dépossédé de ses biens par le roi Louis VII le Jeune au profit de Hugues III de Bourgogne; celui-ci érige la terre de **Montaigu** (ou *Montagu*) en fief au profit de son second fils, **Alexandre de Bourgogne**, premier représentant du rameau de **Bourgogne-Montaigu**; les *seigneurs* de cette famille sont les plus puissants de leur temps; cousins du roi de France, et de l'empereur de Constantinople, ils ont une cinquantaine de vassaux
- 1205 à 1244 : **Eudes de Bourgogne**, fils du précédent, est seigneur de **Montaigu**
- 1244 à 1304 : **Guillaume de Bourgogne-Montaigu**, fils du précédent, seigneur de **Montaigu**, élève le fief à l'apogée de sa grandeur; il est le seul de sa lignée à avoir résidé fréquemment dans la forteresse, surtout apte à loger une garnison
- 1304 à 1338 : **Eudes II ou Oudard de Bourgogne-Montaigu**, fils du précédent, est seigneur de **Montaigu**
- 1338 à 1348 : **Henri de Bourgogne-Montaigu**, fils du précédent, seigneur de **Montaigu**, est le dernier de sa lignée
- 1348 : à la mort du précédent, le fief est partagé entre la famille de Damas et le duc de Bourgogne
- 1477 : à la mort de **Charles le Téméraire**, le fief tombe dans le domaine royal
- fin XVe siècle et XVIe siècle : le château sert tantôt de refuge aux habitants des villages voisins, tantôt de repaire à une troupe passée au banditisme
- 1591 : le château est pris par les troupes de la Ligue; l'enceinte, en partie démolie, puis reconstruite, sera démantelée sur ordre de Henri IV
- jusqu'à la fin du XVIIIe siècle : ce qui reste d'habitation est utilisé par les vignerons comme logements et comme entrepôts
- 1803 : les pierres sont vendues à un maçon qui transforme le tout en carrière
- 1822 : le **marquis d'Arcelot** se rend acquéreur des ruines; plusieurs ermites vont les occuper dont un, **Jean Rougeot**, sera assassiné
- 1870 : le dernier ermite, un certain **Richer**, soupçonné d'exactions et d'espionnage doit s'enfuir tandis que la population détruit l'oratoire et la cellule
- XXe siècle : propriété de la famille de **Suremain**

Bibliographie

- *Montaigu de Bourgogne*, d'E. PAPINOT (1920)
- *Le château de Montaigu et ses seigneurs*, de LADEY de SAINT-GERMAIN (1901)
- *Ruines du chateau de Montaigu*, Magasin Pittoresque 1871 page 232

Voir aussi

- Liste des châteaux de Bourgogne

Coordonnées géographiques: 46°49′29″N 4°42′45″E

Abbaye de Cluny

Abbaye de Saint-Pierre et Saint-Paul de Cluny

Présentation	
Culte	Catholique romain
Type	Abbatiale
Rattaché à	Saint-Siège (dépendait directement du pape)
Début de la construction	909 ou 910
Fin des travaux	1130
Style(s) dominant(s)	Roman (Cluny III)
Protection	Classé MH (1862, 1902, 1960)
Géographie	
Pays	France
Région	Bourgogne
Département	Saône-et-Loire
Ville	Cluny
Coordonnées	Coordonnées géographiques: 46° 26′ 04″ N 4° 39′ 33″ E46° 26′ 04″ Nord 4° 39′ 33″ Est

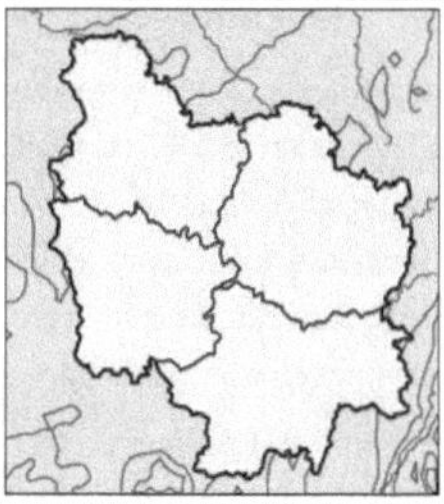
Géolocalisation sur la carte : Bourgogne

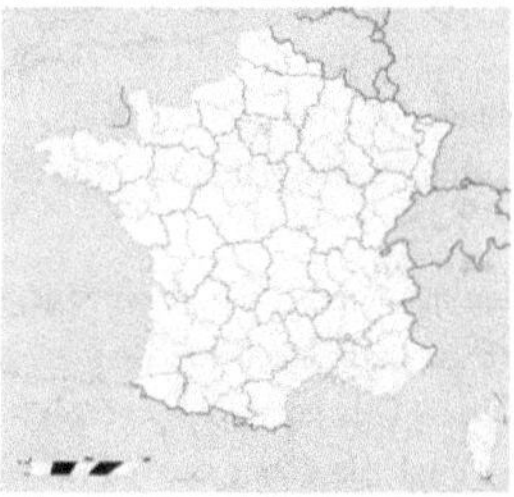
Géolocalisation sur la carte : France

L'**abbaye de Cluny** est une ancienne abbaye, fondée en 909[1] ou 910 par le duc d'Aquitaine et comte d'Auvergne Guillaume Ier. Cluny est le symbole du renouveau monastique en Occident ; l'abbaye fut un foyer de réformation de la règle bénédictine et un centre intellectuel de premier plan au Moyen Âge classique. Il n'en subsiste aujourd'hui qu'une partie des bâtiments, faisant l'objet de protections au titre des Monuments historiques[2] et gérés par le Centre des monuments nationaux. Les bâtiments de l'abbaye abritent depuis la fin du XIXe siècle l'un des centres de l'école d'ingénieurs Arts et Métiers ParisTech.

Fondation

Contexte : la France au début du Xe siècle

Vers 900, la France est dirigée par la dynastie carolingienne ; mais sous la pression des attaques vikings et sarrasines, l'autorité royale s'est fortement affaiblie et les princes territoriaux et les seigneurs ont pris leur indépendance de fait. L'effacement du pouvoir royal est particulièrement prononcé au sud[3] . Dans le Mâconnais, où se trouve le site de Cluny, les seigneurs châtelains et immunistes contestent le pouvoir et choisissent les prélats[4] . L'Église est prise dans le système féodal et dans l'affrontement entre moines et évêques au sujet des dîmes. Le clergé régulier est particulièrement touché par la crise : de nombreux monastères sont victimes des raids scandinaves et de l'accaparement des aristocrates. La crise est aussi morale puisque la règle de Benoît de Nursie n'est plus respectée à la lettre. Écrite au VIe siècle, la règle bénédictine prévoyait que les moines soient dirigés par un abbé et qu'ils partagent leur temps entre la prière et le travail manuel. Au début du IXe siècle, Benoît d'Aniane tente de la diffuser dans tous les monastères de l'empire carolingien. Mais le travail manuel est délaissé au profit de la prière. Les laïcs nomment des abbés qui leur sont fidèles et contrôlent par là même les domaines fonciers des établissements réguliers.

Une abbaye bénédictine indépendante du pouvoir séculier

L'abbaye a été fondée dans ce contexte, et sur le modèle de celle d'Aurillac, par une charte rédigée à Bourges le 11 septembre 909 ou 910[5] , par le comte de Mâcon, Guillaume Ier, duc d'Aquitaine et comte d'Auvergne, qui la place sous l'autorité immédiate du pape[6] . Le comte octroie une *villa* située près de Mâcon à Bernon, abbé de Baume-les-Messieurs et de plusieurs monastères dans la région. C'est ce dernier qui choisit le site de Cluny et construit les premiers bâtiments conventuels avec l'aide de douze moines des abbayes de Gigny et de Baume[7] . L'abbaye sera reconnue comme chef d'ordre par le pape Jean XI, sous l'abbatiat d'Odon en 931.

Guillaume renonce à tous ses droits sur Cluny et permet à l'abbé d'être choisi par les moines. Il place la communauté monastique sous le patronage de l'apôtre Pierre et Paul de Tarse ; Cluny passe sous la protection directe du pape (Serge III) à l'époque. C'est une abbaye immunitaire, c'est-à-dire qu'elle est indépendante à la fois de l'évêque et des seigneurs de la région, et elle ne doit obéissance qu'au pape. Cet élément joua un grand rôle dans le développement de l'abbaye. Lors de la fondation, le comte impose enfin le respect de la règle bénédictine et attend que les moines prient pour son Salut :

> « Je fais ce don stipulant qu'un monastère régulier devra être construit à Cluny [...], dont les moines vivront en communauté selon la règle du bienheureux Benoît.[...] Que soit ainsi établi en cet endroit un asile de prières où s'accompliront fidèlement les vœux et les oraisons. Que soit ainsi recherché et poursuivi, avec une volonté profonde et une ardeur totale, le dialogue avec le ciel. Que des prières, des demandes et des supplications y soient sans cesse adressées au Seigneur tant pour moi que pour tous ceux dont j'ai précédemment évoqué la mémoire[8] . »

Construction de l'abbaye

L'abbaye de Cluny a été construite en plusieurs étapes, numérotées par K-J. Conant.

Cluny I

L'abbé Bernon, premier abbé de Cluny, commence la construction de l'abbatiale Cluny I en 910. Cluny I sera terminée sous son successeur Odon et dédicacée avant 927[9] .

Cluny II

Le complexe monastique de Cluny II est connu grâce aux descriptions du *Liber Tramitis*, un coutumier des années 1035-1040[10] . Le quatrième abbé de Cluny (954-994), Maïeul de Cluny, construit *Cluny II* à partir de 963, pour remplacer le bâtiment précédent, devenu trop étroit ; l'église abbatiale est consacrée en 981[11] . Cluny II se caractérise par un chevet complexe avec plusieurs absidioles et une galilée (avant-nef), située à l'ouest. Le développement du chevet témoigne de l'essor de la liturgie et des pèlerinages. À la croisée du transept (étroit) et du vaisseau central (large), s'élevait un haut clocher, du type de celui qui subsiste à Chapaize. Cette disposition du clocher au-dessus de la croisée deviendra la règle quasi absolue pour toutes les églises romanes de la région.

Cluny III

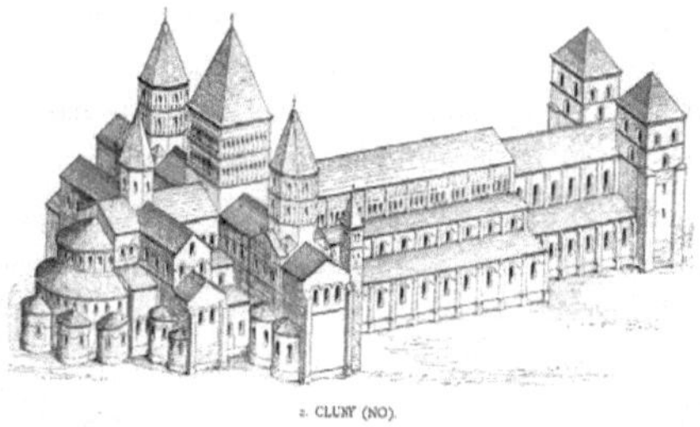

Reconstitution de l'abbatiale Cluny III

L'ensemble de Cluny III est connu par d'anciens plans[12].

La construction de *Cluny III*, débute vers 1080 sous l'abbatiat de Hugues de Semur. L'expansion de l'Ordre, le nombre de moines sans cesse croissant assistant aux offices, et les chantiers imposants ouverts dans toutes les abbayes rivales, voire simples prieurés, rendent obsolète l'abbatiale de Maïeul, décrite comme « bergerie étroite et vétuste » dans *la Vie de Saint Hugues* par Geilon vers 1115. En 1088 a lieu la pose symbolique d'une *première pierre*. En 1095, le pape Urbain II consacre deux pierres d'autel et 3 chapelles au milieu du chantier. La nef est fermée et dédicacée en 1130, mais l'édifice est loin d'être achevé : le bras nord du transept, les tours et l'avant-nef sont, au mieux, commencés à cette date. Tombé en panne au cours de la deuxième moitié du XIIe siècle, le chantier reprend au début du XIIIe siècle et voit l'achèvement de l'immense avant-nef en 1220 par l'abbé Rolland Ier de Hainaut, en style gothique. L'abbatiale devient alors, pour trois siècles, le plus grand édifice religieux d'Occident (187 mètres de long[13]), jusqu'à la reconstruction de la basilique Saint-Pierre de Rome en 1506.

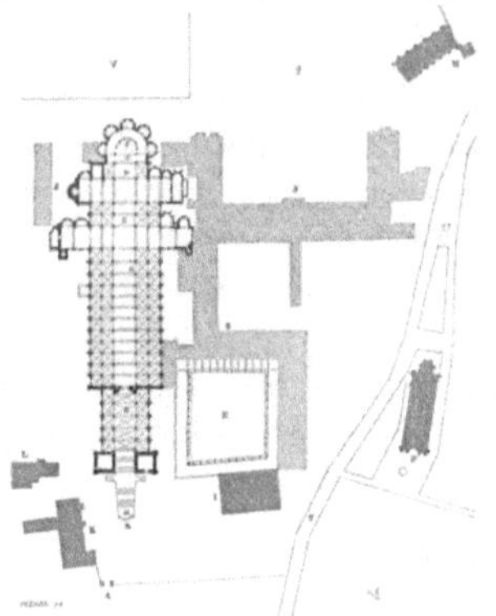
Plan de l'abbaye de Cluny (selon Viollet-le-Duc)

Le plan de l'édifice est en forme de croix archiépiscopale : il y a deux transepts. Le grand transept, dont un bras subsiste aux trois quarts, était long à lui seul comme une petite cathédrale. Il était surmonté de trois clochers : Le *Clocher de l'eau bénite* surplombe toujours le bras sud, le *Clocher des Bisans* surplombait le bras nord, et enfin le *Clocher du chœur*, le plus imposant de tout l'édifice, couronnait la croisée centrale. Plus loin vers l'est, au milieu du chœur, se trouvait un petit transept, appelé *transept matutinal*, qui subsiste aussi en partie. Son croisillon central était surmonté d'une tour, dite *Tour des lampes*, dont la fonction est mal définie : elle comportait en effet un tambour octogonal sans aucune ouverture, surmonté d'une flèche.

La nef était encadrée par quatre collatéraux et la voûte s'élevait à 33 mètres au-dessus du sol[13].

Histoire de l'abbaye

L'apogée (X^{e} - XIIe siècles)

Pendant l'abbatiat d'Odon de Cluny (927-942), Cluny obtient le droit de battre monnaie et un grand nombre de monastères bénédictins se rassemblent sous son autorité[14] . Il met en place la bibliothèque et l'école.

Pendant les quarante années d'abbatiat de Saint Mayeul, ses liens avec le Saint-Empire favorisèrent l'extension de l'« Ecclesia Cluniacensis » vers l'est. Il fut certainement l'un des conseillers écoutés d'Hugues Capet, duc puis Roi des Francs, ce qui lui permit de réformer des monastères et d'y placer des abbés réguliers. Enfin, il poursuivit les relations qu'Odon avait nouées avec la papauté.

Sous l'abbatiat d'Odilon (994-1049), Cluny devient un seigneur et privilège d'exemption octroyé par le pape Grégoire V en 998 ; il permet à la communauté clunisienne d'être indépendante de l'évêque de Mâcon. Il est étendu par la suite par Jean XIX en 1024. L'abbatiat de Pons de Melgueil (1109-1122) est marqué par les crises internes de l'ordre clunisien, dues à la concurrence de l'érémitisme et nouveaux ordres (cisterciens et chartreux). Le 6 mars 1058, le pape Étienne IX confirme le privilège monétaire de Cluny. Les statuts d'Hugues V de Cluny (1199-1207) organisent un chapitre généralement annuel. L'ordre clunisien est structuré en un réseau de « provinces ». À son apogée, l'Église de Cluny compte environ 10 000 moines répartis dans 1200 établissements[15] du Nord de l'Angleterre à l'Espagne, en passant par l'Italie et le Saint-Empire.

Le succès de Cluny, qui essaima dans toute la Chrétienté latine, est dû à son émancipation du pouvoir seigneurial et épiscopal, mais aussi à l'action de ses abbés, qui connurent une longévité exceptionnelle. Sa situation géographique était également favorable, à la charnière entre Europe du Nord et du Sud, entre royaume de France et Empire.

L'abbaye s'enrichit rapidement grâce aux dons des fidèles. Elle était un lieu de pèlerinage (plus de mille reliques y étaient vénérées[16]). Alphonse VI octroie une rente annuelle de 100 000 deniers clunisiens vers 1077[17] . Les autres revenus de l'abbaye proviennent des droits seigneuriaux et banaux qu'elle prélève et des sommes versées par les prieurés de son réseau.

Cluny, un centre majeur de Culture

L'abbaye constitua un foyer intellectuel et culturel important du Xe au XIIe siècle : c'est Odon qui rassembla les premiers manuscrits de la bibliothèque en rapportant des livres provenant de Saint-Martin de Tours[18] . Les ouvrages conservés à Cluny se multiplièrent rapidement grâce à l'activité du scriptorium : on en connaît le nombre (570) grâce au grand catalogue (XIe et XIIe siècles)[19] . La bibliothèque conservait des œuvres patristiques et des maîtres carolingiens, parmi lesquels Jean Scot Erigène[20] . Sous l'abbatiat de Pierre le Vénérable, elle était plus importante que celle du Mont Cassin, en Italie[21] . On pouvait y trouver des textes latins (Tite-Live, Ovide, Cicéron), mais aussi des livres de médecine ou de musique.

C'est à Cluny que Raoul Glaber rédigea la plus grande partie de ses *Histoires* à partir de 1031. Les abbés sont aussi des auteurs : Odon de Cluny produit une *Vie de Géraud d'Aurillac*. Les moines clunisiens écrivirent aussi des récits hagiographiques. La chancellerie de l'abbaye produisit plusieurs cartulaires ainsi que les coutumes de l'établissement. Le *Guide du pèlerin* a sans doute été écrit par Aymeri Picaud au XIIe siècle à Cluny[22] .

Cluny était aussi un centre d'études de premier ordre. Le droit romain est resté vivant par l'étude de fragments de textes juridiques datant du règne de Justinien Ier[23] . Les thèses néoplatoniciennes y ont survécu et ont nourri la réflexion sur l'organisation de la société. Les chapiteaux du déambulatoire de l'abbatiale de Cluny III figurent les arts libéraux, autrement dit les disciplines enseignées au Moyen Âge. Enfin de l'abbaye sortirent des personnages éminents tels que le pape Urbain II.

Hôtes illustres

Ont séjourné à Cluny :

- Gélase II
- Eugène III
- Abélard
- Rencontre de Louis IX et Innocent IV en 1245
- Louis XIV
- François Mitterrand

Déclin et destruction des bâtiments

Du XIIe siècle à la Révolution

À partir du XIIe siècle, Cluny connaît des difficultés financières importantes, provoquées en grande partie par la construction de la troisième abbatiale. La charité aux pauvres augmente les dépenses. Le rayonnement de l'abbaye s'affaiblit progressivement devant la montée d'autres ordres religieux (Cisterciens, puis Mendiants au XIIIe siècle). La mauvaise gestion des terres, la réticence des filiales à payer le cens annuel sont autant de sources de revenus en moins. L'établissement lève des emprunts et finit par s'endetter auprès de ses créanciers, marchands de Cluny ou Juifs de Mâcon[24] . Les conflits avec les prieurés se multiplient et l'autorité du pape devient plus pesante. Au XIVe siècle, le pape nomme fréquemment les abbés. Les crises de la fin du Moyen Âge et les guerres de religion au XVIe siècle affaiblissent un peu plus l'abbaye. Les moines vivent dans le luxe et ne sont plus qu'une soixantaine au milieu du XVe siècle[25] . À partir du concordat de Bologne en 1516, le roi choisit l'abbé de Cluny.

En 1789, l'abbaye devient bien national à la suite du décret du 2 novembre 1789 qui met les biens de l'Église à la disposition de la Nation. La période révolutionnaire a été fatale à l'ensemble des bâtiments monastiques et à son église. Les révolutionnaires ont détruit le bâtiment qui était en bon état à l'aide de mines dès 1791 en ayant préalablement vendu tapisseries et mobiliers, ainsi que les objets du culte. Le domaine de l'abbaye est vendu en 1798 pour 2,14 millions de francs. L'abbaye sert de carrière de pierres jusqu'en 1813 pour les maisons du bourg. Les archives sont brûlées en 1793 et l'église est livrée aux pillages. Il ne reste actuellement que 8% de l'édifice initial.

Sauvegarde et protections

Aujourd'hui, il ne reste que des bâtiments construits aux XVIIe et XVIIIe siècles, notamment un cloître, ainsi qu'une petite partie de l'abbatiale dite *Cluny III*. De cette dernière ne subsistent que les bras sud du grand et du petit transept, ainsi que le clocher de l'Eau bénite, qui coiffe le croisillon sud du grand transept. On peut voir aussi les restes des tours des Barabans, qui encadraient le portail, et les parties basses de l'avant-nef. Tout cela représente moins de 10 % de la surface de *Cluny III* qui fut la plus grande église de l'Occident jusqu'à la construction de Saint-Pierre de Rome, cinq siècles plus tard. L'abbaye abrite depuis 1901 un centre Arts et Métiers ParisTech (anciennement ENSAM) formant des ingénieurs des Arts-et-Métiers (les Gadzarts). En 1928 le site est fouillé et reconnu par l'archéologue américain Kenneth J. Conant et de la *Medieval Academy of America.*

L'ancienne abbaye fait l'objet d'un classement au titre des monuments historiques par la liste de 1862[2] . Il s'agit d'un classement très vaste, comprenant de nombreux éléments architecturaux (dépendances, palais, tours, murs d'enceinte, bâtiments communs, écuries, etc. L'ensemble est un site archéologique inscrit le 25 mars 1941[26] . La tour Fabri fait l'objet d'un classement au titre des monuments historiques depuis le 29 janvier 1902[2] . Enfin, le terrain près de la tour des Fromages fait l'objet d'un classement au titre des monuments historiques depuis le 5 septembre 1960.

Le manuscrit retrouvé de Cluny

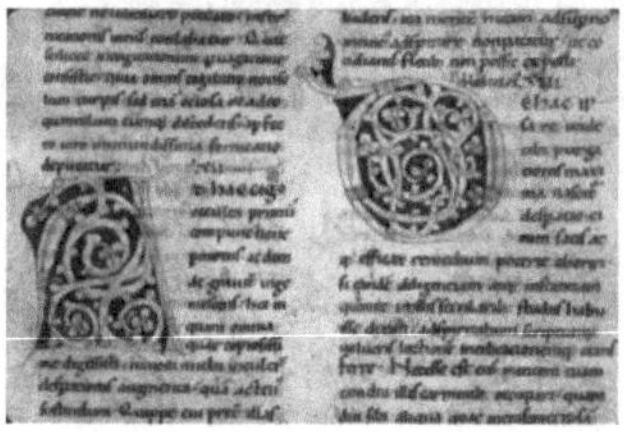
Le manuscrit retrouvé de Cluny (vue partielle)

À la Révolution, en 1798, l'abbaye est vendue pour servir de carrière de pierres, ses archives sont brûlées et la bibliothèque inestimable des moines bénédictins est saccagée. Avec les autres manuscrits, le traité de l'organisation monastique *De Institutis coenobiorum*, recopié d'après un texte du Ve siècle du moine Jean Cassien, est confié au collège de la ville, puis disparaît. Tout au long du XIXe siècle, la BnF rachète ce qu'elle peut sur le marché. Un maigre extrait de quatre pages se trouve en la possession de la bibliothèque municipale de Mâcon. Mais le texte principal est introuvable.

En avril 2008, dans un catalogue de l'Hôtel Drouot, une pièce présentée comme datant du XIIe siècle et sans origine géographique est mise en vente et repérée par un ancien conservateur général des manuscrits de la BnF. Après une rapide enquête sur les bases de données du ministère de la Culture, notamment la "Base enluminures" et le catalogue général des manuscrits des bibliothèques publiques, le spécialiste acquiert la conviction qu'il s'agit du fameux manuscrit. Acheté par un acquéreur privé pour 53000 euros, l'État parvient in extremis à faire jouer son droit de préemption[27] .

Neuf-cents ans après avoir été écrit, ce manuscrit disparu depuis plus de deux siècles, produit par un moine copiste de l'abbaye de Cluny entre 1075 et 1100, a rejoint les collections de la BnF[28] .

Héraldique

Blason de l'Abbaye de Cluny.

Armes de l'abbaye de Cluny : « de gueules, à deux clefs d'or en sautoir, traversées d'une épée en pal, à lame d'argent, la poignée d'or en pointe. » La clef et l'épée font référence respectivement à saint Pierre et saint Paul, auxquels l'abbaye est consacrée. Les clefs en sautoir seraient une faveur papale.

Religieux célèbres sortis de l'abbaye

- Morand de Cluny (? -1115), saint patron de la vigne et du vin, fut moine à Cluny.
- Pierre le Vénérable (1092-1156), abbé dès 1122, réforme les finances de l'abbaye. Il est considéré comme le dernier des grands abbés de Cluny.

Photographies

L'abbaye de Cluny pendant le Grand Gala des Arts-et-Métiers

L'abbaye de Cluny aujourd'hui

Le clocher de l'abbaye

Le clocher de l'abbaye

Le clocher de l'abbaye vu d'une arche

Le farinier de l'abbaye vu depuis le clocher

Les tours et les clochers

Abbaye de Cluny depuis la tour des Fromages

Abbaye de Cluny : allée centrale (photomontage)

Clochers de Cluny

Orage sur l'abbaye

La voûte du Clocher

Accès

On peut rejoindre l'abbaye en voiture par la D 980 ou en autocar depuis Mâcon et Chalon-sur-Saône (ligne n° 7 du réseau buscéphale).

Bibliographie

- Sébastien Barret, *La Mémoire et l'Écrit : l'abbaye de Cluny et ses archives (Xe-XVIIIe siècle)* [29], 2004.
- Anne Baud, *Cluny, un grand chantier médiéval au cœur de l'Europe*, paris, Picard, 2003 (ISBN 9782708406957).
- Armand Bénet et Jean-Louis Bazin, *Archives de l'abbaye de Cluny : inventaire général publié d'après les manuscrits inédits des Archives départementales de Saône-et-Loire* [30], Mâcon, imprimerie de Protat frères, 1884.
- Louis M. J. Chaumont, *Histoire de Cluny : depuis les origines jusqu'à la ruine de l'abbaye (2e éd., considérablement augmentée)* [31], Paris, J. de Gigord, 1911.
- François Cucherat, *Cluny au onzième siècle. Suivi d'un fragment du Mémoire présenté à l'Académie de Mâcon : son influence religieuse, intellectuelle et politique* [32], Mâcon, Académie de Mâcon, 1851.
- Robert Delort, *La France de l'an Mil*, Seuil, Paris, 1990, (ISBN 2020115247) : en particulier la notice p. 343-344 sur l'architecture de Cluny II et III (ISBN 9782020115247).
- Agnès Gerhards, *L'Abbaye de Cluny*, éditions Complexe, 1992, (ISBN 2870274564).
- Dominique Iogna-Prat, article « Cluny », dans Claude Gauvard, Alain de Libera, Michel Zink (dir.), *Dictionnaire du Moyen Âge*, PUF, Paris, 2002, p. 305-306.
- Prosper Lorain, *Histoire de l'abbaye de Cluny: depuis sa fondation jusqu'à sa destruction à l'époque de la Révolution française* [33], Paris, Sagnier et Bray, 1845.
- Prosper Lorain, *Essai historique sur l'abbaye de Cluny : suivi de pièces justificatives* [34], Dijon: Popelain, 1839.
- Janet T. Marquardt, « Un Romantique à la recherche du passé : K. J. Conant à Cluny », *Cahiers de civilisation médiévale* 48 (2005), 327-340 ; *From Martyr to Monument: The Abbey of Cluny as Cultural Patrimony*, Newcastle, Cambridge Scholars Publishing, 2007.
- G. Melville, « Cluny après "Cluny". Le treizième siècle : un champ de recherches », in *Francia*, 17/1 (1990), p. 91-124.
- Marcel Pacaut, *L'Ordre de Cluny (909-1789)*, Paris, Fayard, 1986 (ISBN 9782213017129).
- J.-Henri Pignot, *Histoire de l'Ordre de Cluny depuis la fondation de l'abbaye jusqu'à la mort de Pierre le Vénérable. Tome 1* [35], Paris, Durand, 1868.
- Guy de Valous, *Le Monachisme clunisien des origines au XVe siècle*, Paris, A. Picard, 1935 ; 2e éd., augm., Paris, Picard, 1970.

Notes

[1] Le 2 septembre 909, selon la date proposée par le grand historien de Cluny Guy de Valous, dans : *Histoire de la Bourgogne*, Collectif sous la direction de Jean Richard, Privat, 1978.

[2] Ministère de la Culture, base Mérimée, « Notice n° PA00113220 (http://www.culture.gouv.fr/public/mistral/merimee_fr?ACTION=CHERCHER&FIELD_1=REF&VALUE_1=PA00113220) » sur *www.culture.gouv.fr* (http://www.culture.gouv.fr).

[3] R. Delort, *La France de l'an Mil*, 1990, p. 248.

[4] R. Delort, *La France de l'an Mil*, 1990, p. 249.

[5] Dominique Iogna-Prat, article « Cluny », 2002, p.305

[6] *Acte de fondation de Cluny* le 11 septembre 909, par Guillaume d'Aquitaine *Recueil des chartes de l'abbaye de Cluny*, t.1, A. Bernard, A. Bruel (éd.), Paris, 1876, p. 124-128. clionautes.org (http://www.clionautes.org/spip.php?article404)

[7] A. Gerhards, *L'abbaye de Cluny*, 1992, p.7

[8] Acte de fondation de Cluny le 11 septembre 909 par Guillaume d'Aquitaine Recueil des chartes de l'abbaye de Cluny, t.1, A. Bernard, A. Bruel (éd.), Paris, 1876, p. 124-128

[9] Ghislain Brunel, Élisabeth Lalou (dir.), *Sources d'histoire médiévale*, Larousse, Paris, 1992, (ISBN 2037410042)p.106

[10] Dom Anselme Davril, Éric Pallazo, *La vie des moines au temps des grandes abbayes*, Hachette, 2000, (ISBN 2012354507), p.236

[11] Robert Delort, *La France de l'an Mil*, p.179

[12] Dominique Barthélémy, *L'ordre seigneurial, XIe – XIIe siècle*, Seuil, 1990, p. 74.

[13] A. Gerhards, *L'abbaye de Cluny*, 1992, p.46

[14] A. Gerhards, *L'abbaye de Cluny*, 1992, p. 18.

[15] A. Gerhards, *L'Abbaye de Cluny*, 1992, p.14

[16] A. Gerhards, *L'Abbaye de Cluny*, 1992, p. 48.

[17] A. Gerhards, *L'abbaye de Cluny*, 1992, p. 49.

[18] Robert Delort, *La France de l'an Mil*, p.253

[19] Dom Anselme Davril, Éric Pallazo, *La vie des moines au temps des grandes abbayes*, Hachette, 2000, (ISBN 2012354507), p. 187.

[20] Robert Delort, *La France de l'an Mil*, p. 254.

[21] A. Gerhards, *L'Abbaye de Cluny*, 1992, p. 41.

[22] A. Gerhards, *L'Abbaye de Cluny*, 1992, p.42

[23] Robert Delort, *La France de l'an Mil*, p.55

[24] A. Gerhards, *L'abbaye de Cluny*, 1992, p.78-79

[25] A. Gerhards, *L'abbaye de Cluny*, 1992, p. 85.

[26] Site archéologique 71 137 8 AH, dit « Cluny III ». Source : Notice n° PA00113220 (http://www.culture.gouv.fr/public/mistral/merimee_fr?ACTION=CHERCHER&FIELD_1=REF&VALUE_1=PA00113220), sur la base Mérimée, ministère de la Culture.

[27] « Un manuscrit de Cluny de 900 ans restitué à la BnF », 2 juillet 2009. Lire en ligne l' article sur GénéInfos (http://geneinfos.typepad.fr/geneinfos/2009/07/un-manuscrit-de-cluny-de-900-ans-restituÃ©-Ã -la-bnf.html)

[28] http://www.culture.gouv.fr/culture/actualites/lettre/LI%20171_020609.pdf

Voir aussi

Articles connexes

- Cluny III
- Ordre de Cluny
- Commune de Cluny
- Liste des abbayes et monastères
- Liste des abbés de Cluny
- Chartes bourguignonnes

Liens externes

1. (fr) Plan et album photos de l'abbaye (http://www.romanes.com//Cluny//index.html)
2. (fr) Cluny s'exprime à travers les nouvelles technologies (http://www.cluny.eu/)
3. (fr), (en) Fédération des Sites Clunisiens (http://www.sitesclunisiens.org)
4. (fr) L'office de tourisme de Cluny (http://www.cluny-tourisme.com/)
5. (fr) Le centre ENSAM qui occupe actuellement le site de l'abbaye de Cluny (http://www.cluny.ensam.fr/)
6. (fr) Un site complet sur l'abbaye, l'histoire et la ville de Cluny (http://tinooeb.cluny.free.fr/)
7. (fr) Architecture de l'abbaye de Cluny (http://architecture.relig.free.fr/cluny.htm)
8. (fr), (de), (it), (es) Projets de recherche, bibliographie, sources sur l'histoire de l'ordre de Cluny (http://www.uni-muenster.de/Fruehmittelalter/Projekte/Cluny/Welcome-f.htm) Site très complet de l'université de Muenster en Allemagne.
9. (fr), (en), (es) Monuments et sculptures de Cluny (http://romanes.com/Cluny/)
10. (fr) Reconstitution virtuelle de Cluny III (http://www.uni-muenster.de/Fruehmittelalter/Projekte/Cluny/Links/cl-synth.htm)
11. (fr), (en) informations pratiques pour la visite de l'abbaye (http://cluny.monuments-nationaux.fr/)

Dijon

Coordonnées géographiques: 47° 19′ 18″ N 5° 02′ 29″ E

Dijon

Dijon, ville de patrimoine.

Détail

Administration	
Pays	France
Région	Bourgogne (préfecture)
Département	Côte-d'Or (préfecture)
Arrondissement	Dijon (chef-lieu)

Canton	chef-lieu de 8 cantons : 1, 2, 3, 4, 5, 6, 7, 8
Code commune	21231
Code postal	21000 (comportait aussi le code 21100 quand la ville possédait deux bureaux distributeurs)
Maire **Mandat en cours**	François Rebsamen 2008-2014
Intercommunalité	Grand Dijon
Site web	dijon.fr [1]
Démographie	
Population	151576 hab. (2008)
Densité	3751 hab./km²
Aire urbaine	336807 hab. (2007)
Gentilé	Dijonnais - Dijonnaise
Géographie	
Coordonnées	47° 19′ 18″ Nord 5° 02′ 29″ Est
Altitudes	mini. 220 m — maxi. 410 m
Superficie	40.41 km^2

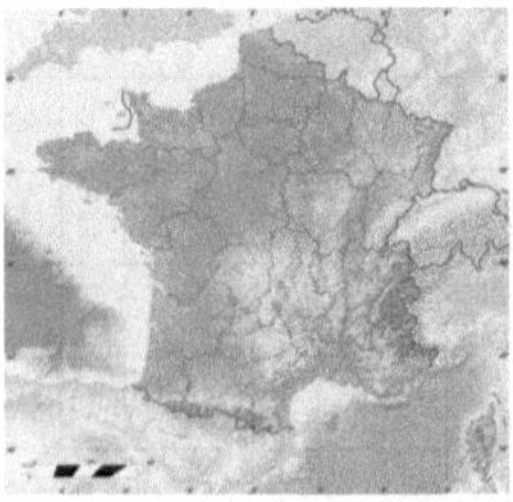

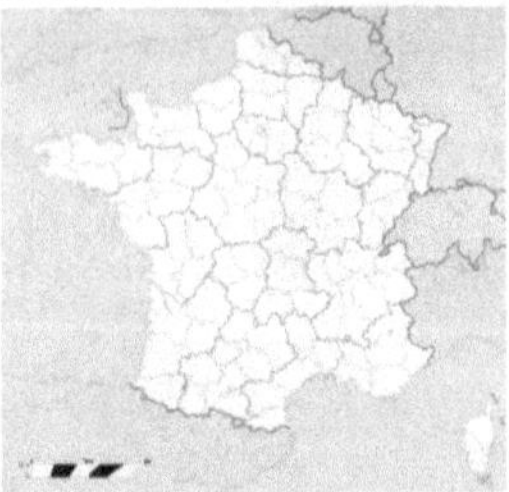

Dijon (prononcer [di.ʒɔ̃]) est une commune française située entre le bassin parisien et le bassin rhodanien, à 310 kilomètres au sud-est de Paris et 190 kilomètres au nord de Lyon. C'est la préfecture du département de la Côte-d'Or et le chef-lieu de la région Bourgogne. Ses habitants sont appelés les « Dijonnais ».

Dijon est actuellement la commune la plus peuplée du département de la Côte-d'Or. En 2008, la population de Dijon *intra muros* est de 151576 habitants[1] . Elle est, en 2007, la 17e commune la plus peuplée de France[2] . Avec 237925 habitants en 2007, son agglomération est la 26e de France, juste derrière celle de Mulhouse mais devant celle du Havre. La communauté d'agglomération dijonnaise, fondée en 2000 et nommée le « Grand Dijon », compte quant à elle 244577 habitants[3] . L'aire urbaine dijonnaise, 24e de France entre Angers et Avignon, comptait 336807 habitants en 2007[4] . En 1850, la ville compte déjà presque 35000 habitants[5] .

Héritière d'un riche patrimoine historique et architectural, ancienne capitale du Duché de Bourgogne aux XIVe et XVe siècles, Dijon est une ville touristique dont l'attrait est renforcé par la réputation gastronomique de la région. C'est aussi une ville verte au secteur tertiaire important, capitale de région dans les domaines scolaire, universitaire, judiciaire, hospitalier et administratif, qui assurent une tradition de vie culturelle forte. Dijon est également un centre économique régional au tissu diversifié mais plutôt en crise avec un pôle agro-alimentaire traditionnel (moutarde de Dijon, crème de cassis de Dijon et kir, pain d'épices, chocolat Lanvin...) et un secteur pharmaceutique réputé.

Ville de congrès, la capitale de la Région Bourgogne est située sur l'axe Paris-Lyon-Méditerranée et prochainement sur la ligne ferroviaire à grande vitesse Rhin-Rhône. Elle est d'ailleurs, en termes démographiques, le principal pôle français de la Métropole Rhin-Rhône qui s'étend de Bâle au Creusot[6].

Géographie

Localisation

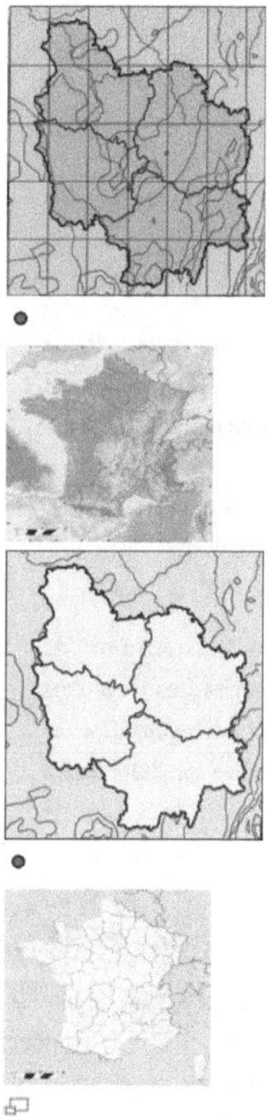

Géolocalisation de Dijon en Bourgogne

Dijon est la préfecture de la région de Bourgogne et du département de Côte-d'Or. La commune se situe sur la Côte des Vins de Bourgogne aussi nommée « Route des Grands Crus » et qui s'étend de Dijon à Beaune pour sa partie côte-d'orienne. La capitale bourguignonne se situe au cœur d'une campagne composée de deux rivières convergentes : le Suzon, qui la traverse du nord au sud, et l'Ouche, au sud de la ville ; à l'ouest s'étend la « côte » de vignobles qui donne son nom au département. Elle se situe à 310 kilomètres au sud-est de Paris, 190 au nord-ouest de Genève et 190 au nord de Lyon.

Devenue depuis la fin du XIXe siècle l'un des plus grands centres ferroviaires du pays[réf. nécessaire] (ligne Paris-Lyon-Marseille, bifurcations vers Besançon, Belfort, Nancy, la Suisse, l'Italie (par le Mont-Cenis et le Simplon), la ville est desservie par un des principaux nœuds autoroutiers français aux croisements des autoroutes A6, A31, A36 et A39[7] .

« Dijon prend naissance dans la plaine alluviale du Suzon, creusée dans les argiles tertiaires de la « Plaine » qui s'étend largement à l'est »[8] , suivant le cours de la Saône. La plaine est en effet un fossé tectonique situé à une vingtaine de kilomètres de Dijon, remblayé par les marnes et les argiles oligocènes atteignant une hauteur géologique de 100 mètres à Dijon[9] .

Communes limitrophes

Talant , Plombières-lès-Dijon et Daix	Fontaine-lès-Dijon	Saint-Apollinaire
	N	Quetigny
	O **Dijon** E	
	S	
Chenôve et Marsannay-la-Côte	Longvic	Chevigny-Saint-Sauveur

Topographie

Dijon et sa périphérie, formant le Grand Dijon, doit son originalité à une dissymétrie typique, entre les vallonnements diversifiés de l'ouest d'une part (la « côte » de vignobles) et les étendues plates de l'est (plaines de Saône)[10] . Au nord, le plateau de Langres, dernier rebord du bassin parisien, domine la plaine de 100 à 150 mètres d'altitude. Dijon est donc au centre d'une ligne géographique orientée nord-nord-est/sud-sud-ouest.

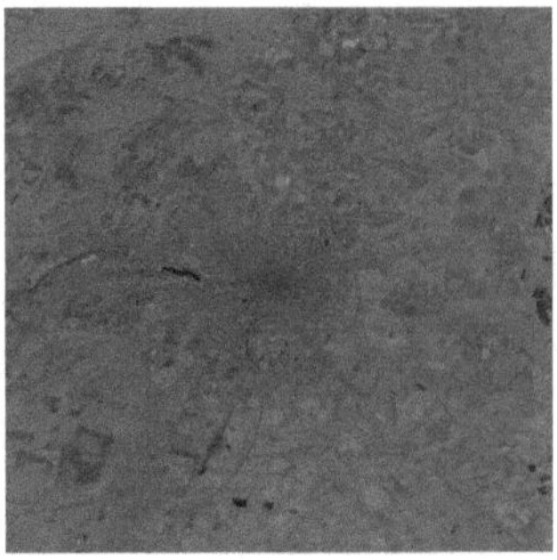

Dijon vu du satellite Landsat

L'altitude varie de 250 à 500 mètres NGF. Dijon se caractérise par de nombreuses vallées encaissées et le plus souvent étroites (les « combes » aménagés souvent en parcs municipaux comme la Combe aux Fées et la Combe à la Serpent) dont la principale est la vallée de l'Ouche au nord-est du plateau. Des buttes résiduelles, ou « tasselots » dans le patois dijonnais, forment le site des bourgs de Talant et de Fontaine-lès-Dijon qui surplombent la ville[11] .

Dijon est donc à la conjonction de trois reliefs principaux[12] :

- Au sud, la Côte d'Or qui s'étend de Dijon à Beaune sur 80 km, couverte de vignobles dont les feuilles prennent une couleur dorée en automne, ce qui a inspiré le nom poétique du département de la Côte-d'Or en 1790. C'est le long de cette côte, de Dijon jusqu'au sud de Beaune, que passe la célèbre route des Grands Crus ;
- À l'ouest s'étend le plateau, premier contrefort des plateaux calcaires bourguignons. L'altitude varie de 350 à 500 m. Le plateau est parsemé de nombreuses vallées étroites et profondes appelées combes ; la plus importante est la vallée de l'Ouche au nord-est du plateau. Des buttes résiduelles, ou tasselots, s'en détachent : les bourgs de Talant et de Fontaine-lès-Dijon s'y sont édifiés ;
- À l'est, se dessine l'amorce de la plaine de la Saône. L'altitude varie de 170 à 240 m. La topographie est douce, malgré quelques collines qui altèrent le paysage avec notamment une avancée issue des plateaux langrois qui

souligne le débouché du Suzon dans la plaine au nord, et à l'est les collines de Saint-Apollinaire et de Montmuzard.

Hydrographie

Dijon est traversée essentiellement par le canal de Bourgogne et deux cours d'eau naturels : l'Ouche et le Suzon. Le premier court à l'air libre alors que le second emprunte une série de canaux souterrains durant sa traversée de Dijon. Le Raine qui passe par le jardin de l'Arquebuse se jette dans l'Ouche. L'agglomération dijonnaise reçoit environ 732 mm de pluie par an, et ce pendant 164 jours en moyenne[réf. nécessaire].

- L'Ouche venant du nord a un débit moyen de 10 à 20 $m^3 \cdot s^{-1}$ pouvant dépasser les 100 $m^3 \cdot s^{-1}$ en période de crue. Il peut alors se produire des inondations, mais elles sont rares et localisées. Un lac artificiel, le lac Kir, a été aménagé en 1964 sur son cours à l'entrée de la ville. Deux autres plans d'eau, bien moins conséquents, existent dans l'agglomération : l'Étang royal, situé sur la commune de Longvic, et l'Étang de la Leue, à Neuilly-les-Dijon, tous deux à proximité immédiate du cours de l'Ouche.
- Le Suzon, seconde rivière importante, s'écoule du nord-ouest au sud-est de l'agglomération. Son cours est totalement canalisé dans sa partie urbaine. Son débit à l'entrée de Dijon atteint au maximum 20 à 30 $m^3 \cdot s^{-1}$.

La seule voie navigable de Dijon est le canal de Bourgogne qui relie la Saône et l'Yonne et n'est plus guère utilisé que pour la plaisance.

L'hydrographie générale s'écoule en direction de la plaine alluviale de la Saône à l'est. Elle comprend 527 kilomètres de canalisations. Les nappes phréatiques, exploitées depuis l'Antiquité, sont au nombre de trois[réf. nécessaire] : la nappe alluviale de l'Ouche, la nappe alluviale de la Tille et la nappe de Dijon Sud. Ce sont les principales réserves d'alimentation en eau du Grand Dijon. Elles sont relayées par quatre réservoirs principaux d'une capacité totale de près de 95000 m^3.

Les inondations constituent le seul risque naturel majeur (avec les tremblements de terre, très rares). Huit des vingt-deux communes du Grand Dijon (notamment le centre-ville de Plombières-lès-Dijon ainsi qu'Ahuy, Chenôve, Marsannay-la-Côte et Longvic) sont concernées par les débordements du bassin de l'Ouche. Des Plans de prévision des risques naturels ont été mis au point pour maîtriser ces aléas[13] . Une politique d'amélioration de la qualité des eaux est également déployée. Elle repose sur deux stations d'épuration, l'une, récente, située à Chevigny-Saint-Sauveur, l'autre, plus ancienne, à Longvic, et vise une mise en conformité aux normes écologiques en vigueur. Un programme, nommé « Eauvitale », a été lancé en 2005. Outre la suppression des canalisations en plomb, il vise la réduction des fuites et la modération des prix de l'eau aux consommateurs[14] . La consommation globale de l'agglomération s'élève annuellement à 24 millions m^3.

Géologie

L'agglomération dijonnaise fait partie du détroit morvano-vosgien, entre Bassin parisien et Bassin rhodanien ; à l'ère secondaire (de -265 à -65 millions d'années), l'ensemble de la région était alors submergé alors qu'à l'ère tertiaire (de -65 à -1,8 million d'années) la surrection des Alpes et du Jura a plissé le relief et a formé une poussée vers le nord-ouest. Les masses sédimentaires se sont alors compartimentées, faillées, formant des vallons et des buttes locales. Une ligne de fracture a aussi été constituée, s'étendant selon une direction Nord-Est/Sud-Ouest, accompagnée de plateaux calcaires adjacents typiques du paysage bourguignon, accolés à l'effondrement accueillant la plaine de la Saône[15] . À l'ère quaternaire (environ -1,8 million d'années), l'érosion a constitué des sables et graviers formant les plaines alluviales traversées par les rivières du Suzon, de l'Ouche et du Raine.

Pédologie

Dijon et son agglomération abritent trois grandes classes principales de sols :

- les sols calcimagnésiques et argilo-graveleux formés de marnes, de calcaires argileux et de cailloutis calcaires constitutifs du pied de côte, base pédologique de la production viticole ;
- les sols brunifiés argilo-limoneux caillouteux sur calcaires ou limons formant les plateaux au nord ;
- les sols peu évolués marqués par les alluvions limoneuses et qui sont typiques des zones d'inondation du lit majeur des rivières locales (le Suzon et l'Ouche)[15] .

Climat

Le climat de Dijon est de type océanique à tendance semi-continentale. L'influence océanique se traduit par des pluies fréquentes en toutes saisons (avec néanmoins un maximum en automne et un minimum en été) et un temps changeant. L'influence semi-continentale se traduit par une amplitude thermique mensuelle parmi les plus élevées de France (18 °C contre 15 °C à Paris), des hivers froids, avec des chutes de neige relativement fréquentes, et des étés plus chauds que sur les côtes, avec à l'occasion de violents orages. C'est cette influence semi-continentale qui rend possible la culture de la vigne en Côte-d'Or. La façade ouest de Dijon, donnant sur la côte, est ainsi la zone la plus exposée à l'ensoleillement. Enfin, le brouillard est particulièrement présent à Dijon, d'autant plus que l'humidité du lac Kir en accentue la formation.

Données climatiques et comparaison avec plusieurs grandes villes

Ville	Ensoleillement	Pluie	Neige	Orage	Brouillard
Paris	1797 h/an	642 mm/an	15 j/an	19 j/an	13 j/an
Nice	2694 h/an	767 mm/an	1 j/an	31 j/an	1 j/an
Strasbourg	1637 h/an	610 mm/an	30 j/an	29 j/an	65 j/an
Dijon	1831 h/an	732 mm/an	25 j/an	26 j/an	68 j/an
Moyenne nationale	1973 h/an	770 mm/an	14 j/an	22 j/an	40 j/an

Source : L'internaute [16]

Les températures se situent dans les normales saisonnières pour la plupart. Pour la période de mesure allant de 1961 à 1991, les données montrent une variabilité très faible d'une année sur l'autre. La température moyenne la plus basse est ainsi mesurée en janvier (- 16 °C en 1962)[17] alors que celle la plus élevée est mesurée en juillet avec 19.7 °C en 1990[18] . Néanmoins les dernières années ont confirmé une hausse constante des températures, en moyenne de + 2.05 °C à Dijon[19] . Enfin, l'insolation moyenne annuelle est de 1.831 heures.

Relevé météorologique à Dijon[20]

Mois	janv	fév	mars	avr	mai	juin	juil	août	Sept	Oct	Nov	Déc	Année
Températures moyennes (°C)	1,6	3,6	6,5	9,8	13,7	17,2	19,7	19,1	16,1	11,3	5,6	2,3	10,5
Comparaison avec Paris (°C)	4,2	5,3	7,8	10,6	14,3	17,4	19,6	19,2	16,7	12,7	7,7	5,0	11,7
Températures maximales moyennes (°C)	4,2	7	10,8	14,7	18,7	22,4	25,3	24,5	21,3	15,5	8,6	4,8	14,8
Températures minimales moyennes (°C)	-1	0,1	2,2	5	8,7	12	14,1	13,7	10,9	7,2	2,5	-0,2	6,3
Précipitations moyennes (mm)	59	50	49	51	88	64	60	59	69	65	70	64	62

La rose des vents de Dijon montre une prédominance des vents assez fort de Nord à Nord-Est caractéristiques de la bise d'hiver. Les vents sont pourtant relativement faibles : les vitesses maximales ne concernant en moyenne que 4 jours par an, pour des vitesses de 80 km/h, en moyenne toujours.

Voies de communication et transports

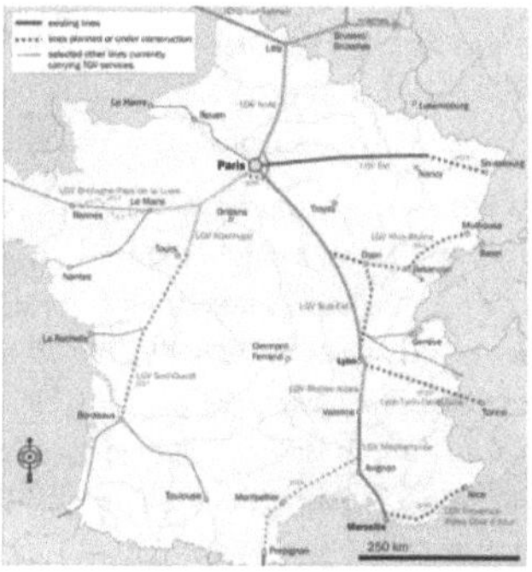

Dijon dans le réseau ferroviaire français

Plus que le canal de Bourgogne, au modeste gabarit, c'est le chemin de fer qui a provoqué le développement industriel de Dijon. « La deuxième moitié du XIXe siècle va imposer Dijon comme un carrefour ferroviaire de premier ordre » explique en effet André Gamblin[21] . Pendant la première moitié du XXe siècle, le rôle de la route a grandi, en particulier celui de la RN 6 qui s'affirme comme un itinéraire international dès les années 1930, mais donne davantage d'importance à la ville de Chalon-sur-Saône. Après la guerre, l'autoroute (l'A6) puis le TGV Paris-Lyon court-circuitent Dijon et, selon les mots d'André Gamblin, « Dijon devient la ville des bretelles »[21] . Ce n'est que depuis les années 1990 que Dijon s'affirme à nouveau comme carrefour de communication. L'A31 passe désormais par Dijon et l'A39 relie depuis 1994 la ville à Dole. Enfin, la ligne du TGV Est Rhin-Rhône, connectant Dijon à l'Europe, est en cours de construction depuis 2006 et s'achèvera en 2011[22] .

Deux lignes de TGV : le TGV Sud-Est et le TGV Méditerranée mettent Dijon à portée de Paris (1 h 37), de Roissy (1 h 51), de Marseille (3 h 22), de Lille (2 h 45) et de Montpellier (3 h 33).

- A31 Beaune - Dijon - Nancy - Luxembourg
- A38 Dijon - A6 à Pouilly-en-Auxois
- A39 Dijon - Dole - Bourg-en-Bresse

Infrastructure

La ville et son agglomération disposent du boulevard périphérique de Dijon, ou rocade-est, long de 12 km en 2x2 voies, et qui sera prolongé de 6.5 km en 2012 pour en faire quasiment le tour. Actuellement, il relie la zone de la Toison d'or au nord, jusqu'à Chenôve au sud, permettant de se connecter à l'A31. À l'ouest, l'A38 débouche à Plombières-lès-Dijon, au niveau du lac Kir.

La construction de la « Lino » (Liaison Intercommunale Nord-Ouest), en projet, assure une circulation plus rapide en provenance de Paris et de l'Ouest, pour lier l'autoroute A38 à la zone de la Toison d'or. La Lino permet de décongestionner les boulevards intérieurs de la ville et assure également la continuité du réseau national en reliant les autoroutes A38 et A31. Longue de 6.5 km elle est dans sa première phase en 2x1 voie (2012), puis dans un second temps en 2x2 voies. La longueur totale du périphérique de Dijon devrait être de 18.5 km[réf. nécessaire].

Dijon souffre, en matière d'infrastructure aérienne civile, d'une position géographique trop proche des grandes villes de Paris, Lyon, Bâle-Mulhouse. De plus, la ligne de TGV Paris-Méditerranée ne permet pas à la ville de disposer d'un aérodrome de taille suffisante. L'infrastructure civile actuelle accueille en effet une trentaine de milliers de passagers[21] .

La densité des réseaux autoroutiers et ferroviaires de Dijon donne des accès faciles et rapides aux principales métropoles européennes. En complément de la gare principale actuelle de Dijon-Ville, la future gare TGV Porte Neuve devrait permettre à terme de desservir la ville sans engorger le centre-ville, l'actuelle gare de Dijon-ville étant située à proximité de la place Darcy, porte ouest du centre ville[réf. nécessaire].

Transports en commun

Un bus du réseau Divia (Citaro G II GNV caréné sur la ligne 6).

Dès 1888, la ville fut desservie par un réseau de tramways urbains à traction tractés par des chevaux. Les tramways électriques les remplacent dès 1895, et desservent la ville jusqu'en 1961, éclipsé par des trolleybus, qui circulèrent du 7 janvier 1950 au 30 mars 1966.

Les bus sont apparus en 1966. Au début des années 1970, la « STRD » est créée ; elle est baptisée « Divia » en 2004. Le réseau de bus « Divia » comporte 28 lignes intercommunales en service de 5 h 30 à 20 h 30 et 6 lignes de soirées de 20 h 30 à 0 h 30 ainsi que 15 lignes scolaires « Bus Class' » et d'une ligne de nuit « Pleine Lune » 1 h 00 à 5 h 30 du jeudi au samedi. La fréquentation était de 37.3 millions de voyages en 2008 (+ 6,6 % par rapport à 2007) soit 148 voyages par habitant et par an contre une moyenne de 115 pour des villes similaires[23] .

En outre, il existe un service de navette gratuite en centre-ville (« Diviaciti ») avec une fréquentation supérieure à 100000 voyages par mois, ainsi qu'un service de vélos en libre accès, baptisé « Velodi », dont l'opérateur est Clear Channel Communications, sur le modèle des services similaires parisiens et lyonnais. Lancé le 29 février 2008, il compte 400 vélos répartis dans 40 stations. Des extensions pourraient voir le jour sur Longvic et Chenôve au sud de Dijon[24] .

Projets de développement des transports

Travaux du tramway de Dijon, septembre 2011

Le Grand Dijon a le projet de se doter dès 2012 d'un réseau de tramway en site propre. Le réseau est constitué de deux lignes avec un tronc commun entre la gare et la place de la République (tracé de 20 km au total[25]). Il s'agit d'un retour à un mode de déplacement collectif pour lequel Dijon était à la pointe[réf. nécessaire]. En effet les premiers projets de tramways à Dijon remontent à 1876, gérés alors par la Compagnie des tramways de Dijon. Le réseau compte en 1911 cinq lignes et, en 1950, il est couplé par des trolleybus.

La CCI de Dijon est en charge du déploiement du projet « Renaissance » qui consiste à implanter durablement un aéroport civil digne d'une ville d'importance sur l'actuel site Dijon-Longvic. Financé par le Grand Dijon à hauteur d'un tiers, ce projet comprend l'ouverture de plusieurs lignes « *low cost* » pour le trajet Dijon-Southampton, le développement de l'activité charters, le développement de l'aviation d'affaires et privée, l'ouverture de lignes sous obligation de service public vers Toulouse, Bordeaux et Nantes[26] .

Ce projet rencontre cependant une opposition des riverains, à cause notamment de l'absence de consultation citoyenne sur le sujet[27] et des nuisances sonores[28] . Une association, baptisée « Quétigny Environnement », milite depuis les années 1990[29] contre ces nuisances, de même que celles occasionnées par la base aérienne 102 Dijon-Longvic.

Urbanisme

Morphologie urbaine

On distingue à Dijon un centre (ou « hypercentre ») historique, délimité par les boulevards centraux reliant les six places principales (place Darcy, place St-Bernard, place de la République, place du 30 octobre, place Wilson et place du Premier mai), et les autres quartiers de la municipalité. Seul le centre est déclaré secteur sauvegardé. Une deuxième ceinture de boulevards entoure la ville en reliant les quartiers périphériques, et les deux ceintures de boulevards sont reliées par de grandes avenues, dont les Allées du Parc ou l'Avenue Victor Hugo.

La ville de Dijon est l'une des premières en France à avoir fait de son centre-ville médiéval un secteur sauvegardé. La politique décidée se traduit par une série de mesures telles que le renoncement aux percées planifiées dans les années 1960 (comme celle réalisée dans la rue Lamonnoye, qui a sacrifié une partie du patrimoine urbain), le développement des voies piétonnes, la protection des immeubles anciens, le ravalement des façades, la restauration des monuments historiques et des bâtiments publics[réf. nécessaire].

Place Darcy

À partir du XIXe siècle, l'extension de la ville est assez anarchique[30] , se faisant par adjonction de lotissements privés, sans coordination. La mairie se contente en 1884 de fixer à 12 mètres la largeur des rues nouvelles. En définitive, les quartiers bien tracés sont rares, hormis celui des boulevards de la Fontaine des Suisses et de la Défense, édifié en 1882-1883 et celui du Parc des Sports bâti en 1932-1933. Un plan d'aménagement est esquissé en 1890 mais il faut attendre les lois de 1929 et de 1924, relatives aux villes de plus de 10000 habitants, pour que celui-ci débouche sur la création d'un Office public d'HBM devenu HLM en 1926. La cité-jardin des Bourroches édifiée en 1935 en est une des réalisations.

La ville de Dijon est composée de quartiers résidentiels anciens, situés au centre-ville et à proximité du centre, de quartiers plus commerçants et de quartiers périphériques constitués de lotissements de maisons individuelles et de grands ensembles collectifs (barres d'immeubles en cours de rénovation). Les ZUP des Grésilles et de Fontaine-d'Ouche, ainsi que celles des communes avoisinantes Chenôve, Quetigny et Longvic, sont actuellement redessinées. Le quartier Junot, ancienne base militaire, accueille aujourd'hui 600 nouveaux logements après une longue phase de remodelage.

La place Wilson, dans le canton Est

- Les Bourroches
- Carnot
- La Colombière
- Bellevue
- La Combe à la Serpent
- Fontaine-d'Ouche
- Fort de la Motte Giron
- Les Gènois
- Maladière
- Mansart
- Les Marcs-d'Or
- Mirande
- La Montagne Sainte-Anne
- Montchapet
- Montmuzard
- Les Marmuzots
- Les Péjoces
- Le Port du Canal
- Porte-Neuve
- Les Poussots
- Saint-Exupéry
- La Toison-d'Or
- Les Valendons
- Les Varennes
- Les Lentillières

Logement

Les résidences de la montée de Guise près de la gare ferroviaire.

Dès la fin de la Seconde Guerre mondiale, Dijon a dû mettre en place, conformément aux directives de l'État, des Zones à Urbaniser en Priorité ou ZUP, au nombre de deux[31] . La première, le quartier des Grésilles, a été entreprise en 1949. Ce quartier réunit de manière confuse des immeubles et « barres » de types variés. Délaissé par les services publics, le quartier est réhabilité et, en 2005, les anciennes « barres » dont la célèbre « Billardon »[32] sont détruites et 660 nouveaux logements sont construits, dont 105 en accession à la propriété, sur un modèle de maisons pavillonnaires. La ZUP de la Fontaine d'Ouche a été construite en 1967 sur les coteaux plantés des dernières vignes dijonnaises, sur un plan plus rigoureux, incluant les services publics et de proximité (écoles maternelles, crèches, bibliothèque de quartier, centre commercial), aux abords du lac Kir artificiel, creusé en 1963-1964.

Localement, au centre-ville, des quartiers ont été réaménagés dans les années 1970 et 1980, dans des styles architecturaux différents. C'est le cas des résidences de la montée de Guise, au bout de la rue Berbisey, de celles boulevard Voltaire et des quartiers autour de l'université.

La ville a mis en place depuis 2005 un programme local de l'habitat (« PLH »), renforcé par une charte, et planifiant la restructuration ou extension urbaines de la ville. De nouveaux quartiers sont actuellement en cours d'aménagement au sein de l'agglomération comme le quartier Junot, ancienne enclave militaire, réhabilité en une zone d'habitations et de commerces. Le parc des logements à loyer modéré s'élève ainsi à 23200 en 2008[33] . La ville a ainsi mobilisé 17.8 millions d'euros sur ses fonds propres pour le PLH.

Projets d'aménagements

La tour Elithis a été inaugurée en 2009.

En vue du projet de la LGV Rhin-Rhône, la ville projette d'étendre et de moderniser la gare de Dijon-Porte-Neuve située à la périphérie de l'hypercentre et notamment proche des facultés[34] . La gare ferroviaire et routière du centre-ville a fait l'objet d'un réaménagement en 2008.

Les zones anciennes doivent également être réaménagées, notamment celle dite du Parc d'activité de l'est dijonnais (« PAED »). La Cité des Affaires Clemenceau, située sur le pourtour est de l'hypercentre de Dijon, a été mise en valeur par l'édification de l'Auditorium de Dijon et par la restauration du parc des Expositions et du palais des Congrès, exclusivement dédié au tertiaire. La tour Elithis, à énergie positive, se veut la première réalisation totalement écologique de la ville. Le quartier des Tanneries situé entre l'Ouche, le pont des tanneries et la voie ferrée, doit faire l'objet, dans le cadre du concours européen d'architecture « *Europan* » d'un réaménagement total[réf. nécessaire].

La plupart des zones économiques datent des années 1960 mais, depuis quelques années, le Grand Dijon a décidé de programmer la création de nouvelles « zones d'activité » comme celles du Parc Valmy qui regroupera 3 des 5 cliniques du Grand Dijon d'ici 2013 et qui doit accueillir de nouvelles entreprises, l'agrandissement de la ZAE Cap Nord, du Parc d'activités Cap Nord (qui a notamment accueilli en 2005 l'entreprise Ikea, permettant de redynamiser le quartier), ainsi que le Parc d'activités Mazen-Sully destiné à un pôle technologique[réf. nécessaire].

Enfin, la ville a lancé la destruction d'anciennes emprises militaires, qui seront remplacées par des écoquartiers. Le quartier Hyacinthe Vincent à la place de l'ancien hôpital militaire, celui d'Épirey sur le site de l'ancien collège et les quartiers sud, avenue Jean Jaurès vers le port du Canal sont en cours d'aménagement et le premier écoquartier dit Heudelet 26 devrait sortir de terre début 2013. L'objectif est de proposer aux Dijonnais des logements économes, voire positifs en énergie et à moindre empreinte écologique. La « SEMAAD » (1e société d'économie mixte de France certifiée EMAS et dont toutes les opérations sont certifiées ISO 14001) peut s'appuyer sur un nouveau Plan Local d'Urbanisme, dit « Eco-PLU » devant faciliter la création d'écoquartiers (permettant une densité urbaine compensée par des aménagements plus verts, un moindre nombre de voitures, des véhicules et parkings partagés, moins de limitations de hauteur sur les friches requalifiées, etc[35].

Toponymie

Le nom de Dijon a fait l'objet de nombreux débats quant à son origine et à son sens. Le *castrum* antique est, selon les spécialistes, « un marché sacré » que désignerait le nom de **Divio*[36]. En effet, ce nom est attesté sous les formes *locus Divionensis* au VIe siècle et chez Grégoire de Tours qui mentionne le *Divionense castrum*[37], puis *Divione*, *Digum* au XIIIe siècle. En latin médiéval, la ville est appelée généralement *Divio* (génitif : *Divionis*)[38].

Pierre Gras, ancien conservateur en chef honoraire de la Bibliothèque municipale de Dijon, propose de manière conjecturelle un **Devomagus* ou **Diviomagus* composé du gaulois *magos* (en vieil irlandais : *mag*, « plaine »), latinisé en *magus* signifiant « champ » ou « marché » et de *divio*, signifiant « sacré ». La terminaison « -on » est parfois issue d'une évolution de *-magus* (par exemple : Noyon provient de *Noviomagus*, Chassenon de *Cassinomagus*). Cependant, Albert Dauzat et Charles Rostaing se basant sur les formes anciennes y voient le suffixe *-onem*[39] et citent comme homonyme Divion (commune du Pas-de-Calais). Le nom de Dijon est donc issue d'une latinisation du suffixe indigène *-o*.

Ce nom celtique daterait seulement de l'époque romaine, de la même manière qu'Autun prit à l'époque de la conquête romaine, le nom d' *Augustodunum*[40]. Pour Gérard Taverdet, professeur de linguistique à l'université de Bourgogne, le nom *Divio* (ou *Dibio* parfois) se serait d'abord appliqué au Suzon, rivière locale, c'est-à-dire « la rivière claire » ou « la rivière sacrée » et serait ensuite devenu celui de la ville selon un processus fréquent en toponymie[41].

Au final, seule la racine gauloise *divo-* (« divin ») est assurée. Ce mot est un proche parent du mot latin *deus* (« dieu »), et de *divinus* (« divin »). Le mot gaulois devait être *devos* (lire *dēuos*), bien attesté dans l'anthroponymie indigène : Devorix, Devonia, Deviatis, etc., ainsi que dans des hydronymes caractéristiques *Deva*, *Diva* (la Dives); *Devona*, *Divona* (la Divonne, la Dionne). Le terme gaulois *divona* est d'ailleurs expliqué par Ausone : « *Divona Celtarum lingua fons addite divis* »[42]. La variante *divo-* de *devo-* est sans doute due à l'influence latine sans qu'on puisse exclure un thème indigène **diuo-*. **Dēuo-* se perpétue en vieil irlandais (*dia*), en vieux gallois (*duiu*), en vieux cornique (*duy*), et en breton (*doue* : « dieu »)[43].

Histoire

Préhistoire

Il n'existe pas de véritables travaux de fouilles archéologiques concernant la ville de Dijon. Aucun document néolithique n'existe alors que la période protohistorique a surtout été l'objet d'investigation à la périphérie de la ville[réf. nécessaire]. Un silo dans l'actuel quartier des Grésilles, du mobilier de l'âge du Bronze près du quartier des Bourroches ont cependant été retrouvés. Quelques menus objets domestiques, un fragment d'assiette décoré d'ornements géométriques incisés de l'époque hallstatienne et une pince à épiler de l'époque de La Tène III, ont été mis au jour en plein centre ville (rue du Tillot et rue du Château). Deux ouvrages compilent les découvertes antérieures au début du XXe siècle : le *Recueil* d'Esperandieu (1911) et les *Inscriptions antiques de la Côte-d'Or* de Pierre Lejay (1889).

Les premières traces d'habitat remonteraient au néolithique (site des Lentillières). La vallée aurait en effet été investie bien avant l'époque gallo-romaine. La confluence des routes dans une vallée fertile, irriguée par le Suzon et l'Ouche, permet le développement d'un petit village[réf. nécessaire].

Antiquité

La Dijon celtique, Divio, est la métropole méridionale des Lingons. De toutes les localités antiques sur l'axe nord-sud français, établies sur le revers du plateau bourguignon, seules Beaune et Dijon ont pris de l'importance. Une route romaine passe de l'axe sud-ouest au nord-est, venant de Bibracte puis d'Autun vers Gray et l'Alsace alors qu'une autre va du sud-est au nord-ouest, de l'Italie vers le bassin parisien. Dijon est fortifié au Bas-Empire, par une enceinte protégeant une petite superficie, de 10 hectares[44].

Le tracé reconstitué du *castrum* romain, disparu depuis en dépit de quelques vestiges encore visibles[45].

Les seuls édifices romains qui subsistent sont une tour du *castrum*, dite « tour du petit Saint-Bénigne », et quelques pans de l'enceinte du Bas-Empire. La voie romaine Châlons-Langres a été retrouvée par endroits (au Parc de la Colombière où elle est visible) à l'écart de laquelle le *castrum* est construit[réf. nécessaire]. Cette voie est souvent considérée par le public et quelques vulgarisateurs (comme l'abbé Claude Courtépée, auteur de *Description générale et particulière du duché de Bourgogne*[46]), à tort, comme étant l'une des quatre grandes voies romaines (celle de la Voie Agrippa) citée par l'historien romain Strabon)[47] . Un camp romain, celui de la 8e légion dite *Augusta* envoyée en Gaule en 70 pour mater la révolte des Civilis et des Sabinus est également mis au jour au lieu-dit La Noue, près de Chenôve[48] , ce qui confirme la place stratégique de Dijon à l'époque du Bas-Empire. Deux autres voies, celle venant de la plaine de la Saône et celle menant vers l'Alsace ont été retrouvées[49] . Les fondations du *castrum*, mur de dix mètres de haut, sont en partie constituées de stèles, de statues et autres pierres de remploi provenant d'une nécropole[réf. nécessaire]. Certaines stèles, en forme d'obélisque, livrent de précieux renseignements sur les patronymes et professions des habitants de l'époque. Quelques voies traversaient ce *castrum*[Quand ?], dont l'une au niveau de l'actuelle rue Berbisey. Un pan de la muraille est encore visible, rue de Tivoli. On retrouve également les traces d'une fortification sur l'actuel Mont Afrique.

Un reste du *castrum* de Dijon, rue Berlier.

Le Dijon romain possède deux nécropoles, l'une s'étendant le long de la voie Chalon-Langres, sur les quartiers actuels des Cours du Parc jusqu'à la rue de Gray, la seconde à l'ouest sur les positions des édifices de Saint-Bénigne, Saint-Philibert et Saint-Jean. Cette dernière nécropole, en usage dès le IIe siècle, continue d'être utilisée comme cimetière jusqu'à Louis XVI[50] . Des cultes indigènes étaient mêlés à ceux des Romains[réf. nécessaire] : des stèles votives dédiées à Epona et Sucellos furent retrouvées, aux côtés des figures officielles : Mercure, Junon, Hercule et Apollon. La découverte en 1598 d'une inscription grecque disparue depuis, semble attester qu'un culte était rendu à Mithra.

Le *castrum* abrite ainsi des thermes, des commerces (commerce du vin, des objets religieux, de la farine notamment) et un temple. Le négoce du vin y est déjà très vivace ; les échoppes des détaillants sont alors bâties de manière uniques. Juché au premier étage, le vendeur présente des amphores de tailles différentes, puis le client amène sa jarre sous un entonnoir, et le détaillant l'approvisionne de la quantité demandée. Les habitants de *Divio* ne sont pas seulement commerçants mais aussi agriculteurs et bûcherons[réf. nécessaire].

La muraille romaine devient inutile lors de l'édification d'une nouvelle enceinte au XIIe siècle, mais son tracé a toujours été conservé et connu. Il est peut-être construit par Aurélien en 270-275, contemporain du martyr de saint Bénigne, selon Grégoire de Tours qui décrit *Divio* et le *castrum* ainsi[51] :

> « À cette époque, le bienheureux Grégoire de Langres résidait dans la ville de Langres ; c'était un grand évêque de Dieu, célèbre par ses miracles et ses vertus. Mais puisque nous faisons allusion à ce pontife, j'ai pensé qu'on me saura gré d'insérer dans ce chapitre une description de la localité de Dijon où il résidait le plus souvent[52] . C'est une place forte munie de murs très puissants, au milieu d'une plaine très agréable ; les terres y sont fertiles et fécondes si bien qu'avoir passé la charrue dans les champs une seule fois, on jette les semences et qu'une grande et opulente récolte vient ensuite. Au midi, il y a la rivière de l'Ouche, qui est très riche en poissons ; du côté de l'aquilon pénètre une autre petite rivière [Le Suzon] qui, entrant par une porte et coulant sous un pont, ressort par une autre porte ; après avoir arrosé le tour et l'enceinte de son onde placide, elle fait tourner, devant la porte, des moulins avec une prodigieuse vélocité. Quatre portes ont été placées aux quatre coins du monde et trente-trois tours ornent toute l'enceinte ; le mur de celle-ci a été édifié avec des pierres de taille jusqu'à une hauteur de vingt pieds et au-dessus en pierraille ; il a trente pieds de hauteur et quinze pieds de largeur. J'ignore pourquoi cette localité n'a pas été qualifiée de cité. Elle a autour d'elle des sources précieuses. Du côté de l'occident, il y a des collines très fertiles et remplies de vignes qui fournissent un si noble falerne aux habitants qu'ils dédaignent l'ascalon. Les Anciens racontent que la localité a été édifiée par l'empereur Aurélien »

Grégoire de Tours indique donc que l'enceinte possède trente-trois tours dont une, en partie conservée, reste visible au 15 de la rue Charrue, dans une petite cour. Les quatre portes sont : la Porte aux lions, la Porte du côté de Saint-Médard, la Porte du vieux château et la Porte au-dessus du Bourg. L'épaisseur de la muraille, loin d'atteindre 15 pieds (4.50 m) comme l'affirme Grégoire de Tours, ne semble pas avoir dépassé 2 mètres[53] [réf. incomplète],[54] . La création ou le développement de Dijon remonte au séjour de la VIIIe légion *Augusta* en 69, mais la ville a très bien pu n'être fortifiée que sous Aurélien (270-275)[55] .

Cette enceinte est reproduite dans les plans du XVIIe siècle, or, deux portes seulement ont été retrouvées : la Porte Vacange rue Chabot-Charny et celle de la rue Porte-aux-Lions. La tour du petit Saint-Bénigne, située entre la rue Amiral-Roussin et la rue Charrue, devint au XVe siècle un lieu de culte au saint, qui est supposé y avoir été emprisonné. On a retrouvé les traces d'un moulin au niveau de la rue des Bons-Enfants. Un temple (le seul de la ville) est mis au jour lors de la destruction, au début du XIXe siècle, de la Sainte-Chapellea qui jouxte le palais des ducs de Bourgogne (actuelle place de la Sainte-Chapelle).

Le Dijon médiéval

Au Ve siècle, Dijon devient le séjour des évêques de Langres, après la mise à sac de la cité en 407, et ce durant quatre siècles. Leur influence permet l'édification d'édifices religieux et notamment d'un groupe cathédral composé de trois bâtiments : Saint-Étienne, Sainte-Marie et Saint-Vincent. Deux basiliques sont ensuite élevées dès le XIe siècle par saint Urbain (actuel église Saint-Jean) notamment[réf. nécessaire].

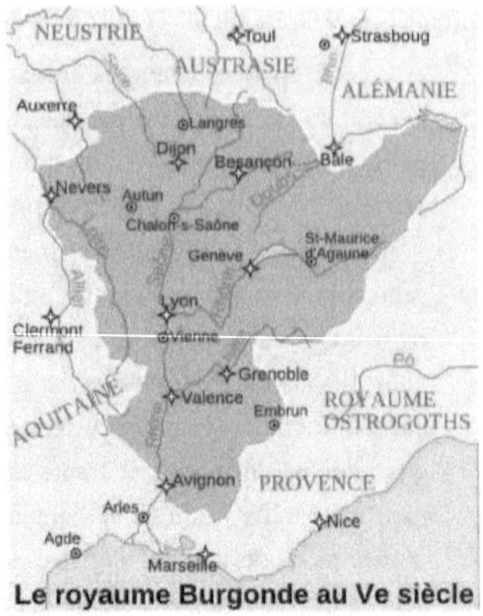

Le royaume burgonde dans la deuxième moitié du Ve siècle

Dijon est ensuite occupé par les Burgondes qui sont défaits par Clovis en 500 ou 501. Les Arabes l'envahissent en 725 alors que les Normands n'y parviennent pas en 887. C'est à cette époque qu'apparaissent les premiers comtes de Dijon, Aimar, Eliran, Raoul issus de la maison robertienne. En 1002, l'abbé Guillaume de Volpiano entreprend de reconstruire l'abbatiale Saint-Bénigne et les bâtiments monastiques annexes (actuel Musée archéologique de Dijon). Il fait élever dans l'abbaye une rotonde[56] abritant le tombeau de l'évangélisateur de la Bourgogne, saint Bénigne, qui suscite un pèlerinage important[réf. nécessaire].

Au début du XIe siècle, Dijon est composé d'une ville forte enclose de murs gallo-romains, restes de l'ancien *castrum*, et d'un bourg s'étendant jusqu'à l'abbaye Saint-Bénigne. Autour, des petits hameaux, Dompierre, Trimolois, Charencey, Bussy et Prouhaut, disparus depuis, ceinturent la ville. Les ducs de Dijon règnent alors sur la région. En 1015, le roi Robert Ier essaye de conquérir le Dijonnais : il s'attaque d'abord au village de Mirebeau-sur-Bèze et sa région puis vient mettre le siège devant le *castrum* de Dijon. Mais, devant la vigoureuse résistance de l'évêque de Langres, Brunon de Roucy, soutenu par l'abbé de Cluny et le comte de la ville, il renonce à donner l'assaut. Dès l'année suivante, la mort de l'évêque lui permet de négocier avec son successeur, Lambert de Vignory, la cession du comté de Dijon au roi de France, en 1016. La ville rejoint le duché de Bourgogne et en devient la capitale. Dès 1017, le roi Robert vint à Dijon y affirmer ses droits et annonce la nomination de son fils cadet Henri, âgé de 9 ans, à la dignité de duc de Bourgogne. En 1026, le fils aîné du roi meurt et Henri devient l'héritier de la couronne royale. Roi à la mort de son père en 1031, il entre en lutte contre son frère Robert qu'il finit par vaincre. Il lui pardonne alors son insoumission et lui donne en apanage Dijon et le duché de Bourgogne en 1034. L'arrivée du duc Robert Ier, dit le « Vieux », installe durablement la famille des Capétiens à Dijon, sur laquelle elle règne sans discontinuité pendant trois siècles[réf. nécessaire].

Le 28 juin 1137, un grand incendie réduit Dijon en cendres. Les ducs reconstruisent alors une enceinte beaucoup plus large que la précédente, qui abrite la cité jusqu'au XVIIIe siècle. À la fin du XIIe siècle et au XIIIe siècle, Dijon s'orne de monuments de valeur : la Sainte-Chapelle, l'hôpital du Saint-Esprit, l'église Notre-Dame, etc. Auprès de chaque porte se développent de petits bourgs même si la ville ne grossit jamais plus que les limites de son enceinte[57] . Les ducs de Dijon possèdent un château (actuelle mairie de Dijon) et y exercent avant tout un pouvoir de justice. En 1183 le duc Hugues III permet la rédaction d'une charte de commune, conservée aux Archives municipales qui permet l'entraide entre le duc et les habitants. Grâce à cette charte, qui fut beaucoup copiée dans d'autres villes de Bourgogne, les ducs s'enrichirent[réf. nécessaire].

La Sainte-Chapelle doit son édification à un vœu fait par le duc Hugues III. Pris dans une tempête alors qu'il se rend en Terre Sainte, il fait la promesse de construire près de son palais une église dédiée à la Vierge et à saint Jean l'Évangéliste. La construction commence dès 1172. Elle possède un chœur à déambulatoire, achevé dès 1196. La triple nef est élevée au XIIIe siècle dans le style gothique bourguignon. Les tours de la façade sont élevées de 1495 à 1515. Sa flèche mesure plus de 50 mètres. La dédicace n'a toutefois lieu qu'en 1500. À la Révolution, les statues sont transférées, mutilées ou détruites. Jugée insignifiante par son architecture et d'un entretien trop coûteux, elle est détruite en 1802[réf. nécessaire].

Dijon et le duché de Bourgogne

Dijon connaît une période brillante sous les quatre ducs Valois de Bourgogne, qui règnent de 1363 à 1477. Elle est la capitale du duché de Bourgogne, ensemble d'États qui s'étendent jusqu'aux Pays-Bas. Centré sur ce duché, l'État bourguignon s'étend alors, pendant plus d'un siècle (1363-1477), par héritages et mariages jusqu'en Picardie, Champagne, Pays-Bas bourguignons, Belgique, Germanie, duché de Luxembourg, Alsace, comté de Flandre et Suisse.

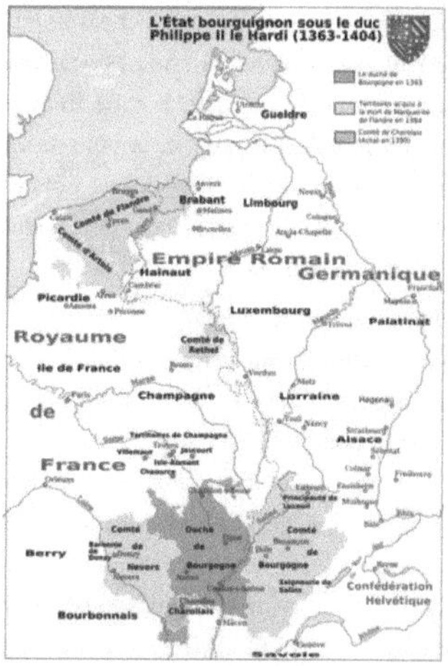

L'État bourguignon en 1404, sous le duc Philippe II de BourgognePhilippe le Hardi

Le duc Philippe le Hardi (1364-1404) est le premier duc de la dynastie des Valois et prend possession de Dijon, sur ordre du roi, en 1363. Il fonde à Dijon sa nécropole dynastique, la chartreuse de Champmol, dont il fait un foyer d'art. Jean Ier sans Peur (1404-1419) lui succède. Le duc Philippe III le Bon (1419-1467) reconstruit l'hôtel ducal et institue en 1432 la chapelle de son palais comme siège de l'ordre de la Toison d'or. Pourtant, Dijon n'est pas une ville populeuse ; encore rurale et en raison des épidémies elle ne compte que 13000 habitants en 1474. Le duc Charles le Téméraire (1467-1477) qui ne vit pas à Dijon échoue dans sa lutte contre le roi de France et meurt à la bataille de Nancy contre le duc de Lorraine René II de Lorraine, allié à Louis XI. Le puissant État bourguignon s'effondre alors, permettant à Louis XI d'annexer le duché le 1er février 1477.

Dijon dans le royaume de France

En dépit de quelques révoltes contre l'autorité du roi, Dijon s'est soumis à son autorité. Louis XI ordonne le transfert à Dijon du parlement de Bourgogne, qui se trouvait à Beaune. Il fait aussi construire à Dijon un château, à l'emplacement de l'actuelle place Grangier, pour surveiller les habitants. La duchesse Marie de Bourgogne (1457-1482), alors âgée de 20 ans et fille unique du duc Charles le Téméraire, épouse Maximilien Ier du Saint-Empire, auquel elle apporte le comté de Bourgogne et les possessions des Flandres. Le traité de Senlis de 1493 divise les deux Bourgognes et Dijon devient une ville-frontière. En 1513, l'empereur Maximilien espère récupérer le duché de Bourgogne en envoyant une troupe formée de 14000 hommes des corps francs suisses, 5000 Allemands et 2000 Francs-Comtois assiéger Dijon[58]. Le gouverneur Louis II de La Trémoille, qui a été envoyé pour défendre la ville, ne peut faire partir les assiégeants qu'en jouant habilement des dissensions entre Suisses et Allemands et en promettant 400000 écus dont seulement une partie sera payée. Les Suisses lèvent le siège le 13 septembre. Les Dijonnais ayant prié avec ferveur pour leur délivrance, le départ des assiégeants est attribué par beaucoup à l'intercession de la Vierge, dont une statue, Notre-Dame de Bon-Espoir, conservée à l'église Notre-Dame, a été portée en procession. Ces événements ont prouvé la fermeté du sentiment des Dijonnais d'appartenir à la France[59]. Après cet événement, l'enceinte est renforcée par l'édification des bastions Saint-Pierre (1515), Guise (1547) et Saint-Nicolas (1558). La bourgeoisie se développe par ailleurs, comme en témoignent les nombreux hôtels et maison encore visibles. Au XVIe siècle, la ville s'embellit avec le style de la Renaissance italienne importée par Hugues Sambin.

Dijon sous l'Ancien Régime

Le parlement de Bourgogne, transféré de Beaune à Dijon, fait de la cité une ville parlementaire, où la noblesse de robe édifie des hôtels particuliers. Dijon subit des troubles religieux, de 1530 à 1595. Après la Contre-Réforme, de nouvelles églises et chapelles de monastères sont construites. Un roi de France, peut-être Henri IV, aurait qualifié Dijon de « ville aux cent clochers », en raison de la multiplication des institutions religieuses (Jésuites, Minimes, Carmélites, Jacobines, Ursulines principalement). Après le rattachement de la Franche-Comté au royaume en 1678, Dijon, perdant son statut de ville frontière, peut à nouveau s'agrandir. Sous l'administration des princes de Condé, gouverneurs de Bourgogne, la ville se transforme : une place Royale (actuelle place de la Libération) est aménagée devant l'ancien Palais des ducs de Bourgogne, qui est lui-même remanié et agrandi. La rue Condé, actuelle rue de la Liberté, est percée. Les princes de Condé créent le vaste parc de la Colombière, relié à la ville par une avenue plantée d'arbres, le cours du Parc.

Cette prospérité se poursuit au XVIIIe siècle, Dijon accueillant en 1722 une faculté de droit, puis l'Académie en 1725 (qui remettra à Jean-Jacques Rousseau le premier prix du concours pour son *Discours sur l'origine et les fondements de l'inégalité parmi les hommes* en 1750)[60] . Les Collèges de Médecine sont particulièrement réputés dès 1755[61] . La ville compte 22-23000 habitants et a le statut d'une grande ville de province, derrière Lyon et Strasbourg néanmoins. L'administration municipale repose sur des Municipaux élus et mandatés par l'arrêt du Conseil d'État du 20 avril 1668 qui fixe la constitution de la Chambre ; pour Pierre Gras, Dijon est l'exemple de municipalité parlementaire de province. En 1731, le pape Clément XII répond positivement aux requêtes séculaires des Dijonnais qui désiraient avoir leur propre évêque. La ville devient le siège d'un petit évêché entre ceux de Langres, Autun et Besançon. De 1754 à 1757, de nombreux aménagement modernisent Dijon. Le premier jardin botanique est créé en 1760. En 1766 est instituée une École de dessin ; en 1787 est fondé l'établissement qui deviendra musée des Beaux-Arts. L'industrie de l'époque (draperie, soierie, filatures diverses) ne s'implante néanmoins que difficilement[62] .

Dijon sous la Révolution

La Révolution fait passer Dijon du rang de capitale provinciale à celui de chef-lieu de département. Le 15 juillet 1789, des émeutiers prennent le château de Dijon, ainsi que la tour saint-Nicolas, sans lien direct avec les événements de Paris[63] . Plusieurs monuments remarquables sont détruits : la chartreuse de Champmol, la rotonde de Saint-Bénigne ; d'autres sont endommagés, comme Saint-Bénigne et Notre-Dame, dont les portails sont martelés. Les monastères et couvents sont vendus ou démolis. La Sainte-Chapelle disparaît en 1802. La statue en bronze de Louis XIV qui ornait la place Royale est brisée en 1792[64] ; son métal sert à fabriquer de la monnaie ou des canons.

Dijon au XIXe siècle

En 1804, le Lycée et l'École de droit sont créés, puis en 1808 les Facultés de Lettres, Sciences, Droit et Médecine. En 1814 les Alliés qui combattent Napoléon, entrent à Dijon et occupent la ville.

L'exploitation du charbon et du fer au Creusot, l'achèvement du canal de Bourgogne en 1833 rendent à Dijon une certaine importance économique. Le quartier Saint-Bernard est créé en dehors des remparts. En 1840, le réseau d'alimentation en eau dessiné et mis en œuvre par l'ingénieur Henry Darcy pour lutter contre l'insalubrité est achevé ; l'hygiène permet alors à Dijon de prospérer davantage[65] . En 1851 est inaugurée par le prince Louis Napoléon Bonaparte la ligne de chemin de fer reliant Dijon à Paris, Lyon et Marseille, projet du maire Victor Dumay et de l'ingénieur Henri Darcy. Dès lors, Dijon se développe rapidement : le quartier de la gare se peuple et les divers faubourgs alentours se construisent. En 1867, sur concours, un projet de plan d'urbanisme, inspiré de ce que réalise Haussman à Paris, est proposé par Degré et Jetot puis adopté malgré des réticences.

Durant la guerre de 1870, trois batailles se déroulent à Dijon[66] . Le 30 octobre 1870, soldats et mobilisés tentent de défendre la ville contre les Prussiens. Sans artillerie, ils doivent se rendre à la fin de la journée. Le 26 novembre 1870, Garibaldi, à la tête de « l'armée des Vosges », ne peut reprendre Dijon et doit faire retraite. Mais, le 23 janvier

1871, les Français remportent une victoire contre les Allemands, et un drapeau poméranien est même conquis. La place du Trente-Octobre et l'avenue du Drapeau rappellent ces faits d'armes. Malgré tout, Dijon est occupée par l'armée allemande, pendant environ huit mois. En 1899, la ville reçoit la Légion d'honneur pour sa résistance.

Après la guerre, la place de Dijon retrouve un rôle stratégique : des casernes et un arsenal sont édifiés. En quelque cinquante ans (de 1850 à 1900), grâce à l'exode rural, Dijon passe de 30000 à 70000 habitants. La ville se développe en rasant ses remparts, remplacés par de grands boulevards. Après de nombreuses polémiques, le château construit par Louis XI est détruit de 1891 à 1897. De multiples équipements publics et privés sont réalisés : lycée Carnot, École normale, groupe scolaire, cimetière, grands magasins comme la « Ménagère » rue de la Liberté, qui ouvre en 1897, grands hôtels, lieux de culte. Dans les faubourgs s'élèvent des usines : Pernot, Lachèze...

Dijon dans la première moitié du XXe siècle

La Première Guerre mondiale ne cause pas de dommage architectural à Dijon qui participe par son industrie alimentaire et métallurgique à l'effort de guerre. Sous Gaston Gérard, maire de 1919 à 1935, la ville reprend son essor. L'entre-deux-guerres est marqué par l'urbanisation de quartiers résidentiels, comme celui du Val d'Or, ou de la Maladière, dans lequel s'élève la vaste église du Sacré-Cœur. La municipalité aménage un parc des Sports à Montmuzard. Occupée dès le 17 juin 1940 par l'armée allemande du Troisième Reich, Dijon est libérée par les troupes françaises le 11 septembre 1944 et sort de l'épreuve sans destruction autre que celle de la gare.

La Place du Théâtre, au début du XXe siècle. La ville était alors desservie par un réseau de tramways urbains, qui cessa de fonctionner en 1961, ainsi que par un réseau départemental de chemin de fer secondaire à voie métrique, les Chemins de fer départementaux de la Côte-d'Or.

Depuis 1945

Après la guerre, la population est restée stable, aux alentours de 100000 habitants[67]. Dijon est globalement une ville tertiaire et le milieu social est dominé par les cadres moyens et les employés[68]. Le chanoine Kir, maire de Dijon de 1945 à 1968, dote la ville d'un lac artificiel inauguré en 1964. Sous son mandat se crée également à partir de 1957 un vaste campus universitaire à Montmuzard, sur près de cent hectares. La municipalité multiplie les bâtiments de service public comme, en 1962, l'hôpital du Bocage. Avec l'essor économique des Trente glorieuses, la surface urbanisée de l'agglomération double afin de répondre à la pénurie de logements. Le quartier des Grésilles, la ZUP de la Fontaine-d'Ouche sont aménagés et les municipalités satellites comme Quetigny ou Chevigny-Saint-Sauveur s'accroissent. Après la mort de Félix Kir en 1968, le docteur Veillet assure quelques années sa succession, jusqu'en 1971. À cette date est élu le gaulliste Robert Poujade, qui devait assumer le plus long mandat de maire dans l'histoire de Dijon : trente ans, de 1971 à 2001. Robert Poujade s'attache à la protection et à la mise en valeur du secteur sauvegardé de Dijon, où les monuments sont restaurés. Renonçant à la construction de grandes barres, il aménage de nouveaux quartiers -Petit-Cîteaux, Port du canal, Hauts de Montchapet, Mansart- avec des immeubles à taille plus humaine. De nombreuses bibliothèques sont créées dans les quartiers, ainsi que des jardins publics. La construction de l'auditorium est une des dernières grandes réalisations de la période Robert Poujade. En 1977, Dijon emporta le titre envié de première ville écologique avec l'aménagement en 1975 notamment du parc de la Combe à la serpent, le plus étendu de la ville.

Le 18 mars 2001, le candidat de gauche François Rebsamen est élu maire de Dijon, pourtant de tradition conservatrice.

Politique et administration

Administration territoriale

Cantons

La ville de Dijon est divisée en 8 cantons, qui incluent pour la moitié d'entre-eux d'autres communes limitrophes de l'agglomération.

Les communes composant l'agglomération du Grand Dijon en 2009.

Canton	Nombre d'habitants	Communes associées
Dijon-1	29512	Bretigny, Brognon, Clénay, Orgeux, Ruffey-lès-Echirey, Saint-Apollinaire, Saint-Julien, Varois-et-Chaignot
Dijon-2	37848	Arc-sur-Tille, Bressey-sur-Tille, Chevigny-Saint-Sauveur, Couternon, Crimolois, Quetigny, Remilly-sur-Tille, Sennecey-lès-Dijon
Dijon-3	21440	
Dijon-4	18956	Chenôve
Dijon-5	28960	Corcelles-les-Monts, Flavignerot, Fleurey-sur-Ouche, Lantenay, Pasques, Prenois, Velars-sur-Ouche
Dijon-6	22925	
Dijon-7	23163	
Dijon-8	19532	

Intercommunalité

Le logo du « Grand Dijon ».

La Communauté de l'agglomération dijonnaise (COMADI), devenu en 2005 le « Grand Dijon », couvre 22 communes. Dijon est ainsi le centre d'une communauté d'agglomération qui n'a cessé de s'étendre, formée théoriquement de 116 municipalités appartenant au périmètre du « Schéma de Cohérence Territoriale » (SCOT). Le nombre d'habitants est ainsi de 251802 habitants en 2009 (soit 49 % de la Côte-d'Or)[69] dont 155340 habitants à Dijon même, en en faisant la 18e communauté d'agglomération de France[70].

Région et département

Dijon est la préfecture à la fois du département de Côte-d'Or et de la région Bourgogne. L'hôtel Bouhier de Lantenay en est le siège. Il est situé à quelques centaines de mètres seulement des bâtiments des conseil général de la Côte-d'Or et conseil régional de Bourgogne, également localisés à Dijon.

Administration municipale

Tendances politiques

Avant la Seconde Guerre mondiale, la gauche progressait, avec Claude Guyot ou Jean Bouhey. Par ailleurs la collusion de la droite avec le régime de Vichy fait que ses représentants ne peuvent être éligibles. C'est donc, selon Pierre Lévêque les conservateurs, avec le chanoine Kir, qui remportent les scrutins en 1945-1946. Aidé par d'autres personnalités comme le baron Thénard, propriétaire du journal *Le Bien public*, Félix Kir va occuper la scène politique. Il est réélu en 1953, alors qu'il n'est pas gaulliste, et qu'il s'oppose même au général de Gaulle. Il lui nie même son statut de premier résistant, le chanoine Kir s'étant opposé en personne aux Allemands dès le 17 juin 1940. Sous la Quatrième République, la gauche est en déclin[71] . Depuis 1948 la droite classique détient en effet trois sièges de députés sur cinq, les deux sièges de Sénateurs, la présidence du conseil général et les mairies des plus grandes villes du département, y compris Dijon. L'influence du Parti Communiste est souvent faible, même dans le milieu rural.

En mars 1959, la liste du chanoine Kir est entièrement réélue à Dijon ainsi qu'en 1967 de justesse, contre la droite gaulliste représentée par Robert Poujade qui remporte néanmoins celles de mars 1971. Félix Kir meurt en effet en 1968. La gauche dès lors existe réellement, renforcée par les événements de mai 1968, qui sont sans violence à Dijon, en dépit d'une grève historique. En 1973, la gauche atteint ainsi 42,2 % des votes alors que les « indépendants » (les conservateurs, en droite file du chanoine Kir) sont balayés. La gauche devient le Parti Socialiste à Dijon et surtout dans son agglomération où, en l'espace de quelques années, jusqu'en 1978, sa progression est rapide[72] . En mai 1981, trois candidats socialistes sont élus en Côte d'or, dont deux issus de l'agglomération dijonnaise (Roland Carraz à Dijon I et Hervé Vouillot à Quétigny). Si François Mitterrand remporte les élections présidentielles, à Dijon comme en Côte-d'Or en majorité, la droite est toujours très implantée.

Dès 1982, elle contrôle à nouveau le Conseil Général, présidé jusqu'en 1988 par Robert Poujade puis par Henri Berger, puis, dès 1994 par Louis de Broissia, directeur du *Bien public*. En 1986, le Front National réalise une percée significative avec 13,9 % des voix. Néanmoins la droite remporte de nouveau tous les sièges de députés en mars 1993. Le Parti Socialiste réalise une importante avancée en mars 1998, alors que François Rebsamen est élu conseiller général de Dijon-V, avec 51,5 % des suffrages exprimés face au conseiller sortant. Après le renoncement de Robert Poujade, il est élu maire de cette ville de tradition conservatrice le 18 mars 2001, avec 52,14 % des suffrages contre 47,86 % à son adversaire (RPR) Jean-François Bazin.

Liste des maires

La ville de Dijon possédait un maire et en général vingt magistrats municipaux, ou échevins, dès l'époque de la naissance de la féodalité. Ces magistrats sont confirmés en 1187, lorsqu'une charte de commune est accordée par le duc Hugues III. En 1192, pour la première fois, le maire dijonnais est élu. À la fin du XIIIe siècle, ce maire prend le titre de *vicomte maïeur*, confirmé en 1477-1479 par Louis XI ; ce titre demeurera jusqu'en 1789. Depuis la fin du XVe siècle (1491), la charge de vicomte maïeur est anoblissante ainsi que celle d'échevin à compter du XVIe siècle. Le vicomte maïeur avait le droit de haute, moyenne et basse justice, le droit de scel et de visite. Les clés de la ville lui sont confiées et il dirige les archers ainsi que les compagnies des sept quartiers, cette fonction militaire étant importante jusqu'au XVIIe siècle. Le vicomte maïeur est élu par les habitants, ni mendiants, ni étrangers, qui payent la taille, en général la veille de la Saint-Jean. Cette élection a lieu sur le parvis de l'église Saint-Philibert. À partir de 1669, il est permis au maire de porter « une robe longue de satin plein, de couleur violet, doublée de satin rouge cramoisi, comme le prévôt des marchands de Lyon, avec chaperon de même étoffe et couleur bordée d'hermine » afin de se distinguer des habitants. En 1692, la fonction de vicomte maïeur est transformée en office héréditaire tandis que l'élection n'est plus alors qu'une confirmation du choix royal fait par le gouverneur au nom du roi.

Parmi les maires ayant marqué l'histoire de la ville quelques personnalités se sont remarquées :

François Rebsamen, actuel maire de Dijon.

- Hugues Aubriot : alors bailli de Dijon, il fut par deux fois imposé comme gouverneur de la ville en lieu et place du maire élu (1364 et 1366), avant de poursuivre sa carrière sous Charles V et de devenir prévôt de Paris (1367-1381) ;
- Guillaume Royhier et Jacques Laverne : maires élus plusieurs fois à la fin du XVIe siècle (la charge était alors annuelle) et Ligueurs résolus, ils agirent avec sévérité contre les citadins partisans du roi de Navarre, futur Henri IV. Laverne est décapité à Dijon en 1594 ;
- Bénigne Frémiot (1595-1597) : également président du Parlement, il soutient Henri IV lors des guerres de la Ligue ;
- Marc-Antoine Millotet (1650-1651) puis (1652-1654) : maire soutenu par le peuple, mais en opposition avec le duc d'Épernon, gouverneur, qui refuse son élection, il finit par imposer son retour en 1652 ;
- Simon Fournier-Faucher (1900-1904) ;
- Charles Dumont (1908-1919) ;
- Gaston Gérard (1919-1935), qui contribua à donner à Dijon son image de ville gastronomique ;
- Le chanoine Félix Kir (1945-1968) est une figure de la résistance locale, réélu quatre fois et connu pour avoir fait connaître Dijon internationalement et pour la création du lac qui reçut son nom en 1968 ;
- Jean Veillet (1968-1971) ;
- Robert Poujade (1971-2001) est le maire de Dijon ayant assumé cette fonction le plus longtemps : trente ans ;
- François Rebsamen : depuis 2001, réélu en 2008.

Instances judiciaires et administratives

Bailliage de Dijon

Baillis

- 1318 - Jean de Chatillon ou *Jehans de Chastoillon*, chevalier, établis les droits des religieux de l'Abbaye de Saint-Martin d'Autun, sur les vendeurs de sel, de viande, cuite ou crue, aux foires de Saint-André et de Saint-Martin[73] .

Politique environnementale

La ville de Dijon mène depuis 2002 une politique d'intégration de l'écologie au sein de l'urbanisme. La ville a ainsi remporté en 2007 la « Marianne d'Or de l'environnement » avec pour titre « la ville anti CO_2 », délivrée par le Sénat pour « La politique des transports comprenant, par exemple, les navettes en centre-ville, les bus au gaz naturel, les pistes cyclables, la politique énergétique, avec l'incinération des déchets entre autres, notamment ceux qui proviennent du CHU, la géothermie, la politique de l'eau avec le traitement des boues par la station d'épuration qui sera inaugurée mi-décembre, sans oublier la sensibilisation des citoyens » selon les mots du maire François Rebsamen[74] . Néanmoins, des associations locales en faveur de l'écologie relativisent ce constat, pointant la volonté de la ville de développer l'aéroport commercial, générateur de pollution au dioxyde de carbone. Le plan d'urbanisme dénommé « Écoplus » est ainsi destiné à faire de Dijon une ville à la pointe de l'intégration écologique et évolutive, dans le cadre du développement durable[75] .

Depuis 2002, le Grand Dijon a en effet consacré 100 millions d'euros au développement durable, sans augmenter pour autant la taxe sur les ordures ménagères, tout en abaissant le prix de l'eau.

En 2010, la commune de Dijon a été récompensée par le label « Ville Internet @@@ »[76].

Jumelages

En raison de sa situation de point de passage en France, Dijon bénéficie d'une tradition d'échanges, qui s'est concrétisée par des jumelages avec les villes suivantes :

- Cluj-Napoca (Roumanie)
- Dallas (États-Unis)
- Mayence (Allemagne) depuis 1958
- Opole (Pologne)
- Pécs (Hongrie)
- Reggio d'Émilie (Italie)
- Skopje (Macédoine)
- Volgograd (Russie)
- York (Royaume-Uni)

Place de la Libération : Palais des ducs de Bourgogne et hôtel de ville.

Population et société

Démographie

Évolution de la population

Le Grand Dijon cumule en 2008 244577 habitants[3] dont 151576 habitants pour Dijon seul, qui s'étend sur 42 km^2. La ville exerce son influence sur un vaste espace rural qui s'étend sur la Côte-d'Or, la Haute-Marne, la Haute-Saône et la Saône-et-Loire. Elle évolue et se développe au cœur d'une agglomération de 237925 habitants[77], d'une aire urbaine de 336807 habitants[78] et d'une zone d'emploi de 361819 personnes[79].

Évolution démographique

D'après le recensement Insee de 2008, Dijon compte 151576 habitants (soit une stagnation par rapport à 1999).

La commune occupe le 17e rang au niveau national, alors qu'elle était au 18e en 1999, et le 1er au niveau départemental sur 707 communes. L'évolution du nombre d'habitants est connue à travers les recensements de la population effectués à Dijon depuis 1793. Le maximum de la population a été atteint en 1975 avec 151705 habitants.

1793	1800	1806	1821	1831	1836	1841	1846	1851
20760	18888	22026	22397	25352	24817	26184	27543	32253
1856	1861	1866	1872	1876	1881	1886	1891	1896
33493	37074	39193	42573	47939	55453	60855	65428	67736
1901	1906	1911	1921	1926	1931	1936	1946	1954
71326	74113	76847	78578	83815	90869	96257	100664	112844
1962	1968	1975	1982	1990	1999	2006	2007	2008
135694	145357	151705	140942	146703	150138	151504	151543	151576

Sources : base Cassini de l'EHESS pour les nombres retenus jusqu'en 1962[80], base Insee à partir de 1968 (population sans doubles comptes puis population municipale à partir de 2006)[81],[82],[83].

Pyramide des âges

La population de la commune est relativement jeune. Le taux de personnes d'un âge supérieur à 60 ans (19,9 %) est en effet inférieur au taux national (21,6 %) et au taux départemental (21,6 %).

À l'instar des répartitions nationale et départementale, la population féminine de la commune est supérieure à la population masculine. Le taux (53,2 %) est supérieur au taux national (51,6 %). La répartition de la population de la commune par tranches d'âge est, en 2007, la suivante :

- 46,8 % d'hommes (0 à 14 ans = 14,8 %, 15 à 29 ans = 30,8 %, 30 à 44 ans = 19,8 %, 45 à 59 ans = 17,9 %, plus de 60 ans = 16,7 %) ;
- 53,2 % de femmes (0 à 14 ans = 12,1 %, 15 à 29 ans = 30,6 %, 30 à 44 ans = 17,5 %, 45 à 59 ans = 17,2 %, plus de 60 ans = 22,5 %).

Sociologie et bassin d'emploi

Le bassin d'emploi dijonnais est de 350000 personnes[84] . Dijon est une ville principalement tertiaire, avec près de 3/4 des actifs occupés dans ce secteur en 1994, soit sensiblement plus que dans les agglomérations équivalentes. Dijon est aussi une ville administrative, où la fonction publique occupe à elle seule le quart des actifs en 1994. Les plus gros employeurs sont en effet les centres hospitaliers, la SNCF et la ville de Dijon, l'université aussi. Le tertiaire supérieur est quant à lui insuffisant pour rivaliser avec Paris ou Lyon.

L'agglomération souffre de sa position excentrée et d'une concurrence des grands centres urbains proches comme Lyon, le nord de l'Yonne et le sud de la Saône-et-Loire[21] . Néanmoins, le Grand Dijon est le premier centre industriel de Bourgogne, regroupant une trentaine de milliers d'emplois. L'agglomération a en effet beaucoup profité dans les années 1950 et 1960 de la décentralisation d'entreprises parisiennes et étrangères (Thomson, Philips, Hoover) qui ont pratiquement toutes fermé. Comme toutes les grandes villes de province, Dijon est particulièrement concernée par les plans sociaux et les fermetures économiques.

En termes de données quantitatives, Dijon présente un taux d'activité de 68,5 %[85] (moyenne nationale : 69,7 %[86]) pour un taux de chômage de 7 %[85] (moyenne nationale : 8 %[87]) en 2007. Par ailleurs, Dijon est classé 19e ville étudiante de France[88] .

Enseignement

Établissements scolaires

Lors de la dernière étude sur les effectifs scolaires effectuée en 2002 et 2003, la ville de Dijon comptait 14 lycées publics et privés, dont deux lycées européens (lycée Charles-de-Gaulle et Montchapet) cumulant 16.423 élèves, 24 collège publics et privés, de 13.581 élèves, ainsi que 173 écoles primaires et maternelles soit 21.429 élèves. Avec ceux proposés par l'agglomération et l'université, la ville possède toutes les structures d'enseignements, de tous niveaux, d'une grande municipalité.

Liste des collèges et lycées de Dijon

Collèges

- Collège Gaston Bachelard
- Collège Carnot
- Collège Champollion
- Collège Clos de Pouilly
- Collège Roland Dorgelès
- Collège Henry Dunant
- Collège des Lentillères
- Collège André Malraux
- Collège Le Chapitre
- Collège Montchapet
- Collège Le Parc
- Collège Marcelle Pardé
- Collège Jean-Philippe Rameau
- Collège Gaston Roupnel
- Collège privé Saint-Francois de Sales
- Collège privé Saint-Joseph Sainte-Ursule
- Collège privé Saint-Michel
- Collège privé la Maîtrise de la cathédrale de Dijon

Lycées

La cour du siècle et l'ancienne chapelle du lycée Carnot

- Lycée privé Les Arcades[89]
- Lycée Carnot[90]
- Lycée Le Castel[91]
- Lycée Gustave-Eiffel[92]
- Lycée Hippolyte-Fontaine[93]
- Lycée Charles-de-Gaulle[94]
- Lycée des Marcs-d'Or
- Lycée Montchapet
- Lycée privé Notre-Dame
- Lycée privé Saint-Bénigne
- Lycée et collège privé Saint-Joseph
- Lycée Simone Weil[95]

Établissements d'enseignement supérieur

15 établissements de tous domaines forment avec l'université de Bourgogne le réseau d'enseignement supérieur comme Sciences Po Dijon, l'École supérieure de commerce de Dijon, l'école Agrosup Dijon, l'École nationale des Greffes, l'École inter-régionale d'avocats, l'Institut de formation des cadres de la santé, l'École nationale des beaux-arts, l'école d'ingénieurs ESIREM entre autres.

L'université de Bourgogne

L'université compte en 2009-2010 plus de 27000 étudiants[96] . La grande majorité de ses bâtiments et effectifs concernent Dijon, aux côtés des antennes de Chalon-sur-Saône, Auxerre, Le Creusot et Nevers. En plus des UFRs traditionnels[97] , certaines composantes sont uniques à la région comme Agrosup Dijon ou l'Institut universitaire de la vigne et du vin Jules Guyot d'œnologie. Le campus, d'inspiration nord-américaine a été créé en 1957 et s'étend sur 150 hectares dans le quartier Montmuzard.

Manifestations culturelles et festivités

Folkloriques

- Les Fêtes de la Vigne en septembre[98]
- Les journées de Rhénanie-Palatinat organisées à la maison de Rhénanie-Palatinat, rue Buffon. Ces journées permettent de découvrir les spécialités et traditions franco-allemandes.

Culturels et économiques

Mois	Évènement(s)
janvier	Loisiroscope
février	Salon du mariage et de la cérémonie Salon de l'habitat Salon Studyrama et des études supérieures
mars	Vivattitude Florissimo (tous les 5 ans), Animalia
avril	Prise de CirQ', festival dédié au cirque actuel
Mai	Salon des Antiquaires et de la Brocante D'Jazz dans la ville
juin/juillet	D'Jazz au jardin Estivade Fête du vélo organisée par E.V.A.D.
août	D'Jazz à la plage
septembre	Festival de Musique Mécanique (tous les 3 ans), Velotour
octobre	Les puces Dijonnaises, Salon de l'immobilier, .dijon//SAITEN (Festival du manga et de l'animation)
novembre	Foire Internationale et Gastronomique de Dijon Salon des Collectionneurs, Bourse aux disques et BD, Entreprissimo l'événement, Salon européen du Livre [100]
décembre	Cité 21

- Salon des Loisirs Créatifs Creativa [101]
- Festival les Ecrans de l'Aventure [102] festival du film documentaire d'aventure organisé par la Guilde et la Ville de Dijon.
- Ecodrome de Dijon [103] itinéraire de découverte aérien au service de l'éducation à l'environnement

Santé

Dijon accueille un SAMU, un centre hospitalier universitaire et plusieurs cliniques : clinique Sainte-Marthe, clinique Drevon, et d'autres dans la proche agglomération. On trouve aussi dans les nouveaux quartiers un pôle médical comme le Point médical, en attendant le futur centre de Valmy.

Le CHU de Dijon, première entreprise du département avec 6300 employés, est éclaté en trois pôles : l'Hôpital du Bocage, situé dans des bâtiments récents dans l'est de la ville, l'Hôpital Général en bordure du centre-ville près de la place du Premier Mai et le Centre gériatrique de Champmaillot à proximité du creux d'Enfer. L'hôpital général a été créé en 1204 par Eudes III, septième duc de Bourgogne. Il est doté de bâtiments inscrits aux Monuments Historiques[99] .

En 2002, Dijon a adhéré au réseau des villes santé de l'OMS[100] , grâce à la mise en place de divers programmes, notamment dans la prévention des addictions et des IST.

Dijon possède de plus un pôle de recherche médicale composé de 15 chercheurs et 96 médecins[101] , ainsi qu'un centre de lutte contre le cancer, le centre Georges-François Leclerc en collaboration avec l'université de médecine[102] .

Sports

Clubs principaux

Équipe	Sport	Ligue	Stade
DFCO	Football	Ligue 1	Stade Gaston-Gérard
JDA	Basket-ball	Pro A	Palais des Sports Jean-Michel Geoffroy
Stade dijonnais	Rugby à XV	Fédérale 1	Stade Marcel Bourillot
DBHB et CDBH	Handball	D2 masculine et D1 féminine	Palais des Sports Jean-Michel Geoffroy
CPHD	Hockey sur glace	Elite	Patinoire Trimolet
Fenris Football	Football Américain	3e Division Nationale	Stade Marcel Bourillot

Divers

Les sportifs disposent de nombreuses infrastructures, stades, gymnases, courts de tennis, piscines, patinoire, bowlings, parcours de santé dans les parcs péri-urbains, centres hippiques, le golf Dijon-Bourgogne installé à Norges-la-Ville ou encore le circuit automobile de Dijon-Prenois.

La ville entend aménager les équipements existant afin de devenir une référence régionale et même nationale. L'ouverture en 2010 de la Piscine Olympique de Dijon permet d'accueillir des compétitions de haut niveau. Une fosse de plongée permet d'entraîner les champions locaux de plongée sous-marine.
Depuis 2007, la ville a entamé des travaux de rénovation du Stade Gaston-Gérard. Au final, sa capacité sera de 22000 places assises. Enfin, la ville de Dijon a inauguré sa salle d'escalade Cime Altitude 245 le 1er avril 2010.

La ville a obtenu la troisième place au classement des villes les plus sportives de France, établi par *L'Équipe magazine*, dans son supplément du 6 octobre 2007, après Toulouse et Montpellier. Les cinq thèmes qui ont prévalu au classement étaient le haut niveau, le sport accessible à tous, les équipements, la volonté et le budget.

Sur le modèle de Paris Plage, la mairie de Dijon a aménagé une plage et des équipements de loisirs balnéaires autour du lac Kir. « Dijon plage » a accueilli 100000 visiteurs en 2008[103]. Ce dispositif complète les 4 piscines publiques, celles du Carrousel, des Grésilles, de Fontaine-d'Ouche et l'Olympique.

Médias

lac Kir, sur Dijon ouest.

Médias écrits et télévisuels

La ville de Dijon accueille les sièges de deux principaux médias écrits et d'un média télévisuel :

- Le Bien public « Les Dépêches », quotidien départemental historique, existant depuis 1868, tirant à 49829 exemplaires en 2007[104].
- *La Gazette de Dijon*, hebdomadaire gratuit d'information générale faisant une large place aux préoccupations sociales, politiques et locales. Il a été renommé en 2006 *La Gazette de Côte-d'Or* et est devenu le journal d'actualité au plus fort tirage du département[105].
- Voo TV est une chaîne de télévision locale.
- France 3 Bourgogne, antenne locale de la rédaction nationale affiliée à France Télévision[106].

Divers autres médias écrits et gratuits sont publiés à Dijon, traitant surtout de l'actualité culturelle :

- Le *Journal de Libertés-Culture* est un mensuel gratuit consacré à l'actualité des droits humains: libertes-culture.rsfblog.org
- *Magma Dijon* présente des chroniques et un agenda musical et culturel[107].
- *Tv Net Bourgogne* : Média web tv culturelle depuis 2003.

Radios locales

Six radios locales indépendantes sont diffusées dans la ville :

- Radio Shalom Dijon : radio associative à thématique juive créée en 1993,
- Dijon Campus : radio étudiante et culturelle
- K6FM : créée le 17 janvier 2008
- Radio Cultures Dijon : radio associative culturelle créée le 17 janvier 2008
- Radio VTI: radio associative et multi-culturelle.
- RCF Parabole : l'une des radios locales de proximité du groupe des radios chrétiennes.

Deux radio régionale couvrent la ville, il s'agit de Fréquence Plus et France Bleu Bourgogne. Cette dernière est la première radio de la Côte d'Or[réf. nécessaire].

Les radios Chérie FM, Virgin Radio, Fun Radio et Nostalgie diffusent des décrochages locaux ou régionaux.

Médias numériques

- gazetteINFO.fr, site d'information en temps réel sur Dijon et la Côte-d'Or. Filiale à 100% de l'hebdomadaire la Gazette de Côte-d'Or, elle bénéficie d'une rédaction dédiée.
- Dijonscope, site d'information créé le 1er août 2009 et basé à Talant.

Cultes

Catholicisme

- Cathédrale Saint-Bénigne, place Saint-Bénigne.
- Église Notre-Dame, place Notre-Dame.
- Église Saint-Michel, place Saint-Michel.
- Église Saint-Pierre, place du Président-Wilson.
- Église Sainte-Chantal, avenue Gustave-Eiffel.
- Église Saint-Joseph, rue de Jouvence.
- Église Saint-Paul, rue Clément-Janin.
- Église du Sacré-Cœur, rue Racine.
- Église Saint-Bernard, 12, boulevard Alexandre de Yougoslavie.
- Église Sainte-Bernadette, boulevard des Martyrs de la Résistance.
- Église Saint-Jean-Bosco, rue Charles Mocquery.
- Église Bienheureuse Elisabeth de la Trinité.
- Chapelle Saint-Vincent-de-Paul, rue de la Manutention.
- Chapelle Saint-François-d'Assise.
- Chapelle Sainte-Jeanne-d'Arc, boulevard Jeanne d'Arc.
- Chapelle Saint-Joseph-Cottolengo, faubourg Raines.
- Chapelle Saint-Jacques, rue du Colonel Picard.
- Chapelle Sainte-Anne, rue des Roussottes.

Islam

- Mosquée En-Nour, impasse Clément d'Esormes.
- Mosquée El-Imane, rue de la Loire.
- Mosquée El-Khir, rue Charles Dumont.
- Mosquée El-Iman, allée du Doubs.

Judaïsme

- Synagogue, rue de la Synagogue.

Mormonisme

- Église de Jésus-Christ des saints des derniers jours, paroisse de Dijon, rue Père de Foucauld.

Protestantisme

- Temple, rue du Temple.

Économie

La croissance de Dijon au XXe siècle est liée à sa situation de nœud ferroviaire sur l'axe Paris-Lyon-Marseille, au départ des lignes menant vers Besançon, Belfort, Nancy, l'Italie et la Suisse. L'essor des échanges a favorisé une industrie qui, rétrospectivement, paraît étonnamment variée au milieu du siècle : métallurgie (tréfileries et laminoirs, matériel de chemins de fer, cycles et motocycles, machines outils, mécanique de précision, matériel de laiterie et de boucherie), industrie alimentaire (moutarde, biscuits, chocolat, pain d'épices, cassis), travail du cuir (chaussures, sacoches), confection, matériel électrique, optique de précision, manufacture de tabacs, savonneries, industrie pharmaceutique, matériaux de construction, instruments de musique[108] . Comme ailleurs, la route a depuis détrôné le chemin de fer, l'industrie est en régression et c'est plutôt le secteur tertiaire qui se développe[109] . Dans la plaine dijonnaise, on trouve de grandes cultures : blé, orge, colza et betteraves à sucre.

Revenus de la population et fiscalité

En 2007, le revenu fiscal médian par ménage était de 18845 €, ce qui plaçait Dijon au 7018e rang parmi les 30714 communes de plus de 50 ménages en métropole[110] .

Un bassin économique dynamique

Dijon a été classée trois années durant « cité la plus attractive de France » par le magazine *L'Entreprise* dans la catégorie des agglomérations de 200000 à 500000 habitants. 40 % des flux autoroutiers européens et 65 % des flux français passent par le corridor dijonnais, passage obligé vers le reste de l'Europe du Sud et du centre. La main-d'œuvre dijonnaise est en moyenne plus qualifiée que celle de la plupart des autres régions. Les zones économiques dijonnaises sont principalement la ZI de Longvic et la ZAE Cap-Nord Toison d'Or/Saint-Apollinaire[111] . Dijon seul compte 11 ZA toutes en voie de développement immobilier.

Quatre secteurs sont particulièrement bien représentés à Dijon, l'électrique-électronique, la mécanique, l'agro-alimentaire, et la chimie-pharmacie. La création du pôle de compétitivité Vitagora autour du goût, de la nutrition, de l'innovation alimentaire et de la santé, souligne la propension de Dijon à mettre en place des projets aux débouchés réels par une démarche dynamique et stratégique, issue d'un partenariat fort entre tous les acteurs économiques, la ville, le Grand Dijon et l'université.

L'université de Bourgogne est le premier employeur en recherche de la région, qui, avec ses 1900 enseignants-chercheurs, chercheurs, ingénieurs et techniciens, est capable d'intervenir dans les secteurs les plus divers. D'autres écoles implantées au cœur de la ville disposent d'une bonne réputation nationale, Sciences Po Dijon (antenne de l' Institut d'études politiques de Paris), l'Institut national supérieur des sciences agronomiques, de l'alimentation et de l'environnement (Agrosup), l'École supérieure de commerce de Dijon (ESC) et l'École supérieure d'ingénieurs de recherche en matériaux (ESIREM), toutes membres de la Conférence des grandes écoles, l'École nationale des greffes, l'école de notariat, l'école nationale des Beaux-Arts ou encore le conservatoire national de musique, de danse et d'art dramatique.

Ces atouts font de la métropole dijonnaise le premier bassin de vie et d'emploi en Bourgogne. Le mensuel *L'Entreprise* a ainsi classé le Grand Dijon en troisième position des villes françaises les plus attractives pour entreprendre[112] . Dijon avait été lauréat de ce palmarès pendant deux années consécutives en 2004 et 2005.

Les pôles de développement

Le premier secteur industriel dijonnais en termes d'emplois est celui de la construction électrique et de l'électronique, qui compte en 2003 quelque 3200 salariés[113] . Vient ensuite l'industrie mécanique, qui occupe environ 3000 salariés, auxquels on peut ajouter de l'ordre de 1200 personnes travaillant dans la métallurgie (dont SEB[114]) et 1200 autres dans les industries du plastique et du caoutchouc[115] . Autrefois riche et diversifiée (cycles Terrot, Lapierre[116] , dérailleurs Simplex...), la mécanique dijonnaise est surtout axée sur la sous-traitance automobile, touchée par les délocalisations[117] , mais pas exclusivement, comme en témoignent les activités du Centre technique des industries mécaniques de Dijon. L'agglomération bénéficie également de la présence de laboratoires et unités de production de la pharmacie industrielle, en premier lieu Sanofi-Aventis, Urgo[118] et Fournier, qui emploient un total de 2100 personnes[113] , avec une activité de recherche et développement impliquant des laboratoires de l'Université de Bourgogne et des acteurs plus petits, tels qu'Oncodesign (recherche de traitements contre le cancer)[119] . Le secteur de l'optique, historiquement important (avec notamment Hermagis-SOM-Berthiot), est encore représenté par Essilor (verres correcteurs)[120] , Nachet (microscopes) et la Sagem (viseurs, périscopes)[121] .

Le secteur de l'alimentation et du goût s'est récemment organisé autour du « pôle de compétitivité » *Vitagora*, profitant de l'image gastronomique internationale de la Bourgogne et de Dijon, historiquement à la pointe de l'industrie agro-alimentaire. Le pôle regroupe des « plates-formes de compétences » centrées sur l'agronomie, la pédologie et les plantes, l'emballage, la chimie et la logistique. Deux entreprises emblématiques de ce secteur à Dijon sont le chocolatier Lanvin, absorbé par Nestlé, et le moutardier Amora, absorbé en 2000 par Unilever, dont l'usine historique est liquidée en juillet 2009[122] .

Dijon est le siège des maisons mères de plusieurs grands groupes comme Lejay Lagoute ou Boudier, producteurs de crème de cassis. Tetra Pak y a une grosse unité de conditionnement depuis 1971, l'une des plus importantes et innovantes du groupe en Europe.

Le siège d'Autoroutes Paris Rhin Rhône est situé à Saint-Appolinaire, dans la banlieue de Dijon.

Tourisme

Le tourisme occupe une place non négligeable dans l'économie de Dijon. L'intérêt touristique de la ville repose principalement sur la richesse de son patrimoine historique et sur la proximité de la côte viticole. Ainsi, la vieille ville possède trois des dix monuments les plus visités en Côte-d'Or[123] et le musée des Beaux-Arts de Dijon a été fréquenté par plus de 210000 visiteurs en 2004. L'agglomération compte près de 500 restaurants et plusieurs zones hôtelières (Toison d'Or, quartier de la gare centrale...). Comme dans beaucoup de villes de moyenne importance, on peut distinguer à Dijon trois grands secteurs : le tourisme culturel (musées, monuments, fêtes et manifestations culturelles), le tourisme gastronomique et vini-viticole (quoique moins développé qu'à Beaune), et le tourisme d'affaires (palais des congrès et hôtels-restaurants adaptés).

Néanmoins, les chiffres de 2008 relevés par l'Insee montrent un recul de 0,5 % de l'activité touristique, avec un taux d'occupation des lits d'hôtel inférieur de 7 points au taux moyen national. La clientèle étrangère ferait particulièrement défaut (- 1,6 %)[124] .

Culture locale et patrimoine

Dijon dispose de l'un des premiers secteurs sauvegardés de France, avec 97 hectares de monuments classés et remarquablement conservés. Reconnu internationalement, son patrimoine s'est bâti au fil des siècles, et continue de se construire de nos jours, avec des édifices publics comme le Zénith ou l'Auditorium ou à travers des bâtiments de haute-technologie comme la tour Elithis. Le « vieux Dijon » ou centre historique comporte d'innombrables maisons anciennes, hôtels parlementaires, maisons bourgeoises mais aussi demeures plus modestes, qui donnent un charme incomparable aux rues du centre ville. Pour la plupart, ces monuments datent du Moyen Âge. Des réalisations modernes, datant du XIXe siècle, de type « hausmannien », complètent ce patrimoine dijonnais.

La création d'un secteur sauvegardé, la réfection progressive de la plupart des demeures historiques et le développement d'une zone piétonne en constante extension depuis les années 1970, permettent aux Dijonnais comme aux visiteurs d'un jour de profiter de ce riche patrimoine qui s'intègre dans un tourisme départemental et régional, autour du vin et de l'héritage médiéval.

Monuments et lieux touristiques

Architecture

La diversité architecturale de Dijon est le fruit d'une longue histoire. La ville compte ainsi en son centre des rues bordées d'édifices médiévaux ayant évolué au sein des anciennes limites du *castrum* d'héritage romain. La ville a ensuite manqué d'espace et, après la destruction des remparts, de nouveaux quartiers sont apparus.

L'architecture religieuse est également très représentée. Le monument le plus représentatif du Moyen Âge à Dijon était l'abbatiale de Saint-Bénigne, reconstruite à partir de 1001 par Guillaume de Volpiano. De cet ensemble roman, il ne subsiste plus que l'étage inférieur de sa rotonde ainsi que les souterrains de la crypte. L'unique édifice roman, demeuré intact depuis, conservé dans son intégralité à Dijon est l'église Saint-Philibert. L'église Notre-Dame du XIIIe siècle est représentative du gothique bourguignon. Une œuvre plus tardive du gothique est celle réalisée par Claus Sluter au portail de l'église de la chartreuse de Champmol et au puits de Moïse. L'architecture civile du Moyen Âge est représentée par l'ancien palais des ducs, reconstruit par Philippe le Bon, dominé par la tour Philippe le Bon, et par les nombreuses maisons médiévales à colombages[125] et les hôtels particuliers de riches bourgeois.

L'architecture flamande et italienne inspire ensuite les artistes dijonnais. Hugues Sambin interprète à Dijon le style de la Renaissance italienne. L'église Saint-Michel est reconstruite à partir de 1499 et sa façade est typique du style Renaissance. Au XVIIe siècle et au XVIIIe siècle, deux grands architectes de cour, Jules Hardouin-Mansart, puis Jacques V Gabriel, redessinent une partie du centre de la ville. Le premier crée la place Royale, devant l'ancien palais des ducs, qu'il remodèle. Gabriel poursuit cette œuvre. Les hôtels privés témoignent de l'architecture du XVIIe et XVIIIe siècles, comme l'hôtel de Vogüé (1610), l'hôtel Chartraire de Montigny ou l'hôtel Bouhier de Lantenay (actuellement la préfecture).

Dijon a été profondément marqué par l'architecture du XIXe siècle. Le néoclassicisme est représenté par le théâtre, commencé sous l'Empire et achevé en 1828, d'après les plans de Jacques Cellerier. Le marché couvert à charpente métallique, datant de 1873, a été créé par Ballard. Des quartiers présentent une architecture « hausmannienne », comme la place Darcy et les rues adjacentes, ou ceux longés par les grands boulevards comme le boulevard de Brosses, la rue Devosge, le boulevard Carnot, la place Wilson. La synagogue date de 1879 ; le temple protestant de 1898. Enfin, Dijon possède des édifices notables récents, comme l'église du Sacré-Cœur, de style gréco-byzantin qui date de 1933, l'église Sainte-Bernadette, bâtie en béton, plastique et aluminium de 1959 à 1964, le palais des congrès et le palais des sports.

En 2005, le label « Patrimoine du XXe siècle » a été attribué à 10 édifices bourguignons dont 2 à Dijon : la villa Messner datant de 1912 - 1913 réalisée rue Parmentier par R. J. Jardel[126] ., et l'église Sainte-Bernadette datant de 1960 - 1964 dont l'architecte est Joseph Belmont[127] . Enfin, Dijon possède des bâtiments modernes construits par des architectes de renom. Le Palais des Congrès et des Expositions en 1955, l'Auditorium en 1998 réalisé par l'Arquitectonica Miami et, actuellement, la tour Elithis par Arte-Charpentier. Des projets futurs, concernant surtout le quartier Clemenceau, sont également marqués par l'architecture moderne. Le siège du nouveau rectorat (Marbotte Plaza) est signé Rudy Ricciotti[128] . Ces réalisations sont avant tout écologiques et utilisent des matériaux durables.

Tombeau et gisant du duc de Bourgogne Philippe le Hardi au palais des ducs de Bourgogne.

Dijon aurait été surnommée la « ville aux cent clochers » par Henri IV ou François Ier. En effet, les édifices religieux, témoins d'un passé religieux et architectural, ponctuent le centre ville.

Le palais des ducs et des États de Bourgogne abrite depuis 1787 le musée des Beaux-Arts, ainsi que l'Hôtel de Ville de Dijon. Face au palais s'étend la place de la Libération en forme d'hémicycle, conçue par Jules Hardouin-Mansart en 1680. Les pavés ont été retirés en 2008 et la place accueille désormais des jets d'eau et de lumière mettant en valeur son architecture. Le palais témoigne du passé de Dijon sous les ducs. Il comprend : la tour de Bar, ancienne tour de Brancion construite par Philippe le Hardi en 1365 ; les cuisines ducales, construites par Philippe le Bon en 1433 ; la tour Philippe le Bon, initialement tour de la Terrasse, qui date de 1455, qui servait de tour de guet et d'habitation, et qui compte 316 marches.

La cathédrale Saint-Bénigne, construite aux XIIIe et XIVe siècle, abrite dans sa crypte, seul vestige d'une rotonde romane détruite en 1792, les vestiges du tombeau du martyr éponyme, évangélisateur de la Bourgogne. L'édifice, autrefois abbatiale, était entouré de bâtiments dont subsiste l'ancien dortoir des Bénédictins, où se trouve maintenant le musée archéologique.

L'église Saint-Philibert de Dijon est située à quelques pas au sud-est de la cathédrale Saint-Bénigne. Elle est reconnaissable par son clocher en pierre. Ayant servi d'entrepôt à sel durant la Seconde Guerre mondiale, ce dernier ronge depuis lors la pierre de l'édifice. En très mauvais état structurel, elle est interdite à la visite depuis 1979[129] .

L'église Notre-Dame, du XIIIe siècle, chef-d'œuvre du gothique bourguignon, est unique dans l'architecture gothique française. Elle abrite la statue de Notre-Dame de Bon-Espoir. Sa façade occidentale est ornée de nombreuses gargouilles décoratives restituées au XIXe siècle par sept sculpteurs parisiens. L'amorce de sa tour sud supporte le Jacquemart, horloge à quatre automates[130] . La chapelle de l'Assomption toute proche s'orne de l'Assomption de Jean Dubois, mais n'est pas ouverte au public. Les Dijonnais ont coutume de caresser la chouette sculptée sur le contrefort d'une chapelle de Notre-Dame. Selon la légende, une caresse de la main gauche, côté cœur, porterait bonheur à qui la touche.

Monuments et lieux touristiques

Église Notre-Dame depuis la tour Philippe le Bon

- La maison Millière et l'Hôtel de Vogüé s'élèvent derrière l'église, rue de la Chouette.
- L'église Saint-Étienne de Dijon est le plus ancien lieu de culte du *castrum* dijonnais. D'abord église romane (les fondations sont encore visibles), abbaye de chanoines réguliers au Moyen Âge, cathédrale en 1731, désaffectée à la Révolution, elle a abrité jusqu'en 2007 la chambre de commerce. Le musée Rude occupe toujours le chœur, mais pour encore peu de temps. En effet, le musée des Beaux-Arts faisant l'objet de travaux importants et d'une restructuration, la conservation et les services administratifs de ce musée, après travaux, doivent s'installer dans cet édifice.
- L'église Saint-Jean, qui date du IVe siècle, a été reconstruite en 1448, en gothique flamboyant.

- La chapelle de l'hospice de la charité possède un autel à dais de présentation qui est une composition baroque en bois doré due au sculpteur Jehan Maitrier.
- Le couvent des Carmélites est le premier monastère de femmes à Dijon et date de 1608.
- De l'ancienne Chartreuse de Champmol, subsistent le puits de Moïse, sculpté par Claus Sluter à la fin du XIVe siècle, et le portail de la chapelle. En 1833, le département a acheté le domaine pour en faire un hôpital psychiatrique, ce qui pose de nombreux problèmes de mise en valeur touristique[131].
- Le palais de justice a été construit à la fin du XVe et au début du XVIe siècle pour abriter le parlement ; il est toujours le siège de tribunaux. Le charpentier Antoine Galley en a bâti le plafond en 1522 alors que la grande porte est de l'artiste Hugues Sambin.
- La porte Guillaume, située place Darcy, s'élève à l'emplacement d'une porte fortifiée des remparts de la ville. Elle fut érigée en 1788 par Caristie en l'honneur du prince de Condé. Elle est parfois nommée « Arc de Triomphe dijonnais », en raison de sa situation au sommet de la Rue de la Liberté, appelée « Champs-Élysées Dijonnais » en référence à son caractère commerçant, comme la célèbre avenue parisienne.
- Les remparts de Dijon ont laissé malheureusement peu de traces : la voie ferrée passe sur l'ancien rempart dit « de la Miséricorde ». Rue de l'Hôpital, il subsiste des vestiges du bastion de Guise, qui constituait l'angle sud-ouest du rempart ; rue de Tivoli et rue Berlier, deux pans de murs sont également encore préservés. Un panneau a été mis en place rue Vaillant, signalant la fin de l'ancien Castrum dijonnais.
- L'église du Sacré-Cœur de Dijon date quant à elle des années 1930.
- Les toits bourguignons sont également des éléments du patrimoine culturel de Dijon. Composés de tuiles vernissées multicolores disposées selon des motifs géométriques, ils se découvrent sur quelques bâtiments du centre ville comme l'Hôtel de Vogüé, l'hôtel Aubriot, la cathédrale Saint-Bénigne…
- Le Puits de Moïse se trouve au centre d'une cour du grand cloitre du centre hospitalier de la Chartreuse pour lequel il a été initialement conçu. C'est un chef-d' œuvre de Claus Sluter, initié en 1395. Il est haut de 7 m et baigne dans un bassin alimenté par une nappe phréatique. Il y a des statues des 6 prophètes du dernier testament. Il est ouvert au public depuis le 1er avril 2010 et est classé monument historique en 1840[132].

Les méridiennes, indiquant le midi solaire vrai, sont mises en valeur. L'une se trouve rue de la Liberté, une autre sur la façade du palais des ducs, une troisième à l'intérieur de la tour Philippe le Bon. On peut observer le midi solaire vrai sur ces méridiennes aux heures légales données par le tableau ci-dessous[133] :

Heure du midi vrai à Dijon	Janv	Fev	Mars	Avr	Mai	Juin	Juil	Août	Sept	Oct	Nov	Déc
le 1er	12h43	12h54	12h52	13h44	13h37	13h38	13h44	13h46	13h40	13h30	12h24	12h29
le 10	12h47	12h54	12h50	13h41	13h36	13h39	13h45	13h45	13h37	13h27	12h24	12h33
le 20	12h51	12h54	12h48	13h39	13h36	13h41	13h46	13h43	13h33	13h25	12h26	12h38

Dijon est une ville fleurie ayant obtenu quatre fleurs avec distinction *Grand Prix* en 2007 au concours des villes et villages fleuris[réf. souhaitée].

La cathédrale Saint-Bénigne

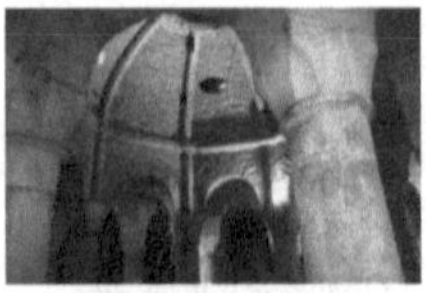

Crypte de la cathédrale Saint-Bénigne

Toit de la cathédrale Saint-Bénigne

Église Notre-Dame (intérieur)

La chouette sur l'église Notre-Dame

La porte Guillaume, place Darcy

Cour de l'hôtel de Vogüé

Statue de Claus Sluter, Palais des ducs de Bourgogne à Dijon.

Le Puits de Moïse

Patrimoine culturel

Rue Verrerie, centre-ville

Dijon œuvre à la valorisation et à l'enrichissement de son patrimoine. La ville a consacré en 2007 environ 54 millions d'euros à la culture, sur un budget total avoisinant 250 millions d'euros[134] . L'auditorium à l'acoustique exceptionnelle, les huit musées – entièrement gratuits à l'exception du musée Magnin – dont celui des Beaux-Arts, qui se classe parmi les premiers de France par l'importance de ses collections[135] , les théâtres et salles de spectacle, les structures comme La Vapeur, dénicheuse de nouveaux talents, les galeries d'art, les cinémas, les bibliothèques municipales, le conservatoire national de musique, d'art dramatique et de danse, les parcs et jardins – 745 ha de verdure soit 49 m² par habitant –, un planétarium et une nouvelle médiathèque interquartiers sont autant d'éléments qui participent à la mise en valeur et à la richesse de la cité.

Musées

Dijon possède de nombreux musées disposant de collections régionales importantes, tous installés dans de prestigieux monuments historiques[136].

Dortoir des moines, ancienne abbaye bénédictine Saint-Bénigne, transformé en salle d'exposition du musée archéologique

- Le musée des Beaux-Arts de Dijon est installé dans le Palais des ducs de Bourgogne[137]. Dans la « salle des gardes » sont exposés les tombeaux des ducs Philippe le Hardi et de Jean sans Peur, provenant de la chartreuse de Champmol. Les autres salles renferment des collections de peinture et de sculpture allant du Moyen Âge à l'époque contemporaine. Le musée est gratuit depuis 2004.

L'un des patrimoines les plus connus du musée des Beaux arts est représenté par « Les Pleurants ». Ces 39 petites statuts d'albâtre fabriqué par Claus de Werve ornent le tombeau de Philippe le Hardi. L'exposition, intitulée "Les pleurants: sculptures tombales de la Cour de Bourgogne" permet d'observer de près ces pleurants, représentant des figures ecclésiastiques ou des moines de l'ordre des Chartreux.

- Le Consortium est un centre d'art contemporain qui développe des exposition d'artistes en pointe dans l'art contemporain. Un grand projet architectural est en construction. Il a été confié à l'architecte japonais Shigeru Ban et va créer, un pôle d'art contemporain important et assurer à la ville et à la Région un nouveau rayonnement national et international[138].
- Le musée archéologique occupe une partie de l'ancienne abbaye Saint-Bénigne et détient des pièces provenant des fouilles régionales à Dijon, Alésia, Mâlain... La collection lapidaire gallo-romaine et les bois sculptés provenant du sanctuaire des sources de la Seine sont de tout premier ordre[139].
- Le musée de la Vie Bourguignonne Perrin de Puycousin expose le patrimoine ethnographique rural de Bourgogne, avec des reconstitutions de scènes de la vie quotidienne et les intérieurs d'anciens magasins dijonnais du XIXe siècle. Il est le fruit des collections de Maurice Bonnefond Perrin de Puycousin, et de ses dons à la ville de Dijon, un premier musée créé de son vivant dans l'hôtel Aubriot, sera fermé en 1970, avant d'être réinstallé en 1985 dans l'ancien couvent de l'abbaye de Tart[140]. Une partie est réservée aux enfants célèbres de Dijon[140].
- Le musée d'art sacré de Dijon, installé dans l'ancienne église des Bernardines, présente d'intéressantes collections liturgiques et un morceau de sculpture magistrale : la Visitation, provenant du couvent du même nom détruit lors de la Révolution[141].
- Le musée Magnin occupe l'ancien hôtel Lantin, rue des Bons-Enfants. Il renferme une magnifique collection de tableaux et de meubles réunie par les Magnin, une famille d'amateurs.
- Le musée Rude, situé dans le transept de l'ancienne église Saint-Étienne, abrite les moulages de diverses statues de François Rude, et donne accès à l'abside de l'église ; on peut y observer des restes de l'ancien castrum, enceinte gallo-romaine de Dijon.
- Le Jardin des sciences regroupe le Muséum d'Histoire Naturelle, le Planétarium et les collections botaniques du jardin de l'Arquebuse[142]. Le planétarium de Dijon (Hubert Curien) présente 3 structures qui représentent la vie animale et végétale :
- le pavillon de Raines, qui abrite des expositions temporaires, les réserves et le laboratoires ainsi qu'au jardin botanique ;

- le pavillon de l'Arquebuse, qui abrite l'exposition permanente qui se consacre à la biodiversité ;
- 2 bâtiments annexes, la Petite et la Grande Orangerie, qui viennent également compléter cet ensemble.

La Municipalité de Dijon a construit un Planétarium via l'extension du pavillon de Raines. Ces constructions forment désormais un pôle scientifique regroupant les sciences de la Terre, de la Nature et de l'Univers. Le Planétarium accueille environ 100 000 visiteurs par an et notamment un vaste public scolaire. Cette fréquentation placerait ce muséum à la première place des établissements les plus fréquentés en Province, selon la direction de l'Établissement public. Il a ouvert ses portes le 9 septembre 2005 avec une capacité de 70 places ; il a été conçu tant pour les scolaires que pour le grand public. Les planétariums les plus proches sont situés à Saint-Étienne, Strasbourg et Vaulx-en-Velin. On y trouve différentes activités expérimentales, ateliers multimédia, rencontres avec le monde de la recherche, via conférences, visioconférences, projections, débats, expositions. Il est ouvert à tout public. Le musée de l'électricité présente l'évolution de l'électricité à travers les thèmes de l'éclairage, du chauffage, de la chimie, de la force motrice, des communications. Il repose ainsi sur une large collection de lampes, appareils de mesure, électroménager, son et images.

- Le musée de la moutarde de Dijon, qui a fermé ses portes en 2006, se situait sous l'usine Amora appartenant au groupe Unilever.

Salles de spectacles

Les principales salles de spectacle de Dijon sont :

- Le Zénith de Dijon jaugeant 7800 places au maximum ;
- L' Auditorium de Dijon qui compte 1600 places assises et qui est réputé pour faire partie des meilleures salles européennes en termes d'acoustique ;
- Le grand théâtre, construit au début du XIXe siècle sur l'emplacement de la Sainte-Chapelle ;
- De nombreuses salles de moindre taille existent, comme La Vapeur (600 places environ), le Parvis Saint-Jean qui occupe l'église Saint-Jean désaffectée, le théâtre Mansart près du campus universitaire, l'Atheneum au cœur du campus ou encore le théâtre des Feuillants. De petites structures privées couvrent en outre de nombreux styles de théâtre et de musique. L'Espace Autogéré des Tanneries, un centre social, culturel et politique, occupe une friche industrielle depuis octobre 1998[143].

Cinémas

La ville de Dijon compte quatre cinémas et deux multiplexes dont un à Quetigny dans l'agglomération.

Le cinéma Le Darcy place Darcy

- Le Cap-Vert à Quetigny, multiplexe de 12 salles.
- L'Olympia Dijon, ouvert depuis le 5 décembre 2007 en multiplexe de 10 salles. Cette extension résulte de la fusion du cinéma Gaumont et de la Grande Taverne, qui était fermée depuis plusieurs années.
- Le Darcy Palace (6 salles), est le plus ancien cinéma de Dijon, installé dans un bâtiment de 1914.
- L'ABC (5 salles), est un cinéma qui a pour spécificité de diffuser des programmes pour enfants.
- L'Eldorado est un cinéma qui a pour spécificité de diffuser des films d'art et d'essai (diffusés en VO). Menacé de fermer pour des raisons économiques, l'Eldorado a fédéré des cinéphiles luttant pour la survie de ce genre d'établissements.
- Le Devosge (5 salles), est un cinéma moins grand public, diffusant comme l'Eldorado, des films d'art et d'essai, diffusés en VO.

À signaler tous les ans, en octobre ou novembre, le festival international du film les « Écrans de l'Aventure » qui présente une large sélection de films d'explorations et d'aventures[144].

Bibliothèque municipale

Le Grand Dijon comporte 8 bibliothèques principales[145] :

- La bibliothèque d'Étude installée rue de l'École-de-Droit, dans une ancienne chapelle.
- La bibliothèque adultes Centre-ville
- La bibliothèque enfants Centre-ville
- La médiathèque Champollion
- La bibliothèque de Fontaine-d'Ouche
- La bibliothèque de la Maladière
- La bibliothèque Mansart
- La bibliothèque du Port du Canal

Dijon possède aussi un bibliobus qui se déplace tous les jours de la semaine dans la ville. La médiathèque Champollion, située au sein du quartier réhabilité des Grésilles est la plus récente et la plus moderne.

Langue et accent dijonnais

La ville de Dijon fait partie de l'aire de locution des langues gallo-romanes. Cependant, le français a totalement remplacé la déclinaison locale qui se maintient néanmoins jusqu'au XIXe siècle dans les faubourgs et surtout en zone rurale à travers un patois se reconnaissant à ses deux spécificités. D'une part, ce parler lyonnais conserve un vocabulaire caractéristique encore employé en Côte-d'Or et lié à la culture du vin comme « bareuzai » désignant le vigneron[146]. L'accent est également reconnaissable, notamment par le roulement de « r » et par l'allongement de certaines phonèmes comme le « eu » et le « a ». L'ellipse de certaines syllabes est aussi très employée comme dans « le chenil », prononcé « le chnil ». On peut noter également la prononciation spécifique du « x » (s) préservée dans les noms de lieu comme Aloxe-Corton ou Auxerre.

Gastronomie

Dijon se veut une capitale de la gastronomie. Chaque année à l'automne se tient à Dijon la foire internationale et gastronomique. Initiée par le maire Gaston Gérard en 1921 et localement surnommée la « Foire », cette manifestation met chaque année un pays différent à l'honneur, et est destinée à promouvoir la culture et le bon vivre bourguignon à travers le monde[147]. Dijon héberge également toutes les années impaires la Biennale internationale des arts culinaires.

Boutique de moutarde rue de la Liberté

Capitale administrative de la Bourgogne, dont le vignoble est mondialement connu, Dijon est donc réputée pour ses vins. Il faut toutefois noter que c'est la ville de Beaune qui est communément admise comme étant la capitale du vin de Bourgogne. Le cassis de Dijon avec lequel est fabriquée la crème de cassis, entre dans la recette du Kir. Apéritif composé d'aligoté et de crème de cassis, il tient son nom du chanoine Kir, maire de Dijon jusqu'en 1968.

Dans la culture populaire, Dijon est en premier lieu connu comme étant la capitale de la moutarde. Le verjus de Bourgogne, qui entre dans la fabrication de la moutarde de Dijon, permet de développer l'essence et le piquant de la graine. La moutarde de Dijon n'étant pas une appellation d'origine contrôlée, sa production n'est pas spécifique à Dijon.

Nombre de spécialités gastronomiques sont également rattachées à Dijon, comme les escargots de Bourgogne, le jambon persillé, la truffe de Bourgogne, le bœuf bourguignon, les gougères, les œufs en meurettes ou le poulet Gaston Gérard, dont le nom provient de l'épouse du maire du Dijon du même nom. Le pain d'épices de Dijon est une appellation de pain d'épices dont la farine est majoritairement à base de blé. Les nonnettes sont un dessert traditionnel dijonnais à base de ce même pain d'épices.

Contrairement à une idée reçue, la fondue bourguignonne est d'origine suisse. Ce nom fait référence d'une part à la fondue au fromage et d'autre part à l'origine de la viande charolaise, la Bourgogne.

Vie militaire

La place de Dijon

Au lendemain de la défaite de 1870-1871, la ville de Dijon est choisie pour constituer une place militaire de deuxième ligne dans le système défensif « Séré de Rivières », entre celles de Langres et de Lyon, en arrière de celle de Besançon. Un ensemble de six forts ceinture donc l'agglomération dijonnaise entre 1875 à 1883, auxquels s'ajoutent quelques redoutes et batteries mais aussi, à l'intérieur même des limites communales, un arsenal et des poudrières. Jamais véritablement étoffée, cette position n'a pas servi comme elle le devait lors des deux derniers conflits mondiaux. Aujourd'hui, les différents sites de cet ensemble ont perdu leur usage militaire : ils sont pour la plupart en cours de réhabilitation[Quand ?].

Les casernements et autres bâtiments militaires

Au cours des deux derniers siècles, Dijon a abrité plusieurs casernements, dénommés « quartiers » ou « casernes » selon les unités militaires occupantes. Souvent installée à l'origine dans d'anciens monastères du vieux Dijon, puis, à la fin du XIXe siècle et au début du XXe siècle, dans des lieux édifiés spécifiquement (« *Avenue du Drapeau* »), la garnison dijonnaise a été touchée par la réorganisation contemporaine des armées. À la fin du XXe siècle, la plupart des bâtiments ont été réaffectés à un autre usage. Seule la caserne Vaillant conserve une activité conséquente. L'état-major, lui, a longtemps été logé dans un ancien hôtel particulier du centre-ville : l'hôtel d'Esterno, rue Monge. L'arsenal, les subsistances (*Manutention*) et des poudrières intégrées au système défensif de la ville (cf. « Place de Dijon ») étendaient l'emprise militaire au sud de la commune. La gendarmerie, autrefois hébergée au centre, occupe maintenant le quartier Joffre au nord-est de la commune. Enfin, on signalera l'ancienne présence de l'hôpital militaire Hyacinthe-Vincent.

- Hôtel d'Esterno
- Caserne Vaillant
- Quartier Heudelet
- Quartier Junot
- La Manutention

Unités ayant tenu garnison à Dijon

- État-Major de la 8e Région militaire, 1939
- État-Major de la 15e division d'infanterie motorisée, 1939
- État-Major de la 32e brigade contre-avions, 1939
- 27e régiment d'infanterie, 1906, 1939
- 26e régiment de dragons, 1906
- 1er régiment d'artillerie, 1906
- 6e régiment d'artillerie lourde tractée, 1939
- 602e régiment de circulation routière, ? - 1993

Personnalités liées à Dijon

Gustave Eiffel (1832 - 1923).

Au Moyen Âge, Dijon voit la naissance de Jean Sans Peur, Philippe le Bon et Charles le Téméraire, ducs de Bourgogne. Cette période est marquée par la puissance du duché de Bourgogne, dont Dijon est le siège. A la Renaissance, Dijon voit naître quantité d'éminents représentants des arts et lettres, comme l'écrivain Jacques-Bénigne Bossuet, le compositeur Jean-Philippe Rameau, l'homme de lettres Charles de Brosses, le sculpteur François Rude ou le philosophe Maurice Blondel.

La ville de Dijon fut également pourvoyeuse de scientifiques célèbres, comme Gaspard Monge, inventeur de la géométrie descriptive, l'hydraulicien Henry Darcy, l'ingénieur Gustave Eiffel ou Hippolyte Fontaine, promoteur de la dynamo (inventée par Zénobe Gramme). En politique, la période contemporaine est marquée par la forte personnalité du chanoine Kir, maire de Dijon de 1945 à 1968, puis par Robert Poujade, maire de 1971 à 2001 et ministre de l'Environnement entre 1971 et 1974.

Héraldique

Blasonnement

« De gueules, au chef parti : au premier d'azur semé de fleurs de lis d'or et à une bordure componée d'argent et de gueules, au deuxième bandé d'or et d'azur de six pièces et à une bordure de gueules. »

Les armoiries de Dijon ont évolué au fil du temps. Jusqu'en 1391, elles étaient « de gueules plain ». À cette date, le duc de Bourgogne Philippe II le Hardi y fait ajouter le chef aux couleurs du duc de Bourgogne. Durant le Premier Empire, le blason est fortement modifié et devient « parti, au 1er d'azur, au cep de vigne d'or, à la bordure componée d'argent et de gueules ; au 2, bandé d'or et d'azur, à la bordure de gueules, au chef de gueules chargé de trois abeilles d'or qui est des bonnes villes de l'Empire »[148] . Ces armes sont utilisées durant toute la période impériale. À sa fin, les armoiries en vigueur sous Philippe le Hardi sont réinstaurées. Lorsque la ville reçoit la Légion d'honneur en 1899, la croix, sans ruban, est placée dans le champ de gueules. Depuis 1962, la décoration est placée sous le blason, réinstaurant à nouveau les armoiries de Philippe.

Armoiries de Dijon jusqu'en 1391.

Armoiries en vigueur sous le Premier Empire.

Armoiries en vigueur de 1899 à 1962.

Annexes

Bibliographie

Ouvrages utilisés

- Pierre Gras (dir.), Histoire de Dijon, Toulouse, Privat, 1987, 432 p. (ISBN 978-2708947230).Ouvrage collectif
- André Gamblin, La France dans ses régions, t. 1, CDU et Sedes, 1994 (ISBN 2-7181-45579)

Ouvrages complémentaires

- Jean-François Bazin, *Le Tout Dijon*, Dijon, Éditions Cléa, 2003, 966 p. (ISBN 978-2-87747-595-2)
- Henri Chabeuf, *Dijon. Monuments et Souvenirs*, Dijon, Damidot, 1894
- Eugène Fyot, *Dijon, son passé évoqué par ses rues*, Dijon, Damidot, 1928, 529 p.
- Jean Richard (dir.), *Dijon. Encyclopédies des Villes*, Éditions du Bien Public-Bonneton, 1989, 319 p. (ISBN 2-86253-091-3)

Articles connexes

- Aire urbaine de Dijon
- Communauté d'agglomération dijonnaise
- Liste des communes de la Côte-d'Or

Liens externes

- Site officiel [154]
- Office de tourisme de Dijon [155]

Notes et références

Notes

[1] Population légale établie au 01/01/2008 (http://www.insee.fr/fr/ppp/bases-de-donnees/recensement/populations-legales/commune.asp?depcom=21231&annee=2008) sur *Insee*. Consulté le 16 mars 2011.

[2] INSEE - Communes de France les plus peuplées en 2007 (http://www.insee.fr/fr/themes/tableau.asp?reg_id=0&ref_id=NATTEF01214)

[3] Insee - Recensement de la population de 2008 - Grand Dijon (http://www.insee.fr/fr/themes/document.asp?reg_id=22&ref_id=17015#tab4)

[4] Insee : Les 30 premières aires urbaines 2007 (http://www.insee.fr/fr/themes/tableau.asp?ref_id=NATTEF01203&reg_id=0)

[5] Dijon sur le site de Cassini (http://cassini.ehess.fr/cassini/fr/html/fiche.php?select_resultat=11845)

[6] Le Grand Dijon dans le Réseau métropolitain [[Rhin (http://www.grand-dijon.fr/regards-sur/territoire/le-reseau-metropolitain-rhin-rhone-10579.jsp)]-Rhône] sur *grand-dijon.fr*. Consulté le 16 septembre 2010

[7] Cartes IGN consultées sur Géoportail.

[8] Pierre Gras, p. 5.

[9] Un forage place Saint-Michel, réalisé au XIXe siècle a permis de mettre en évidence que la strate du crétacé se situe à 155 mètres de profondeur, cité par Pierre Gras, p. 5.

[10] Voir les images de Dijon et son agglomération au moyen du logiciel en ligne gratuit Vudavion (http://granddijon.vudavion.org/).

[11] Source : *Atlas climatique de la Côte-d'Or* réalisé par Météo France et conseil général de la Côte d'Or, février 1994, (ISBN 2-11-085172-4).

[12] André Gamblin, *La France dans ses régions*, tome 1, CDU et Sedes, 1994, (ISBN 2-7181-4557-9), p. 314-315.

[13] Diagnostic communal et choix retenus pour définir les orientations du PADD : caractéristiques du site, de l'environnement et des paysages (http://plu.grand-dijon.fr/chenove/rp_18122006_partie_3.pdf) sur *plu.grand-dijon.fr*. Consulté le 17 mars 2011.

[14] Programme « eauvitale » (http://www.grand-dijon.fr/decouvrir/environnement/eau/l-alimentation-958.jsp) sur *grand-dijon.fr*. Consulté le 17 mars 2011.

[15] Source : *Atlas climatique de la Côte-d'Or* réalisé par Météo France et le conseil général de la Côte-d'Or, février 1994.

[16] Climat de Dijon (http://www.linternaute.com/ville/ville/climat/221/dijon.shtml) sur *L'internaute*. Consulté le 15 avril 2011.

[17] Un record quotidien de – 21.3 °C a été mesuré en 1985.

[18] Un record quotidien de + 38.1 °C a été mesuré en 1989.

[19] Récapitulatif des températures à Dijon et en Bourgogne (http://www.meteo-bourgogne.com/news/suiteclimato2008.php?newsid=49) sur *meteo-bourgogne.com*. Consulté le 21 mars 2011.

[20] Relevé météorologique à Dijon (http://www.meteofrance.com/FR/climat/dpt_tempsdumois.jsp?LIEUID=DEPT21) sur *Infoclimat (Météo-France)*. Consulté le 15 avril 2011

[21] André Gamblin, p. 310.

[22] Dossier : Dijon et la LGV Rhin-Rhône (http://www.grand-dijon.fr/territoire/la-lgv-rhin-rhone/un-projet-europeen-11563.jsp) sur *Grand Dijon*. Consulté le 25 avril 2011.

[23] Le réseau (http://www.divia.fr/affichage.php?id=321) sur *Divia*. Consulté le 25 avril 2011.

[24] Qu'est ce que Vélodi ? (http://www.velodi.net/modulos/modulos.php?TU5fSU5GT1JNQUNJT04=&NA==&Nw==) sur *velodi.net*. Consulté le 25 avril 2011.

[25] Présentation du projet de tramway à Dijon (http://www.grand-dijon.fr/decouvrir/deplacements/desirs-de-tramway/projet-tramway/presentation-projet-tramway-16775.jsp) sur *Grand Dijon*. Consulté le 1er mai 2011.

[26] Dossier Projet Renaissance (http://dijon.cci.fr/fr/infos-economiques/grands-projets/aeroport-le-projet-renaissance) sur *CCI de Dijon*. Consulté le 1er mai 2011.

[27] Quetigny environnement, Projet renaissance BA102 : La négation de la démocratie participative (http://quetigny.env.free.fr/rpubba102.htm). Consulté le 1er mai 2011.

[28] Les nuisances de la base aérienne 102 (http://quetigny.env.free.fr/BA102.html). Consulté le 1er mai 2011.

[29] Base 102 – plan d'exposition au bruit : quelques dates (http://quetigny.env.free.fr/BA102_DATES.htm). Consulté le 1er mai 2011.

[30] Pierre Gras, p. 401.

[31] Pierre Gras, p. 405-407.

[32] site de France3 Bourgogne Destruction de la barre de Billardon (http://bourgogne-franche-comte.france3.fr/emissions/documentaires/societe/25803408-fr.php). Consulté le 1er mai 2011.

[33] Soit 18,6 % des résidences principales, in *Journal d'information du Grand Dijon*, n° du 17 mai 2009, p. 12.

[34] La LGV Rhin-Rhône / Porte-Neuve, une nouvelle ambition pour Dijon (http://www.grand-dijon.fr/territoire/le-tgv-rhin-rhone/porte-neuve-une-nouvelle-ambition-pour-dijon-11568.jsp) sur *le site du Grand Dijon*. Consulté le 26 février 2011

[35] Florence Roussel, « L'aménagement durable fait appel à l'intelligence et non à la technologie », dans *Actu-Environnement*, 14 juin 2010 [texte intégral (http://www.actu-environnement.com/ae/news/interview-thierry-lajoie-eplaad-dijon-ecoquartier-10431.php4#xtor=EPR-1)].

[36] Divio : Dijon - La mémoire des pierres (http://www.divio.org/dijon.php?m=history&p=1) sur *divio.org*. Consulté le 16 septembre 2010.

[37] Grégoire de Tours, *Histoire ecclésiastique des Francs*, tome III, chapitre 19.

[38] Pierre Gras, p. 16.

[39] Albert Dauzat et Charles Rostaing, Dictionnaire étymologique des noms de lieux en France, Paris, Librairie Guénégaud, 1978, p. 246-247.

[40] Pierre Gras, p. 17.

[41] Entrée « Dijon », in Gérard Taverdet, Noms de lieux de Bourgogne, Paris, éditions Christine Bonneton, coll. « Noms de lieux de France », 2007.

[42] « Divonne est le nom celte d'une fontaine sacrée », in Ausone, *Ordo* XX, 169.

[43] Xavier Delamarre, Dictionnaire de la langue gauloise, éditions errance, 2003, p. 142.

[44] Gérard Coulon, *Les Gallo-Romains : vivre, travailler, croire, se distraire - 54 av. J.-C.-486 ap. J.-C.*, Paris : Errance, 2006. Collection *Hespérides*, (ISBN 2-87772-331-3), p. 21

[45] Pierre Gras

[46] *Description générale et particulière du duché de Bourgogne* disponible en ligne (http://books.google.fr/books?id=ADUDAAAAYAAJ&printsec=frontcover&dq=inauthor:courtÃ©pÃ©e&as_brr=1&ei=lb_9R-ayF6TYyASLm6V2).

[47] Pierre Gras, p. 19.

[48] Le camp militaire est, selon Pierre Gras, à l'origine du nom de « Chenôve », qui pourrait signifier *canabae* du nom des cabanes et échoppes commerçantes qui fleurissaient auprès des camps romains.

[49] Des tronçons furent mis au jour sous les rues Berbisey, de la Préfecture, Vauban, Chabot-Charny, sous le boulevard Carnot et aux Grésilles.

[50] Un sarcophage datant du IIe siècle fut découvert rue du Tillot en 1952.

[51] Grégoire de Tours, *Historia Francorum*, Livre III, paragraphe XIX, Traduction Robert Latouche, *Les classiques de l'histoire de France au Moyen Age*, volume 27 P. 165 – 166.

[52] La ville de Dijon fit partie du diocèse de Langres jusqu'à son érection en évêché le 9 avril 1731 mais du Ve au IXe siècle, les évêques de Langres, fuyant leur cité dévastée par les barbares, résidèrent souvent à Dijon où certains d'entre eux furent inhumés.

[53] J.R. de Belloguet, *Les origines Dijonnaises*, Dijon 1851.

[54] Cl. Drioton, *Le Castrum divionense*, Dijon et la Côte d'Or, 1911, t. II, p. 275 - 281.

[55] Les textes des renvois sont tirés directement de *La Bourgogne au Moyen Âge*, Académie de Dijon, Centre régional de recherche et de documentation pédagogiques, 1972 et cités également par Pierre Gras, p. 28.

[56] Celle-ci fut démolie en 1793, et l'étage souterrain comblé. Cinquante ans plus tard, l'étage inférieur, dit « crypte de Saint-Bénigne » fut redécouvert et fortement restauré, le tombeau remis à jour (E.Fyot(1979)p.278).

[57] Pierre Gras, p. 43.

[58] Hans Stadler, « Activités des corps francs (http://www.hls-dhs-dss.ch/textes/f/F24629-1-1.php) » dans le *Dictionnaire historique de la Suisse* en ligne

[59] Pierre Gras, p. 107.

[60] Pour une histoire de l'Académie de Dijon, voir en ligne (http://www.acascia-dijon.fr/accueil/histoire/).

[61] Pierre Gras, p. 162-163.

[62] Pierre Gras, p. 191.

[63] Jean Bart , La Révolution française en Bourgogne, page 125, 1996

[64] Cette statue de huit mètres de haut et de 26 tonnes avait été fondue en 1690 ; il fallut 35 ans pour lui faire effectuer le voyage de Paris à Dijon, tant elle était monumentale.

[65] Selon Pierre Gras, p. 288 en 1872 la ville compte 42000 habitants, l'accroissement moyen étant de 1,5 % entre 1801 et 1872, puis de 3,6 % entre 1872 et 1975.

[66] Voir notamment les précisions sur Dijon lors de la guerre de 1870 en ligne (http://histoire-geographie.ac-dijon.fr/Bourgogne/Sequences/Trente/guerre.htm).

[67] Pierre Gras, p. 377.

[68] Selon Pierre Gras, p. 379 la classe moyenne se développe rapidement, passant de 34,3 % des actifs en 1954 à 40,2 % en 1975.

[69] Il s'agit du décompte de la population légale effectué lors du recensement du 01/01/2006.

[70] Statistiques concernant le Grand Dijon disponibles en ligne (http://www.grand-dijon.fr/chiffres-cles/l-agglo-en-chiffres/institution-et-territoire-1726.jsp).

[71] Pierre Lévêque, *La Côte-d'Or. De la préhistoire à nos jours.*, éd. Bordessoules, 1996, (ISBN 2-903504-43-1), p. 449.

[72] Pierre Lévêque, *La Côte-d'Or. De la préhistoire à nos jours.*, éd. Bordessoules, 1996, (ISBN 2-903504-43-1), p. 453.

[73] Cartulaire de l'Abbaye de Saint-Martin d'Autun, Charte N°CIII. Texte en ligne.

[74] Extrait du *Bien-Public* du 29 novembre 2007.

[75] Pour plus de détail sur « Écoplus », voir le dossier sur le site du Grand Dijon (http://www.grand-dijon.fr/decouvrir/urbanisme-habitat/dessiner-la-ville-de-demain-17391.jsp).

[76] Palmarès 2010 des Villes Internet sur le site officiel de l'association. (http://www.villes-internet.net/UPLOAD/mediaRubrique/file/206_Doc_Palmares.pdf) Consulté le 18/12/2009.

[77] INSEE - Résultats du recensement de la population de 2007 - Unité urbaine de Dijon (http://www.recensement.insee.fr/chiffresCles.action?codeMessage=5&zoneSearchField=DIJON&codeZone=21701-UU1999&idTheme=3&rechercher=Rechercher)

[78] INSEE - Résultats du recensement de la population de 2007 - Aire urbaine de Dijon (http://www.recensement.insee.fr/chiffresCles.action?codeMessage=5&zoneSearchField=DIJON&codeZone=024-AU1999&idTheme=3&rechercher=Rechercher)

[79] INSEE - Résultats du recensement de la population de 2007 - Zone d'emploi de Dijon (http://www.recensement.insee.fr/chiffresCles.action?codeMessage=5&zoneSearchField=DIJON&codeZone=2612-ZE1990&idTheme=3&rechercher=Rechercher)

[80] Des villages de Cassini aux communes d'aujourd'hui (http://cassini.ehess.fr/cassini/fr/html/fiche.php?select_resultat=11845) sur *site de l'École des hautes études en sciences sociales*. Consulté le 16 septembre 2010

[81] Évolution et structure de la population (de 1968 à 2007) (http://www.statistiques-locales.insee.fr/Fiches\DL\DEP\21\COM\DL_COM21231.pdf) sur *Institut national de la statistique et des études économiques*. Consulté le 16 septembre 2010

[82] Recensement de la population au 1er janvier 2006 (http://www.insee.fr/fr/ppp/bases-de-donnees/recensement/populations-legales/commune.asp?depcom=21231&annee=2006) sur *Insee*. Consulté le 16 septembre 2010

[83] Recensement de la population au 1er janvier 2008 (http://www.insee.fr/fr/ppp/bases-de-donnees/recensement/populations-legales/commune.asp?depcom=21231&annee=2008) sur *Insee*. Consulté le 14 avril 2008

[84] Source : CCI de Côte-d'Or (http://www.dijon.cci.fr/fr/infos-economiques/infrastructures/liaisons-autoroutieres).

[85] Emploi - Population active (http://www.statistiques-locales.insee.fr/Fiches\DL\DEP\21\COM\DL_COM21231.pdf) sur *Insee*. Consulté le 16 septembre 2010

[86] Taux d'activité et taux d'emploi depuis 1975 (http://www.insee.fr/fr/themes/tableau.asp?reg_id=0&ref_id=NATnon03168) sur *Insee*. Consulté le 16 septembre 2010

[87] Taux de chômage depuis 1975 (http://www.insee.fr/fr/themes/tableau.asp?reg_id=0&ref_id=NATnon03337) sur *Insee*. Consulté le 16 septembre 2010

[88] Classement des villes étudiantes françaises (http://www.toutes-les-villes.com/villes-etudiantes.html) sur *Toutes les villes*. Consulté le 16 septembre 2010

[89] Site du lycée privé Les Arcades (http://www.lyceelesarcades.com).

[90] Site du lycée Carnot (http://lyc21-carnot.ac-dijon.fr/).

[91] Site du Lycée Le Castel (http://lyc-lecastel.fr).

[92] Site du lycée Gustave-Eiffel (http://lyc21-eiffel.ac-dijon.fr).

[93] Site du lycée Hippolyte-Fontaine (http://lyc21-fontaine.ac-dijon.fr/index.php).

[94] Site du lycée Charles-de-Gaulle (http://www.lycee-europeencdg.eu).

[95] Site du lycée Simone Weil de Dijon (http://www.lycee-simoneweil-dijon.fr/)

[96] Chiffres clés de l'Université de Bourgogne (http://www.u-bourgogne.fr/-Chiffres-cles-indicateurs-.html).

[97] Liste des UFR sur le site de l'université de Bourgogne (http://www.u-bourgogne.fr/-UFR-Instituts-Ecoles-.html).

[98] [fetesdelavigne.com Site des Fêtes de la Vigne].

[99] Le CHU de Dijon (http://www.chu-dijon.fr/page.php?url=menu/connaitre-le-chu)

[100] Dijon ville santé (http://www.dijon.fr/fiche/dijon-ville-sante.dos.128.php)
[101] Faculté de médecine de Dijon (http://medecine.u-bourgogne.fr/index.php?option=com_content&task=section&id=15&Itemid=118)
[102] Le Centre Georges-François Leclerc (CGFL), Centre de Lutte Contre le Cancer de Bourgogne (http://www.cgfl.fr/index.php?option=com_content&view=category&layout=blog&id=10&Itemid=45)
[103] Journal d'information municipal *Dijon, notre ville* n°214, juin 2009.
[104] Site du Bien Public (http://www.bienpublic.com/)
[105] Site de *La Gazette de Côte-d'Or* (http://www.gazette-cotedor.fr/).
[106] Site de France 3 Bourgogne (http://bourgogne-franche-comte.france3.fr).
[107] Site de Magma Dijon (http://www.magma-dijon.com/).
[108] Encyclopédie Larousse, 1960.
[109] De 1954 à 1975, la part de la population active travaillant dans le tertiaire est passée de 62 à 67,5 %(Pierre Gras (1987), p. 312 et 322).
[110] CC-Résumé statistique/com,dep,zone empl (http://www.statistiques-locales.insee.fr/esl/baseTelechProduit.asp?strProd=1632&IdSousTheme=&IdSource=2&NomThemeOuSource=Insee+-+Recensement+de+la+population+1999) sur *site de l'Insee*. Consulté le 4 mai 2010
[111] Source: dossier relatif aux pôles économiques de la CCI de Côte-d'Or (http://dijon.cci.fr/assets/files/pdf/file_2075.pdf), p. 7.
[112] Magazine *L'Entreprise*, octobre 2008, dossier sur le site du Grand Dijon (http://www.grand-dijon.fr/territoire/le-grand-dijon-vu-par/vu-par-l-entreprise-2008-17039.jsp).
[113] Gazette de la Côte d'Or (http://www.gazette-cotedor.fr/?page=36-dijon-en-parle&col=categorie&val=29-a-la-une&lang=1&id_art=374-dijon-une-ville-en-panne-dimage)
[114] Usine Nouvelle : SEB (http://www.usinenouvelle.com/article/seb-ferme-son-centre-europeen-de-recherche-a-caen.166626)
[115] Ibidem (http://www.gazette-cotedor.fr/?page=36-dijon-en-parle&col=categorie&val=29-a-la-une&lang=1&id_art=374-dijon-une-ville-en-panne-dimage)
[116] Usine Nouvelle : Lapierre (http://www.usinenouvelle.com/article/lapierre-se-lance-dans-le-textile.N34499)
[117] Voir Dijon Développement (http://www.dijon-developpement.com/fr/les-poles-de-competences/automobile-356.aspx), Usine Nouvelle, Valeo (http://www.usinenouvelle.com/article/les-salaries-de-valeo-dijon-s-inquietent-pour-leur-site.107661)
[118] Voir Usine Nouvelle : URGO réintègre des productions (http://www.usinenouvelle.com/article/urgo-reintegre-des-productions-sur-son-site-de-cote-d-or.95043), Usine Nouvelle : URGO repense sa stratégie (http://www.usinenouvelle.com/article/urgo-repense-sa-strategie-industrielle-sur-dijon.N41816), Usine Nouvelle : Fournier cède URGO (http://www.usinenouvelle.com/article/fournier-cede-urgo.23456)
[119] Voir Usine Nouvelle : Oncodesign (http://www.usinenouvelle.com/article/bourgogne.N44993)
[120] Voir Usine Nouvelle : Essilor (http://www.usinenouvelle.com/article/essilor-reduit-la-voilure-dans-la-meuse.164338)
[121] Voir articles Forum Eco (http://www.forumeco.com/articles/article.php?idA=58) et Usine Nouvelle (http://www.usinenouvelle.com/article/sagem-ajuste-ses-visees-sur-dijon.145981)
[122] Sont également abandonnés les centres logistique et de R&D dijonnais ainsi que l'usine d'Appoigny dans l'Yonne au profit de l'usine de Chevigny-Saint-Sauveur (Côte-d'Or), avec 245 licenciements prévus sur un effectif de 453, voir Usine Nouvelle 20 novembre 2008 (http://www.usinenouvelle.com/article/amora-quatre-sites-mettent-la-cle-sous-la-porte.152273) : Quatre sites mettent la clé sous la porte, Usine Nouvelle 27 novembre 2008 (http://www.usinenouvelle.com/article/unilever-restructure-amora-maille.N64003) : Fermeture de deux usines Amora-Maille, Usine Nouvelle 2 juillet 2009 (http://www.usinenouvelle.com/article/le-fin-mot-de-l-histoire-pour-amora-maille.N113985) : Confirmation de la fermeture de l'usine historique de Dijon
[123] Source : Site du conseil général de Côte-d'Or (http://www.cg21.fr/jahia/Jahia/accueil/pid/2558).
[124] Source: Insee-DGCIS-Bourgogne Tourisme, dossier de 2008 (http://www.insee.fr/fr/insee_regions/bourgogne/themes/resultats_statistiques/rs68.pdf).
[125] Les maisons à colombages ou à pans de bois se trouvent rue Stéphen-Liégeard, rue Verrerie, rue des Forges (cour intérieure de l'hôtel Chambellan), et rue de la Chouette.
[126] Voir le dossier sur le site France 3 Bourgogne Franche-Comté (http://bourgogne-franche-comte.france3.fr/emissions/8514013-fr.php).
[127] L'église, située dans le quartier des Grésilles, constitue l'un des premiers exemples d'architecture religieuse d'après le concile de Vatican II.
[128] Source : journal d'information du Grand Dijon, 17 mai 2009, p. 16.
[129] St-Philibert (http://www.dijon.fr/fiche/eglises-et-lieux-de-cultes.dos.81/eglise-saint-philibert.art.358.php) sur *le site de la ville de Dijon*
[130] Détails sur le Jacquemart (http://www.notre-dame-dijon.net/histoire/histoire5.htm)
[131] *La chartreuse de Champmol*, in bulletin du renouveau du vieux Dijon, N°42, 2007
[132] Notice n° PA00112257 (http://www.culture.gouv.fr/public/mistral/merimee_fr?ACTION=CHERCHER&FIELD_1=REF&VALUE_1=PA00112257), sur la base Mérimée, ministère de la Culture
[133] Claude Garino, *Cadrans solaires de Bourgogne*, Éditions de l'Armançon, 2004, (ISBN 2-84479-066-6)
[134] Cf. le budget de la ville (http://www.psdijon.org/?le-budget-de-la-ville-de-dijon-en-details) présenté par la section locale du PS
[135] Voir la fiche (http://www.dijon.fr/decouvrir/les-musees.php) consacrée au musée sur le site de la ville.
[136] Dossier relatif aux musées de la Ville de Dijon en ligne (http://www.dijon.fr/scripts/imprimer_dossier.php?id_dos=53).
[137] Site du Musée des Beaux-Arts de Dijon (http://mba.dijon.fr./).
[138] http://www.leconsortium.com/?Le_Consortium:Pr%26eacute%3Bsentation

[139] http://www.dijon.fr/les-musees!0-35-1/musee-archeologique!1-38/
[140] http://www.dijon.fr/les-musees!0-35/musee-de-la-vie-bourguignonne-perrin-de-puycousin!1-32/ musee-de-la-vie-bourguignonne-perrin-de-puycousin!2-235/
[141] Musée d'Art Sacré (http://www.visitdijon.com/fr/dijon-culture-musee_d_art_sacre.htm) sur *le site de l'office de tourisme de Dijon*
[142] http://www.dijon.fr/les-musees!0-35-1/le-jardin-des-sciences-museum-planetarium-jardin-botanique!1-33/
[143] Cf. le site de l'Espace Autogéré des Tanneries (http://squat.net/tanneries/)
[144] Site de les « Écrans de l'Aventure » (http://aventure.la-guilde.org/).
[145] Liste des bibliothèques de la ville de Dijon (http://www.grand-dijon.fr/dijon/services-et-equipements/bibliotheques-2951.jsp).
[146] Exemple de mots typiquement dijonnais (http://www.divio.org/dijon.php?m=lexique&p=1).
[147] Site officiel de la Foire internationale et gastronomique (http://www.foirededijon.com).
[148] Borel D'Hauterive : Histoire des armoiries des Villes de France : Dijon (http://www.euraldic.com/txt_vbh030_dijon.html) sur *euraldic.com*. Consulté le 6 mai 2011.

Références

Burgondes

Les **Burgondes** appartiennent au peuple germanique du rameau ostique[1] . Ils sont probablement originaires de Norvège, ou de l'île de Bornholm (*Burgundarholm*), île aujourd'hui danoise située dans la mer Baltique. Le nom de cette île signifierait « îlot des Burgondes ».

L'Histoire nomme ce peuple une première fois, dans la seconde moitié du premier siècle de notre ère, par la plume de Pline l'Ancien. Cet écrivain romain le localise sur l'Oder, en Pologne actuelle. Le peuple burgonde a participé aux invasions et migrations de la fin de l'Antiquité et du haut Moyen Âge, période durant laquelle il s'établit durablement en Gaule.

À la fin du Ve siècle, profitant de l'effondrement de l'Empire romain d'Occident, les Burgondes fondent un vaste royaume qu'ils développent, en communauté avec les Gallo-Romains anciens possesseurs du sol, sur la Suisse romande actuelle et le quart sud-est de la Gaule. Cette entité territoriale, fruit de la fusion réussie des deux ethnies burgonde et gallo-romaine, reçut le nom de Burgondie (*Burgondia*), royaume appelé aussi le *regnum Burgundiæ*, dont est issu le nom actuel de la Bourgogne. Cet espace politique sera rapidement submergé par les Mérovingiens.

La politique tolérante et habile d'harmonie inter-ethnique suivie par les souverains burgondes, étayée par la *loi gombette*, réussit à créer une identité et un particularisme burgonde d'où s'éveillera, selon l'expression de Maurice Chaume[2] , un « sentiment national bourguignon[3] ».

Histoire

Les Burgondes près de la Vistule

Pline l'Ancien écrivait en l'an 78 que le peuple burgonde se trouvait au premier siècle de notre ère localisé en Poméranie, entre Oder et Vistule[4] . Plus précisément, à cette époque son territoire aurait été délimité à l'est par la Vistule, à l'ouest par la Warta jusqu'à sa confluence avec la Noteć, au nord par la vallée de la Noteć et au sud par le territoire des Ruges[5] . Selon l'historien Jordanès, il occupait encore le même territoire en l'an 245[6] . C'est approximativement à cette date, toujours selon Jordanès, qu'une attaque des Gépides du roi Fastida fait subir aux Burgondes, sur leur territoire, une défaite d'où ils sortent pratiquement exterminés. Cette défaite entraîna vraisemblablement leur mouvement vers l'ouest[7] .

Les Burgondes en Germanie

Des fouilles réalisées en Allemagne au cours des cinquante dernières années ont révélé deux emplacements en Germanie avant le contact avec l'Empire romain.

1. Il est possible que les chroniqueurs romains des campagnes militaires ne les distinguent pas des Alamans lors de l'écriture de leurs annales.
2. Autre hypothèse : ce contact n'a pas lieu puisque les Burgondes se séparent de la ligue des Alamans au moment où l'Empire est en plein délitement pour prendre des territoires dans les zones actuelles de la Suisse, de l'Autriche, de la Franche Comté et des Alpes.

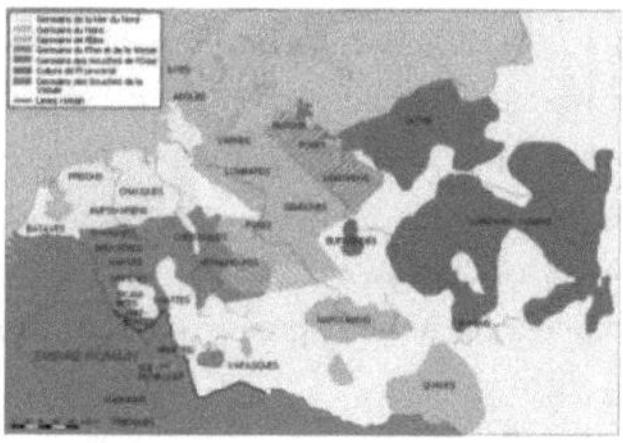
Répartition des peuples germaniques au Ier siècle ap. J.-C.

Une fois installés, ils opèrent sur le sillon rhodanien et le remontent jusqu'à atteindre un acmé lors de leurs contact avec les royaumes francs unifiés par Clovis.

Territoire des Burgondes en Germanie

L'historien contemporain Justin Favrod[8] écrit que les Burgondes ont quitté la plaine de la Vistule et entamé leur migration vers l'ouest. Alliés aux Vandales, ils sont sur l'Elbe en 270.

À la fin du IVe siècle, les historiens les localisent plus à l'ouest, sur le Main. Les auteurs anciens ne s'expliquent pas d'une manière catégorique sur le territoire qu'occupèrent les Burgondes dans ce nouvel établissement. Les auteurs comme Ammien Marcellin et Claudius Mamertin indiquent que les Burgondes étaient voisins des Alamans et que des querelles fréquentes s'élevaient fréquemment entre eux au sujet de leurs limites respectives. En 292, d'après Mamertin[9] , ils s'emparèrent même des terres des Alamans mais furent défaits à leur tour. Le voisinage des Burgondes et des Alamans est confirmé au IVe siècle par Ammien Marcellin. Roget de Belloguet dans ses *Questions bourguignonnes*[10] et Justin Favrod[11] admettent aussi le rapprochement des deux peuples. Ce voisinage des Burgondes et des Alamans permet de situer, à la fin du IVe siècle, le territoire des Burgondes sur le Main, sans doute dans sa partie supérieure. Un établissement fortifié des Burgondes datant de cette époque a été localisé sur le Wettenburg.

Raids dans les Gaules

L'histoire retrouve les Burgondes vers 277 sous la plume de l'historien grec Zozime. Zozime, dans le récit qu'il fait de l'expédition de l'empereur romain Probus dans les Gaules mentionne, qu'alors alliés aux Vandales, les Burgondes se font battre par Probus, une première fois, sur les bords du Rhin alors qu'ils cherchent à envahir l'Empire. Justin Favrod ajoute que l'empereur, en les poursuivant, achève sa victoire sur la rivière le Lech, à proximité d'Augsbourg[12] . Probus s'empara du chef Vandale nommé Igillos[12] , et déporta les prisonniers en Grande-Bretagne[13] .

Vers 285, (286-287), le rhéteur Claudius Mamertin dans le discours panégyriste de l'empereur Maximien Hercule, qu'il prononça à Trèves en 287, désigne les peuples qui ravagèrent la Gaule et qui furent combattus par l'empereur Maximien Hercule[14] . Il cite les Burgondes unis aux Alamans et à d'autres peuples. Après sa victoire sur ces paysans révoltés appelés Bagaudes et les Francs en 288, l'empereur romain Maximien Hercule tourna ses armes contre les nombreuses bandes d'Alamans et de Burgondes, qu'il écrasa. Ils auraient pu, à cette époque, selon Roget de Belloguet[15] , avoir un territoire voisin des Alamans.

Descente vers le Rhin

L'historien latin Ammien Marcellin apporte des faits sur des évènements qui se sont déroulés en 370[16] et qui se rattachent aux Burgondes. Les Alamans tiennent alors constamment les Romains en alarme par leurs attaques incessantes. L'empereur romain Valentinien Ier, fait appel aux Burgondes, toujours en conflit avec les Alamans pour des questions tenant à la délimitation des frontières et la propriété de salines. Romains et Burgondes envisagent une action concertée pour vaincre les Alamans. Les Burgondes mettent sur pied l'élite de leur troupe et un corps de 80000 soldats descend sur les bords du Rhin. L'empereur romain « n'était pas au rendez-vous et rien n'indiquait un commencement de sa promesse ». Les Burgondes, indignés et furieux de la tromperie des Romains regagnèrent leurs foyers.

Exercice du pouvoir et religion

Les Burgondes n'avaient pas encore de roi et obéissaient à deux chefs, l'un militaire et politique, l'autre religieux. Dans son récit, Ammien Marcelin donne quelques indications sur l'exercice de l'autorité au sein du peuple burgonde. Le peuple était dirigé, dit-il, par un personnage qui portait le nom générique de *hendinos*. Ce *hendinos* avait la responsabilité de la prospérité et de la réussite du peuple mais il pouvait être déposé « si la fortune l'abandonne à la guerre ou si la récolte vient à manquer ». Ils obéissaient également à un grand prêtre, élu à vie, qu'ils nommaient *sinistus*. Les Burgondes sont, à cette époque, païens.

Sur la rive gauche du Rhin

Au début du Ve siècle le monde barbare s'ébranle de toute part. Au début de l'année 407, Vandales, Suèves et Alains venus des frontières d'Asie franchissent le Rhin près de Mayence et déferlent sur les Gaules soumises au pillage. Les Burgondes profitent de la percée pour s'engouffrer dans la brèche et participer aux saccages. L'usurpateur romain Constantin III, arrivé de la Grande-Bretagne parvient à refouler une partie des Barbares sur la rive droite du Rhin. Les Burgondes s'installent, avec le consentement de Constantin, sur la rive gauche du Rhin, dans les Gaules, dans la province de Germanie supérieure (aujourd'hui Rhénanie-Palatinat). Ils entretiennent des relations étroites avec les Romains et avec les Alains. Nommés par l'historien grec Olympiodore[17] , Gondicaire le chef des Burgondes et Goar[18] le chef des Alains favorisent l'élection de l'usurpateur Jovin à la pourpre en 411 dans la ville que l'on reconnaît comme Mayence. En 413, sans doute pour les remercier, Jovins leur permit de s'établir en Germanie Première, dans la province de Mayence. Leur territoire s'étendait de Mayence à Strasbourg sur la rive gauche du Rhin. Ils avaient fait de Worms leur capitale. Cette installation sur des terres d'Empire fut négociée puis ratifiée par Rome sur la base d'un *fœdus* qui faisait de ce peuple germanique son allié militaire (*fœderati*, fédérés, alliés). Les Burgondes gardaient la frontière rhénane et reconnaissaient la suprématie de l'Empire sous le statut de fédérés. L'Empire leurs assignait des terres. Ils avaient, à cette époque, un seul *phylarchos*[19] , Gondicaire[20] comme chef[21] . L'établissement des Burgondes sur la rive gauche du Rhin, en 413 a formé un nouvel état, une sorte de royauté qui donnait une consistance politique différente à l'*hendinos*[22] . Gondicaire avait, d'après la loi gombette, succédé à Gibica[23] .

Conversion au christianisme arien

Dans les premiers temps de leur séjour sur le territoire romain, à la voix de l'évêque arien Ulphilas, (ou Wulfila ou encore Ulfila), traducteur de la bible en langue gotique qui fut dépêché aux Goths au IVe siècle, le christianisme sous la forme arienne se répandit parmi les diverses nations germaniques. Les Burgondes furent ainsi christianisés[24] mais ils avaient embrassé une hérésie : l'arianisme[25] .

Les Burgondes demeurent adeptes du christianisme arien jusqu'au règne de Sigismond (Saint Sigismond). En 515, ce dernier, fils du roi Gondebaud[26] , fonde l'abbaye de Saint-Maurice d'Agaune, fortifiant ainsi sa conversion, et celle de son peuple, à la confession du christianisme issue du concile de Nicée. La conversion des Burgondes au christianisme fit disparaître le pouvoir du *siniste*.

Anéantissement de 436

Le royaume de Gondicaire fut éphémère. L'envie de s'agrandir était une passion commune à tous les Barbares et en 435, Gondicaire voulut élargir les frontières de ses domaines et se jeta avec ses Burgondes dans la Première belgique. Le patrice Aetius, « maître de la milice », appuyé par ses auxiliaires hunniques, les battit une première fois alors qu'ils avaient déjà envahi la contrée de Toul et de Metz, mais il ne put terminer la guerre. Aetius avec l'aide de ses mercenaires engagea l'année suivante une deuxième campagne, et infligea aux Burgondes une retentissante défaite qui anéantit presque totalement leur armée et Gondicaire y perdit la vie. Un chroniqueur contemporain[27] parle de vingt mille guerriers burgondes qui auraient été massacrés avec leur roi *Gunther* (version germanique du nom de Gondicaire). Cet épisode inspira la légende des Nibelungen. La mort de Gondicaire entraîna la chute de son royaume qui rentra en possession des Romains.

Naissance des royaumes burgondes

Généralités

Les royaumes burgondes, légitimés en 438 ou 443, sont décentralisés et y règnent des rois burgondes simultanément dans les grandes villes qui en font partie. Il est vraisemblable qu'une alliance avec le royaume alaman, que corrobore une proximité dans l'organisation du pouvoir et le syncrétisme culturel[28] , ait permis leur expansion conjointe sur le domaine gallo-romain après la chute de l'Empire. Deux régions originelles se détachent, la Sapaudie et la Burgondie. Leur passage a marqué ces régions d'un point de vue identitaire pour la suite, le rattachement aux Mérovingiens ayant lieu par le biais d'une conquête armée. Après 524, plus aucune autonomie du pouvoir n'est sensible.

La Sapaudia, un nouveau *fœdus* pour les Burgondes

Contexte historique : Antiquité tardive

En 438 ou 443, les rescapés de cette catastrophe – peut-être 80 000 individus tout au plus, d'après les auteurs de l'époque ; une estimation moderne donne environ 25 000 personnes[29] – avec à leur tête Gondioc, successeur de Gondicaire, se voient intégrés, à leur demande, comme auxiliaires de l'armée romaine, avec le statut de fédérés (du latin *fœdus*). Ils devaient, à ce titre, fidélité à l'Empire. Les peuples fédérés reçoivent des terres et une partie du revenu de l'impôt, en échange ils doivent assurer la sécurité du territoire. Aetius les installe en *Sapaudia*[30] . Ce nom survit dans celui de la Savoie moderne, mais désigne cependant une autre réalité géographique : les recherches récentes définissent une aire comprise entre l'Ain, le Rhône, le Léman, le Jura et l'Aar (partie méridionale de la Maxima Sequanorum), voire un territoire s'étendant dans le bassin de l'Aar jusqu'au Rhin (cités de Genève, Nyon et Avenches)[31] . En Sapaudia, les Burgondes jettent les fondements de leur royaume et Rome s'assure ainsi d'un fort contingent de soldats en leur confiant la mission de contenir la pression des Alamans qui menaçaient les cités de Langres, Bâle et Besançon et de sécuriser l'axe Rhin-Rhône et les cols alpins, couloirs essentiels de circulation des Gaules vers Rome.

Dans cette nouvelle contrée, les guerriers burgondes s'installèrent dans les grands domaines selon le principe de l'*hospitalité* ; principe qui repose sur la répartition amiable et proportionnelle des biens-fonds entre les propriétaires et leurs hôtes. Le « sénateur » gallo-romain abandonnait une proportion considérable à son « hôte » : les deux tiers de ce qu'il cultivait, un tiers des esclaves et la moitié des vignes, des jardins et des bois[32] .

Fondation du premier royaume de Bourgogne

Les Burgondes servaient loyalement l'autorité romaine. En 451, ils avaient apporté leur concours à Aetius contre les Huns d'Attila aux Champs Catalauniques.

En 454, le patrice Aetius venait de tomber sous les coups de l'empereur Valentinien III. L'Empire romain d'Occident était à l'agonie. Sa fin était proche. Le peuple Burgonde dont le nom et la puissance allaient renaître allait se construire sur la faiblesse de l'Empire et s'étendre bientôt jusqu'à la Saône, sur Lyon et au-delà. Deux fils de Gondicaire, Gondioc et Chilpéric Ier, qualifiés tous deux de roi, conduisaient alors les destinées de la nation Burgonde. Gondioc avait sa cour à Lyon et Chilpéric Ier à Genève. « Les Burgondes avaient adopté un système successoral nommé par les modernes « *tanistry* ». Selon ce processus, les frères régnaient ensemble et le pouvoir passait à la génération suivante après la mort du dernier représentant de la génération précédente »[33] , jusqu'à ce que Gondebaud le transforme en régime de primogéniture.

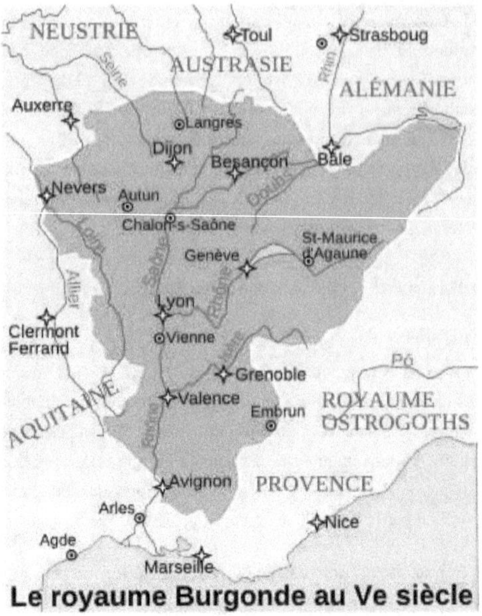

Le royaume burgonde dans la deuxième moitié du Ve siècle

À Ravenne, à la cour impériale, le patrice Ricimer – beau-frère de Gondioc, qui avait reçu pour épouse l'une des sœurs de celui-là –, tenait l'Empire. Ricimer gouvernait seul, faisant et défaisant les empereurs, les élevant, les renversant et leur ôtant la vie, selon qu'ils étaient utiles à son ambition ou qu'ils gênaient sa puissance.

Sans esprit de conquête, les deux rois burgondes entreprirent en 456 une expédition en Espagne en portant assistance au roi Wisigoths Théodoric II pour combattre les Suèves d'Espagne qui furent vaincus dans une bataille près d'Astorga.

L'alliance à la fois familiale et politique qui lia Gondioc et Ricimer fit la fortune des Burgondes et joua un grand rôle dans l'agrandissement de leur nation. Ricimer aux prises, dans les Gaules, à la rébellion d' Ægidius, le vengeur posthume des droits de Majorien, acheta leur concours par des concessions territoriales. Jusqu'à la mort de Ricimer, en 472, les Burgondes lui restèrent unis et Gondioc devint, en Gaule, l'homme de Ricimer. Pour prix de sa fidélité, Gondioc fut récompensé par Ricimer qui éleva, sous l'empereur Libius Severus, le roi burgonde au rang de « maître de la milice des Gaules » (*Magister militum*) et ajouta de nouvelles provinces à ses états. Par son titre de *Magister militum* Gondioc disposait des forces romaines dans les Gaules.

Gondebaud, un des quatre fils de Gondioc séjournait auprès de la cour impériale en 472. Avant de mourir en septembre 472, Ricimer avait obtenu de l'empereur Olybrius, pour Gondebaud, son neveu, la dignité de patrice[34] . Investi de ce titre, il porta Glycerius sur le trône de l'Empire d'Occident (3 mars 473).

Revêtus des plus hautes dignités romaines qui leur donnait le seul titre de légitimité auquel ils pouvaient prétendre sur leur sujets romains[35] , les rois Burgondes disposaient des pouvoirs civil et militaire conférés par les Romains dans le quart des Gaules. Mais, en fait, ils agissaient en véritables maîtres et parlaient en souverains. Faute de pouvoir se passer de leur puissance, le parent, l'ami et protecteur romain avait confié aux Burgondes la clé des Gaules pour l'Italie et de l'Italie pour les Gaules. La monarchie burgonde prolongeait au loin ses frontières sans violence au prix des concessions accordées. Gondioc mourut vers 463 (?) -473 (?) (Dates non sures[36]).

La mort de Gondioc permit à son frère cadet Chilpéric Ier (dit aussi Chilpéric l'Ancien) d'exercer seul le pouvoir. Il s'installa à Lyon. Profitant de la faiblesse de l'Empire, il poussa les frontières du royaume en direction de la Méditerranée, lui donnant sa consistance définitive, tout en échouant, en 476, devant le roi Wisigoth Euric à s'emparer des villes d'Arles et de Marseille[37] . Comme Gondioc, il avait reçu le titre de « maître de la milice des Gaules » qui lui donnait une légitimité aux yeux des Gallo-Romains. Conscient de la faiblesse numérique des Burgondes il veilla, comme l'avait fait son frère aîné, et comme le fera son neveu successeur, à maintenir le fragile équilibre et une bonne harmonie entre ses sujets Burgondes et ses sujets gallo-romains, préparant la voie d'une future fusion entre les deux communautés. Chilpéric Ier mourut probablement vers 476.

Naissance de la *Burgondia*

D'abord cantonnés en Sapaudia les Burgondes commencèrent par grignoter le territoire gaulois vers l'ouest. En 457, Gondioc et Chilpéric Ier saisirent une première occasion de pousser leurs frontières. Les Gaules s'agitaient entre partisans et adversaires de l'empereur Majorien que Ricimer venait d'asseoir sur le trône. Mais l'histoire de cette époque est toutefois si obscure qu'on ne peut suivre qu'imparfaitement les progrès territoriaux continus des Burgondes. Justin Favrod[38] avance néanmoins comme une certitude la date de l'été 457 comme date à laquelle le Valais, la Tarentaise, les villes de Besançon, Chalon sur Saône, Langres, Autun, Grenoble ainsi que Lugdunum, la vieille capitale des Gaules, se livrèrent pacifiquement aux Burgondes[39] . « Les Burgondes occupèrent une partie de la Gaule et partagèrent les terres avec les sénateurs gaulois » écrit Marius d'Avenches, ou comme l'écrit Frédégaire : « [...], les Burgondes furent invités par les Romains ou les Gaulois qui habitaient la Lyonnaise à s'établir parmi eux avec femmes et enfants, pour leur permettre de ne plus pays le tribut à l'Empire[40] ». Ægidius, le généralissime de Majorien en Gaule reprit aussitôt la capitale des Gaules mais il abandonna aux rois Burgondes leurs nouvelles terres. Lugdunum reviendra aux Burgondes vers 467 lorsque Chilpéric Ier s'en empara, comme il s'empara également à la même époque de la ville de Vienne. Il profita probablement des troubles qui secouèrent entre 469 et 475 un Empire d'Occident, alors à l'agonie, pour porter jusqu'à la Durance les limites de son royaume. Les villes de Viviers, Gap, Embrun, Die, Sisteron, Orange, Apt, Cavaillon, Avignon devinrent villes burgondes. L'empereur Népos reconnut leurs conquêtes.

Dès ce moment le royaume burgonde eut, ou peu s'en faut, les limites qu'il conserva dès lors. Ce territoire ne comprenait pas moins de vingt-cinq diocèses ou anciennes cités romaines[41] : Auxerre, Langres, Besançon, Chalon sur Saône, Autun, Lugdunum, Genève, Windisch, Octodurum (actuellement *Martigny, en Suisse*), Vienne, Valence, Carpentras, Orange, Avignon, Cavaillon, Vaison, Gap, Embrun, Sisteron, Grenoble, Aoste, Die, Viviers, Saint-Paul-Trois-Châteaux, Apt. Mais les Burgondes gagnent ou perdent incessamment du terrain. Marseille et son port, Arles et la Provence gagnés vers 484, et perdus après la guerre contre les Francs, conquêtes éphémères, auront un moment fait partie de leur territoire. À son apogée, les contours du royaume burgonde touchaient, au nord, la ligne des Vosges et la Durance au midi ; d'orient en occident, ils s'étendaient de l'Aar à la Saône et la Haute-Loire.

Ce fut le territoire soumis à cette royauté qui prit, une première fois, le nom de *Burgondia*[42] dans une correspondance de Cassiodore et rédigée en 507 au nom de Théodoric le Grand.

La succession de Chilpéric Ier

Grégoire de Tours, nous fait connaître que Gondebaud avait trois frères. Il écrit[43] : « Gondioc avait été roi des Burgondes : il appartenait à la famille d'Athanaric, le roi persécuteur de qui nous avons parlé ci-dessus. Il avait eu quatre fils : Gondebaud, Godégisèle, Chilpéric II (ou selon certains auteurs : Chilpéric le Jeune), et Godomar ». L'historien des Francs nous renseigne de façon formelle sur la mort violente réservée à Chilpéric II : « Gondebaud égorgea Chilpéric son frère et noya la femme de celui-ci en lui attachant une pierre au cou ». J. Favrod[44] précise : « [...] mais il mourut selon toute vraisemblance avant son oncle (Chilpéric Ier (l'Ancien)), et ne régna pas ». Grégoire de Tours ne dit rien concernant Godomar. J. Favrod[44] , préfèrent simplement écrire que, vraisemblablement comme son frère, il mourut avant son oncle, et ne régna pas. Michèle Laforest, dans *Clovis, un roi de légende*[45] , écrit que «

Godomar disparut sans laisser de traces. Carence des archives ou crimes parfait on ne saura jamais ». Déjà en 1739, Dom Plancher[46] , réfutait ce qu'il appelait « les inventions et fictions de quelques auteurs modernes » concernant les prétendues guerres civiles entre Gondebaud et Godomar et Chilpéric II et la bataille livrée devant Autun entre ces protagonistes.

À la mort de Chilpéric Ier, Gondebaud et Godégisèle se partagèrent la royaume.

Godégisèle en son royaume

Godégisèle, le cadet, reçut la partie nord du royaume. Les cités de Langres, Besançon, Chalon sur Saône, Autun, Genève et le Valais rentrèrent sous son autorité. Godégisèle installa sa capitale à Genève. L'aîné, Gondebaud, reçut la partie sud du royaume. Il installa sa capitale à Lyon. Au nord, pour maintenir l'intégrité de son royaume, le cadet fit face à la menace des incursions des Alamans qui poussaient leurs incursions dévastatrices sur les territoires de Langres ainsi que ceux de Besançon. Ils ont sans doute ruiné la cité langroise, occasionnant la fuite de l'évêque Aprunculus de la cité épiscopale et l'obligeant à se réfugier sous la protection des murs de Divio, (Dijon). Les Alamans allèrent, peut-être, dit J. Favrod, jusqu'à menacer Godégisèle dans sa capitale à Genève qui dû subir leur assaut.

Godégisèle, de croyance arienne, donna au sein du couple royal, les signes de l'entente qu'il souhaitait voir s'installer entre les ariens et les Gallo-Romains de confession catholique. La femme qu'il prit pour épouse, de confession catholique, Théodelinde, dont le nom suggère une origine alémanique ou franque rhénane, lui permet s'attacher l'adhésion des Gallo-Romains catholiques. La tolérance dont il fit preuve, permit à Théodelinde de fonder à Genève une église dédiée à saint Victor, un des martyrs de la légion thébaine.

Gondebaud en son royaume

Gondebaud avait reçu dix-huit cités pour héritage. Il fit de Lyon sa capitale. En 492, alors qu'une lutte farouche opposait Odoacre à Théodoric pour la prise de pouvoir en Italie, il entreprit, probablement accompagné de Godégisèle, une expédition dans la péninsule italienne dans le but de se procurer des esclaves pour la cultures des nouvelles terres[47] . Il pénétra dans la péninsule sans rencontrer de résistance et poussa son avance dans les provinces de Ligurie, de Lombardie, et même jusqu'en Emilie. Il y fit une moisson d'esclaves. Ils étaient plus de 6000 à suivre sa marche de retour. À la suite de cette expédition, une ambassade composée des évêques Epiphane de Pavie et de Victor de Turin fut envoyée en 493 par Théodoric le Grand pour le rachat des prisonniers italiens. Cette ambassade fut l'occasion de conclure avec Théodoric une alliance qui fut scellée en donnant Ostrogotha, la fille de Théodoric, en mariage au fils aîné de Gondebaud, Sigismond. La même ambassade prit ensuite le chemin de Genève pour se rendre auprès de Godégisèle.

GondebaudRoi des BurgondesFaçade d'une maison de la vieille-ville de Genève

Bataille de Dijon

En 500 ou 501, le roi des Francs, Clovis Ier, à l'ambition non déguisée, joua des querelles intestines de la famille royale burgonde. Il répondit, à une sollicitation, (aux dires de Grégoire de Tours), de Godegisèle, frère de Gondebaud, qui lui avait promis sa soumission si le roi franc l'aidait à vaincre son frère afin de s'emparer de tout le royaume burgonde. Clovis leva alors une armée. Les trois armées, celle de Gondebaud, celle de Godegisèle et celle de Clovis, se rencontrèrent près de Dijon. La bataille se déroula presque sous les murs du *castrum* de Dijon[48] . Le combat était à peine commencé que Godegisèle dévoila sa trahison et joignit ses troupes à celles de Clovis. Gondebaud, stupéfait et vaincu, poursuivi par l'ennemi, s'enfuit pour trouver une protection derrière les murs d'Avignon où l'ennemi arrêté, entreprit de mettre le siège. Les talents diplomatiques de Gondebaud, aidés par une alliance du roi wisigoth finirent par renverser la situation. Clovis leva le siège, peut-être sous la menace d'une attaque wisigothique. Après le départ des Francs, les représailles de Gondebaud à l'encontre de son frère ne tardèrent pas. En 501, il cerna le traître retranché dans Vienne et le tua[49] ,[50] . L'année suivante, à la suite d'un accord signé entre les deux protagonistes sur la Cure (la rivière de *Quoranda*), le vaincu cède au roi des Francs la Champagne et l'Auxerrois. « Les histoires postérieures ont admis que le traité passé entre les deux souverains avait détaché du royaume burgonde la cité d'Auxerre amputée de la nouvelle cité de Nevers ; ce serait, à long terme, l'acte de naissance du Nivernais[51] ». Gondebaud devint même l'allié de Clovis Ier. C'est peut-être même par l'intermédiaire de Gondebaud que Clovis s'entendit avec l'empereur d'Orient Anastase Ier[52] . À la faveur de ce traité la *Burgundia* jouit de la paix pendant plusieurs années. Gondebaud avait reconquis en un temps fort court un royaume qu'il avait presque entièrement perdu et devenait seul maître du royaume burgonde.

La Burgondie à son apogée

Par sa victoire sur son frère Godegisèle, Gondebaud devenait seul maître de la Burgondie. Pendant les seize années qui lui resta à vivre, il mena, comme ses prédécesseurs une politique prudente destinée à apaiser les tensions religieuses afin de maintenir le fragile équilibre entre les Burgondes et les Gallo-Romains, préparant ainsi une fusion en douceur des deux ethnies. Sa tâche était grande. Il fallait former un tout de deux ethnies, de langues, de mœurs et de civilisations différentes séparées par un fort antagonisme religieux. Il veilla particulièrement à l'application de la règle qui voulait que deux comtes, un Romain et un Burgonde soient en fonction dans chaque cité. Son souci de maintenir la concorde entre les ariens et les catholiques lui fit mener un jeu complexe de soutien ouvert à l'Église arienne et de faveurs cachées à l'Église catholique[53] . Il était arien et le resta malgré les efforts répétés d'Avit de Vienne pour le persuader de se convertir, mais Carétène son épouse, de confession catholique, avait fondé à Lyon une église dédiée à saint Michel où elle fut inhumée en 506. Le couple royal donnait l'exemple de l'entente entre ariens et catholiques. Par Carétène, l'adhésion et l'estime des grands lui étaient acquis. Le temps où Sidoine Apollinaire ne cachait pas son dédain des Burgondes dans un poème célèbre[54] était loin. L'évêque Patiens de Lyon, acceptait de partager ses repas avec Gondebaud et Avit de Vienne ne lui ménagea pas son soutien. Il lui donnait le titre de « roi très glorieux » et de « maître » (*magister militum*). Tolérant, Gondebaud ne mettait pas d'obstacle à la conversion des Burgondes ariens. Tout juste le voit-on protester lorsque Hymnémode[55] , (*Hymnémodus*), fonctionnaire royal, se convertit en religion. Au sein de la famille royale se comptaient des enfants catholiques : Clotilde, la fille de Chilpéric II était catholique, sa sœur Crona se fit religieuse. Et Sigismond, le fils de Gondebaud se convertit au catholicisme à la voix d'Avit de Vienne vers 506. Les enfants de Sigismond, Suavegotha et Sigeric semblent avoir reçu une éducation catholique par Carétène leur grand-mère[53] .

Loi Gombette

Le désir de Gondebaud de rapprocher les deux ethnies burgonde et gallo-romaine et d'établir entre eux des rapports bienveillants se retrouvent dans la loi gombette qu'il fit promulguer au début des années 500 ; « aucun texte ne montre mieux la fusion de l'élément romain avec l'élément germanique[56] ». Et Grégoire de Tours nous indique : « Gondebaud donna aux Burgondes des lois plus douces pour qu'ils n'oppriment pas les Romains »

Vers l'an 501-502, Gondebaud posa, avec l'aide de ses juristes les bases d'une législation à la fois civile et criminelle qui resta consignée dans son code célèbre qui fut désigné *Lex Gumbata*, ou *Gundobada*, ou encore *lex Burgundionum*, loi Gombette en souvenir de son promulgateur. En ces temps du haut Moyen Âge, les lois s'attachaient à la personne, au domicile d'origine de chaque individu, sur quelque territoire qu'il lui plût de transférer sa résidence. Burgondes et Gallo-Romains qui cohabitaient en Burgondie, conservèrent des mœurs et des lois distinctes qui engendrèrent cette espèce de droit civil appelé droit personnel ou loi personnelle par opposition au droit territorial. Il y eut donc deux droits simultanément en vigueur. La loi Gombette fut constituée d'une mise en écrit des règles qui doivent être appliquées aux Burgondes, la *lex Burgundionum* (qui est à proprement parler la loi Gombette), et par celles qui doivent être appliquées entre un « Burgonde et un Romain », la *lex Romana Burgundionum*. Outre les articles propres aux crimes et délits, la loi Gombette établit le principe de l'« hospitalité » qui fixe les conditions d'installations des nouveaux venus et le mode de répartition des terres.

Le mariage de Clotilde

En politique extérieure Gondebaud chercha à s'assurer l'alliance des Francs. S'il n'est pas possible d'accorder du crédit au récit romanesque de l'enlèvement de Clotilde que nous a laissé Grégoire de Tours, le respect de l'exactitude historique nous autorise seulement à dire que Gondebaud offrit à Clovis Ier de lui donner sa nièce, Clotilde, fille de son frère Chilpéric II en mariage. Cette alliance matrimoniale eut-elle lieu avant ou après la bataille de Dijon ? Les difficultés que soulève la connaissance de la succession de certains événements ayant marqué tant le royaume burgonde que le règne de Clovis alimentent toujours les controverses entre les historiens[57] .

Alliance avec les Francs

La victoire remportée par Clovis sur les Alamans à Tolbiac en 496[58] en avait fait un prince redoutable. Fraîchement baptisé, sa conversion à la foi catholique le rendait dépositaire de la vrai foi et détenteur de la légitimité romaine. Son ambition était grande. Elle le poussait à s'étendre autant que ses forces le permettaient sous quelques motifs que ce soit. Clovis avait l'appui de l'Église et les prélats étaient hostiles à la royauté de Toulouse qui exilait les évêques. La lutte contre l'hérésie arienne du royaume toulousain d'Alaric II allait servir de prétexte à Clovis pour lancer la conquête. Au printemps 507, le roi franc se mit en campagne malgré les appels à la modération lancés par Théodoric le Grand. Gondebaud et Sigismond lui apportèrent leur concours. Poitiers fut le lieu de rendez-vous général des belligérants. Le corps détaché des Burgondes de Sigismond reçut la bénédiction de saint Avit et s'avança à travers les monts d'Auvergne et du Limousin. Le *castrum* d'*Idunum*, (aujourd'hui Dun-le-Palestel) et la cité de Brioude où ils pillèrent le sanctuaire de saint Julien, subirent les effets dévastateurs de leurs passages. Il fallut l'intervention d'Eptadius (saint Eptade du Morvan) auprès de Sigismond pour que les captifs d' *Idunum*, puissent recouvrer leur liberté[59] . À Vouillé, non loin de Poitiers, Alaric II trouva la mort de la main même de Clovis et l'immense territoire des Wisigoths tomba sous la domination du roi des Francs. La jonction des Francs et des Burgondes les amena en triomphateurs, au printemps 508, à Toulouse, la capitale d'Alaric. Clovis prit alors le chemin du retour mais la conquête n'était pas terminée. Le théâtre des hostilités se déplaça en Narbonnaise et en Provence que les Burgondes espéraient s'approprier. En 508, Gondebaud s'empara de Narbonne tenue par Gésalic, un fils bâtard d'Alaric II et Arles subit pendant plusieurs mois, sans céder, un rude siège des armées burgondo-franques. Théodoric le Grand libéré de l'agression, peut-être concertée avec Clovis et Gondebaud, que lui faisait subir l'empereur d'Orient Anastase décida d'intervenir. Son général, Ibba, libéra Arles et Narbonne, infligeant de lourdes pertes aux troupes burgondes et franques et des renforts, passant par Montgenèvre, commandés par le général Mammo ravagèrent Orange et Valence. Gondebaud obtint la restitution d'Avignon et de Viviers[60] mais la Provence resta en possession de Théodoric, brisant définitivement l'espoir des Burgondes d'atteindre les rives de la Méditerranée.

Sigismond, roi des Burgondes

Gondebaud décéda en 516. Il avait placé son royaume sur le chemin de la paix et de la prospérité. Les partis politiques et religieux s'étaient apaisés sous son administration prudente et ferme. Dix ans, à peine, suffirent à son fils aîné Sigismond, qui hérita seul, sans son frère Godomar, du royaume, pour l'amener à sa perte. Sigismond avait épousé vers l'an 493 ou 494 Ostrogotha, la fille arienne du roi d'Italie Théodoric le Grand, renforçant l'influence arienne à la cour de Gondebaud. Ostrogotha lui donna un fils nommé Sigéric. Sigismond, comme son père, avait reçu de l'empereur d'Orient Anastase, le titre de patrice et se tenait très honoré de cette dignité. Gondebaud l'avait associé au trône[61] ,[62] en le faisant couronner à Carouge, lui donnant à gouverner la partie du royaume burgonde, qui comprenait l'Helvétie occidentale et la Séquanie. Comme Godégisèle, Sigismond avait Genève pour capitale.

SigismondDreifaltigkeitskircheKonstanzConstance (Allemagne)

Sigismond dans la foi catholique

Sigismond avait adopté la foi d'Avit de Vienne, qui fut son précepteur. Le prélat lui manifestait une grande affection et Sigismond s'était converti vers 506 à religion catholique provoquant un renversement d'alliance au profit des Francs et au détriment des Goths ariens. Un an avant la mort de Gondebaud, Sigismond manifesta sa dévotion en fondant, en 515, dans le Valais la grande abbaye royale d'Agaune dédiée à saint-Maurice et ses compagnons, martyrs de la légion thébaine qu'il dota de biens immenses. Saint Avitus, alors métropolitain du Valais présida la cérémonie de la dédicace. Son premier soin, en accédant au pouvoir, fut de convertir au catholicisme ses deux enfants Suavegotha et Ségéric[63] . Voulant se rapprocher des Francs, il donna sa fille Suavegotha en mariage à Thierry Ier, le fils aîné de Clovis. En 517 Sigismond fit convoquer un concile à Épaone, (aujourd'hui identifiée comme étant Saint-Romain d'Albon), destiné à régler des questions relatives aux relations entre catholiques et ariens. L'esprit d'intolérance se faisant jour dans les propositions des prélats, Avit se vit obliger de modérer le zèle de ses collègues.

Sigismond s'aliène les évêques

En fervent catholique, Sigismond pouvait compter sur l'appui et la sympathie de tous les prélats catholiques mais il commit une première maladresse. Il voulut maintenir sa prérogative royale contre le haut clergé dans une affaire d'un mariage considéré comme illicite qui valut une excommunication à Stéphanus, le haut fonctionnaire qui avait contracté le mariage. Sigismond intervint vigoureusement auprès des évêques pour demander la levée de la sanction. L'épiscopat refusa et confirma la sentence d'excommunication. Sigismond fut obligé d'accepter la décision. Il s'était aliéné le soutien de ceux sur lesquels il pouvait le plus compter.

Le crime de Sigismond

Un funeste événement allait entraîner la perte de Sigismond et provoquer la chute du royaume. En 522, le roi burgonde accorda du crédit aux propos calomnieux répandus par sa seconde femme à l'encontre de Sigéric, le fils de sa première femme. Il le fit mettre à mort en l'étranglant dans son lit. Le crime de Sigismond était grand, c'était à la fois un infanticide et une grave faute politique. Déchiré par les remords il prit le chemin du monastère de saint-Maurice d'Agaune où il s'humilia pour y expier son crime. Une tempête de réprobations s'abattit sur Sigismond. Les grands du royaume étaient indignés, Sigismond perdit leur soutien ; il s'était totalement isolé. Il pouvait s'attendre à des représailles. Le danger pouvait venir du roi d'Italie Théodoric le Grand qui ne pouvait pas laisser le crime de son petit-fils impuni. Mais c'est du sein de ses alliés francs que vint le châtiment. Le roi de la région d'Orléans, Clodomir Ier, le premier fils de Clovis Ier et de Clotilde prit le roi d'Italie de vitesse.

La vengeance de Clodomir

Grégoire de Tours nous dit[64] que Clotilde excitait ses enfants à venger contre les Burgondes le meurtre de ses parents par Gondebaud. Mais les historiens s'interrogent sur la véracité de ce récit. S'ils admettent bien qu'une vengeance de femme est à l'origine de la guerre, ils s'interrogent sur la raison de cette revendication tardive : Gondebaud, l'auteur du crime contre ses parents, est mort depuis six ans et Clotilde avait toute latitude, du vivant de Clovis, son puissant mari, pour l'exhorter à s'en charger et, par ailleurs, Clotilde entretenait d'excellentes relations avec Sigismond. Les bases de l'étude effectuée par l'historien Maurice Chaume « qui avance quelques indices convaincants, et dont l'explication, même si elle n'est pas démontrée, s'avère si séduisante qu'il n'en a pas de meilleure à proposer », permettent à Justin Favrod de soutenir une autre thèse[65] . Clodomir était marié à une burgonde nommée Guntheuca. Cette burgonde, de sang royal, puisqu'à la mort de Clodomir, Clotaire, son frère, l'épousa aussitôt, serait une descendante de Godégisèle. Elle serait, selon cette hypothèse, la fille d'un fils de Godégisèle qui fut comme son père et son autre frère, décapité par Gondebaud après la prise de Vienne en 501. C'est Guntheuca qui aurait appelé à la vengeance. Grégoire de Tours, se serait tout simplement trompé de reine.

Clodomir partit seul combattre les Burgondes[66] . Ces derniers, sans doute peu motivés à soutenir Sigismond, furent vaincus. Sigismond s'enfuit vers l'abbaye de saint Maurice d'Agaune pour y trouver asile, poursuivi par ses propres sujets, qui se joignirent aux Francs[67] . Découvert alors qu'il s'était revêtu d'un habit de moine, il fut pris et livré à Clodomir en 523. Sa femme et ses enfants, sans doute réfugiés à Lyon, furent mis entre ses mains, preuve d'une vaste conjuration, ajoute J. Favrod[68] . Clodomir amena ses prisonniers près d'Orléans. La prédiction d'Avitus d'Orléans le mettant en garde qu'il subirait le même sort s'il les faisait mourir, n'entama pas sa résolution. Il les fit mettre à mort en les précipitant dans un puits à Saint-Péravy-la-Colombe[69] .

Bataille de Vézeronce

Les Burgondes s'étaient ressaisis mais ils étaient affaibli. Le frère de Sigismond, Gondemar avait été proclamé roi. Le moment sembla propice aux héritiers de Clovis Ier. Si Thierry, le fils aîné de Clovis, se garda d'aller combattre contre son beau-père[70] , Clodomir, Childebert et Clotaire lancèrent leurs troupes sur les Burgondes. Les armées se rencontrèrent le 25 juin 524 à Vézeronce[71] . Le premier choc fut favorable aux Francs mais Clodomir s'éloigna des siens et fut reconnu par les Burgondes qui s'en emparèrent et le mirent à mort[72] ,[73] . Il lui coupèrent la tête qu'ils présentèrent en trophée sanglant aux troupes franques. La vue de ce trophée répandant le désordre et l'effroi dans les rangs des Francs signa leur défaite[74] . Théodoric le Grand tenait toujours à laver son honneur. Il envoya Tuluin, son général se poster au-dessus des Alpes en observateur des événements. La défaite des Francs consommée, il s'offrit son tribut, fruit de sa passivité en prenant possession de toutes les cités situées au sud de l'Isère. Gap, Apt, Cavaillon, Carpentras, Orange, Sisteron, Embrun, furent abandonnées au roi d'Italie.

De cette victoire sur les Francs, la Burgondie gagna dix ans de survie.

Mort du royaume burgonde

Les dernières lois burgondes témoignent d'un état de guerre et de perturbation des rapports sociaux résultant d'un état de guerre avec les Francs. En 532 ou 533, les frères de Clodomir, Childebert et Clotaire décidèrent d'en finir et reprirent la guerre. Ils demandèrent l'aide de Thierry qui refusa de s'associer à leur entreprise. Godomar résista, se retrancha dans Autun. Les Francs assiégèrent la ville pendant un an[75] qui finit par tomber. Godomar s'enfuit, mais les Francs, sans doute échaudés par cette résistance opiniâtre, ne poussèrent pas plus avant leur conquête. C'est alors que Thierry mourut. Son fils aîné Théodebert Ier qui lui succéda, issu du premier mariage de Thierry[76] , n'était pas lié aux Burgondes par des liens de parenté. Il accepta en 534 de se joindre à ses oncles dans une campagne qui s'avéra décisive et qui mit fin au royaume burgonde. Les rois francs se partagèrent le royaume. Théodebert Ier reçut les cités du nord : Langres, Dijon, Besançon, Nevers, Autun, Chalon sur Saône, Windisch et le Valais. Childebert reçut Lyon, Vienne, Genève et Grenoble et Clotaire reçut probablement la majorité des villes comprises entre l'Isère et la Durance[77] . Les Burgondes n'opposeront pas de résistance soutenue face aux Francs et Ils purent garder un temps leurs lois et leurs coutumes.

Une certaine obscurité règne sur le sort ultérieur du second fils de Gondebaud. Certains prétendent qu'il fut tué, d'autres qu'il aurait été fait prisonnier, d'autres encore qu'il se serait réfugié auprès des Wisigoths. J. Favrod écrit qu'il parvint à se sauver et qu'il passa le reste de sa vie comme simple particulier en Burgondie[78] .

Naissance de la Bourgogne

Malgré l'effondrement de la dynastie burgonde et la victoire définitive des fils de Clovis, la cohésion entre les deux ethnies burgonde et gallo-romaine, née des actions pacificatrices et unificatrices des rois burgondes avait fait naître un particularisme et un état d'esprit bourguignon que le temps n'éteindra pas. Sous le sceptre mérovingien la Bourgogne demeura. Le royaume burgonde s'était évanoui mais la Bourgogne était née. Elle porte dans son nom le souvenir de ce premier royaume.

Unité des royaumes burgondes

Quoique l'unification des royaumes burgondes ne se soit pas réalisée à l'époque où les royaumes francs issus des Saliens l'effectuent, ils préservent une certaine unité.

La puissance romaine s'effondrant, les Burgondes transforment bientôt la Sapaudia en un véritable royaume (en 476, peu après que le chef hérule Odoacre dépose le dernier empereur Romulus Augustule). Dans les années qui suivent, ils agrandissent considérablement leur royaume, notamment dans la vallée du Rhône (Lyon) et gagnent le contrôle du Valais et des cols alpins. Leur expansion concerne donc la Bourgogne actuelle et sur toute la vallée du Rhône, les Alpes jusqu'en Italie et en Provence actuelle et sur toute la Suisse et la Sapaudia à des dates variables.

L'unification n'est pas évidente, les Burgondes ayant adopté un mode de fonctionnement semblable au royaume alaman avec des co-règnes portant sur les cités principales conquises sur les Gallo-romains : ces centres d'exercice du pouvoir sont *Colonia Julia Vienna* (Vienne), Vesontio (éventuellement partagée avec les Alamans), Ginebra, puis (par conquête) Lugdunum.

En revanche, l'unité est manifeste pour l'armée burgonde en campagne, qui est solidaire pour les conquêtes : par le Sud, la Sapaudia atteint la Provence par des luttes contre le royaume wisigoth, lui aussi en pleine constitution. La séparation montagneuse de la chaîne des Alpes l'isole du règne d'Odoacre en Italie, puis le royaume ostrogoth qui lui succède. L'extension de la Burgondie vers le nord à la fin du Ve siècle les fait voisins du domaine gallo-romain alors infiltré par les fédérés francs, amené à pactiser avec eux pour sa survie puisqu'il est encerclé par les envahisseurs (Saxons par le nord de par le passé, Alamans par l'Est, Burgondes par le Sud-Ouest, et Wisigoths par l'Aquitaine le long de la Loire.

Les Francs reprendront la problématique stratégique et traiteront chacune de ces menaces une par une au début du VIe siècle.

Postérité

Une fois devenu mérovingien, le royaume de Bourgogne inféodé en duché de Bourgogne récupère un conflit territorial avec ce qui devient le royaume alaman, à savoir le duché d'Alémanie. Cette dispute emmène jusque après l'an mille, illustrant l'empreinte identitaire laissée par l'arrivée des Burgondes dans ces régions.

Territoires disputés entre le duché d'Alémanie en Souabe et le duché de Bourgogne en l'an 1000.

Religion

Les Burgondes changent, en 369, de religion et adoptent une royauté héréditaire comme les autres peuples germaniques. Les Burgondes sont convertis à la forme arienne du christianisme. Ils ont dû se convertir lors de leur arrivée sur le Main, car ils se trouvent non loin des Vandales. En 453, lorqu'ils arrivent dans la vallée du Rhône, ils sont ariens. Cependant, à l'époque d'Ammien, ils sont encore païens puisqu'ils ont encore un grand prêtre. L'empire va prendre la doctrine catholique et va considérer les Germains comme hérétiques. Cette situation deviendra une source de difficulté. Il n'y a aucune information sur l'ancien polythéisme des Burgondes. Cependant, quelques rites magiques subsistent à leur christianisation (la loi Gombette mentionne la persistance de magiciens). Toutefois, ceux qui arrivent sur le Léman sont chrétiens, de confession arienne. Ils disposent d'un clergé avec des monastères, des prêtres et des évêques. La messe est dite en langue germanique. L'arianisme est un moyen de montrer son appartenance au peuple burgonde. Les mariages entre catholiques et ariens sont fréquents. Seules les tombes des femmes sont identifiables car les hommes ne se font pas inhumer tout équipés. On peut identifier les femmes car elles portent des parures et fixent leur robes à l'aide de fibules qu'elles accrochent au niveau du bassin.

Portrait des Burgondes

Voici comment les Burgondes sont décrits par Sidoine Apollinaire, un noble Arverne pétri de culture latine, en 469 :

> « Qui ? moi chanter l'hymen en vers fescennins quand je vis au milieu des hordes chevelues, assourdi par les sons de la langue germaine, obligé d'avoir l'air de louer quelquefois ce que chante, bien repu, le Burgonde aux cheveux graissés d'un beurre rance ? Veux-tu savoir ce qui brise ma lyre ? Effrayée par les rauques accents des Barbares, Thalie dédaigne les vers de six pieds depuis qu'elle voit des patrons qui en ont sept. Heureux tes yeux, heureuses tes oreilles, heureux même ton nez ! car il ne sent pas dix fois le matin l'odeur empestée de l'ail ou de l'oignon. Tu n'as point à recevoir avant le jour, comme si tu étais le vieux père de leur père, ou le mari de leur nourrice, ces géants auxquels suffirait à peine la cuisine d'Alcinoüs. Mais ma muse se tait et s'arrête, après ce petit nombre d'hendécasyllabes, de peur que, dans ces vers badins, quelqu'un n'aille trouver encore une satire.
> (Carmina XII.) »

Liste des rois burgondes

Liste des rois burgondes Les données concernant les rois burgondes sont très incertaines			
Le roi Gondebaud, dans la *loi Gombette* : TITRE III, *De la liberté de nos esclaves*, cite les noms de ses aïeux « de royale mémoire » : Gibica, Godomar, Giselher (ou Gisclar-Gislahar), Gundahar (ou Gondicaire-Gondichaire)			
En Germanie			
Gibica ? Ancêtre historique ou mythique des rois burgondes			
Godomar ?	Giselher (Gislahar) ?	Gundahar *(nom latin : Gondicarius)* ?	
Ont-ils régné en même temps ou l'un après l'autre ?			
Royaume de Worms ?			
Gondichaire († vers 450 ?)			
Installation en *Sapaudia*, (région de Genève) et expansion du royaume : vallées Rhône, Saône et Alpes (Future Burgondie)			
Gondioc († vers 463 ?)		Chilpéric Ier († vers 476 ?)	
Chilpéric Ier seul († vers 476 ?) Pas de postérité masculine			
Quatre fils de Gondioc			
Godomar II († date inconnue : avant 476. Ne règne pas[44])	Chilpéric II († date inconnue : avant 476. Ne règne pas[44]) Père de Clotilde	Godégisèle	Gondebaud
Godégisèle († 500)		Gondebaud († 516)	
Gondebaud seul († 516)			
Gondebaud († 516)	Sigismond		
Sigismond († 523)			
Godomar III († date inconnue ; après 534)			
Chute et fin du royaume. Partagé entre les rois Francs			

Annexes

Références

[1] Germains orientaux

[2] Maurice Chaume, historien de la Bourgogne du Moyen Âge

[3] M. Chaume, *Le sentiment national bourguignon : de Gondebaud à Charles le Téméraire*, Dijon, 1922.

[4] Pline l'Ancien, Histoire Naturelle, IV, XXVIII.

[5] Escher K., *Les Burgondes*, éditions Errance, Paris, 2006, p. 7-8.

[6] Jordanès, *Histoire des Goths*, ch. IV.

[7] *Revue du Lyonnais*, tome XXI, 1860, p. 346.

[8] Justin Favrod p. 18.

[9] *Éloge de Maximien Hercule*, en 292.

[10] Roget de Belloguet, *Questions bourguignonnes*, p. 73.

[11] Justin Favrod, *Les Burgondes*, p. 19.

[12] Justin Favrod, p. 18.

[13] Zozime, *Histoire romaine*. Labeau, *Histoire du Bas-Empire*, t. V, p. 267, r. 4, 1826.

[14] Mamertin, *Panégyrique de Maximien Hercule* prononcé à Trèves en 287.

[15] *Questions bourguignonnes*, p. 73.

[16] Sous le troisième consulat de Valentinien Ier et de Valens précise Ammien Marcellin

[17] Photius, *Bibliothèque (IXe s.)*, p. 183, trad. du grec, Les Belles Lettres.

[18] Ne pas confondre Goar, chef alain, avec Saint Goar, ermite d'Aquitaine.

[19] Olympiodore le nomme ainsi en 411, Prosper Tiro lui donne le titre de *rex* en 436. Voir Alain Merchandisse p. 79.

[20] Ou encore Gundahar, ou Gundicar, ou Gonthaire.

[21] Il n'est pas certain que Gondicaire (Gundahar) ait quitté, à cette époque, son titre de chef pour l'élévation à la royauté.

[22] Roget de Belloguet, *Questions bourguignonnes*, p. 107.

[23] La loi Gombette dans laquelle Gondebaud nomme ses propres ancêtres et cite Gibica et Gondicaire (Gundahar) comme ses aïeux et ses prédécesseurs.

[24] Alors dit Orose, « on vit ces hommes, jusqu'alors farouches et cruels, devenir doux et humains, traitants les indigènes non plus en ennemis vaincus mais en frères. Comme les Goths, les Burgondes étaient ariens ».

[25] Cette hérésie remontait au siècle précédent. Elle voyait dans la Trinité trois substances hétérogènes l'une à l'autre : le Père seul est éternel et mérite vraiment le nom de Dieu, le Fils est la première des créatures, le Saint-Esprit est aussi une créature, mais inférieure au Fils. L'arianisme était incompatible avec la Doctrine chrétienne exprimée dans les Actes du premier concile œcuménique, celui de Nicée (325) où fut rédigé le Credo catholique, le Symbole de Nicée. L'arianisme y fut condamné. In Jean Marilier, *Histoire de l'Église en Bourgogne*, Éditions du Bien Public, Dijon, 1991, p.27.

[26] Gondebaud est à l'origine de la compilation des lois burgondes, que l'on connaît sous le nom de loi gombette, du nom du roi (ou en latin, *leges burgundiae*).

[27] Saint Prosper.

[28] Les fouilles archéologiques ne permettent pas de distinguer les traces des Alamans et des Burgondes le long du Rhin.

[29] Justin Favrod , p. 50.

[30] Sapaudia, le « *Pays des Sapins* ».

[31] Les discussions sur la localisation et l'étendue de la Sapaudia sont évoquées dans Justin Favrod p. 44-47., voir également Alain Merchandisse p. 79, r. 9.

[32] Justin favrod in Justin Favrod p. 49. explique, en s'appuyant sur l'étude réalisée par l'historien Walter Goffart **(en)** en 1980, que se partage, qui s'apparente à une confiscation n'a, curieusement, pas donné lieu à des révoltes ou des soulèvements. L'explication résiderait dans le fait que lorsque les auteurs anciens parlent d'un partage de terres et d'esclaves, il s'agirait, selon les conclusions de l'historien, d'un partage des impôts sur les terres et les esclaves. S'il y avait eu un partage effectif des domaines, dit J. Favrod, les Burgondes auraient dû se répartir sur l'ensemble de la Sapaudia.

[33] Justin Favrod p. 22.

[34] Annales Francs-comtoises (http://books.google.fr/books?id=jYNNAAAAMAAJ&pg=PA374&dq=frÃ¨re+gondioc#v=onepage&q=frÃ¨re gondioc&f=false).

[35] Alain Merchandisse p. 81.

[36] Les historiens ne s'accordent pas sur l'année de la mort de Gondioc. Justin Favrod p. 64. donne la date de 463 comme date du décès de Gondioc. Katalin Escher in *Genèse et évolution du deuxième royaume burgonde (443-534)*, V. 2, p. 773, indique : « à une date indéterminée après 463 ».

[37] Sidoine Apollinaire, en exil à Bordeaux, (Lettre IX), évoque les ambassadeurs burgondes prosternés devant Euric. « Sidonius à son cher Lampridius, salut. [...], Ici le Burgonde, haut de sept pieds, fléchit souvent le genou, et demande la paix. »

[38] In : Justin Favrod p. 61.

[39] Marius d'Avenches « les Burgondes occupèrent une partie de la Gaule et partagèrent les terres avec les sénateurs gaulois ». In Alain Merchandisse p. 82, r. 24. : avec cette précision : « probablement dès 457 ».

On retrouve également une indication de date (différente), concernant leur expansion vers le nord : in Jean Marilier p. 27. qui donne comme indication de date « vers 475 », comme date d'occupation de Dijon par les Burgondes, en précisant que les territoires que tenait Gondebaud dépendaient des diocèses de Langres, Auxerre, Autun, et Chalon sur Saône.

[40] Frédégaire, *Chroniques*, II, 46.

[41] Les signatures des évêques portées sur les éditions du Concile d'Épaone, tenu sous Sigismond en 517, sont au nombre de vingt-cinq.

[42] On cite généralement comme premier exemple de ce terme entendu au sens géographique une lettre conservée dans la célèbre correspondance de Cassiodore et rédigée en 507 au nom de Théodoric le Grand. Dans ce texte, Burgundia désigne expressément le royaume des Burgondes. In H. Drouot et J. Calmette, *Histoire de Bourgogne*, p. 57.

Reinhold Kaiser, auteur de *L'Entourage des rois du Regnum Burgundiae*, dans Alain Merchandisse p. 80., indique que le nom de Burgundia employé dans la lettre de Théodoric le Grand de 507 ne désigne que les Burgondes et n'apparaît comme terme territorial qu'à propos de la conquête du royaume par les Mérovingiens en 534 chez Marius d'Avenches et plus tard chez Grégoire de Tours.

[43] Grégoire de Tours, *Historia francorum*, Livre II, § XXVIII, traduction Robert Latouche, cité dans *Les Classiques de l'histoire de France au Moyen Âge*, volume 27, p. 116-117.

[44] Justin Favrod, p. 74

[45] Michèle Laforest, p. 148

[46] Urbain Plancher, *Histoire générale et particulière de Bourgogne*, p. 38-39.

[47] Justin Favrod, p. 80-82

[48] En prenant en compte tout un faisceau d'indications précises fournies par les chroniques, l'auteur nous indique que cette bataille a dû se dérouler près de Saint-Apollinaire « environ à deux milles du castrum de Dijon » selon J. Marilier, in *Histoire de la Côte-d'Or*, chapitre Le Moyen Âge, p. 115. L'auteur cite comme source *Les miracles de saint Apollinaire*, texte du Xe siècle, éd. *Acta sanctorum*, juillet, V, p. 353.

[49] Selon Guichard, dans *Essai sur l'histoire du peuple Burgonde*, p. 258, la prise de Vienne eut lieu en 501. D'après Grégoire de Tours, dans son *Histoire des Francs*, les troupes de Gondebaud auraient pénétré dans la ville de Vienne par les canalisations d'un aqueduc.

[50] Il aurait également noyé dans le Rhône, Théodelinde, l'épouse de Godegisèle, et décapité ses deux fils. Seules les deux petites-filles de Godegisèle, Guntheuca et Sédéleubeude auraient été épargnées. Voir Justin Favrod, p. 87

[51] Jean Richard, p. 94

[52] Jacques Marseille, p. 61

[53] Reinhold Kaiser, p. 90

[54] Carmina XII

[55] Hymnémode (saint Hymnémode), sera religieux du monastère de Grigny. Il quitta ce monastère en 515, sur la demande des évêques du concile d'Agaune (515 ?), qui l'instituent abbé du monastère d'Agaune nouvellement fondé par Sigismond.

[56] Mémoires lus à la Sorbonne - De la famille chez les Burgondes, par Valentin Smith, 1864, p. 2 et 3 (http://books.google.fr/books?id=LO3MAAAAMAAJ&pg=PA16&dq=loi+gombette+a+affranchi+son+esclave#v=onepage&q=&f=false)

[57] La conclusion tirée en 1963 par le traducteur de l'*Histoire des Francs*, semble toujours valable, écrit Michèle Laforest in *Clovis, un roi de légende*, : « Il y a lieu de maintenir pour cette victoire de Clovis (Tolbiac, aujourd'hui Zülpich), et son baptême la date traditionnelle de 496 ». La date traditionnelle du mariage serait l'année 493. Ce sont les dates du mariage, de la victoire de Tolbiac et du baptême qui font aujourd'hui l'objet de controverses. Justin Favrod, in *Les Burgondes, un royaume oublié au cœur de l'Europe*, soutient la thèse de l'historien belge d'André Van de Vyver, qui a démontré que la chronologie traditionnellement admise était « irrémédiablement contredite par des témoignages contemporains ». Maurice Chaume, historien de la Bourgogne du Moyen Âge avait apporté, « dans une étude posthume parue en 1947 de nouveaux arguments décisifs », écrit-il. J. Favrod ajoute : « Il convient de suivre une autre chronologie : en 500, Clovis attaque les Burgondes. L'année suivante, il épouse la princesse Clotilde. Ce n'est qu'en 506 qu'il vainc les Alamans à Tolbiac et qu'il reçoit le Baptême. [...] ».

[58] L'année 496 paraît en effet plausible, écrit Laurent Theis, in Clovis : *De l'histoire au mythe*, mais la difficulté vient de l'interprétation d'une lettre de Théodoric à Clovis, datant de la fin de 506 ou du tout début de 507, faisant allusion à une victoire écrasante de Clovis sur les Alamans qui se sont réfugiés en Rhétie, dont le roi a péri, et que le roi d'Italie a pris sous sa protection. Cette lettre peut-elle faire allusion à des événements remontant à dix ans, ou doit-on supposer qu'une autre guerre contre les Alamans, se concluant elle aussi par la mort d'un roi, a eu lieu en 506 ? Longtemps repoussée, cette solution, accréditée par la recherche archéologique, est aujourd'hui plus facilement acceptée.

[59] Selon un passage de la *Vie de saint Eptadius*

[60] Justin Favrod, p. 99

[61] Frédégaire, *Histoire des Francs*, « Sigismond, fils de Gondebaud est élevé au trône par ordre de son père, auprès de la cité de Genève ».

[62] Vers 504 ou 505 écrit J. Favrod, in *Les Burgondes*, p. 94. En 513, selon *La vie de saint Sigismond*, des Petits Bollandistes

[63] J. Favrod, p. 106

[64] « il ne faudrait pas mes très chers, que je me repente de vous avoir nourris tendrement, manifestez, je vous prie, de l'indignation pour l'outrage que j'ai subi, et vengez la mort de mon père et de ma mère avec une sagace ténacité » Ce sont les termes que Grégoire de Tours met dans la bouche de Clotilde pour raconter l'origine de le conquête du royaume burgonde. Grégoire de Tours, *Historia Francorum*, Livre III,

paragraphes VI et XI, traduction Robert Latouche, *Les classiques de l'histoire de France au Moyen Âge*, volume 27, p. 146-147 et 152, in *La Bourgogne au Moyen Âge*, Académie de Dijon, Centre régional de recherche et de documentation pédagogique, Dijon, 1972, p. 17.

[65] J. Favrod, p. 114

[66] Clodomir, héritier du royaume d'Orléans avait des visées d'expansion vers les importantes possessions de Sigismond ? Voulut-il profiter de ces circonstances pour faire valoir des droits sur le royaume burgonde ? Jean Richard, in *Histoire de la Bourgogne*, p. 95. C'est la question que se pose l'auteur sans pouvoir en apporter la réponse. J. Richard ne se tient pas strictement à la version rapportée par Grégoire de Tours de la vengeance de la reine Clotilde pour l'assassinat de ses parents par son oncle Gondebaud.

[67] *La vie de saint Sigismond*, des Petits Bollandistes

[68] J. Favrod, p. 115

[69] « Clodomir », dit Grégoire de Tours, « se disposant à marcher de nouveau contre les Bourguignons, résolut de faire mourir Sigismond. Le bienheureux Avitus, abbé de Saint Mesmin de Micy, à deux lieues environ d'Orléans, prêtre fameux dans ce temps-là, lui dit à cette occasion : — Si, tournant tes regards vers Dieu, tu changes de dessein, et si tu ne souffres pas qu'on tue ces gens là, Dieu sera avec toi, et tu obtiendras la victoire ; mais si tu les fais mourir, tu seras livré toi-même aux mains de tes ennemis et tu subiras leur sort : il arrivera à toi, à ta femme et à tes fils ce que tu auras fait à Sigismond, à sa femme et à ses enfants. Mais Clodomir, méprisant cet avis, répondit à Avitus : — Ce serait une grande sottise de laisser un ennemi chez moi quand je marche contre un autre : car l'un m'attaquerait par derrière, et l'autre de front, et je me trouverais jeté entre deux armées. La victoire sera plus sûre et plus facile si je les sépare l'un de l'autre. Le premier une fois mort, il sera aisé aussi de se défaire du second ». Il livra donc au glaive Sigismond, avec sa femme et ses deux fils, et les fit jeter dans un puits, près de Coulmiers, village du territoire d'Orléans (524).

[70] D'après Grégoire de Tours, Thierry épousa une princesse burgonde, fille du roi Sigismond, qu'il ne nomme pas mais que l'on identifie communément à une certaine Suavegotha regina (Suavegothe).

[71] Grégoire de Tours et Agathias donnent des indications sur cette bataille.

[72] .

Grégoire de Tours raconte la mort de Clodomir en ces termes :

> « [...]. Or, tandis que Godomar tournait le dos avec son armée et que Clodomir qui le poursuivait, s'était écarté des siens à une grande distance, les adversaires contrefaisant son signe (de ralliement) lui crient : "tourne toi par ici ! dirent-ils car nous sommes tes hommes". Mais, lui, leur ajoutant foi, partit et se jeta au milieu des ennemis. Sa tête fut coupée et on l'éleva en l'air fixée à une lance. Ce que voyant, les Francs, qui reconnaissaient Clodomir tué, mettent en fuite Godomar après s'être ressaisis, écrasant les Burgondes. et soumettent le pays à leur domination... De nouveau Godomar récupéra son royaume ...
> In Grégoire de Tours, *Historia Francorum*, Livre III, paragraphe VI et XI, traduction Robert Latouche, *Les classiques de l'histoire de France au Moyen Âge*, volume 27, p. 146-147 et 152, in *La Bourgogne au Moyen Âge*, Académie de Dijon, Centre régional de recherche et de documentation pédagogique, Dijon, 1972, p.17-18, r. 9. »

[73] La bataille de Vézeronce avait été en réalité une victoire de Godomar sur les Francs et le royaume burgonde dura encore dix ans

[74] Même si cette défaite est niée par Grégoire de Tours toujours entraîné par son parti pris pour les Francs.

[75] J. Favrod, p. 125

[76] Voir Thierry, section : sa famille.

[77] J. Favrod, p. 128

[78] J. Favrod, p. 127

- (ca) Cet article est partiellement ou en totalité issu de l'article de Wikipédia en catalan intitulé « Regne Burgundi de Provença (http://en.wikipedia.org/wiki/Ca:regne_burgundi_de_provenÃ§a) » (voir la liste des auteurs (http://en.wikipedia.org/wiki/Ca:regne_burgundi_de_provenÃ§a))

Notes

Sources bibliographiques

Sources historiographiques

- (fr) Jordanès, *Histoire des Goths*, les Belles Lettres, Paris, 1995.
- (fr) Grégoire de Tours, *Histoire des Francs*, trad. par R. Latouche, Paris, Belles Lettres, 1963 (2 vol.).
- (fr) Frédégaire, *Chronique*
- Liber Historiæ Francorum
- (la) Liber Historia Francorum (http://elec.enc.sorbonne.fr/chroniqueslatines/references-par-ouvrage/?id=lhf), extrait de Scriptorum rerum merovingicarum, vol. 2, Hanovre, B. Krusch, coll. « MGH (Monumenta Germaniae Historia) », 1888, p. 215-328

Sources littéraires

- (fr) Sidoine Apollinaire, Œuvres, éd. et trad. par A. Loyen, Paris, Belles Lettres, 19760-1970 (3 vol.).

Ouvrages sur la période

- (fr)Urbain Plancher, Histoire Générale et particulière de Bourgogne, Dijon, 1739
- (fr)Dominique-François-Louis Roget, Questions bourguignonnes, ou Mémoire critique sur l'origine et les migrations des anciens Bourguignons, et sur les divers peuples, royaumes ou contrées qui ont porté leur nom, Dijon, 1846
- (fr)Katalin Escher, Les Burgondes : Ie-VIe siècle apr. J-C, Éditions Errance, coll. « Civilisations et cultures », 2006 (ISBN 2-87772-325-9)
- (fr) Justin Favrod, Les Burgondes. Un royaume oublié au cœur de l'Europe, Presses polytechniques et universitaires romandes, 2002 (ISBN 2880745969)
- (fr)Odet Perrin, Les Burgondes : Leur histoire, des origines à la fin du premier Royaume (534), Éditions de la Baconnière Neuchâtel, 1968, 590 p.
- (fr) Jean Marilier, Histoire de l'Église en Bourgogne, Éditions du Bien Public, 1991 (ISBN 2-905441-36-4)
- (fr) Jean Richard, Histoire de la Bourgogne, Éditions Privat, 1988 (ISBN 2-7089-1680-7).Collectif, sous la direction de J. Richard : Joseph Joly, Roland Martin, Jean Marilier, Pierre Quarré, Daniel Ligou, Pierre Lévêque, François Caron
- (fr) Alain Merchandisse et Jean-Louis Kupper, À L'OMBRE DU POUVOIR. Les entourages princiers au Moyen Âge, Bibliothèque de la Faculté de Philosophie et Lettres de l'Université de Liège, 2003 (ISBN 2-870-19-283-5).Études réunies par Alain Marchandisse . Étude sur l'entourage des rois du Regnum Burgundiae faite par Reinhold Kaiser
- (fr) Jean-Pierre Leguay, *L'Europe et les États barbares, Ve-VIIIe siècles*, Saint-Étienne, France, 2002 (ISBN 2-7011-3254-1)
- (fr) P. Périn & G. Duchet-Suchaux, *Clovis et les Mérovingiens*, P. Périn & G. Duchet-Suchaux, Paris, France, 2002 (ISBN 2-235-02321-5)
- (fr) Michel Rouche, Clovis, Éditions Fayard, 1996 (ISBN 2-213-59632-8).
- (fr) Michèle Laforest, CLOVIS, un roi de légende, Albin Michel, 1996 (ISBN 2-226-08714-1)
- (fr) Jacques Marseille, Journal de Bourgogne, Larousse, 2002 (ISBN 2-03-575104-7)
- (fr) Jean Prieur, Aimé Bocquet, Michel Colardelle, Jean-Pierre Leguay, Jean Loup, Jean Fontanel, *La Savoie des origines à l'an mil*, Rennes, 1983 (ISBN 2858824959)

Voir aussi

Liens externes

- **(fr)** Ammien Marcelin, Jordanès, dans Google books (http://books.google.fr/books?id=UewuAAAAQAAJ&pg=PA301&dq=sinistus&lr=#v=onepage&q=sinistus&f=false)
- **(fr)** Les Burgondes. Site : Allez savoir de l'université de Lausanne (http://www2.unil.ch/unicom/allez_savoir/as6/00sommaire.html)
- **(fr)** Justin Favrod : Les Burgondes - Un royaume oublié au coeur de l'Europe (Extrait) (http://www.ppur.org/Resources/1204_1.pdf)
- **(la)** Lex romana burgundionum (http://ancientrome.ru/ius/library/leges/burgund.htm) (vers 500)
- **(fr)** Histoire des Burgondes sur le site de Mémo (http://www.memo.fr/article.asp?ID=MOY_INV_006)

Articles connexes

- Burgondes (Grandes invasions)
- Sapaudie
- Guerre de Burgondie (523-524) - Bataille de Vézeronce (524)
- Antiquité tardive
- Liste des rois burgondes

Articles génériques :

- Histoire de la Bourgogne
- Suisse au Haut Moyen Âge
- Histoire de la Savoie

Postérité :

- *(régionalement)* Royaume de Bourgogne, puis Duché de Bourgogne
- Généalogie des Mérovingiens
- Liste des rois de Bourgogne

Hugues III de Bourgogne

Hugues III de Bourgogne	
Titre	duc de Bourgogne (1162 - 1192)
Prédécesseur	Eudes II de Bourgogne
Successeur	Eudes III de Bourgogne
Biographie	
Dynastie	Maison capétienne de Bourgogne
Naissance	1148
Décès	25 août 1192 Tyr
Père	Eudes II de Bourgogne
Mère	Marie de Blois
Conjoint	1 Alix de Lorraine 2 Béatrice d'Albon
Enfants	Eudes III de Bourgogne Alexandre Douce Alix Guigues VI du Viennois Mahaut Anne

Hugues III, né en 1148, mort à Tyr le 25 août 1192, duc de Bourgogne de 1162 à 1192, fils de Eudes II, duc de Bourgogne, et de Marie de Blois.

Il régna d'abord sous la tutelle de sa mère, puis s'en dégagea. Il combattit le comte de Chalon en 1166, aidé par Louis VII de France. En 1171, Hugues partit, avec le comte Étienne Ier de Sancerre, combattre en Terre Sainte. De retour en France, il lutta contre le comte de Nevers (1174), puis contre le seigneur de Vergy qui lui refusaient l'hommage.

Après la chute de Jérusalem, il s'engagea dans la troisième croisade, participa à la bataille d'Ascalon et à la prise d'Acre. Philippe II Auguste, lorsqu'il rentra en France, lui confia le commandement du détachement français. Il combat au côté de Richard Cœur de Lion et meurt à Tyr.

Il avait épousé en premières noces en 1165 Alix de Lorraine (1145 † 1200), fille de Matthieu Ier, duc de Lorraine, et de Judith de Hohenstaufen , aussi appelée Berthe (1123-1195), et avait eu :

- Eudes III (1166 † 1218), duc de Bourgogne
- Alexandre (1170 † 1205), seigneur de Montagu, auteur de la branche des seigneurs de Montagu
- Douce (1175 † ap. 1219), mariée en 1196 avec Simon de Semur († 1219) seigneur de Luzy
- Alix (1177 †), mariée à Béraud VII, seigneur de Mercoeur

Il répudia Alix en 1183 et se remaria la même année avec Béatrice d'Albon (1161 † 1228), dauphine du Viennois, fille de Guigues V d'Albon, dauphin du Viennois et de Béatrice de Montferrat et eut :

- André Guigues VI (1184 † 1237), dauphin du Viennois
- Mahaut (1190 † 1242), mariée en 1214 à Jean Ier (1190 † 1267), comte de Châlon et d'Auxonne
- Anne (1192 † 1243), mariée en 1222 à Amédée IV (1197 † 1253), comte de Savoie

Précédé par	**Hugues III de Bourgogne**	Suivi par
Eudes II	 **duc de Bourgogne**	**Eudes III**
Guigues V	**dauphin du Viennois** avec Béatrice d'Albon	**André Guigues VI**

Chalon-sur-Saône

Coordonnées géographiques: 46° 46′ 50″ N 4° 51′ 10″ E

Chalon-sur-Saône	
 La Saône à Chalon-Sur-Saône en hiver.	
 Détail	
Administration	
Pays	France
Région	Bourgogne
Département	Saône-et-Loire
Arrondissement	Chalon-sur-Saône
Canton	Chef-lieu des cantons de Chalon-sur Saône-centre Chalon-sur Saône-Nord Chalon-sur Saône-Ouest Chalon-sur Saône-Sud
Code commune	71076
Code postal	71100
Maire Mandat en cours	Christophe Sirugue 2008-2014
Intercommunalité	Le Grand Chalon
Site web	www.chalon.fr [1]
Démographie	
Population	46017 hab. (2008[1])
Densité	3023 hab./km²

Géographie	
Coordonnées	46° 46′ 50″ Nord 4° 51′ 10″ Est
Altitudes	mini. 172 m — maxi. 190 m
Superficie	15.22 km^2

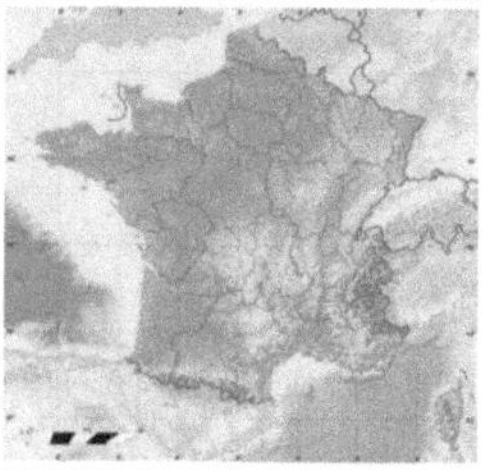

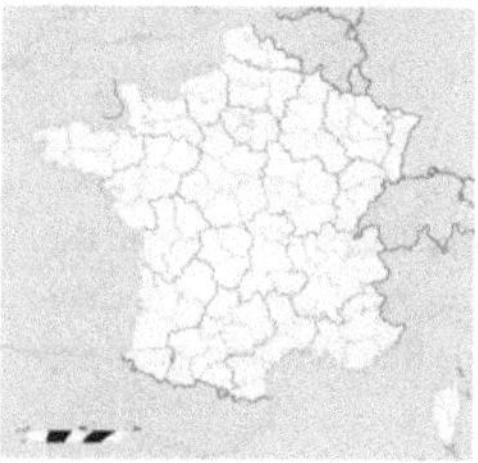

Chalon-sur-Saône est une commune française qui fait partie de la métropole Rhin-Rhône ; elle est située dans la région de Bourgogne, et est sous-préfecture du département de Saône-et-Loire.

Cette ville est située au bord de la Saône, dans le nord de la Saône-et-Loire.

Ses habitants sont appelés les *Chalonnais*.

Géographie

Localisation

Situation

Bâtie sur les bords de Saône il y a plus de 3000 ans, après avoir été base navale dans l'Antiquité, lieu de grandes foires pendant le Moyen Âge et centre de négoce des temps modernes et à l'époque contemporaine, Chalon-sur-Saône est aujourd'hui sous-préfecture de Saône-et-Loire, première ville du département.

Chalon-sur-Saône est située à 341 kilomètres au sud-est de Paris, 202 kilomètres au nord-ouest de Genève et 127 kilomètres au nord de Lyon.

Communes limitrophes

Champforgeuil	Fragnes	Crissey
Châtenoy-le-Royal	*N*	Châtenoy-en-Bresse Saint-Marcel
	O **Chalon-sur-Saône** *E*	
	S	
Saint-Rémy	Lux	

Transports et voies de communication

Plusieurs grands axes de circulation passent par la ville ; l'autoroute A6, la voie de chemin de fer Paris - Lyon - Marseille avec la gare de Chalon-sur-Saône, le TGV à 20 kilomètres (Gare du Creusot TGV) et la Route nationale 80 *Chalon-Moulins*.

Transports doux

L'EuroVelo 6 ou EV6, également connue sous le nom d' « Eurovéloroute des Fleuves », est une véloroute de type *EuroVelo* qui traverse Chalon-sur-Saône en reliant Saint-Nazaire à Constanţa[2] . C'est la plus célèbre véloroutes européennes, longue de 3653 km, elle traverse l'Europe d'Ouest en Est, de l'Océan Atlantique à la Mer Noire en passant par dix pays. Elle suit l'itinéraire de trois des plus grands fleuves européens : la Loire, le Rhin et le Danube.

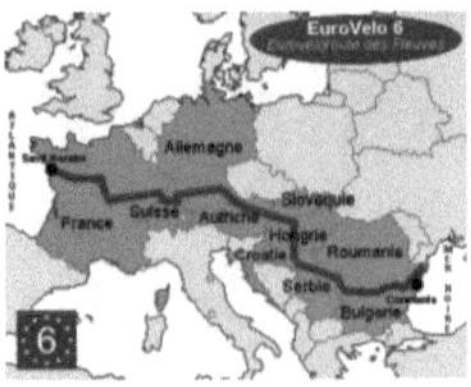

Tracé de l'EV6

Géologie

Les sols ont pour origine l'ère du Jurassique supérieur et l'ère du Pléistocène moyen et supérieur.

Hydrologie

Une rivière traverse cette ville, elle se nomme la Saône. Cette rivière peut déborder lors de certaines crues, comme celle de novembre 1840 avec des hauteurs d'eau mesurées aux échelles à 7,28 m (soit plus de 6 m et 5,5 m au-dessus du niveau normal !)[réf. nécessaire].

Climat

C'est un climat tempéré à légère tendance continentale avec des étés chauds et des hivers froids[3] et une amplitude thermique assez importante entre ces deux saisons. Les précipitations sont assez hétérogènes sur l'année, le mois de mai étant le plus pluvieux de l'année. Le vent qui souffle une partie de l'année est la bise.

Valeurs climatiques de Dijon et Mâcon, car Chalon-sur-Saône est situé entre ces deux villes.

Dijon

Pour la ville de Dijon (316 m), les valeurs climatiques jusqu'à 1990 :

mois	jan.	fév.	mar.	avr.	mai	jui.	jui.	aoû.	sep.	oct.	nov.	déc.	année
Température minimale moyenne (°C)	-1	0.1	2.2	5	8.7	12	14.1	13.7	10.9	7.2	2.5	-0.2	**6.3**
Température moyenne (°C)	1.6	3.6	6.5	9.8	13.7	17.2	19.7	19.1	16.1	11.3	5.6	2.3	**10.5**
Température maximale moyenne (°C)	4.2	7	10.8	14.7	18.7	22.4	25.3	24.5	21.3	15.5	8.6	4.8	**14.8**
Précipitations (mm)	49.2	52.5	52.8	52.2	86.3	62.4	51	65.4	66.6	57.6	64.2	62	**732.2**

Source : Météo-France/Infoclimat : Dijon (????-1990)[4]

En 2007 :

mois	jan.	fév.	mar.	avr.	mai	jui.	jui.	aoû.	sep.	oct.	nov.	déc.	année
Température moyenne (°C)	5.3	6.4	6.9	14.7	15.6	18.5	18.7	18.2	14.4	10.7	5.3	1.6	**11.3**

Source : Météo-France/Infoclimat : Dijon (2007)[5]

En 2008 :

mois	jan.	fév.	mar.	avr.	mai	jui.	jui.	aoû.	sep.	oct.	nov.	déc.	année
Température moyenne (°C)	3.8	4.7	6.3	9.1	15.8	17.8	19.9	18.6	13.8	10.3	6.4	2.1	**10.7**

Source : Météo-France/Infoclimat : Dijon (2008)[6]

En 2009 :

mois	jan.	fév.	mar.	avr.	mai	jui.	jui.	aoû.	sep.	oct.	nov.	déc.	année
Température moyenne (°C)	-1	2.5	6.7	12	16.3	18.2	20	21.2	16.5	10.6	8.2	2.9	**11.2**

Source : Météo-France/Infoclimat : Dijon (2009)[7]

Mâcon

Pour la ville de Mâcon (216 m), les valeurs climatiques de 1961 à 1990 :

mois	jan.	fév.	mar.	avr.	mai	jui.	jui.	aoû.	sep.	oct.	nov.	déc.	année
Température minimale moyenne (°C)	-0.6	0.7	2.5	5.2	8.9	12.3	12.4	13.9	11.1	7.5	2.9	0.1	**6.6**
Température moyenne (°C)	2.1	4	6.8	10	13.9	17.5	20.1	19.4	16.4	11.7	6	2.7	**10.9**
Température maximale moyenne (°C)	4.9	7.3	11.1	14.8	18.9	22.8	25.7	24.9	21.7	15.9	9.1	5.3	**15.2**
Précipitations (mm)	66.3	60.9	58.7	69.4	85.9	74.7	58.1	77.1	75.7	71.7	72.7	70.4	**841.4**

Source : Météo-France/Infoclimat : Mâcon (1961-1990)[8]

Ensoleillement : 1930 h/an (moyenne nationale : 1973 h/an)

Site

La ville est située sur les bords de Saône sur son côté est (sauf pour l'ile *Saint-Laurent*).

Place du marché et cathédrale Saint-Vincent.

Morphologie urbaine

Il y a 11 quartiers : Prés Saint-Jean, Plateau Saint-Jean, Saint-Jean des Vignes, Clair Logis, Claudel Bernanos Pagnol, Aubépins, Boucicaut, Centre Ville, Saint-Cosme Bellevue, Saint-Laurent et Charreaux[9] .

Urbanisme

Étymologie

La ville s'est appelée *Cabillonum* aux temps des romains[10] .

Héraldique

Le blason est de couleur azur avec 3 annelets d'or.

Place de l'Hôtel de Ville de Chalon-sur-Saône

Histoire

Antiquité

La ville bénéficie, tout au long de son histoire, de ses importantes voies de communication[10] .

Chalon est, sous les Gaulois, la seconde ville des Éduens. Les Romains font de Cabillonum un entrepôt de grains et un port fluvial[10] .

Selon la légende, saint Marcel y est martyrisé en 179. Au Bas-Empire, une enceinte est construite pour défendre la ville, qui se trouve réduite à 15 ha[11] . Au Ve siècle, un évêché est établi[10] .

Moyen Âge

Chalon est une capitale du royaume durant l'indépendance du royaume des Burgondes, elle garde toute son importance en revenant dans les royaumes francs[10].

Chalon est, du Ve au XIIIe siècle, le théâtre de douze conciles, de 470 à 1073[12]. Les principaux sont :

- celui de 647/649, où paraissent saint Ouen, saint Médard et saint Éloi, qui impose à la Gaule les conclusions du concile de Nicée ;
- celui de 813, qui oblige les évêques à fonder des écoles pour les clercs, interdit de baptiser plusieurs fois les pénitents, et impose à tous les moines la règle de saint Benoît ;
- celui de 886 tente en vain de réconcilier entre eux les princes Carolingiens.

La ville est détruite par les Sarrasins en 732, rebâtie par Charlemagne un demi-siècle plus tard, incendiée en 834 par Lothaire ; prise d'assaut par les Hongrois en 937 et de nouveau en 1168 par Louis VII, irrité contre le comte Guillaume[10].

Jean Ier de Chalon, dit *Jean l'Antique* ou *Jean le Sage*, (1190-1267), en 1237, échange avec Hugues IV le Pacifique, duc de Bourgogne, les comtés de Chalon et d'Auxonne contre les seigneuries de Salins, de Bracon, de Vuillafans et d'Ornans, et conserve jusqu'à sa mort (1267) le titre de comte de Chalon qu'il transmet à ses descendants[12]. Au milieu du XIIe siècle, Chalon obtient une charte communale[12].

Un tournoi en 1273 entre le roi anglais Édouard Ier et le comte de Chalon est appelé « Petite guerre de Chalon »[12].

La ville est encore assiégée en 1478 par les troupes de Louis XI, puis revient, grâce à ce dernier prince, à la couronne de France, après avoir appartenu, de 938 à 1237, aux comtes de Chalon et, de 1237 à 1477, aux ducs de Bourgogne[10].

Renaissance

Cette ville joue encore un assez grand rôle comme place forte durant les guerres de religion du XVIe siècle. Charles IX entre dans la ville le 1er juin 1564 lors de son tour de France royal (1564-1566), et y reçoit, accompagné de la Cour et des Grands du royaume, un accueil triomphal[13].

Période moderne

Pour améliorer le trafic du port de la ville, de véritables quais furent construits au XVIIIe siècle[14]. A la fin du même siècle, l'ingénieur Émiland Gauthey achevait le Canal du Centre, dont le bassin final aboutissait au pied de l'obélisque actuel[14]. Ce canal apporta à Chalon-sur-Saône, un nouvel atout économique[14]. Sous le Premier Empire, le blocus continental donne un grand essor à son commerce[12].

Les importantes installations ferroviaires de la gare, vues ici au tout début du XXe siècle, modifièrent fortement le tissu urbain de la ville

La ville connaît une grève importante sous le gouvernement Waldeck-Rousseau, au tournant du siècle, la troupe étant envoyée pour réprimer celle-ci.

Période contemporaine

Au cours de la Seconde Guerre mondiale, Chalon-sur-Saône se situe en plein sur la ligne de démarcation, et est complètement scindée en deux. La Saône joue alors rôle de frontière entre zone libre et zone occupée. C'est ainsi que des familles habitants à Saint Rémy, à l'Ouest de Chalon, situées en zone libre, pouvaient se retrouver coupées du reste de leurs famille se situant à Champforgeuil au Nord est, et située en zone occupée. Chalon est libérée le 5 septembre 1944 par les troupes de la 3e division d'infanterie algérienne qui avaient débarqué en Provence[15]. Au début des années 2000, l'entreprise Kodak qui employait des centaines de personnes se retire de la ville.

Administration

Baillis

(liste non exhaustive)

- 1386 - Guillaue de la Marche en Braisse.(*Bresse*), billi et maître des foires[16] .

Maires élus

Liste des maires successifs[17]

Période		Identité	Étiquette	Qualité
2008	2014	Christophe Sirugue	PS	Député
2002	2008	Michel Allex	UMP	Pâtissier-chocolatier
1983	2002	Dominique Perben	RPR	Enarque, Ministre
1965	1983	Roger Lagrange	SFIO	
1952	1965	Georges Nouelle	PSD	
1946	1952	Julien Satonnet	PSD	
1926	1946	Georges Nouelle	SFIO	
1832	1835	Fortuné Joseph Petiot-Groffier		Industriel, photographe
Toutes les données ne sont pas encore connues.				

- Deux communes ont été rattachées à Chalon-sur-Saône : Saint-Cosme le 2 mai 1855 et Saint-Jean-des-Vignes le 15 janvier 1954.

Tendances politiques

Cette ville est historiquement ancrée à gauche, mais a plutôt voté à droite lors du passage de Dominique Perben dans la ville, de 1982 à 2002, lorsque celui-ci fut élu maire puis député de la circonscription de Chalon. Maintenant, elle est repassée à gauche depuis l'élection de Christophe Sirugue aux élections législatives de 2007, puis à son élection en tant que maire en 2008.

Administration municipale

Le Conseil municipal de Chalon-sur-Saône comporte 45 mandats. Le conseil municipal de 2008 est composé de 36 élus de gauche et 9 élus de droite.

Partage des sièges au sein du Conseil municipal de Chalon-sur-Saône, mandature 2008-2014[18] .

Groupe	Président	Effectif	Statut
PS	Christophe Sirugue	36	majorité
UMP	Gilles Platret	9	opposition

Budget et fiscalité

Le budget en 2006 était de 100,1 millions d'euros[19] Consulté le 1er juillet 2009. Le budget pour 2009 s'élève à environ 107 millions d'euros avec en dépense : 27 % pour les services généraux, 20 % pour l'aménagements et le développements, 15 % pour les aides à la personne, 12 % pour la culture, 8 % pour l'éducation, 8 % pour les dettes, 7 % pour le sport et 4 % pour la sécurité et incendie[20] .

Sécurité

On peut noter la présence de la Police Nationale et d'une caserne de CRS (CRS 43).

Jumelage

- Solingen (Allemagne)
- Novare (Italie)
- Saint Helens (Royaume-Uni) depuis 1964
- Næstved (Danemark)
- Gatineau (Québec) depuis 1975

Population et Société

Démographie

Évolution démographique

(Source : Cassini[21] et INSEE[22])

1793	1800	1806	1821	1831	1836	1841	1846	1851
8 798	10 431	11 204	10 952	12 338	14 810	17 240	19 878	20 403

1856	1861	1866	1872	1876	1881	1886	1891	1896
21 062	20 896	21 247	21 756	20 895	21 618	22 768	24 686	26 288

1901	1906	1911	1921	1926	1931	1936	1946	1954
29 058	29 951	31 550	31 609	31 500	32 533	33 201	32 683	37 399

1962	1968	1975	1982	1990	1999	2006
43 655	50 589	58 187	56 194	54 575	50 124	48 376

Nombre retenu à partir de 1962 : population sans doubles comptes

- Population de l'agglomération : 110000 habitants[23] .

Pyramide des âges

- 46,4 % d'hommes (0 à 14 ans = 16,8 %, 15 à 29 ans = 24,3 %, 30 à 44 ans = 20,1 %, 45 à 59 ans = 19,2 %, plus de 60 ans = 19,6 %) ;
- 53,6 % de femmes (0 à 14 ans = 14,6 %, 15 à 29 ans = 20,9 %, 30 à 44 ans = 17,1 %, 45 à 59 ans = 19,1 %, plus de 60 ans = 28,3 %).

Enseignement

La ville possède 25 écoles maternelles[24] , 22 écoles primaires[25] , 7 collèges[26] , 10 lycées[27] et 15 établissements d'enseignement supérieur (compris pour certains dans des lycées) dont un IUT[28] .

Santé

Il y a un centre hospitalier (*William Morey*), également une clinique (*Saint-Marie*). Il est répertorié la présence de 56 médecins-généralistes[29] .

Médias

La ville possède le centre du *Journal de Saône-et-Loire*. Plusieurs radios sont implantées dans la ville : Virgin Radio *Chalon-sur-Saône Radio Prévert*, NRJ « Saône et Loire » ou encore Chérie FM "Bourgogne Franche Comté". D'autre radios émettent des ondes depuis Chalon-sur-Saône : Europe 1, Fun Radio, France Inter, France Bleu Bourgogne, Skyrock, RFM, RTL, RMC...

Associations

Il y a environ 800 associations dans cette ville[30] .

Événements

- *Chalon dans la Rue* : festival annuel de spectacle de rue, au mois de juillet. En 2003, suite aux changements par le gouvernement des droits des intermittents du spectacle, et contrairement à la volonté des organisateurs, traitant ceux-ci de « poignée d'agitateurs », la majorité des acteurs du festival firent grève et continuèrent le mouvement après les « dates limites » en présentant concerts, spectacles, restauration gratuits dans les différentes cités (Le Stade, les Prés St Jean), etc.
- Le carnaval de Chalon[31] qui a lieu tous les ans de fin février à début mars, soit deux dimanches.
- Les montgolfiades qui sont organisées chaque début d'été pour marquer le début des grandes manifestations des mois de juillet et d'août. C'est un rassemblement de nombreuses mongolfières.
- La foire de chalon qui a lieu chaque année début octobre.

Chalon dans la rue : Ambiance au coin d'une rue

Carnaval : Char des reines

Carnaval (place de Beaune)

Carnaval : Les *zingeunerinsel* sur le devant de la mairie

Sport

L'Élan Chalon (Basket-ball) est la tête d'affiche du sport chalonnais actuellement (2011). Le club compte déjà 5 demi-finales du Championnat de France de Pro A et 13 saisons parmi l'élite. Il a atteint la finale de la Coupe Saporta (Coupe d'Europe) en 2001[32]. L'Elan Chalon à remporter la Coupe de France en 2011 contre Limoges à Bercy sur le score de 79 à 71. Cette même année 2011 le club a atteint la finale de la Semaine des As en perdant contre Gravelines-Dunkerque 79 à 71. En féminine, le *Chalon Basket Club* évolue en Nationale 3 en 2011-2012, après avoir joué il y a une dizaine d'années en Nationale 1. Le Racing Club Chalonnais (Rugby à XV) qui après une période faste dans les années 1970 et 1980, est redescendu en niveau mais à essayer de retrouver le chemin du haut niveau à la fin des années 2000 (pour une monter en Pro D2), évolue actuellement en fédérale 2. Le club à subit un dépôt de bilan le 10 juin 2010 qui l'ont fait redescendre en fédérale 3 mais une année entièrement remplie de victoire ont amener le RCC au titre de Champion de France de Fédéral 3 en 2011. Le Handball Club Chalonnais (Handball) est revenu en force dans le sport chalonnais en évoluant en Nationale 1 (3e division) de 2007 à 2011 mais redescendu en Nationale 3 en 2011 (problèmes financier). Le Football Club Chalonnais (Football) évolue en *Division d'Honneur* de la Ligue de Bourgogne pour la saison 2011-2012. Le *Cercle de l'Aviron de Chalon-sur-Saône* (CAC) (Aviron). En 2007, est le 9e club français. Il compte dans ses rangs Adrien Hardy, double champion du Monde et champion olympique à Athènes[33]. Le club totalise 37 titres nationaux et 7 titres mondiaux. Le Cercle Nautique Chalonnais (CNC) (Natation) se perfectionne depuis plusieurs années et accueille des compétitions nationales[34]. En 2010-2011, ce club de natation se classe 3e au niveau français[35]. Les *Vikings de Chalon*[36] (Baseball). *Tennis club Chalon* et son école de tennis[37] (Tennis). Le VBCC Volley-ball Club Chalon[38] (Volley-ball) qui évolue en 2011-2012 en Nationale 3. Le *Chalon sur Saône Badminton Club* (Badminton) avec loisir et compétition[39]. *Le Roller Hockey Chalonnais* (Roller Hockey) (RHC) possède son équipe sénior en Nationale 2[40].

Elan Chalon : Match de Pro A au Colisée

Le Racing Club Chalonnais au stade *Louis Brailly* (en 2006-2007)

Match de handball du HBCC en 2009 (Nationale 1)

Vue du stade *Léo Lagrange*

Personnages célèbres vivants

Rachida Dati

- Pierre Antoine Dalla Giacoma (1988-), Mécène Stade Français
- Steeve Guenot (1985-), médaillé d'or en lutte gréco-romaine dans la catégorie des moins de 66 kg aux Jeux olympiques d'été de 2008 ;
- Jean Monneret (1922-), peintre, président fondateur de la Fondation des Salons historiques du Grand Palais (Paris) ;
- Mark di Suvero (1933-), sculpteur américain du mouvement expressionnisme abstrait ayant vécu à Chalon et continuant à y résider ;
- Dominique Perben (1945-), homme politique (RPR puis UMP), ancien Garde des Sceaux, maire de Chalon-sur-Saône de 1983 à 2002 ;
- Gérard Collomb (1947-), homme politique (PS), maire de Lyon depuis 2001 ;
- Jean-Pierre Adams (1948-), footballeur ;
- Françoise Branget (1953-), femme politique (UMP), députée du Doubs depuis 2004 ;
- Michel Verjux (1956-), artiste contemporain ;
- Florent Pagny (1961-), chanteur ;
- Rachida Dati (1965-), femme politique (UMP), ancienne Garde des Sceaux, députe européenne ;
- Adrien Hardy (1978-), médaillé d'or d'aviron (en deux de couple homme) aux Jeux olympiques d'été de 2004, champion du Monde d'aviron (sport) en 2003 et 2006, champion d'Europe en 2008 ;
- Lucie Degletagne (1985-), qui fut la Miss France 2004 par intérim suite à la destitution de Lætitia Bléger.

Personnalités liées à la commune

Joseph Nicéphore Niépce

- Césaire d'Arles (470-543), moine ;
- Gontran Ier (545-592), roi ;
- Saint Arey, évêque de Gap de 579 à 614, né à Chalon ;
- Abélard (1079-1142), théologien ;
- Pontus de Tyard (1521-1605), poète de l'école lyonnaise, promu en 1578 évêque de Chalon-sur-Saône ;
- Nicolas Chalon du Blé
- Émiland Gauthey, né à **Chalon-sur-Saône** en 1732 et mort à Paris en 1806, ingénieur civil et architecte. On lui doit entre autres l'aménagement de Chalon-sur-Saône (quais, théâtre, pont Saint-Laurent, obélisque…) et la réalisation du Canal du centre de Digoin à Chalon ;
- Vivant Denon (1747 à Givry, 1825 à Paris), grand maître des arts pour Napoléon ;
- Joseph Nicéphore Niépce né à Chalon sur Saône (1765-1833), inventeur de la photographie et du moteur à combustion interne ;
- André Jullien (1766-1832), œnologue ;
- Fortuné Joseph Petiot-Groffier (1788-1855), industriel, député et pionnier de la photographie ;
- Jean-Baptiste Bressant, acteur de théâtre français (1815-1886), y naquit le 23 octobre 1815 ;
- Pierre Trémaux (1818-1895), architecte (second Prix de Rome), orientaliste et photographe ;
- Léon-Vivant Moissenet (1831-1906), polytechnicien, ingénieur des mines de Paris ;
- Édouard Benjamin Baillaud (1848-1934), astronome français, créateur de l'Observatoire du Pic du Midi ;
- Émile Mauchamp (1870-1907), médecin français assassiné au Maroc ;
- Omer Letorey (1873-1938), compositeur de musique, Premier Grand Prix de Rome en 1895 ;

- Georges Bugnet (1879 - 1981), journaliste et écrivain.
- Georges Nouelle (1887-1966), homme politique (SFIO) et maire de Chalon-sur-Saône de 1926 à 1946 et de 1952 à 1965 ;
- Charles Lacheroy (1906-2005), militaire ;
- Roger Marchi (1919-1946), as français de la Seconde Guerre mondiale né à Chalon-sur-Saône le 26 juillet 1919 ;
- Roland Carraz (1943-1999), homme politique (PS puis MDC) et maire de Chenôve de 1983 à 1999 ;
- Joseph Touchemoulin (1727-1801), musicien

Économie

Revenus de la population et fiscalité

En 2007, le revenu fiscal médian par ménage était de 14500 €[41] .

Emploi, industrie, commerces, services

Les principaux domaines d'emplois sont spécialisés dans le Nucléaire, la Chimie (plasturgie, photographie), la Métallurgie et la Mécanique.

On note la présence du *Bureau de la Chambre de commerce et d'industrie de Saône-et-Loire* qui gère l'École de Gestion et de Commerce de Chalon-sur-Saône ainsi que le port fluvial de commerce de Chalon-sur-Saône.

Il y a en tout 2472 établissements économiques dans cette ville : 764 commerces, 454 services aux particuliers, 409 établissements d'éducation, de santé et d'action social, 378 services aux entreprises, 122 entreprises de construction, 69 industries agricole et alimentaires, 64 entreprises d'activités immobilières, 60 entreprises de transport, 49 industries de biens intermédiaires, 35 industries de biens de consommations, 34 entreprises d'énergie, 33 industries de biens d'équipements et 1 industrie automobile[42] .

Les entreprises les plus importantes sont Areva, Saint-Gobain, *Cartonnerie Laurent*, Chalondis, Carrefour 2000, Géant Casino, *Comptoirs des Fers*, *Cayon*, Le journal de Saône-et-Loire... Kodak était jusqu'au début des années 2000, la plus grosse industrie de cette ville. Ce site de production a été transformé en Campus industriel Le Grand Chalon en Bourgogne à partir de 2005.

Tourisme

Cette ville attire des touristes venant pour plusieurs raisons : l'attrait historique, l'art, la gastronomie et les vins (Côte Chalonnaise).

Culture et patrimoine

Monuments et lieux touristiques

Chalon-sur-Saône est classée Ville d'Art et d'Histoire.

Monuments civils

- Nicéphore Cité : plateforme de ressources en images et sons.
- L'Abattoir : ancien abattoir régional, l'Abattoir est devenu une structure culturelle qui sait accompagner et soutenir les artistes de rue au fil de leurs créations. Il est l'un des 9 Centres Nationaux des Arts de la Rue de France.
- Le Conservatoire à rayonnement régional de Musique, de Danse et de Théâtre.
- Lapéniche. Salle de musiques actuelles. Situé dans l'enceinte de L'Abattoir, une salle conventionnée de concert (L'Abatt') est créée en 1994. Elle change de nom en 1999 et devient Lapéniche.

- L'arrosoir. Jazz-club créé en 1971.
- Espace des Arts. anciennement Maison de la Culture de 1971 à 1984. Théâtre, danse, musique, arts plastiques... et sur le même bloc la Maison des Sports (sport : basket-ball, handball...).
- Théâtre municipal. Théâtre à l'italienne (facade terminée en 1783)
- Théâtre Grain de Sel. Petit théâtre mis à la disposition de Jacques Baillard (Théâtre de Saône et Loire) en 1982. Il est actuellement géré par Jean-Jacques Parquier (le Théâtre à Cran) depuis 2006
- Le parc des expositions et le Colisée.
- La maison des vins de la côte Chalonnaise.
- Ancien palais épiscopal, sur des vestiges gallo-romains et médiévaux, ensemble des XVIIe et XVIIIe siècles.
- Le pont Saint-Laurent.
- L'hôpital de l'île Saint-Laurent, construit en 1526, ainsi que sa chapelle du XIXe siècle.
- Obélisque commémoratif de la construction du canal du centre.

Ville d'art et d'histoire, Chalon-sur-Saône possède un important quartier historique avec des vieilles maisons à colombages, de nombreuses ruelles, des tours et des tourelles : Tourelle de l'impasse de la Gravière, tour du Beffroi datant du XVe siècle, en brique (cloches XVe et XVIe siècles), Tour d'enceinte de l'ancien évêché, Tour du Doyenné, hexagonale, du XVe siècle, remontée sur l'île Saint-Laurent, Tour de Saudon, à base romaine, Tour de Coco-Louvrier du XVe siècle, Tour des Lombards du XVe siècle, Tour de l'Évêché médiévale, et Tour de Marcilly.

La ville comprend d'autres fortifications avec les bastions du XVIe siècle (Saint-Pierre et Royal) bâtis sous Henri II.

Vue de l'obélisque

Le Colisée

Monuments religieux

Églises catholiques

Dans la ville, en dehors des chapelles ou anciennes-chapelles catholiques d'établissements scolaire ou médicaux etc., on trouve huit édifices affectés au culte, partagés entre trois paroisses : ce seront ceux citées ci-dessous. À noter qu'avant la Révolution, la ville possèdait beaucoup plus de sanctuaires et couvents catholiques. Malheureusement, beaucoup de monuments furent détruits pendant cette période...

Cathédrale Saint-Vincent

- La cathédrale Saint-Vincent (bâtie entre 1090 et 1520), façade néogothique 1827, cloître XIVe et XVe siècles.On y remarque la présence de la tombe de l'évêque saint Loup de Chalon (de 601 à 602), qui a notamment donné son nom à la petite ville de Saint-Loup-de-Varennes, toute proche. Remarquez que les tours contiennent deux cloches qui pèsent environ 500 kg et 1000 kg, ainsi qu'un bourdon de 4,3T mais qui pour l'instant ne sonne pas en volée, en attendant que la municipilaté puisse réparer la charpente du clocher, mais qui tinte le glas pour les funerailles.
- L'imposante église baroque Église Saint-Pierre, place de l'Hôtel de ville.
- L'église néogothique Saint-Cosme, proche de la gare, ancienne église paroissiale catholique de l'ancienne commune de Saint-Côme, absorbée par Châlon-sur-Saône.
- La chapelle de la Citadelle et sa statue votive de La Vierge Marie (élevée sur une tour attenante à la chapelle en remerciement à la Sainte Vierge pour la protection de la ville contre les Prussiens en 1870, selon un voeu fait par les habitants) : une plaque sur la façade rappelle également que la ville fut solennellement mise sous la protection de la Vierge en 1940.
- L'église du Sacré-Cœur.
- L'église Saint-Jean des Vignes, ancienne église paroissiale catholique de l'ancienne commune de Saint-Jean-des-Vignes, absorbée par Châlon-sur-Saône.
- L'église moderne Notre-Dame de Lumière.
- L'église moderne Saint-Paul.

La ville de Chalon accueil aussi La Maîtrise de la cathédrale qui se produit régulièrement en concert ou en Messe .

Temples protestants et églises réformées

Il y a deux églises réformées :

- Eglise Réformée de France (rue Carnot),
- Eglise Evangelique (rue Gauthey).

Eglises orthodoxes

- Chapelle Orthodoxe Serbe (Rue du Rempart St Vincent).

Église mormone

- Église de Jésus-Christ des saints des derniers jours (rue de la Motte)

Mosquées

Il y a trois mosquées à Chalon-sur-Saône :

- Centre Culturel Islamique El-Fath (rue Edgard-Quinet),
- Mosquée Es-Salam (rue de Bourgogne),
- Mosquée Du Savoir (centre commercial du Stade).

Synagogues

- Synagogue,rue de Gémigny.

Musées

La ville possède trois musées :

- le Musée Nicéphore-Niépce, sur la photographie. Situé dans l'ancien hôtel des Messageries royales. Depuis 2000, le musée présente des photographies contemporaines.
- le Musée Vivant-Denon (figure marquante du monde des arts à la fin de l'Ancien Régime). Il se situe sur la place de l'Hôtel de Ville de Chalon-sur-Saône.
- le *Musée du Souvenir du combattant* qui est consacré aux souvenirs des guerres afin de préserver la mémoire et situé dans la chapelle des Templiers.

Musée Vivant-Denon

Espaces verts

Le plus grand espace vert de la ville se nomme la *roseraie Saint-Nicolas*. Le *parc Georges Nouelle* et le *square Chabas* sont deux autres endroits verts à Chalon-sur-Saône.

La ville a été récompensée par trois fleurs au concours des villes et villages fleuris[43] .

Cinéma

Il y a trois cinémas dans cette ville (l'*Axel*, les *5 Nefs* et le *Vox*).

Film tourné dans la ville

Le début du film Neuilly sa mère ! se déroule à Chalon-sur-Saône.

Le film Trois Huit est tourné essentiellement à l'usine de bouteilles Saint Gobain.

Le film La bataille du rail, consacré aux résistants pendant la guerre se passe à Chalon-sur-Saône.

Bibliothèques

La *bibliothèque municipale* composée de 4 bibliothèques réparties sur la ville.

Vie militaire

Listes des unités militaires ayant tenu garnison à Chalon-sur-Saône :

- 56e Régiment d'Infanterie, (avant) 1906 - 1914
- 134e Régiment d'Infanterie, 1939 -1940
- Caserne militaire nommée *Caserne militaire Carnot*, qui accueille la Base Pétrolière Interarmées,et qui est rattachée au Service des Essences des Armées.

Photographies

Bibliographie

- *La Saône-et-Loire les 573 communes*, éditions Delattre, Granvilliers, 2006, 255 pages, (ISBN 2-915907-23-4)
- Michel Limoges et Josyane Piffaut, *Saône-et-Loire*, Siloë-Editeur, novembre 1989, 144 pages, (ISBN 2-905259-58-2)
- Pierre Gras: " *Note sur les évêques de Chalons* ", Mémoire de la Ste d'Histoire et Archéologie de Chalon-sur-Saône, t.XXXII, fasc 2, Mâcon, Imp Buget-Comptour 1950.
- Raoul Violot: " *Eglise St Pierre de Chalon, ses origines Italiennes* " Mémoire de la Ste d'Histoire et archéologie de Chalon-sur-Saône, t. XXXII, fasc 2, Mâcon, impr Buget-Comptour, 1950.

Notes et références

[1] Populations légales 2008 de la commune : *Chalon-sur-Saône* sur le site de l'Insee (http://www.insee.fr/fr/ppp/bases-de-donnees/recensement/populations-legales/commune.asp?annee=2008&depcom=71076)

[2] EV6 c'est quoi ? - Eurovelo6.org Site édité par le Conseil Régional du Centre. (http://www.eurovelo6.org/ev6-c-est-quoi) *L'EuroVelo 6 Atlantique-Mer Noire est l'un des 12 itinéraires du réseau EuroVelo 6 né à l'initiative de la Fédération européenne des cyclistes (ECF) (...). Son objectif est de suivre trois des plus grands fleuves européens, creusets de la civilisation européenne : la Loire, le Rhin et le Danube. Elle traverse donc la France, la Suisse, l'Allemagne, l'Autriche, la Slovaquie, la Hongrie, la Serbie, la Croatie, la Bulgarie et la Roumanie.*

[3] André Dominé : *Le vin, « La Bourgogne »*, p. 181.

[4] Archives climatologiques mensuelles - Dijon (????-1990) (http://www.infoclimat.fr/climatologie/index.php?s=07280&aff=details) Consulté le 17 décembre 2008

[5] Moyennes de températures sur Dijon en [[2007 (http://www.infoclimat.fr/climatologie/stations_principales.php?s=&d=)]] Consulté le 17 décembre 2008

[6] Moyennes de températures sur Dijon en [[2008 (http://www.infoclimat.fr/climatologie/stations_principales.php?s=&d=)]] Consulté le 17 décembre 2008

[7] Moyennes de températures sur Dijon en [[2009 (http://www.infoclimat.fr/climatologie/stations_principales.php?s=&d=)]], consulté le 31 décembre 2009.

[8] Archives climatologiques mensuelles - Mâcon (1961-1990) (http://www.infoclimat.fr/climatologie/index.php?s=07385&aff=details) Consulté le 17 décembre 2008

[9] Site de la ville de Chalon-sur-Saône (plan des quartiers) (http://www.chalonsursaone.fr), consultée le 16 mars 2010.

[10] *La Saône-et-Loire ; les 573 communes*, page 41 sur Chalon-sur-Saône.

[11] Gérard Coulon, *Les Gallo-Romains : vivre, travailler, croire, se distraire - 54 av. J.-C.-486 ap. J.-C.*, Paris : Errance, 2006. Collection *Hespérides*, ISBN 2-87772-331-3, p. 21

[12] *La Saône-et-Loire ; les 573 communes*, page 42 sur Chalon-sur-Saône.

[13] Pierre Miquel, *Les Guerres de religion*, Club France Loisirs, 1980 (ISBN 978-2-7242-0785-9), p 252

[14] Michel Limoges et Josyane Piffaut, *Saône-et-Loire*, p.42

[15] Stéphane Simonnet, *Atlas de la Libération de la France*, éd. Autrement, Paris, 1994, réimp. 2004 (ISBN 2-7467-0495-1) , p 35

[16] Cartulaires de l'Abbaye de Saint-Martin d'Autun, charte 139.

[17] L'historique des maires de Chalon-sur-Saône sur le site MairesGenWeb (http://www.francegenweb.org/mairesgenweb/resultcommune.php?id=490)

[18] Résultats des élections municipales de Chalon-sur-Saône (mars 2008) (http://www.linternaute.com/ville/ville/elections-municipales/1843/Chalon-sur-Saône.shtml).

[19] **[PDF]** Ville de Chalon-sur-Saône : Budget 2006 (http://www.chalon.fr/documents/kbrochure/budget_2006.pdf)

[20] **[PDF]** Extrait du Magazine *Chalon-sur-Saône* : Budget 2009 (http://www.chalon.fr/documents/kmagasine/MagFev_para_364.pdf) Consulté le 1er juillet 2009

[21] http://cassini.ehess.fr/Population par commune avant 1962 (résultats publiés au journal officiel ou conservés aux archives départementales) (http://cassini.ehess.fr/cassini/fr/html/6_index.htm)

[22] INSEE : Population depuis le recensement de 1962 (http://www.insee.fr/fr/ffc/docs_ffc/psdc.htm)

[23] Chalon-sur-Saône sur le site de l'INSEE (http://www.recensement.insee.fr/RP99/rp99/satellite.autorisation?nivgeo=C&oldnivgeo=&theme=ALL&typeprod=ALL&choix_dept=71&codgeo=71076&oldnivgeo=C&oldcodgeo=69149&c_produit=E_DEMO&quelcas=SATGEO&lang=FR#)

[24] Site de la ville de Chalon-sur-Saône : Enseignement (page sur l'école maternelles) (http://www.chalon.fr/site/Ecoles_maternelles-232.html) Consulté le 1 juillet 2009

[25] Site de la ville de Chalon-sur-Saône : Enseignement (page sur l'école élémentaires) (http://www.chalon.fr/site/Ecoles_elementaires-233.html) Consulté le 1 juillet 2009

[26] Site de la ville de Chalon-sur-Saône : Enseignement (page sur les collèges) (http://www.chalon.fr/site/Ecoles_Colleges-234.html) Consulté le 1 juillet 2009

[27] Site de la ville de Chalon-sur-Saône : Enseignement (page sur les lycées) (http://www.chalon.fr/site/Ecoles_Lycees-235.html) Consulté le 1 juillet 2009

[28] Site de la ville de Chalon-sur-Saône : Enseignement (page sur l'enseignement supérieur) (http://www.chalon.fr/site/Enseignement_superieur-236.html) Consulté le 1 juillet 2009

[29] Annuaire Pages Jaune de Saône-et-Loire 2009, p. 393 et 394.

[30] Chalon-sur-Saône : un tissu associatif dense (http://www.chalon.fr/site/Chalon_sur_saone_un_tissu_associatif_dense-34.html) sur *Site de la ville de Chalon-sur-Saône*. Consulté le 1er juillet 2009

[31] Le carnaval de Chalon (http://www.carnavaldechalon.com/)

[32] Site officiel de l'élan Chalon (http://www.elanchalon.com)

[33] Site officiel du CAC Cercle de l'Aviron de Chalon-Sur-Saône (http://www.cercle-aviron-chalon.fr/)

[34] Site officiel du CNC (http://cnchalon.nuxit.net/)

[35] Site d'Infos-Chalon, Le Cercle Nautique Chalonnais... 3e club français (http://www.infos-chalon.com/article.php?sid=27913&thold=0), consulté le 24 août 2011.
[36] Les Vikings de Chalon (http://www.vikingsbaseball.org)
[37] Tennis club Chalon et son école de tennis (http://tennis-club-chalon.fr)
[38] VBCC Volley-ball Club Chalon (http://vbcc.fr)
[39] Site officiel du C.S.B.C. (http://csbc.sur-le-web.fr/)
[40] Site officiel du R.H.C. (http://www.roller-chalon.fr//)
[41] Site de l'Insee, régions bourgognes (Chalon-sur-Saône) (http://www.insee.fr/fr/insee_regions/bourgogne/themes/dossiers/quartier chalon sur%saone.pdf), consulté le 14 aout 2010.
[42] Site du Journal du Net : Page sur Chalon-sur-Saône (Entreprises) (http://www.journaldunet.com/management/ville/ville/entreprise/1843/chalon-sur-saone/)
[43] Villes et Villages Fleuris (palmarès 2007 des communes de Saône-et-Loire) (http://www.villes-et-villages-fleuris.com/leconcours/palmaresdep/P71.htm)

Voir aussi

Articles connexes

- Le Grand Chalon
- Campus industriel Le Grand Chalon en Bourgogne
- Évêché de Chalon-sur-Saône
- Chartes bourguignonnes
- Art roman en Saône-et-Loire

Liens externes

- (fr) Site officiel (http://www.chalonsursaone.fr)
- (fr) Office de tourisme de Chalon-sur-Saône (http://www.chalon-sur-saone.net)

Liste des ducs de Bourgogne

Le duché de Bourgogne (en francoprovençal ***Borgogne***) est fondé en 880 à partir du royaume de Bourgogne, par les rois carolingiens Louis III et Carloman II et les membres princiers de leur famille qui se partagent l'Empire carolingien de Charlemagne dont ils ont hérité. Ils féodalisent tous les royaumes carolingiens de France en duchés et comtés vassaux des rois de France.

Palais des ducs de Bourgogne à Dijon

Maquette du palais des ducs de Bourgogne à Dijon (exposé dans la salle d'arme du palais devenu hôtel de ville de Dijon et musée)

Richard II de Bourgogne (dit Richard le Justicier) est nommé marquis puis premier duc de Bourgogne et un des six pairs laïcs primitifs de France par son suzerain le roi Louis III.

Le duc de Bourgogne est lui-même suzerain des comtés suivants :

- Comté de Chalon, comté de Charolais, comté de Mâcon, comté d'Autun, comté de Nevers, comté d'Avallon, comté de Sancerre, comté de Tonnerre, comté de Senlis, comté d'Auxerre, comté de Sens, comté de Troyes, comté d'Auxonne, comté de Bourgogne (Franche-Comté actuelle), comté de Montbéliard, comté de Bar...
- Et autres comtés, seigneuries, et acquisitions par mariages, héritages ou par guerres.

Liste des ducs

Bosonides

- 880-921 : Richard le Justicier, chef indiscuté des comtes de toute la région bourguignonne. Titré marquis (titre que reconnaissait le roi), ou duc (titre que lui donnait les peuples[1]).
- 921-923 : Raoul Ier, fils du précédent. En 923, il devient roi de France et cède le duché à son frère Hugues.
- 923-952 : Hugues le Noir, frère du précédent.
- 936 : Hugues le Grand, entreprend la conquête de la Bourgogne et se fait reconnaître par le roi Louis IV dit d'Outremer le titre de duc de Bourgogne. Hugues le Noir se maintient en Autunois et garde Beaune et Nevers dans sa fidélité. À sa mort (952), ses possessions sont partagées entre ses deux gendres :
  - Liétaud, devient comte de Mâcon et d'Outre-Saône,
  - Gilbert de Chalon, unit l'Autunois à ses propres comtés

L'un et l'autre portent le titre de « *comes praecipuus Burgondiae* », (*comte principal des Bourguignons*). Le titre ducal reste à Hugues le Grand[2] .

Robertiens (Capétiens)

- 956-965 : Otton, fils d'Hugues le Grand , marié à Liegearde de Chalon, fille héritière de Gilbert de Chalon.
- 965-1002 : Henri Ier le Grand ou Eudes-Henri, frère du précédent, élu par les comtes du duché de Bourgogne.
- 1002-1004 : Otte-Guillaume, comte palatin de Bourgogne, beau-fils du précédent.

Capétiens directs

Armoiries des ducs capétiens de Bourgogne
bandé d'or et d'azur de six pièces, à la bordure de gueules

- 1004-1016 : Robert II, roi de France, neveu d'Otton et d'Henri Ier.
- 1016-1031 : Henri II de Bourgogne, fils du roi Robert II, qui devint lui-même roi de France en 1031 sous le nom de Henri Ier, et laissa en 1032 le duché de Bourgogne à son frère Robert, à défaut du trône.
- 1032-1076 : Robert Ier le Vieux, fils de Robert II et frère du duc précédent devenu roi.
- 1076-1079 : Hugues Ier, petit-fils du précédent.
- 1079-1102 : Eudes Ier Borrel, frère du précédent.
- 1102-1143 : Hugues II le Pacifique, fils du précédent.
- 1143-1162 : Eudes II, fils du précédent.
- 1162-1192 : Hugues III, fils du précédent.
- 1192-1218 : Eudes III, fils du précédent.
- 1218-1272 : Hugues IV, fils du précédent.
- 1272-1306 : Robert II, fils du précédent.
- 1306-1315 : Hugues V, fils du précédent.
- 1315-1349 : Eudes IV, frère du précédent.
- 1349-1361 : Philippe Ier de Rouvres, petit-fils du précédent.

Maison de Valois (Capétiens)

Avec Philippe Ier de Rouvres s'éteint la première Maison capétienne de Bourgogne et le duché cesse d'être un apanage. Il fait retour au domaine royal dont il avait été distrait à l'origine. Trois ans plus tard, le roi de France Jean II le Bon crée donc un nouvel apanage ducal bourguignon pour son fils préféré, Philippe le Hardi.

- 1361-1364 : Jean II le Bon, roi de France, beau-père de Philippe de Rouvres et neveu d'Eudes IV. Philippe de Rouvres étant mort sans fils, il récupère le duché, écartant de la succession Charles le Mauvais, roi de Navarre (autre petit-neveu d'Eudes IV). Ceci est une facilité de langage actuelle qui ne recouvre aucune réalité juridique puisque le droit féodal donne tout pouvoir au roi quand une Maison apanagiste s'éteint. Mais les États de Bourgogne refusant le retour de la Bourgogne ducale au domaine royal, Jean II le Bon fut duc à titre personnel en même temps que roi de France (alors qu'il est prisonnier en Angleterre) et finit par le donner en apanage à son quatrième fils.
- 1364-1404 : Philippe II le Hardi, fils du précédent (c'est-à-dire du roi Jean II le Bon)
- 1404-1419 : Jean sans Peur, fils du précédent
- 1419-1467 : Philippe III le Bon, fils du précédent
- 1467-1477 : Charles le Téméraire, fils du précédent

Philippe II le Hardi

Jean sans Peur (écu)

Jean sans Peur (bannière)

Philippe III le Bon et Charles le Téméraire

Après 1477

Après la mort de Charles le Téméraire, Louis XI s'empare du duché et le rattache à la Couronne à l'extinction de la Maison apanagiste. Le titre de *duc de Bourgogne* est accordé à quelques princes de la maison de France mais, cette fois, sans apanage et comme titre de courtoisie. Mais Marie de Bourgogne, la fille de Charles le Téméraire, revendique le titre de *duchesse de Bourgogne*, sans avoir le contrôle physique du duché. Elle conserve la plupart des autres fiefs de son père et épouse Maximilien Ier de Habsbourg qui recrée le titre ducal.

Duché de Bourgogne (titre français)

Titre de l'ancien régime

Le titre est décerné par le roi de France à des princes, et *a priori* au fils aîné du dauphin :

- 1682-1711 : Louis de France (1682-1712), fils aîné de Louis de France (1661-1711), dit le grand dauphin, et petit-fils de Louis XIV. Il est le père de Louis XV et devint dauphin en 1711.
- 1751-1761 : Louis de France (1751-1761), fils aîné de Louis de France (1729-1765), dauphin, et petit-fils de Louis XV et frère aîné du futur Louis XVI.

Titre de courtoisie

- 1950-1975 : Alphonse de Bourbon, fils aîné de Jacques Henri de Bourbon (1908 † 1975), « duc d'Anjou » et de Ségovie, reçoit de son père le titre de « duc de Bourbon et de Bourgogne ». En 1975, à la mort de son père, il prend le titre de « duc d'Anjou ».
- 2010- : Louis de Bourbon, fils de Louis de Bourbon (1974-), « duc d'Anjou », fils du précédent, né le 28 mai 2010, titré « duc de Bourgogne ». Son frère jumeau, Alphonse, est titré « duc de Berry[3] ».

Duché de Bourgogne (titre Habsbourg)

En épousant Marie de Bourgogne, Maximilien de Habsbourg reprend à son compte les possessions restantes des Bourgogne, les Pays-Bas bourguignons (actuel Benelux), le comté de Bourgogne (actuelle Franche-Comté), le titre ducal, l'Ordre de la Toison d'Or et leur armoiries.

Armoiries de Maximilien Ier où l'on voit les armes de Bourgogne sur l'écu central. On retrouve les armes de Bourgogne sur les armoiries de ses descendants.

Les Habsbourg continuent en vain de revendiquer le duché de Bourgogne, mais doivent y renoncer d'abord au traité du Cateau-Cambrésis en 1559, puis au traité de Nimègue en 1678. Ce dernier traité attribue la Franche-Comté (précédemment connue sous le nom de comté de Bourgogne) à la France, sauf le comté de Montbéliard qui ne devient, volontairement, français que le 18 octobre 1793.

À l'issue de la guerre de succession d'Espagne, aux traités d'Utrecht (1713), les Habsbourg d'Autriche reçoivent les Pays-Bas, revendiquent l'Ordre de la Toison d'Or (il y a depuis deux ordres, un autrichien et un espagnol). Ils continuent de porter le titre de duc de Bourgogne. L'impératrice Marie-Thérèse le porte dans les documents officiels, et semble être la dernière dans ce cas. Après elle, le titre de *duc de Bourgogne* paraît absent de la titulature impériale (voir Habsbourg). Le titre se transmet donc aux Bourbons d'Espagne et, durant les périodes républicaines, au chef de la maison d'Espagne. Le roi Juan Carlos le porte encore de façon traditionnelle. La Constitution espagnole de 1978 lui accorde le titre de *roi d'Espagne* mais précise qu'il pourra utiliser les autres titres qui appartiennent à la Couronne.

Ducs *Habsbourg* de Bourgogne :

- 1477-1482 : Marie de Bourgogne, fille de Charles le Téméraire, et Maximilien Ier de Habsbourg, son mari.
- 1482-1506 : Philippe le Beau, roi de Castille, fils des précédents.
- 1506-1556 : Charles Quint, fils du précédent.
- *voir ensuite la Liste des rois d'Espagne.*

Notes et références

[1] Jean Richard, (Collectif, sous la direction de J. Richard : Joseph Joly, Roland Martin, Jean Marilier, Pierre Quarré, Daniel Ligou, Pierre Lévêque, François Caron), *Histoire de la Bourgogne*, Éditions Privat, 1988. ISBN 2-7089-1680-7, p. 131.

[2] Jean Richard, (Collectif, sous la direction de J. Richard : Joseph Joly, Roland Martin, Jean Marilier, Pierre Quarré, Daniel Ligou, Pierre Lévêque, François Caron), *Histoire de la Bourgogne*, Éditions Privat, 1988. ISBN 2-7089-1680-7, p. 132.

[3] http://www.lindependant.com/articles/2010-05-29/naissance-a-new-york-de-deux-heritiers-du-trone-de-france-189573.php

Bibliographie

- Claude Courtépée, Histoire abrégée du duché *et* Description de la Bourgogne, 1777.
- Prosper de Barante, Histoire des ducs de Bourgogne de la maison de Valois, en 13 volumes (in-8), 1824.

Voir aussi

- Bourgogne - Histoire de la Bourgogne
- Royaume des Burgondes - Royaume de Bourgogne
- État bourguignon - Dix-sept Provinces - Pays-Bas bourguignons - Cercle de Bourgogne
- Duché de Bourgogne - Comté de Bourgogne - Liste des comtes palatins de Bourgogne

Liens externes

- Liste des Ducs de Bourgogne, de la création du duché jusqu'à la conquête des Français. (http://www.cadole.eu/)

Cet article comprend des extraits du *Dictionnaire Bouillet*. Il est possible de supprimer cette indication, si le texte reflète le savoir actuel sur ce thème, si les sources sont citées, s'il satisfait aux exigences linguistiques actuelles et s'il ne contient pas de propos qui vont à l'encontre des règles de neutralité de Wikipédia.

Philippe II de Bourgogne

WARNING: Article could not be rendered - ouputting plain text.
Potential causes of the problem are: (a) a bug in the pdf-writer software (b) problematic Mediawiki markup (c) table is too wide

Philippe II de BourgognePhilippe II, dit le HardiTitreListe des comtes de ToursComte de Touraine1360 – 1363 Prédécesseur Reçu en apanage Successeur Retour à la Couronne Liste des ducs de BourgogneDuc de Bourgogne1363 – 1404 Prédécesseur Philippe Ier de BourgognePhilippe Ier de Bourgogne Successeur Jean Ier de BourgogneJean Ier de BourgogneListe des comtes de FlandreComte de FlandreListe des comtes palatins de BourgogneComte palatin de Bourgogne1369 – 1404 Prédécesseur Louis II de Flandre Successeur Jean Ier de BourgogneJean Ier de BourgogneListe des comtes puis ducs de NeversComte de Nevers1369 – 1385 Prédécesseur Louis II de Flandre Successeur Jean Ier de BourgogneJean Ier de BourgogneListe des comtes puis ducs de RethelComte de Rethel1369 – 1393 Prédécesseur Louis II de Flandre Successeur Antoine de BrabantBiographie Date de naissance 17 janvier17 janvierjanvier 13421342 Lieu de naissance Pontoise Date de décès 27 avril27 avrilavril 14041404 Lieu de décès Hal (Belgique)Hal, Belgique actuelle Père Jean II de France Mère Bonne de Luxembourg Conjoint Marguerite III de Flandre Enfants Jean Ier de BourgogneJean Ier de BourgogneCharlesAntoine de BrabantMarguerite de Bourgogne (1374-1441)MargueriteCatherineBonneMarie de Bourgogne (1380-1428)MariePhilippe II de Bourgogne dit Philippe le Hardi Philippe II de Bourgogne sur le site de la Fondation pour la généalogie médiévale (1342-1404), est le fils du roi Jean II de France, dit Jean le Bon, et de Bonne de Luxembourg. Né à Pontoise le 17 janvier 1342, il fut Duché de Bourgogneduc de Bourgogne, comte de Flandre et d'Artois, comte palatin de Bourgogne (Franche-Comté), comte de Nevers, de Rethel, d'Étampes, de Gien, de Charolais, seigneur de Salins et de Malines. Longtemps appelé Philippe sans terreL'origine du surnom du duc de Bourgogne Philippe le Hardi, in, La Bourgogne au Moyen Âge, Académie de Dijon, Centre Régional de Recherche et de Documentation Pédagogiques, 1972, p. 135. parce qu'il était le dernier des quatre fils du roi Jean, il est fait duc de Touraine en 1360Société de l'histoire de France Le comté de Touraine avait été érigé en duché pairie et donné à Philippe le Hardi en octobre 1360., 1855, p. 242. Il est nommé Philippe le Hardi par la bouche du roi d'Angleterre pour trois de ses actionsOlivier de La Marche (Mémoires, éditions H. Beaune et J. d'Arbaumont, Société de l'Histoire de France, prologue, chapitre XIV et XV, tomme I, pp. 58-62 - Adaptation, la plus célèbre étant son valeureux comportement au côté de son père à la bataille de Poitiers (1356)bataille de Poitiers en 1356. Son père lui donne le duché de Bourgogne en apanage en 1363. Il épouse à Gand en juin 1369Le 19 juin 1369 dans l'église Saint-Bavon de Gand. Marguerite III de Flandre, riche héritière présomptive des comtés de comté de FlandreFlandre, d'comté d'ArtoisArtois, de comté de RethelRethel, de comté de NeversNevers et du comté de Bourgogne et veuveSelon Bourgogne, Éditions MSM, 2002, ISBN : 2-911515-39-0, le grand duché Valois, Philippe le Hardi, p. 119 : « Marguerite de Male avait été fiancée à l'âge de dix ans, vers 1360, à Philippe de Rouvres ». D'après E. Petit, Histoire des ducs de Bourgogne de la race capétienne, t. IX, p. 249, Philippe de Rouvres fut marié virtuellement à Marguerite de Flandre. Il avait alors dix ans et sa jeune épouse n'était âgée que de sept ans. La cérémonie, célébrée par l'évêque de Tournai eut lieu à Saint-Vaast le 14 mai 1357. Marguerite de Flandre resta à la cour d'Artois jusqu'en juillet 1361 date à laquelle elle rejoint la cour de Bourgogne. C'est un mois ou deux après son arrivée en Bourgogne que le duc Philippe de Rouvres décéda de la peste. du précédent duc de Bourgogne Philippe Ier de BourgognePhilippe Ier décédé sans descendance à l'âge de 15 ans. La mort de son beau-père, Louis II de FlandreLouis de Male, le rend maître des territoires apportés en dot par sa femme et fait de lui le plus puissant des « sires de fleurs de lys ». Tenant sous son autorité la Flandre, l'Artois et leurs appartenances, il rassemble sous son contrôle le duché de Bourgogne et le comté de Bourgogne qui vont, pendant un siècle, suivre à nouveau une destinée commune. Amateur d'art, mécène fastueux, passionné pour l'architecture, il fait profiter les villes de Bourgogne d'une forte activité artistique notamment par les aménagements qu'il fit réaliser à ses châteaux de Rouvres-en-PlaineRouvres, d'Argilly ou Germolles-sur-GrosneGermolles près de Chalon-sur-Saône, résidence préférée de la duchesse Marguerite III de FlandreMarguerite. Dijon lui doit une chartreuse construite aux portes de la ville au lieudit Chartreuse de Champmol« Champmol », destinée à devenir la nécropole de la dynastie ducale des Valois ; ses prédécesseurs, les ducs Capétiens se faisaient inhumés à l'abbaye de Cîteaux. mais aussi homme politique habile, esprit avisé et subtil, il mène la politique bourguignonne avec prudence« Il voyait loin » selon Jean FroissartFroissart et Christine de Pisan (témoin de l'époque qui livra des descriptions des relations à la cour de France au début du XVe siècle souligne son « souverain sens et conseil ». et jette les bases d'un État bourguignon puissant qui, à son apogée, se dressera en rival du royaume de France allant jusqu'à le mettre en péril. Il ouvre une page prestigieuse de l'histoire de la Bourgogne et la dynastie des Valois de Bourgogne qu'il fonde régnera plus d'un siècle. Biographie Jeunesse Enfance Philippe le Hardi est le quatrième fils du roi de France Jean II et de Bonne de Luxembourg, fille de Jean l'Aveugle, roi de Bohème, et sœur du futur empereur Charles IV du Saint-EmpireCharles IV. Il est éduqué à la cour avec une bande d'enfants d'âge similaire dont il restera proche : Philippe d'Orléans (1336-1375)Philippe d'Orléans son oncle, ses frères Charles V de FranceCharles, Louis Ier de NaplesLouis et Jean de BerryJean, Louis II de BourbonLouis de Bourbon, Édouard III de BarÉdouard et Robert Ier de BarRobert de Bar, Godefroy de Brabant, Louis d'Étampes, Louis d'Évreux (frère de Charles le Mauvais), Jean d'ArtoisJean et Charles d'Maison capétienne d'ArtoisArtois, Charles III d'AlençonCharles d'Alençon et Philippe Ier de BourgognePhilippe de RouvreFrançoise Autrand, Charles V, Fayard 1994, p. 26. Son précepteur est probablement Sylvestre de la ServelleFrançoise Autrand, Charles V, Fayard 1994, p. 27 qui lui inculque le latin et la grammaire. Sa mère et sa grand-mère paternelle meurent de la Grande pestepeste en 1349. Son grand-père, Philippe VI de FrancePhilippe VI, décède peu après en 1350Françoise Autrand, Charles V, Fayard 1994, p. 28. Une des premières décisions de son père, sacré le 26 septembre 1350 à Reims, est de réorganiser l'armée et de discipliner la noblesse qui en forme une grande partie en créant l'Ordre de l'Étoile (France)ordre de l'Étoile. Philippe et son frère Jean de BerryJean sont armés chevaliers de l'ordre parmi 100 autres le 6 janvier 1352Françoise Autrand, Charles V, Fayard 1994, p. 91. La bataille de Poitiers L'héroïsme de Jean le Bon et de son fils Philippe à la bataille de Poitiers est resté célèbre et vaut au premier sa réputation de roi-chevalier et au deuxième son surnom de Hardi. Illustration d'Alphonse de Neuville pour L'histoire de France depuis les temps les plus reculés jusqu'en 1789 de François Guizot 1870Les causes profondes de la guerre de Cent Ans sont d'origine économiques et sociales (le système féodal n'est plus adapté à une économie de moins en moins agricole et de plus en plus industrielle et commerçante), mais le prétexte à son déclenchement reste d'ordre dynastique et une contestation de vassalité. Pour succéder au roi capétien Charles IV le Bel mort sans descendance mâle, les grands du royaume de France choisissent le Maison capétienne de ValoisValois, Philippe VI de

FrancePhilipe VI, plutôt que le Plantagenêt Édouard III d'AngleterreÉdouard III roi d'Angleterre. Ce choix est fait afin d'éviter qu'un étranger ne monte sur le trône de FranceJean Favier, La guerre de Cent Ans, Fayard 1980, p. 33. Cette éviction se fait aussi au détriment de Charles le Mauvais fils de Jeanne II de NavarreJeanne de Navarre déjà évincée lors de la succession de son père, Louis X le Hutin en 1316. Le début de la guerre est catastrophique pour les Valois qui enchaînent les défaites (Bataille de l'Éclusel'Écluse, Bataille de CrécyCrécy, siège de Calais) du fait de la supériorité tactique anglaise engendrée par l'Arc long anglaisarc long. Les premiers Valois, incapables de faire accepter les impôts nécessaires au financement d'un État moderne, doivent recourir à des mutation monétairemanipulations monétaires qui entraînent des dévaluationsJean Favier, La guerre de Cent Ans, Fayard 1980, p. 203-204. Le règne de Jean le Bon est marqué par la défiance du peuple envers les Valois et dans la société féodale à trois ordres, la noblesse, en charge de la sécurité du royaume, doit remplir cette mission dans l'honneur : le roi se doit de redorer sa couronne sur le champ de bataille, et c'est dans cet esprit qu'il renvoie les troupes envoyées par les villes pour le soutenir. En 1356, le Édouard de WoodstockPrince noir, fils d'Édouard III, mène une chevauchée dévastatrice depuis la Guyenne jusqu'à la Loire. Jean le Bon le poursuit avec une armée deux fois plus nombreuse, composée de chevaliers lourds, et le rattrape dans les environs de Poitiers. La Bataille de Poitiers (1356)bataille s'engage le 19 septembre19 septembreseptembre 13561356. La charge de l'avant garde royale est brisée par les arc long anglaisarchers gallois bien retranchés derrière des haies. Redoutant une issue semblable au désastre de Crécy, une partie de l'armée française méfiante perd confiance et tourne casaque. Rapidement la situation tourne en défaveur des Français mais le roi doit faire preuve de bravoure pour restaurer l'autorité des Valois. Il fait mettre à l'abri ses fils aînés Charles V de FranceCharles, Louis Ier de NaplesLouis et Jean de Berry, préservant la lignée mâle de sa dynastie et, ne garde auprès lui que le plus jeune, Philippe II de Bourgogne, tout juste âgé de 14 ans, encore trop jeune pour brandir l'épéeFrançoise Autrand, Charles VI, Fayard février 1986, page 17. Les chevaux, non protégés, sont des cibles trop vulnérables aux tirs des arc long anglaisarchers anglais, le roi choisit de mettre pied à terre avant de monter à l'assaut. La chevalerie, démontée, subit alors une charge de cavalerie anglaise et se trouve rapidement submergée. Le roi et ses fidèles qui ont fait serment de ne pas reculer en entrant dans l'Ordre de l'Étoile (France)ordre de l'Étoile se retrouvent cernés. Le jeune Philippe assiste son père, dans un corps à corps héroïque et gagne grâce à sa bravoure, dans cette désastreuse défaite française de Poitiers son surnom de le HardiLaurent Theis, Histoire du Moyen Âge Français, Perrin 1992, page 287. Ses cris sont devenus légendaires: « Père, gardez-vous à droite! Gardez-vous à gaucheD'après Journal de la Bourgogne, Collection jacques Marseille, Édition Larousse, 2002, p. 108, ces mots célèbres auraient été transmis par le chroniqueur Giovanni Villani. ! ». Jean le Bon et Philippe le Hardi, blessés sont finalement faits prisonniersJean le Bon, le roi captif, chrisagde,(en) The Battle of Poitiers, Chad Arnow myarmoury.com.Ayant le roi de France comme prisonnier, Édouard III est en droit de le soumettre à rançon ce qui lui permet d'envisager d'importantes concessions territoriales et financières de la part de Jean le Bon. Quant au royaume de France, il se retrouve livré aux ambitions de Charles le Mauvais, de Robert Le Coq et d'Étienne Marcel, les principaux leaders du mouvement réformateur, et va sombrer dans la guerre civile. La conduite héroïque du roi et de son fils vont leur valoir un énorme prestige. La captivité L'hôtel de Savoie, résidence de la cour du roi Jean le Bon à Londres durant sa captivité.Le sacrifice du roi sauve sa couronne car il est perçu comme héroïque dans tout le royaume, y compris par Édouard III et son fils le Prince noir. Avec tous les honneurs, Jean le Bon et Philippe le Hardi sont incarcérés à Bordeaux où le roi prisonnier peut librement y organiser une cour. En janvier 1358, Charles de Navarre est en mesure de prendre le pouvoir (il est considéré par beaucoup comme plus apte à combattre l'ennemi anglais et plus légitime que le chétif dauphinRaymond Cazette, Étienne Marcel, Taillandier 2006, p. 230). Voyant la situation évoluer vers une monarchie contrôlée avec Charles de Navarre à sa tête, Jean le Bon décide de précipiter les négociations, quitte à céder beaucoup de terrain à Édouard III. Elles doivent avoir lieu de roi à roi et il est transféré de Bordeaux à Londres. Ses conditions d'incarcération sont royales. Logés à l'Hôtel de Savoie à Londres, avec une cour de plusieurs centaines de personnes (des proches capturés avec lui à Poitiers et d'autres venus de leur plein gré), le roi et son fils, ont toute liberté de circulation en Angleterre. Après le refus des Traités de Londres (1358 et 1359)traités de Londres successifs par les états généraux, les conditions de détention deviennent progressivement moins confortables. En janvier 1359, Jean le Bon est assigné à résidence, sous la garde de soixante neuf hommes de garde. Six mois plus tard, le roi est transféré à la sinistre forteresse de Somerton puis, au printemps 1360, à la Tour de Londres. Prisonnier, Jean le Bon, entouré de conseillers dont Nicole OresmeNicolas Oresme, constatant les bienfaits d'une monnaie forte, prépare dès son retour en France les réformes monétaires nécessaires. Après avoir signé le traité de Brétigny le 8 mai 1360, Jean le Bon et son fils Philippe sont libres de rentrer en France. Ses deux fils, Louis et Jean, prennent leur place à Londres pour garantir le payement de la rançon. Le 5 décembre 1360, à peine sa liberté retrouvée le roi ordonne, la frappe d'une nouvelle monnaie, le Franc à chevalfranc qui met fin aux mutation monétairemutations monétaires si décriéesLaurent Theis, Histoire du Moyen Âge français, Perrin 1992, pages 293-294. De la même manière, c'est la visite qu'il fait en Guyenne, érigée en principauté largement autonome, qui inspire au roi la politique des apanages et qu'il applique dès son retour (son fils Philippe est alors nommé duc de Touraine). Ce passage en Angleterre influe aussi sur Philippe le Hardi et lui donne une conception moderne de l'État. Prise en main du duché de Bourgogne Succession de Bourgogne Le 21 novembre21 novembrenovembre 13611361 la lignée des ducs capétiens de Bourgogne s'éteignait. Atteint de la peste, le jeune duc Philippe Ier de BourgognePhilippe de Rouvre n'a que quinze ans lorsqu'il succombe brutalement à l'assaut de la maladie. Son testament scellé déjà le 11 a établi comme héritiers ses parents les plus proches qui se partagent ses biens. Les comtés d'comté d'ArtoisArtois et de comté de BourgogneBourgogne sont remis à sa grand-tante, Marguerite Ire de BourgogneMarguerite de France, fille cadette de Philippe V de France, veuve de Louis Ier de FlandreLouis de Flandre et de Nevers. Les comtés de Boulogne et d'Auvergne passent à Jean Ier d'AuvergneJean de Boulogne oncle maternel du défunt. Le duché revient au roi de France lui-même, Jean II de FranceJean le Bon, petit-fils par sa mère Jeanne III de BourgogneJeanne, du duc de Bourgogne Robert II de BourgogneRobert II. Le roi Jean avait épousé Jeanne d'AuvergneJeanne de Boulogne, la mère de Philippe de Rouvre, veuve de Philippe de Bourgogne (1323-1346)Philippe de Bourgogne et ce mariage en avait fait un tuteur de la Bourgogne. Charles II de NavarreCharles le Mauvais, roi de Navarre, arrière-petit-fils de Robert II de Bourgogne, compétiteur possible, avait été écarté. Jean de Boulogne, président du Conseil ducal, ami intime du roi, le véritable maître du duché pendant la maladie de Philippe fait tout pour décourager toute opposition, tant de Charles II de NavarreCharles le Mauvais que des Bourguignons. Il dissimule le plus longtemps possible la mort du duc afin de placer prétendant et population devant le fait accompli et va même jusqu'à prendre des précautions militaires. Le 23 décembre23 décembre décembre 1361 1361, le roi Jean fait sa « joyeuse entrée » dans la capitale bourguignonne et, dans la cathédrale Saint-Bénigne, prête serment de maintenir les privilèges de la ville. L'institution des États de Bourgogne, cette assemblée de représentants Bourguignons garante du maintien des us et coutumes et détentrice du sentiment d'autonomie des Bourguignons et du respect de leurs libertés, convoquée pour prêter l'hommage se réunit en une assemblé solennelle le 28 décembre28 décembre décembre 1361 1361. Le roi y renouvelle les droits et privilèges de la ville mais, d'une voix respectueuse mais ferme elle y fait entendre un avertissement. Les États font savoir au souverain que le duché entend bien rester duché et qu'il ne pouvait y avoir d'annexion. Le traité de Cîteaux du 16 janvier16 janvierjanvier 13621362 consacre officiellement la victoire de Jean le Bon ; la dévolution s'était opérée sans encombre. Le roi regagne Paris après avoir nommé Henri de Bar gouverneur et confié la défense du duché à Jean II de Melun, comte de Tancarville. Écoutant l'avertissement des États et renonçant à sa conception unitaire, — la royauté n'avait-elle pas réuni souvent des fiefs à la couronne —, le roi Jean va prendre des décisions qui vont satisfaire les désirs des Bourguignons. Le 7 juin7 juinjuin 13631363 le comte de Tancarville, vaincu à Bataille de BrignaisBrignais en 1362 contre les Grandes compagnies est disgracié. Le roi le remplace par le duc de Touraine, son plus jeune fils, Philippe à qui il donne le titre de lieutenant-général. La réunion des États de Bourgogne du 3 juillet3 juilletjuillet 13631363, est un moment décisif entre le futur duc et ses futurs sujets. Ils accordent à Philippe les subsides qu'ils avaient refusé à Tancarville. Entre le Valois et les Bourguignons l'accord est fait. Par un acte daté du 6 septembre6 septembreseptembre 13631363Donné à Germigny-l'Évêque, Seine et Marne, canton de Meaux. Le duché de Bourgogne est concédé en échange du duché de Touraine. Selon l'acte, la cession du duché de Bourgogne est la récompense du « pur amour filial » de son fils, qui, « s'exposant volontairement à la mort, s'est tenu avec [son père] dans la bataille livrée près de Poitiers, sans peur et impavide, y a été blessé, capturé et détenu avec lui au pouvoir de leurs ennemis... », in Bourgogne, éditions MSM, p. 109. Jean le Bon fait donation pleine et entière du duché de Bourgogne à son fils Philippe ainsi qu'aux héritiers de ce dernier, à l'instar de ce que le roi Robert II de FranceRobert II avait fait à l'époque capétienne avec son fils Robert Ier de BourgogneRobert Ier. En même temps que duc de Bourgogne, Philippe devient doyen des pairs de FranceBourgogne, Éditions MSM, p. 109.. L'acte du 6 septembre demeure cependant secret jusqu'à l'avènement de Charles V de FranceCharles V et ses lettres patentes du 2 juin2 juinjuin 13641364 qui rendent officielle la constitution du duché valoisH. Drouot et J. Calmette, Histoire de Bourgogne, p. 120.. Lutte contre les Grandes Compagnies Royaume de France entre 1356 et 1363 : Jacqueries et Compagnies Possessions de Charles de Navarre Territoires contrôlés par Édouard III avant le traité de Brétigny Le premier traité de Londres cède l'Aquitaine des Plantagenêts aux Anglais et règle la guerre de succession de Bretagne par une alliance du duché avec l'Angleterre Le deuxième traité de Londres comprend en plus la Normandie et le Maine Chevauchée d'Édouard III en 1359-60 Territoires cédés par la France à l'Angleterre par le traité de Brétigny (suit le tracé du premier traité de Londres)La lutte contre les Grandes Compagnies est l'un des enjeux majeurs du retour de Jean le Bon. Ce dernier tente d'utiliser les unes contres les autres. Ainsi, en 1363, plutôt que de leur faire la guerre, Philippe de Bourgogne prend à son service un de leurs chefs, Arnaud de Cervole dit l'Archiprêtre, dont les troupes rançonnent la Bourgogne (il est même parrain du premier fils !)Françoise Autrand, Charles V, Fayard 1994, p. 499. Le routier mercenaire reçoit de fortes rétributions de Philippe le Hardi et de Jean le Bon pour éviter les pillagesFrançoise Autrand, Charles V, Fayard 1994, p. 503. Cette stratégie se révèle désastreuse et se termine par la bataille de Brignaisdéfaite de Brignais où les troupes levées par le roi sont mises en déroute par les compagnies en partie à cause de la trahison de l'Archiprêtre. Ce dernier récidive à la bataille de Cocherel, où il négocie avec les Navarrais puis quitte le champ de bataille en prétextant une reconnaissanceFrançoise Autrand, Charles V, Fayard 1994, p. 500. Philippe le Hardi doit employer toute sa science de la diplomatie pour calmer la colère du roi Charles V de FranceCharles V, et il soutiendra d'ailleurs Arnaud de Cervole jusqu'en 1366 date au cours de laquelle le routier est assassiné par un de ses propres hommes.Dès 1364, et l'avènement de Charles V le ton change. Le rétablissement de l'autorité royale et de l'économie passent par l'éradication des Grandes compagnies qui saignent le pays. Charles V doit faire comprendre que le royaume n'est plus un havre pour les pillards. Il traite le problème avec la plus grande rigueur et fermeté : il fait appliquer la loi et ne négocie pas avec les truands. Il réorganise l'armée en déléguant à ses frères l'organisation de la réponse militaire au sein de chaque principautéFrançoise Autrand, Charles V, Fayard 1994, p. 518. C'est rapidement tout le pays qui s'organise contre les Grandes Compagnies. Chevaliers, villes, paysans envoient des contingents d'hommes pour les combattre. Les routiers français sont exécutés et les étrangers de quelque valeur soumis à rançon. Ainsi Philippe le Hardi, à la tête de l'une de ces armées, mène campagne contres elles en Normandie et dans la Beauce (France)BeauceFrançoise Autrand, Charles V, Fayard 1994, p.514. En Bourgogne, c'est Hugues Aubriot, futur prévôt de Paris mais pour l'heure bailli de Dijon, et non pas le duc, qui mène la vie rude à l'Archiprêtre. Cette lutte permet de roder de petites armées formées de volontaires aguerris sous commandement de chefs expérimentés et fidèles (comme Bertrand du Guesclin). En 1365, la fin de la guerre de succession de Bretagne démobilise de nombreux guerriers bretons. Les petits groupes étant vulnérables, ils se regroupent en Grandes compagnies. Le pape Urbain V ayant eu l'idée de financer une croisade pour détourner les compagniesGeorges Minois, La guerre de Cent Ans, Perrin 2008, p. 192., en 1365 Philippe et son oncle Charles IV du Saint-Empirel'empereur Charles IV descendent en Avignon proposer une croisade vers la Hongrie. Le pape finance l'expédition et Philippe croit se débarrasser d'Arnaud de Cervole. Ce dernier part avec une armée qui ne dépasse pas Strasbourg car les villes ferment leurs portes à l'arrivée des Mercenaireroutiers, la croisade ravage la Lorraine, les Massif des VosgesVosges et les bords du RhinFrançoise Autrand, Charles V, Fayard 1994, p. 501! On propose d'acheminer la croisade par mer, mais les routiers refusent : c'est un nouvel échec. À la bataille de Nájera, le Prince noir inflige une terrible défaite aux Franco-Castillans, mais cette bataille les débarrasse définitivement de nombre de routiers. Fin 1365, Charles V réussit enfin à se débarrasser d'une bonne partie des Grandes compagnies qui ruinent le pays. Afin de mettre sur le trône de Castille Henri de Trastamare, un indéfectible allié, et de combattre les Anglais ailleurs que dans le royaume, il fait financer par le pape une croisade contre l'émirat de Grenade. Personne n'est dupe, si Bertrand du Guesclin recrute parmi les Grandes compagnies c'est bien pour les mener contre le roi de Castille, Pierre Ier de CastillePierre le Cruel, un proche du Prince noir. Mais le pape doit lui aussi se débarrasser de ces mercenaires qui le soumettent à tributJean Favier, La guerre de Cent Ans, Fayard 1980, p. 308. Dès que la croisade à quitté le royaume, c'est l'hallali : les routiers restant sur le territoire sont éliminés sans ménagement par les forces royalesGeorges Minois, La guerre de Cent Ans, Perrin 2008, p. 195.. En Castille, le succès est rapide et Henri de Trastamare est couronné le 5 avril 1366Jean Favier, La guerre de Cent Ans, Fayard 1980, p. 309. Mais à peine les Grandes compagnies sont-elles démobilisées qu'elles sont regroupées par le Prince noir en soutien à Pierre le Cruel. Henri de Trastamarre est vaincu à bataille de NájeraNájeraJean Favier, La guerre de Cent Ans, Fayard 1980, p. 310, et Bertrand du Guesclin est fait prisonnier. Henri de Trastamare doit de nouveau s'enfuir en France et Pierre le Cruel reprend le pouvoir, mais les Grandes Compagnies engagées avec l'argent du pape sont massacrées, et d'autre part cette victoire coûte très cher aux Anglais, car Pierre le Cruel n'a pas les moyens de payer l'armée qui l'a remis sur le trône. C'est ruiné et devant se débarrasser des Grandes compagnies que le Édouard de WoodstockPrince noir regagne l'Aquitaine. En 1368, Louis Ier de NaplesLouis d'Anjou lieutenant du Languedoc, finance Henri de Transtamare afin qu'il remobilise les routiers partis vers le Languedoc pour qu'il puisse reprendre sa couronneGeorges Minois, La guerre de Cent Ans, Perrin 2008, p. 203.. Il en utilise le plus grand nombre pour attaquer la Provence, sur laquelle il a des vues et pour faire pression sur le pape qui vient de réinstaller le Saint-Siège à Rome à la fureur de Charles V qui perd ainsi un de ses plus puissants relais diplomatiques. La Provence ayant fait front contre l'assaut, et sa Liste des comtes de Provencecomtesse, Jeanne Ire de NaplesJeanne Irede Naples, ayant fait miroiter Louis Ier de Naplesau duc d'Anjou une éventuelle adoption, ce dernier renvoie les Grandes compagnies avec Bertrand du Guesclin à leur tête soutenir Henri de Trastamare. Mais une partie des Grandes compagnies sont allées au nord et pillent l'Auvergne et le Berry alors que le duc Jean Ier de BerryJean est encore retenu en otage en Angleterre afin de garantir l'exécution du traité de Brétigny. Philippe le Hardi organise la défense de la Bourgogne selon le principe de la terre déserte; il fait le vide devant l'ennemi et tient toutes les forteressesFrançoise Autrand, Charles V, Fayard 1994, p. 546. Faute de ravitaillement, les Grandes compagnies vident les lieux et marchent sur Paris mais les mercenaires se heurtent à l'armée royale et refluent vers le Poitou où ils finissent par se faire acheter par le roi Charles V. Elles sont alors incorporées en 1369 à l'armée française qui va participer dès lors à la reconquête des territoires concédés à l'Angleterre par le traité de BrétignyJean Favier, La guerre de Cent Ans, Fayard 1980, p. 311. Mariage avec Marguerite de Flandre Marguerite III de FlandreEn Flandre, Louis II de FlandreLouis de Male est, un temps, sensible à la nécessité économique : les drapiers flamands sont dépendants des importations de laine anglaise. Le 10 octobre 1364, il fiance sa fille Marguerite III de FlandreMarguerite avec Edmond de Langley, le fils d'Édouard III d'Angleterre (et le petit-fils du comte Guillaume Ier de Hainaut). Marguerite est héritière des comtés de comté de FlandreFlandre, de comté de NeversNevers, de comté de RethelRethel et de comté de BourgogneBourgogne, et Edmond recevrait en outre de son père Calais et le comté de Ponthieu ce qui avec l'Artois, le Rethel et la Flandre, constituerait une principauté anglaise équivalente à la Guyenne au nord de la FranceFrançoise Autrand, Charles VI, Fayard 1983, p. 17-18! Mais pour faire ce mariage, une dispense papale est nécessaire car les fiancés sont consanguins au 4e degré. Après un ballet diplomatique à Avignon, où Français et Anglais intercèdent, Urbain V refuse d'accorder cette dispense. La bataille diplomatique continue jusqu'au 17 avril 1367, date à laquelle Charles V réussit à obtenir une dispense pour marier son frère Philippe le Hardi à Marguerite de Male qui est pourtant sa cousine. Urbain le fait non par favoritisme, mais pour empêcher la destruction du royaume de FranceFrançoise Autrand, Charles V, Fayard 1994, p. 533. Il reste toutefois à obtenir l'accord de Louis de Male pour ce mariage. Ce dernier est alors soumis à une intense pression diplomatique. Sa mère Marguerite Ire de BourgogneMarguerite est la fille de feu le roi Philippe V de FrancePhilippe V et ne peut accepter le risque de démembrement du royaume de France. Elle intervient énergiquement et serait même allée jusqu'à menacer son fils de se couper le sein qui l'a nourri« Mon fils s'écrie Marguerite en s'écartant brusquement sa robe et découvrant son sein, moi ta mère, comtesse et palatine de Bourgogne et d'Artois, te prie de faire en ces noces ce que ton roi et moi ta mère, désirons ; autrement, si tu refuses, je te jure que je jetterai aux chiens cette mamelle que je touche, et la trancherai en ta présence, pour un opprobre éternel sur ton nom , et pourvoierai (sic) que toi ou les tiens ne puissent jouir des pays et seigneuries qu'il a plu à Dieu me donner. Ne pense pas que je veuille permettre que les Anglais se glorifient et s'avantagent du mien, et qu'ils s'en puissent servir pour la ruine de ma maison. Non, non ; je sais comment j'y dois pourvoir si toi-même ne trouve le remède, faisant ce de quoi, moi ta mère, te prie et tant instamment te requiers ». in : Franche-Comté ancienne et moderne, Eugène Rougebief, Paris, 1851, p. 201 et 202. D'après J. Calmette, Les grands ducs de Bourgogne, Édition Club des Libraires de France, 1956, p. 52, la forme dramatique et romancée de cet épisode qui est devenu classique a été composée pour la joie de ses lecteurs par l'historien Prosper de BaranteBarante. ! Après cette intervention et moyennant le versement par Charles V de FranceCharles V de 200 000 livres et la cession de Lille, Douai et Orchies, mais que par un accord secret le roi engage le duc Philippe à lui restituer à la mort du comte de Flandre, Louis de Male accepte le mariage français. Reconquête du royaume Stratégie et financement de la reconquête La reconquête des territoires concédés aux Anglais par le traité de Brétigny se fait à partir de 1369. Une fois débarrassé des Grandes compagnies, l'économie se redresse et Charles V de FranceCharles V peut faire accepter l'instauration d'impôts permanents censés financer une armée permanente évitant que les mercenaires démobilisés ne se remettent à ruiner l'économie. La manne financière sur laquelle il peut compter est énorme : elle atteint jusqu'à 1 600 000 francs par an ! En face le Prince noir est ruiné par l'expédition de Castille et le parlement anglais rechigne à payer pour la défense de la Guyenne. Charles V cherche avant tout à éviter les batailles rangées qui se sont le plus souvent transformées en désastre pour la chevalerie française du fait de la supériorité tactique conférée par l'arc long anglais. Dès lors, la reconquête se fait par une guerre de siège, et en retournant les villes de Guyenne par la négociation (ces villes cherchant à échapper à la pression fiscale du Prince noir qui doit éponger ses dettes et financer la résistance à l'avancée des armées françaises). Militairement, la reconquête est menée par des armées permanentes et bien organisées sous les ordres des frères du roi et des capitaines fidèles et compétents tels Bertrand du Guesclin ou Olivier de Clisson. À partir de cet instant, les Anglais, ne pouvant rivaliser et entretenir une armée permanente pour défendre la Guyenne, se contentent de chevauchées censées s'autofinancer pour mobiliser les armées françaises à distance de leurs possessions. Mais les Français grignotent inexorablement du terrain. Chevauchée du duc de Lancastre de 1369 La reconquête par Charles V des territoires concédés au traité de Brétigny.

Domaine royal Apanages des frères du roi Comté de Foix-Béarn autonome Bretagne alliée aux Anglais Possessions de Charles de Navarre allié des Anglais Chevauchée de Lancastre en 1369 Chevauchée de Robert Knowles en 1370 Chevauchée de Lancastre en 1373 En 1369, la cour de justice reçoit et valide les appels gascons qui contestent la levée d'impôts en Guyenne par le Prince noir ruiné par son implication dans le Première guerre civile de Castilleconflit castillan. Par cet acte, le roi donne la possibilité aux villes de Guyenne de redevenir françaises pour échapper à la pression fiscale anglaise. Les émissaires du roi de France, et en particulier Louis d'Anjou, négocient ville par ville en promettant entre autres des exemptions fiscales. Nombreuses sont les cités et les barons qui choisissent le camp français. C'est un camouflet pour Édouard III d'AngleterreÉdouard III qui reprend les hostilités, brisant ainsi le traité de Brétigny. Début août 1369, les Anglais répondent : le duc de Lancastre, Jean de Gand débarque à Calais et lance une chevauchée jusqu'à Harfleur, où Philippe le Hardi est en train de préparer un débarquement franco-flamand en AngleterreFrançoise Autrand, Charles V, Fayard 1994, p.572. Les Français lui opposent la stratégie de la terre déserte et la chevauchée ne peut s'emparer de la ville. Finalement, on décide de réagir, mais Charles V, hanté par le souvenir de Bataille de Poitiers (1356)Poitiers, est réticent quant à un engagement direct. Philippe le Hardi, connu pour sa bravoure au combat, se révèle un piètre chef militaire. Après quelques hésitations, il se lance à la poursuite du duc de Lancastre et les deux armées se retrouvent face à face le 23 août 1369. Elles s'observent pendant 3 semaines, mais le ravitaillement vient à manquer du côté français alors que les Anglais sont soutenus par leur flotte. Le duc de Bourgogne lève le camp et rentre à Paris, laissant les Anglais ravager le Ponthieu puis le pays de CauxJean Favier, La guerre de Cent Ans, Fayard 1980, p.333. Lancastre tente bien de prendre Harfleur où il pourrait détruire la flotte française, mais la garnison tient bon et, craignant d'être piégé par un retour de Philippe de Bourgogne, Lancastre regagne Calais. Au total, la balade anglaise va finalement être lourde de conséquence : elle leur a donné une fausse impression de facilité qui les incite à continuer dans cette voieJean Favier, La guerre de Cent Ans, Fayard 1980, p.334. Le parlement pense pouvoir mener une guerre grâce à ses chevauchées autofinancées et rechigne à accepter l'impôt. C'est une erreur, car les raids anglais, s'ils sont dévastateurs pour les campagnes, ne permettent pas de regagner le terrain perdu. Reconquête du Poitou Depuis le début de la reconquête, des frères du roi c'est d'abord Louis Ier de NaplesLouis d'Anjou qui est en première ligne pour les opérations militaires, puis Jean de Berry et le cousin Louis II de Bourbon. Philippe a un rôle plus effacé. Cependant il prend directement part aux opérations de reconquête du Poitou. En effet cette région est liée par des intérêts économiques à l'Angleterre vers qui elle exporte son sel. Les barons poitevins ont massivement choisi le parti anglais, et il faut une campagne militaire lourde pour que cette région redevienne une possession françaiseFrançoise Autrand, Charles V, Fayard 1994, p.587. La campagne pour la reconquête du Poitou, de l'Aunis, de la Saintonge et de l'Angoumois, commence aussitôt après la bataille de La Rochelle où la flotte castillane coule une bonne partie de flotte anglaise, privant la Guyenne de soutien logistique. L'armée royale française assiège la forteresse de Sainte-Sévère-sur-IndreSaint-Sévère, qui capitule le 31 juillet 1372. Pendant ce temps, Moncontour (Vienne)Montcontour est repris, puis Poitiers ouvre ses portes à du Guesclin le 7 août. Les forces françaises progressent le long de la côte, vers le sud. Le captal de Buch, Jean III de Grailly est capturé le 23 août 1372 alors qu'il allait secourir Soubise (Charente-Maritime)Soubise assiégée : son armée est interceptée par la flotte galloise et castillane qui remonte la Charente (fleuve)Charente. Les îles de Île de RéRé et d'Île d'OléronOléron se soumettent le 26 août, mais les barons poitevins restent fidèles aux Anglais et se retranchent dans Thouars. Philippe le Hardi et Jean de Berry arrivent alors avec des renforts rendant intenable la situation des PoitevinsFrançoise Autrand, Charles V, Fayard 1994, p.589. Du Guesclin continue à progresser le long du littoral jusqu'à La Rochelle, qui est prise le 8 septembre. Ainsi isolées, les villes se rendent tour à tour : Angoulême (la capitale du Prince noir) et Saint-Jean-d'Angély le 20 septembre, Saintes le 24. Les négociations de reddition sont menées à la fois par Philippe le Hardi et Jean de Berry lequel, étant comte de Poitou, doit conquérir le cœur de ses sujets. Ils obtiennent que les seigneurs poitevins prêtent serment de fidélité au roi de France le 1er décembre 1372 en l'église de Loudun (traité de Loudun). Par ce traité, tous les anciens privilèges et libertés du pays du temps de Louis IX de Francesaint Louis (le souverain de référence à l'époque) et de son frère Alphonse de Poitiers sont rétablis. Le 11 décembre, Philippe le Hardi, Jean de Berry, Louis II de Bourbon et Bertrand du Guesclin font une entrée triomphale dans ParisFrançoise Autrand, Charles V, Fayard 1994, p.590. Chevauchée du duc de Lancastre de 1373 Jean de Gand, duc de LancastreN'ayant pas les moyens logistiques et financiers de soutenir la guerre de siège que lui impose Charles V et qui semble conduire à la reconquête progressive de toute l'Aquitaine, Édouard III tente d'affaiblir l'effort français en Guyenne par l'ouverture de nouveaux fronts. Édouard III tente une chevauchée censée ruiner la France dans ses forces vives. Le 12 juin 1373, il institue son fils, le duc de Lancastre Jean de Gand, lieutenant spécial et capitaine général dans le royaume de FranceJean Favier, La guerre de Cent Ans, Fayard 1980, p. 356. Accompagné du duc Jean IV de Bretagne, il conduit à travers la France une chevauchée des plus dévastatrices. Mais celle-ci reste sous contrôle : Philippe le Hardi tient les ponts et les châteaux sur son aile droite, du Gesclin la suit et empêche tout repli vers Calais. Elle traverse la Picardie et le Vermandois mais, ne pouvant aller vers l'ouest, elle se dirige vers Reims, puis Troyes où elle trouve portes closesJean Favier, La guerre de Cent Ans, Fayard 1980, p. 357. Battu par Olivier V de Clisson à Sens (Yonne)Sens, le duc de Lancastre ne peut rejoindre la Bretagne, il tente donc de rallier la Guyenne en traversant le Limousin. Ses hommes sont affamés, les chevaux crevés (ou mangés), la fin de l'expédition se fait à pied et perd la moitié de ses effectifs (les défections sont nombreuses). Trop lourdes, les armures ont été jetées. L'expédition est sauvée d'un désastre plus complet par les villes de Tulle, Martel (Lot)Martel et Brive-la-GaillardeBrive qui ouvrent leurs portes sans coup férir. Mais le moral n'y est plus, la zizanie gagne les chefs : le duc de Bretagne lâche la chevauchée. L'arrivée piteuse du résidu des troupes de Jean de Lancastre à Bordeaux brise le moral des fidèles au roi d'Angleterre, surtout lorsque les Français avançant plus vite, reprennent Tulle, Martel, Brive et entrent dans La Réole, ville importante qui verrouille le Bordelais, et dont les bourgeois savent ne plus pouvoir compter sur un quelconque secoursJean Favier, La guerre de Cent Ans, Fayard 1980, p. 358. Au total, entre 1369 et 1375, les Français reprennent aux Anglais la quasi-totalité des concessions faites et des terres possédées par l'ennemi avant même le début de la guerre, exceptions faites de Calais, Cherbourg, Brest, Bordeaux, Bayonne, et de quelques forteresses dans le Massif central. Mais parvenu à ce point, Charles V sait ne pouvoir reprendre plus de terrain, les Bordelais étant trop anglophiles du fait des liens commerciaux (ils exportent massivement leur vin vers l'Angleterre). Toute sa stratégie étant basée sur la reconquête des cœurs avant celle des territoires, il ne souhaite pas s'encombrer d'une ville prête à se rebeller à la première occasion. Tout est ouvert pour finalement Trêve de Brugesnégocier à Bruges où une trêve met fin à la guerre en reconnaissant la souveraineté des Français sur les territoires reconquis. Trêve de Bruges Bruges, dont l'industrie drapière dépend des importations de laine anglaise, est une ville anglophile en territoire français. C'est d'autre part une ville facile d'accès pour les Anglais et cela en fait un terrain neutre propice aux négociations. Gendre et héritier du comte de Flandre Louis de Male, Philippe de Bourgogne est le négociateur tout désigné pour les Français. Il est secondé par toute une équipe de conseillers de Charles V : le cardinal Jean de La Grange, Hue de Châtillon, Jean de Melun, comte de Tancarville, le comte de Sarrebruck, Arnaud de Corbie, premier président du Parlement, Bureau de La Rivière et Nicolas du Boscq, évêque de Bayeux. Côté anglais, c'est Jean de Gand, duc de Lancastre, qui représente Édouard IIIFrançoise Autrand, Charles V, Fayard 1994, p. 616-617. Philippe offre des banquets fastueux et des joutes, puis la première cession de négociations débute le 25 mars 1375 dans l'Ancienne cathédrale Saint-Donatien de Brugeséglise Saint-Donatien de BrugesFrançoise Autrand, Charles V, Fayard 1994, p. 617. Elles aboutissent à deux plans de partage de la Guyenne. Mais la délégation Française, après avis du conseil, répond par la négative, car ces plans de partage aboutiraient à reconnaître la souveraineté de l'Angleterre sur une partie de la Guyenne. Sous l'influence de Grégoire XI, les belligérants signent le 1er juillet 1375 une trêve qui doit durer jusqu'en juin 1377. La deuxième session se tient toujours à Bruges entre fin décembre 1375 et fin mars 1376. Les légats pontificaux, essayant de contourner l'épineux problème de la souveraineté, proposent une trêve de quarante ans qui est refusée par les deux partis : les Anglais parce que la Bretagne est occupée par les troupes de Charles V, et les Français parce qu'ils voulaient inclure la Castille dans la trêve pour protéger le trône d'Henri de Trastamare des prétentions de Jean de GandFrançoise Autrand, Charles V, Fayard 1994, p. 618. La troisième session, conduite non plus par les princes mais par des conseillers des rois, s'ouvre en juillet 1376. Charles V propose de reconnaître la souveraineté d'Édouard III sur les terres de Guyenne situées au sud de la Dordogne (fleuve)Dordogne, de lui rendre l'Agenais, la Bigorre, le Quercy, le Bazadais et de lui verser 1 200 000 francs toujours dus de la rançon de Jean le Bon en échange de Calais et à la condition que ce nouveau duché de Guyenne reste dans le territoire du royaume de France (il ne consent à aucun abandon de souveraineté). Ceci sous-entend qu'Édouard III ou le duc de Guyenne doit lui rendre hommage, que toutes les décisions juridiques puissent être remises en cause par la cour de Paris et que le duché puisse être éventuellement confisqué. Édouard III refuse et meurt le 21 juin 1377 la trêve expirant le même jour. Les hostilités reprennent, les Anglais sont attaqués simultanément sur tous les fronts : par mer (avec un premier raid sur les côtes anglaises en juillet et un deuxième en août), en Bretagne et en GuyenneFrançoise Autrand, Charles V, Fayard 1994, p.782. Louis d'Anjou et du Guesclin, chacun à la tête d'une armée progressant sur une rive de la Dordogne (fleuve)Dordogne, reprennent Bergerac (Dordogne)Bergerac, Saint-Émilion, Libourne et Blaye. Mais, bousculés les Anglais parviennent à tenir leurs ports et restent maîtres de Bordeaux, Bayonne, Brest, Cherbourg et Calais. Ils restent ainsi capables de débarquer quand bon leur sembleFrançoise Autrand, Charles V, Fayard 1994, p.783. Cependant, Richard II d'AngleterreRichard II n'a que 15 ans quand il prend le pouvoir et est rapidement confronté à la Révolte des paysansrévolte des paysans Anglais de 1381. Ces troubles intérieurs reprennent quand il meurt sans descendance libérant les ambitions des grands du royaume : l'Angleterre est neutralisée pour de longues années. Gouvernement des oncles La régence Couronnement de Charles VILa politique des apanages a été imaginée comme une décentralisation pour améliorer la gestion des provinces éloignées de la capitale. Ces dernières sont possédées par des familles proches du roi et reviennent à la couronne en l'absence d'héritier mâle, ce qui évite d'en perdre le contrôle après un mariage. Les princes reçoivent leurs finances des impôts permanents récoltés par le roi, ce qui permet à celui-ci de les garder théoriquement sous contrôleFrançoise Autrand, Charles VI, Fayard, février 1986, page 13. C'est dans cet esprit que Charles V fixe en 1374, la majorité des rois à quatorze ans, afin que son fils Charles VI de FranceCharles VI prenne le pouvoir et que l'équilibre ne se rompe. Prévoyant, la possibilité que son fils ne soit pas assez âgé pour gouverner, il met en place un système pour que ses frères ne puissent accaparer le pouvoir. La reine à la garde des enfants royaux, mais elle n'a pas le gouvernement du royaume. L'aîné, le duc d'Anjou a le gouvernement, mais pas les finances. La plus grande partie des revenus royaux est affectée aux enfants et donc à la reine. Tout mariage des enfants ne peut se faire qu'après accord d'un conseil de tutelle comprenant les frères de Charles V, son cousin, Louis II de Bourbon et la reine. Ce conseil est assisté par des Marmousetsfidèles conseillers de Charles V. Mais, à sa mort en 1380, Charles VI est mineur. La reine est décédée avant Charles V. Théoriquement la régence aurait dû échoir à Louis Ier de NaplesLouis d'Anjou et la garde des enfants à Philippe de Bourgogne. Louis se montre gourmand et usurpant ses prérogatives détourne le trésor royal par la force. Ses frères et cousins le poussent à faire reconnaitre la majorité du roi dès le 2 octobreFrançoise Autrand, Charles VI, Fayard, février 1986, page 19-20. Charles VI est sacré le 4 novembre 1380 : la régence n'aura duré que deux mois. Le 30 novembre 1380 est mis sur pied un système collégial de gouvernement. Les oncles ont la direction du Conseil pour lequel ils choisissent ensemble 12 membres. Les oncles du roi évincent les conseillers de Charles V et se partagent la régence et donc les recettes fiscales, jusqu'en 1388. Dès lors, leurs principautés deviennent indépendantes de faitFrançoise Autrand, Charles VI, Fayard, février 1986, page 21. Louis Ier de NaplesLouis d'Anjou, de par son degré d'aînesse, exerce la présidence du conseil, Philippe est occupé par les affaires de Flandre, Jean de Berry doit gérer son immense apanage qui représente le tiers du royaume. Louis d'Anjou garde donc les mains libres, cependant Philippe qui conserve la garde des enfants a une carte à jouer importante: il peut inspirer au roi la politique à mener. Révoltes contre les mesures fiscales Le duc de Bourgogne Philippe II le Hardi plus âgéLa situation n'est pas facile pour les oncles du roi. Juste avant sa mort, pris de remords, Charles V avait décidé d'abolir les fouages en pays de langue d'oïl. Le peuple comprend la nécessité de l'impôt quand ceux-ci sont au départ justifiés par l'état de guerre en vertu d'une négociation avec les états généraux. Or les Anglais repoussés du royaume de France par Charles V et en proie à de graves troubles internes ne sont pas en état de continuer le conflit. L'impôt n'a plus lieu d'être et le roi et ses oncles doivent réunir les états généraux le 11 novembre 1380. La teneur exacte des débats n'est pas connue, mais le 16 novembre le conseil du roi mené par Louis d'Anjou doit publier une ordonnance abolissant tous les impôts créés depuis Philippe le BelFrançoise Autrand, Charles VI, Fayard, février 1986, p. 79-80. Les exactions sur les fermagefermiers et les juifs se multiplient, malgré une ordonnance royale et l'action de la prévôté de ParisFrançoise Autrand, Charles VI, Fayard février 1986, page 81. Cependant aucune paix n'a été signée avec l'Anglais et le conseil argumente que pour prévenir une éventuelle chevauchée anglaise, il faut que le pays verse une aide. Le pays rechigne à l'accepter et les états sont de nouveau réunis en février 1381. Ils consentent à une aide pour la guerre pendant un an à dater du 1er mars 1381, moyennant quoi de nombreuses chartes et privilèges de villes sont confirmésFrançoise Autrand, Charles VI, Fayard, février 1986, p. 84. L'importance de cette aide est laissée à l'appréciation des villes et les entrées fiscales sont très en deçà du train de vie de l'État et des principautés des oncles. Les choses s'aggravent en 1382 quand Louis d'Anjou comprend les difficultés qu'il y avait à gérer les affaires de France et voit l'occasion d'être roi en Italie après son adoption par Jeanne de Naples aux abois. Il fait financer son expédition dans le royaume de Naples par la couronne (60 000 francs sur les aides et 50 000 en faisant fondre la vaisselle royale)Françoise Autrand, Charles VI, Fayard, février 1986, p. 89. Le roi et son conseil n'ont d'autre issue que de rétablir l'impôt sans l'aval des états. L'ordonnance rétablit les impôts indirects le 17 janvierJean Favier, La guerre de Cent Ans, Fayard 1980, p. 381. La levée des aides se fait sur les marchés ce qui est propice à déclencher des émeutes par effet d'entrainement. En quelques jours des révoltes éclatent partout en Pays d'oïl à commencer par la Normandie. La révolte de la Harelle à Rouen débute le 27 février, le même jour Caen se soulève, puis Falaise, Orléans, Reims, Amiens, Laon... La révolte des Maillotins éclate à Paris le 1er marsFrançoise Autrand, Charles VI, Fayard février 1986, p. 93. Les émeutiers armés de maillets de plomb s'en prennent aux fermiers généraux et quadrillent la ville. C'est Philippe de Bourgogne qui mène les négociations pour le conseil du roi. Il accepte la remise en liberté de quatre bourgeois emprisonnés, mais les émeutiers libèrent aussi tous les autres prisonniers de droit commun ou politiquesFrançoise Autrand, Charles VI, Fayard, février 1986, p. 95. Les bourgeois parisiens inquiets de ce que les Maillotins pourraient se retourner contre eux se décident à négocier. Le mouvement commence d'ailleurs à s'essouffler car Hugues Aubriot, libéré par les émeutiers, a refusé de prendre leur têteJean Favier, La guerre de Cent Ans, Fayard 1980, p. 382-383. On négocie l'abandon de l'impôt et une amnistie mais pour faire bonne figure le roi fera exécuter 40 Maillotins que ses hommes ont saisi la ville devant implorer le pardon royal. Mais à la septième exécution la rue fait pression et les derniers Maillotins sont libérés : Charles VI en prend ombrage. Le lien de confiance est rompu entre les villes et le roi et c'est les rebelles Normands qui en font les frais les premiers. Philippe le Hardi organise un cérémonial appliqué une première fois à Rouen mais amené à se renouveler dans toutes les villes qui se sont rebellées. Il s'agit de réaffirmer l'autorité royale par l'entrée en grande pompe de Charles VI dans une ville soumise: les meneurs sont décapités, leurs têtes exposées, les vantaux de la porte de la ville par laquelle entre le jeune roi sont abattusFrançoise Autrand, Charles VI, Fayard février 1986, p. 98-99... Rouen voit sa commune confisquée et ses attributions remises à un bailli. Mais malgré ces actes de contritions les villes continuent à rechigner à verser l'impôt. La bataille de Roosebeke La Bataille de RoosebekeDans ce contexte de révolte antifiscale généralisée, la Flandre pose un problème aigu : Louis II de FlandreLouis de Male, comte de Flandre, est en butte contre au soulèvement des tisserands gantois (révolte des Chaperon (faction)Chaperons blancs) depuis 1379. Vaincu à Bruges le 3 mai3 maimai 13821382 par les Gantois emmenés par Philippe van Artevelde, Louis de Male doit se réfugier à Lille. Il fait alors appel à l'aide de son gendre Philippe de Bourgogne. Ce dernier, en qualité d'hériter présomptif des domaines du comte et donc de la Flandre, a tout intérêt à remettre de l'ordre dans la province. Avec l'aide de son frère Jean de Berry, il convainc facilement son neveu le jeune Charles VI, qui a 14 ans et rêve d'exploits militaires, de la nécessité d'une expédition en FlandreFrançoise Autrand, Charles VI, Fayard février 1986, pages 122-123. Les États de Bourgogne lui accordent la levée d'un subside de 60000 francs et la ville de Dijon lui donne un millier d'hommesP. Bérigal, L'illustre Jacquemart de Dijon, Dijon, 1832, p. 40. D'après Bertrand Schnerb, L'État bourguignon, Perrin 2005, p. 70, il s'agirait de 2000 hommes.. Les liens économiques entre Gantois et Anglais, qui produisent la laine utilisée par les drapier flamands, amènent van Artevelde à faire jouer l'alliance anglaise nouée par Jacob Van ArteveldeJacob van Artevelde, son père au début de la guerre de Cent AnsFrançoise Autrand, Charles VI, Fayard, février 1986, page 123.. Le royaume d'Angleterre, lui-même en proie à de graves troubles intérieurs, ne lui apporte qu'un soutien symbolique. La difficulté pour Charles VI et ses oncles est d'obtenir le financement d'une expédition pour vaincre Philippe van Artevelde qui tient tout le comté et qui, à la tête d'une armée de 100000 hommes, assiège Audenarde, mais qui est sujet du roi de France, alors que l'impôt ne se justifie que par la nécessité de faire face à un danger extérieur et non pour écraser une révolte populaire. Ils doivent pourtant agir pour éviter la contagion de la révolte à d'autre villes du royaume, Paris en têteFrançoise Autrand, Charles VI, Fayard février 1986, page 104. Les tentatives d'alliance anglo-flamandes, bien qu'infructueuses, fournissent un prétexte, même si beaucoup n'y voient qu'une manœuvre du duc de Bourgogne pour reprendre en main son futur héritage. Dans une Europe déchirée par le grand schisme d'Occidentgrand schisme, les Flamands, du fait de leur alliance anglaise, sont suspectés de passer sous l'obédience du pape Urbain VI. Clément VII (antipape)Clément VII soutient donc l'expédition française, qui peut ainsi prendre la forme d'une croisadeGeorges Minois, La guerre de cent ans, Perrin 2008, p. 250. Dans le but d'écraser van Artevelde en bataille rangée et rétablir ainsi l'autorité royale, Charles VI se met en marche à la tête d'une armée d'au moins 20000 hommesD'après Pierre d'Orgemont dont les chiffres sont considérés comme les plus fiables parmi les chroniqueurs de l'époque, elle est composée de 2000 lances, 500 arbalétriers, 400 archers, 1500 valets armés d'haches, puis la bataille (3000 chevaliers et 600 archers) et enfin l'arrière-garde de 1500 lances et 600 valets armés. Françoise Autrand, Charles VI, Fayard, février 1986, page 126, dont Philippe fait naturellement partie à la tête de 2000 combattantsBertrand Schnerb, L'État Bourguignon, Perrin 2005, p. 70. Il s'agit surtout d'une armée aguerrie qui a chassé les Anglais du royaume et qui est invaincue depuis 1369. À son approche, les villes flamandes se soumettent les unes après les autres, payant un tribut qui finance l'expédition. Van Artevelde, voyant que le pays lui échappe, se retourne et affronte l'ost royal à Bataille de RoosebekeRoosebeke le 27 novembre27 novembrenovembre 13821382. Il compte sur les piquiers flamands qui, à l'image des Phalange (Antiquité)phalanges grecques, utilisent l'inertie collective pour renverser les fantassins adverse et leurs longues lances fichées dans le sol pour briser les charges de cavalerie. Certain de sa force, il charge donc frontalement une armée française rompue à ce type de tactique et qui combat pied à terre, ne gardant qu'une cavalerie modeste placée sur les ailes. Le centre recule mollement encaissant l'impact des piquiers qui sont débordés sur les flancs par la cavalerie française. Si la force des piquiers est leur puissance d'impact frontal, leur faiblesse est la difficulté à manœuvrer pour faire face à une attaque de flanc ou à revers. Les rangs flamands se désorganisent et, cernés, sont écrasés par la contre-attaqueFrançoise Autrand, Charles VI, Fayard février 1986, page 133. Van Artevelde est tué, l'esprit de la rébellion est brisé. Les Brugeois négocient leur soumission dès le lendemain, moyennant un tribut de 120000 francs et leur adhésion à l'obédience de Clément VIIBertrand Schnerb, L'État Bourguignon, Perrin 2005, p. 71. La mauvaise saison et le risque que l'ost immobilisé par un siège trop long fasse défaut pour réprimer une révolte généralisée dans le royaume déterminent Charles VI et ses oncles à renoncer à l'attaque de Gand, remettant à plus tard la résolution du problème gantois. Le Église Notre-Dame de Dijon#Le Jacquemart de Notre-Dame de DijonJacquemart de Dijon Horloge rapportée de Courtrai par Philippe le Hardi après la bataille de Roosebeke Avant de regagner Paris, Charles VI tient à montrer sa détermination d'en finir avec la révolte flamande. Il décide de détruire et brûler la ville de Courtrai, laquelle était devenue le symbole de la résistance flamande après Bataille de Courtrai (1302)la débacle de la chevalerie française en 1302. « Quand le roi eut connoissance qu'en une chapelle de l'église de Notre-Dame de Courtrai, il y avoit au moins cinq cents paires d'éperons dorés, lesquels avoient été aux seigneurs de France morts avec Robert III d'ArtoisRobert d'Artois, l'an mil trois cent deux, en la Bataille de Courtrai (1302)bataille de Courtrai, et que ceux de Courtrai faisoient tous les ans, pour ce triomphe une très grande solennité, il dit qu'ils le compareroient (paieraient), et qu'à son partement (départ), il feroit mettre la ville en feu et flamme. » — Jean FroissartCharles VI reste insensible aux supplications de Louis de Male en faveur de sa ville : la population est soumise aux traitements les plus inhumains et la ville livrée aux flammes. Le duc de Bourgogne prend sa part du butinP. Bérigal, L'illustre Jacquemart de Dijon, Dijon, 1832, p. 15, r.1 nous rapporte : « L'abbé Richard dit, dans ses Tablettes de Bourgogne, année 1754, p. 42 : Ce prince fut dédommagé des frais immenses qu'il avait fait dans cette guerre, par le roi, son neveu, qui lui donna une somme de 103000 livres et par le comte de Flandre, qui lui permit de tirer un subside de 100000 livres de la ville d'Ypres et du pays d'alentour ». et voulant témoigner sa reconnaissance à sa bonne ville de Dijon fait démonter et transporter à Dijon « un horoloige qui sonnoit les heures, un des plus beaux qu'on sût deçà ni delà mer » nous dit Jean FroissartFroissart, ainsi qu'une magnifique tapisserie. Il permet aussi à la ville d'adopter son cri de guerre comme devise : « Moult me tarde »P. Bérigal, L'illustre Jacquemart de Dijon, Dijon, 1832, p. 16. Cette devise du duc de Bourgogne, serait selon certains à l'origine du mot moutarde. L'auteur ajoute que Étienne TabourotTabourot, facétieux dijonnais aurait, dans ses Bigarures du seigneurs des Accords, édition de 1586, p. 38 et 39, parlé de ce cri de guerre, et prétend qu'il est à l'origine du mot moutarde. Selon lui, les Chartreux de cette ville firent sculpter sur le portail de leur église les armoiries du prince, et au-dessous, la devise Moult me tarde était gravée sur un ruban (en pierre), mais tellement disposé que le monosyllabe me était dans le repli un peu enfoncé du ruban, de sorte que les seuls mots moult tarde étaient en évidence. Aussi les passans (sic), ignorants ou malins, lisant le mot moutarde, disaient qu'aux chartreux était le troupe des moultardiers de Dijon. D'autres donnent des explications plus sérieuses à l'étymologie de ce mot.. L'horloge que les Dijonnais ont dénommée église Notre-Dame de Dijon#Le Jacquemart de Notre-Dame de DijonJacquemart arrive à Dijon dans les premiers mois de 1383. Josset de La Halle, le mayeur (maire) de la ville la fait placer au-dessus d'une tourelle de l'Église Notre-Dame de Dijon L'horloge de Jacquemart de Dijon sur le site du Ministère de la culture (base Joconde), place qu'elle occupe encore de nos jours. Restauration de l'autorité royale Après la bataille de Roosebeke Charles VI rentre à Paris à la tête de son armée. Les Parisiens négocient avec ses envoyés les conditions de leur soumission.Une fois les Flamands écrasés, Philippe le Hardi organise la restauration de l'autorité royale, laquelle passe par la soumission des villes et l'acceptation de l'impôt. À Compiègne, le 4 janvier 1383, le duc de Bourgogne qui parle en maître et en homme d'État, fixe les grandes lignes de la politique royale pour un anFrançoise Autrand, Charles VI, Fayard, février 1986, p. 105. Charles VI soumet donc les villes les unes après les autres en y entrant à la tête de son imposante armée, et ceci en y reproduisant un cérémonial rodé. Après avoir remis l'oriflamme à Saint-Denis, le 10 janvier, le roi fait son entrée dans la capitale le jour suivant. L'armée s'arrête à une demi-lieue de Paris. Seul le roi est à cheval, il entre en ville avec son armée en piétinant les vantaux de la porte Saint-Denis. La troupe investit et occupe la ville qui est donc sous la menace d'un pillage si le roi le souhaite. Les principaux meneurs du complot sont arrêtés et les trois plus importants sont décapités. Le simple cantonnement d'une armée en ville constitue déjà en soi une lourde punition, puisqu'elle se paye en rançonnant les habitants. Celle de Paris dure sept semaines, pendant lesquelles les impositions sont rétablies sans contestation, et les rebelles punis par amendes. Enfin, le 27 janvier la confiscation de la municipalité parisienne est proclamée : le roi met en sa main la Prévôt des marchands de Parisprévôté et l'Échevinéchevinage, les maîtrises de métiers sont supprimées. L'encadrement bourgeois de la ville est remplacé par des institutions dépendant directement du monarqueFrançoise Autrand, Charles VI, Fayard, février 1986, p. 107. Les bourgeois convaincus de complot se voient contraints de « choisir entre justice et miséricorde ». La miséricorde consiste en un versement au prorata de la fortune personnelle ce qui permet de remplir les caisses royales. Enfin, le roi consent à pardonner, ce qui se fait le dimanche 1er mars 1383 au cours d'une cérémonie grandiose. Une personne de chaque famille doit être présente au palais tête découverte. La foule y écoute un discours de Pierre d'Orgemont qui détaille en quoi la ville est fautive, puis demande au roi le pardon pour la ville alors que la foule à genoux implore miséricorde. Charles VI accorde alors son pardonFrançoise Autrand, Charles VI, Fayard, février 1986, p. 109-110. Ce type de protocole est reproduit dans les grandes villes de langue d'oïl par des généraux-réformateurs envoyés par le Conseil du roi. Rouen est particulièrement châtiée du fait de la révolte de la Harelle : elle doit verser 100 000 francs commués à 60 000 par la clémence royale et elle perd tous ses privilèges économiques. En instituant la libre circulation sur la Seine, le roi retire aux bourgeois normands une grande source de revenus. C'est Paris qui en profite retrouvant le chemin de la prospérité en moins de deux ansFrançoise Autrand, Charles VI, Fayard, février 1986, p. 112. Le Languedoc est puni en bloc : consulats et capitoulas sont remis entre les mains du roi et une amende de 800 000 francs est demandée. En fin de compte et après de longues négociations, les libertés et franchises municipales sont rétablies contre la soumission au roi et seule persiste l'amende. Cependant, la perception de cette taxe nécessite une présence sur le terrain pendant plusieurs années. Ce à quoi s'astreint le conseil et en particulier Jean de Berry. Entre le roi et ses sujets du midi des liens sont enfin renouésFrançoise Autrand, Charles VI, Fayard, février 1986, p. 114-115. Croisades en Flandre Le grand schisme d'Occidentgrand schisme qui déchire l'Occident depuis 1378, a aggravé la situation financière de l'Église déjà mauvaise sous les papes d'Avignon : il y a deux Saints-Sièges, avec deux administrations pontificales(en) Lynn H. Nelson, The Great Schism ORB. Le contrôle de Bruges est un enjeu économique majeur pour les deux papes car le produit de la fiscalité pontificale en Europe du Nord y transiteJean Favier, La guerre de Cent Ans, Fayard, 1980, p. 396.. Du fait de leurs alliances anglaises, les Flamands sont suspects de passer sous l'obédience du pape Urbain VI d'autant que Louis de Male reconnaît le pape romain. L'expédition française de 1382 soutenue par l'antipape Clément VII (antipape)Clément VII et la bataille de Roosebeke qui restaure l'autorité du roi de France sur la Flandre mettent en péril le commerce de la laine anglaise et la fiscalité pontificale romaine. Dès lors, Urbain VI réagit et fait prêcher la croisade en Angleterre par Henri Despenser, évêque de Norwich. Ce sont les frères mineurs qui se chargent de relayer la campagne sur le terrain : ils flattent l'orgueil national naissant et les Anglais achètent massivement des indulgences pour financer la croisadeFrançoise Autrand, Charles VI, Fayard, février 1986, page 146. Celle-ci est acceptée par le Parlement anglais le 23 février 1383Jean Favier, La guerre de Cent Ans, Fayard, 1980, p. 395. Henri Derspenser débarque à Calais au mois de mai 1383 à la tête de 3000 hommesBertrand Schrnerb, L'État bourguignon, Perrin 2005, p. 74. Les Anglais saccagent Gand le 20 mai 1383 et s'attirent l'inimitié des Flamands dont le comte soutient pourtant Urbain. Les Anglais occupent Dunkerque, Bergues, Bourborg, Cassel, Poperinghe et mettent le siège devant Ypres le 8 juin. La ville résiste. Louis de Male rappelle les Français à son secours par le biais de Philippe le Hardi. L'armée royale est convoquée à Arras le 15 août. L'apprenant, Henri Despenser lève le siège d'Ypres et se replie sur Bergues et Bourbourg. Bergues est enlevée par les Français le 8 septembre. La garnison de Bourbourg capitule après une contre attaque ratée. Graveline négocie sa reddition pour 15 000 florins. Une trêve est vite obtenue et l'évêque de Norwich regagne piteusement l'Angleterre avec ses troupesJean Favier, La guerre de Cent Ans, Fayard, 1980, p. 397. Prise de possession de la Flandre À la mort de Louis de Male en janvier 1384, Philippe le Hardi prend en charge les cérémonies qu'il veut fastueuses pour bien marquer la successionBertrand Schnerb, L'État bourguignon, Perrin 2005, p. 77-78. Il entre solennellement avec sa femme Marguerite à Bruges, Ypres, Messines, Dixmude, Damme, Malines et AnversBertrand Schnerb, L'État Bourguignon, Perrin 2005, p. 79. En prenant possession du comté, il n'y trouve qu'une résistance : les Gantois. La trêve, conclue à Leulinghen en janvier 1384 pour une durée de 15 mois, empêche la reprise immédiate des hostilités avec ces derniers mais ceux-ci reçoivent du soutien de l'Angleterre. Au printemps 1385, Philippe instaure l'aide censée financer la guerre contre Gand négociée avec les villes flamandes lors de leur reddition contre un pardon général. Il organise la défense du duché en nommant des gouverneurs du pays de Flandre

: Guy de Pontailler, son maréchal, et Jean de Ghistelle, représentant d'un grand lignage flamand. Il laisse des garnisons à Ardembourg, Audenarde, Courtrai, Damme et Termonde. Enfin, il renforce les fortifications du château de Lille et lance la construction de celui de l'Écluse. Les Gantois, eux, reçoivent un renfort anglais de 100 hommes d'armes et 300 arc long anglaisarchers. Ils reprennent les hostilités dès la fin de la trêve de Leulinghem en mai 1385. Ils tentent de prendre Brugges et parviennent à occuper le port de Damme. Les Français qui montaient une armée pour débarquer en Angleterre dans le port de l'SluisÉcluse, marchent contre eux. La troupe commandée par Charles VI et Philippe reprend Damme le 28 août 1385Bertrand Schnerb, L'État bourguignon, Perrin 2005, p. 80. Mais une nouvelle fois, les Français ne marchent pas sur Gand. Par contre la ville est isolée, ses voies de ravitaillement sont bloquées et sa population menacée par la famine : il faut négocier. Après plus de six ans de guerre, les Flamands sont las. Philippe sait que son intérêt converge avec celui des bourgeois flamands. Il reçoit donc des envoyés flamands avec lesquels il conclut le traité de Tournai le 18 décembre 1385 qui rétablit la paix dans le comté de Flandre. La volonté d'apaisement de Philippe le Hardi est évidente dans ce texte où il va plus loin que les demandes des Gantois : il leur accorde son pardon (même à tous ceux qui en Flandre ont été bannis à condition qu'à leur retour ils jurent de respecter les clauses du traité), il confirme tous leurs privilèges en échange de leur soumission et de leur engagement à être « de bons, loyaux et vrais sujets ». Il sait être conciliant, permettant à chacun de choisir son obédience, ou faisant rédiger les lettres de la chancellerie en flamand. Toute la Flandre lui fait allégeance, ce qui règle le conflitJean Favier, La guerre de Cent Ans, Fayard, 1980, p. 400.. Il veille, aussi bien dans son action au gouvernement du roi Charles VI de France que dans les conséquences des évènements du grand schisme d'Occident, et aux intérêts économiques des villes drapières. Il bénéficie à ce sujet des conseils d'hommes d'affaires parmi lesquels Dino Rapondi tient le premier rang. Dévaluation du franc En prenant possession du comté de Flandre, en janvier 1384, Philippe le Hardi sait que pour être accepté par les Flamands, il doit leur rendre leur prospérité économique. Celle-ci dépend en premier lieu des échanges avec l'Angleterre qui est à l'époque le principal fournisseur de laine de l'industrie textile du nord du royaume, et celle-ci exige d'être payée en nobles d'or. Philippe fait donc battre des nobles flamands contenant très légèrement moins d'or que la monnaie anglaise. L'effet est rapide: l'économie est relancée et le duc y puise de substantielles plus-valuesFrançoise Autrand, Charles VI, Fayard, février 1986, pages 117-118. Au vu de ce succès, le Conseil du roi se rend compte des méfaits du franc fort et de la raréfaction de la monnaie sur la circulation des marchandises. En avril 1385, cédant au pressions des milieux d'affaires, le roi dévalue le franc et augmente le prix du marc (unité)marc de métal précieux. L'effet de cette politique associée au retour de la paix est très favorable, l'économie est relancée. La paix est enfin faite entre les sujets qui ont accepté l'impôt et le roi qui apporte paix et prospérité économiqueFrançoise Autrand, Charles VI, Fayard, février 1986, pages 116-117. Alliances matrimoniales avec les Wittelsbach L'empire aux XIIIe et XIVe siècles Possessions des Wittelsbach Possessions des Habsbourg Possessions des Maison de LuxembourgLuxembourgDepuis le roi Louis IX de France, la modernisation du système juridique attire dans la sphère culturelle française de nombreuses régions limitrophes. En particulier en terres d'Saint-EmpireEmpire, les villes du Dauphiné ou du comté de Bourgogne (future Franche-Comté) recourent depuis le règne de Saint Louis à la justice royale pour régler des litiges. Le roi envoie par exemple le bailli de Mâcon, qui intervient à Lyon pour régler des différends, comme le sénéchal de Beaucaire intervient à Vivier ou à Valence (Drôme)ValenceFrançoise Autrand, Charles V, Fayard 1994, p. 60. Les rois de France ont aussi su attirer à leur cour de nombreux nobles de ces régions. Ils élargissent l'influence culturelle du royaume en attirant à leur cour la noblesse de ces régions en lui allouant des rentes et en se livrant à une habile politique matrimoniale. Ainsi, les Maison de Savoiecomtes de Savoie prêtent hommage au roi de France contre l'octroi de pensions, Jean Ier de BohêmeJean de Luxembourg, dit l'Aveugle, roi de Bohême, est un habitué de la cour de France tout comme son fils Wenceslas, le futur empereur Charles IV du Saint-EmpireCharles IV ce qui permet au Valois de sceller de précieuses alliances (Charles IV est l'oncle de Philippe le Hardi)Françoise Autrand, Charles V, Fayard 1994, p.13. Ainsi le royaume de France a pu avancer en terre d'Empire en rachetant le Dauphiné ou en tenant de Jean de Bohème l'autorisation de revendiquer la Provence ce qu'a fait louis Ier de NaplesLouis d'Anjou.De par son mariage avec Marguerite de Flandre, Philippe règne sur le comté de Bourgogne qui est en terre d'Empire. Ses visées vont alors vers les Pays-Bas. Leur contrôle permettrait d'élargir notablement sa principauté. D'un autre côté la Flandre a beaucoup souffert de la rivalité franco-anglaise et le temps est plutôt à la recherche d'un compromis. Les princes germaniques ne voient pas d'un bon œil les avancées françaises en terre d'empire d'autant qu'il existe une forte rivalité entre leurs marins et marchands et ceux de Gand ou du royaume Anglais. De plus, les princes germaniques, à la recherche d'alliances puissantes susceptibles de faire basculer l'élection impériale dans leur clan, n'ont rien à attendre des Français. Les Anglais sont liés (relativement mollement dans les faits) aux Luxembourg par le mariage de Richard II d'Angleterre avec Anne de Bohème; dès lors il est logique pour les Wittelsbach de rechercher l'alliance Française. Enfin la plus fervente ambassadrice d'une stabilisation des Pays-Bas sous influence française est la duchesse Jeanne de Brabant. Depuis 1383, elle est veuve de Venceslas Ier de Luxembourg, et l'héritier du duché de Brabant n'est autre que Philippe le Hardi ! Ce dernier est en effet l'époux de Marguerite III de FlandreMarguerite, nièce et héritière de la duchesse Jeanne. L'empereur pourrait reprendre le duché plutôt que de le laisser à un étranger, mais cela renforcerait les Luxembourg et il n'en est pas question pour Albert Ier de HainautAlbert de Hainaut qui contrôle la Hollande et le Hainaut qui fait partie de la maison de Wittelsbach. Parallèlement les Anglais sont peu actifs diplomatiquement, Richard II et son entourage étant plutôt enclins à rechercher la paix avec la France que de remettre le pied dans le bourbier flamand. Son frère, le puissant Jean de Lancastre a plutôt des visées en Espagne et se désintéresse rapidement d'une alliance aux Pays-Bas. Dès lors un accord se fait sur un double mariage: Jean sans Peur le premier fils de Philippe le Hardi se marie à Marguerite de Bavière (1363-1423)Marguerite de Bavière, et sa sœur Marguerite de Bourgogne épouse Guillaume IV de Hainaut le premier fils d'Albert de Hainaut. On propose à Charles VI la main de Isabeau de Bavière, le jeune roi est immédiatement séduit et se marie quelques jours à peine après l'avoir connue à Amiens. Ainsi se noue une solide alliance entre les Wittelsbach et les Valois qui permet de faire entrer tous les Pays-Bas dans l'orbite française mais en particulier permet à Philippe le Hardi d'espérer encore agrandir sa principauté. L'affaire de Bretagne Olivier de Clisson, connétable de France est l'un des plus fidèles serviteurs du roi de France et de l'Ètat. Depuis Charles V le connétable est forcément Breton : pour pouvoir instaurer une armée permanente il est nécessaire de rallier les Grandes Compagnies, dont beaucoup sont constituées de Bretons levés pour les besoins de la guerre de succession de Bretagne. Depuis longtemps, Olivier Clisson est un serviteur de l'État plutôt que des princes, ce qui en fait l'allié du roi de France et l'ennemi du duc de Bretagne. En effet, ce dernier y voit l'instrument de l'ingérence française dans les affaires bretonnes permettant potentiellement de retourner une partie des troupes bretonnes contre son duchéFrançoise Autrand, Charles VI, Fayard 1986, p.174.. De fait Olivier de Clisson est convaincu qu'il faut en Bretagne comme ailleurs baisser les impôts, ménager les sujets et tenir compte de leur opinion. Il mène cette politique dans ses possessions bretonnes et de Languedoc, ce qui lui réussit car la baisse des taxes attire de nombreux marchands dynamisant l'économie de ses terres, ce qui lui assure en retour de solides entrées financières. Devenant de plus en plus populaire, il s'attire une solide inimitié de la part de Jean Ier de BerryJean de Berry excédé de le voir contrevenir à sa politique fiscale en LanguedocFrançoise Autrand, Charles VI, Fayard 1986, p.176.. Au début de l'été 1387, lors de la convocation de toute la noblesse de Bretagne à un parlement à Vannes, le duc Jean IV de Bretagne fait jeter au cachot Olivier de Clisson ! Preuve de la popularité du connétable en Bretagne, le duché est à deux doigts de se soulever à la nouvelle de son incarcération. Ce dernier ne s'en sort que délesté d'une amende de cent mille livres et contraint à un traité désastreux. Il est à noter que le connétable ne reçoit aucun soutien de Philippe le Hardi ou de Jean de Berry qui ont pris ombrage de son influence sur le roi. De fait quand Olivier de Clisson est libéré et qu'il vient demander justice à Charles VI de FranceCharles VI, ceux-ci lui font mauvais accueilFrançoise Autrand, Charles VI, Fayard 1986, p.175.. Expédition contre le duc de Gueldre L'avancée française en terre d'Empire sous la houlette de Philippe le Hardi n'est pas sans inquiéter nombre de princes germaniques. Guillaume VII de Juliers, duc de Gueldre, est un jeune et hardi prince qui s'est fait leur championFrançoise Autrand, Charles VI, Fayard 1986, p.161.. Pour cela, il noue d'étroites alliances avec le roi d'Angleterre et envoie un défit injurieux au roi de France, qui plus est en latin. Le duc de Bourgogne, ayant tout intérêt à décapiter ce foyer de résistance aux Pays-Bas, obtient non sans mal que le conseil royal décide de l'invasion du duché de GueldreFrançoise Autrand, Charles VI, Fayard 1986, p.162.. Fin août 1388, une armée de six mille hommes commandée par le roi avec à sa suite ses oncles et son frère, quitte MontereauAndré Castelot et Alain Decaux, Histoire de la France et des Français au jour le jour. Guillaume de Juliers ne reçoit pas les renforts anglais escomptés, mais il peut compter sur les marais qui, avec les pluies d'automne, vont enliser l'armée française. Celle-ci, au lieu de marcher droit sur l'objectif à travers le Brabant et le Hainaut, fait un large crochet par l'est sur instruction de Philippe de Bourgogne qui veut éviter le pillage des riches terres de la duchesse Jeanne de Brabant, sa précieuse alliée. La progression est fortement ralentie par les rivières en crue et l'hiver arrivant. Le 13 octobre 1388 à Corenzich, le duc de Gueldre se soumet au roi de France à des conditions honorables. Les conditions de sa soumission respectent sa fidélité au souverain germanique qui est son seigneur naturel et son serment au roi d'Angleterre. En contre-partie, il s'engage à avertir le roi de France un an à l'avance s'il doit le défier ou lui déclarer la guerre. Sur instruction de Philippe le Hardi, l'armée française doit retraverser les forêts des Ardennes, où elle subit l'attaque d'embuscades de compagnies germaniques frustrées de la bataille dont elles attendaient profit. Le repli se faisant très vite, le franchissement des rivières, sans prendre le temps de chercher un gué ou de construire des radeaux, coûte la vie à de nombreux soldats et chevaliers et fait perdre plusieurs chariots de butins. Après cette retraite désastreuse, le ressentiment est important en particulier contre le duc de Bourgogne qui en est l'instigateur et le responsable du retard, d'autant que le pays doit se soumettre à la taille à chaque expéditionFrançoise Autrand, Charles VI, Fayard 1986, p.163 et 166.. Gouvernement des marmousets La prise de pouvoir par Charles Le discrédit du duc de Bourgogne à la suite de l'expédition désastreuse contre le duc de Gueldre est immédiatement mis à profit par Charles VI de Francele jeune roi et les anciens conseillers de son père. Ceux-ci, comme Philippe de Mézières ou Olivier de Clisson, l'ont éduqué et en ont fait un partisan du « bon gouvernement », de la paix, des économies, et de la politique intérieure et du souci de l'opinion publique. Ce qui est clairement différent de la politique menée par les princes qui utilisent la guerre pour justifier l'impôtFrançoise Autrand, Charles VI, Fayard 1986, p.172..Nous l'avons vu lors de l'affaire de Bretagne, un fort contentieux oppose le connétable aux oncles. Le 28 octobre 1388, le roi fait son entrée à Reims à la tête de son armée au retour de l'expédition désastreuse qu'il a commandé contre le duc de Gueldre et pour laquelle il était secondé par les ducs de Bourgogne, de Berry, de Bourbon, de Touraine et évidemment Olivier de Clisson. Toutes les têtes politiques de France se trouvent donc dans la ville du sacre à la Toussaint 1388. La date et le lieu ne sont pas anodins : Charles VI a été sacré à Reims le 4 novembre 1380. Même si la majorité a été fixée par Charles V à quatorze ans pour le roi, l'usage de l'époque est de considérer que vingt ans est l'âge nécessaire (Charles VI les aura le 4 décembre 1388) à un jeune noble pour gouverner ou gérer ses affaires pour un jeune bourgeoisFrançoise Autrand, Charles VI, Fayard 1986, p.164.. Le 3 novembre, une grande assemblée du Conseil du roi se tient au palais épiscopal de Reims. Le cardinal de Laon, Pierre Aycelin de Montaigut, ancien conseiller de Charles V de FranceCharles V, demande si le roi n'est pas en âge de se passer de tuteurs. Comme l'archevêque de Reims et les chefs de guerre approuvent, la décision est prise : Charles gouvernera désormais seul. Ce dernier prend la parole et remercie ses chers oncles « des peines et travaux qu'ils avaient eus de sa personne et des affaires du royaume ». Les ducs Philippe II de Bourgogne et Jean de Berry sont complètement pris au dépourvu et ne peuvent qu'acquiescer, d'autant que Philippe le Hardi est affaibli par le résultat de l'expédition contre le duc de GueldreFrançoise Autrand, Charles VI, Fayard 1986, p.166.. La manœuvre du jeune roi et de ses conseillers faite au grand jour sous la forme d'un coup d'éclat, permet de marquer la prise de gouvernance par Charles VI et d'opérer un changement radical de politique, laissant aux oncles la responsabilité de la répression des révoltes et du rétablissement par la force de l'impôt. Charles, exonéré de ces contentieux, a les mains libres pour prendre en main son royaume Françoise Autrand, Charles VI, Fayard 1986, p.165.. Philippe le Hardi dépité se concentre alors sur les affaires de son immense principauté. Tentatives de résolution de grand schisme d'Occident Carte historique du grand schisme d'Occident. États reconnaissant le pape de Rome États reconnaissant le pape d'Avignon États ayant changé d'obédience durant le schismeEn 1394, il y a déjà plus de quinze ans que deux papes rivaux se retrouvent à la tête de la chrétienté. Boniface IX siège à Rome et reçoit l'appui de la Vénétie, de l'Angleterre, de l'Allemagne, de la Pologne et de la Hongrie. Dans le camp de Benoît XIII (antipape)Benoît XIII, pape d'Avignon, se rangent la France, la Castille, l'Aragon, le Portugal, l'Écosse, la Savoie et le royaume de Chypre. Cette année-là, Philippe le Hardi, régent de la France depuis la folie du roi Charles VI de FranceCharles VI, demande à l'Université de Paris de lui présenter une recommandation sur les moyens de mettre fin au schisme. En effet, avec une politique fiscale agressive qui prive le clergé d'une grande part des bénéfices issus de ses charges, Benoît XIII s'est mis à dos nombre de religieuxJean Favier, La guerre de Cent Ans, Fayard, 1980, p. 410.. Philippe le Hardi qui suit une politique conciliante vis-à-vis de la papauté de Rome pour ménager les Flamands, a tout intérêt à mettre fin au schisme. Après plusieurs mois de délibérations, l'Université présente trois solutions : la voie de compromis (laisser aux pontifes le soin de mettre fin eux-mêmes au schisme), la voie de cession (il faut les démettre simultanément et en élire un autre) ou la réunion d'un concile qui aurait pour but de trancher le problème.En février 1395, le Conseil du roi de FranceConseil du roi appuie le principe d'une démarche pour la voie de cession (Louis d'Orléans, partisan de la voie de fait, qui sert ses intérêts italiens a été évincé par Philippe le Hardi). Cependant, ni Benoît XIII (antipape)Benoît XIII, ni Boniface IX, n'acceptent de se démettre. On décide alors de les y obliger en ayant recours à une soustraction d'obédience. Entre l'Université de Paris et le Saint-Siège, les positions se raidissent. Dès lors, les Parisiens font valoir leurs vieux projets de réforme de l'Église et voient en Philippe le Hardi leur champion. En 1398, une assemblée d'évêques tenue à Paris vote une ordonnanceH. Millet et E. Poulle, Vote de soustraction d'obédience, 1988 retirant au pape les bénéfices et les taxes ecclésiastiques au profit du roi de France. Autrement dit, l'Église de France se gouvernera elle-même et c'est le roi qui légiférera en matière religieuse. Seule l'autorité spirituelle est reconnue au pape d'Avignon. La France est bientôt imitée par la Sicile, la Castille et la Navarre. Entêté, Benoît XIII refuse de plier, même si les fonds ne rentrent plus. Assiégé dans sa citadelle pendant plusieurs mois par des ennemis locaux, il parvient à s'enfuir en 1403 et se réfugie chez le comte de Provence, Louis II d'Anjou, qui s'opposait depuis le début à la soustraction d'obédienceJean Favier, La guerre de Cent Ans, Fayard, 1980, p. 412.. La soustraction d'obédience s'avère vouée à l'échec. Plusieurs évêques commencent à se plaindre, surtout lorsque le gouvernement français commence à taxer les revenus des paroisses. Le Armagnacscamp orléaniste a pris, dès 1401, parti contre la soustraction d'obédience. Le 29 avril 1403, la Castille restitue son obédience au pape. La France suit le 28 mai. On en revient aux tractations diplomatiques qui ne donneront aucun résultat, les pontifes de Rome et d'Avignon campant toujours sur leurs positions. Pour remercier Louis Ier d'OrléansLouis d'Orléans de son soutien, le pape lui offre 50000 francs (aux dépens de la fiscalité imposée aux clercs), ce qui a pour effet de dresser l'Université contre lui et de la faire basculer un peu plus en faveur du Bourguignonsparti bourguignonJean Favier, La guerre de Cent Ans, Fayard, 1980, p. 413.. En 1407, l'Université de Paris, avec l'appui du duc de Bourgogne et du Parlement de Paris, décide par elle-même une nouvelle soustraction d'obédience qui ne donnera pas plus de résultat que la première fois. Philippe le Hardi meurt à Hal (Belgique)Hal (en Belgique actuelle) le 27 avril27 avrilavril 14041404, d'une épidémie de grippeFrançoise Autrand, Charles V, Fayard 1994, p. 481. Principauté de Bourgogne Possessions de Philippe le Hardi Philippe le Hardi reçoit en apanage le Duché de Bourgogne en 1363Lettre de Jean le Bon du 6 septembre 1363, date à laquelle Philippe échangeait son duché de Touraine contre celui de Bourgogne.. Son mariage avec Marguerite III de FlandreMarguerite de Flandre lui permet de se constituer une principauté à l'origine de la puissance territoriale des ducs de Bourgogne. À la mort de Louis de Male en 1384, il entre en possession des terres et seigneuries qui avaient constitué l'héritage du comte de Flandre : le comté de Flandre et la seigneurie de Malines, le comté de Nevers et la baronnie de Donzy, le comté de Rethel, le comté de Bourgogne (la Franche-comté actuelle), la seigneurie de Salins-les-BainsSalins et le comté d'Artois, ainsi que quelques terres situées entre la frontière septentrionale du duché de Bourgogne et Troyes : « les terres de Champagne » (Jaucourt, L'isle-Aumont, Chaource et Villemaur). Cet ensemble est accru en mai 1390 par l'achat — avec la dot de Marguerite de Bavière (1363-1423)Marguerite de Bavière, l'épouse de Jean Ier de BourgogneJean, son premier fils, le futur duc de Bourgogne Jean sans Peur —, au Comté d'Armagnaccomte d'Armagnac et à son frère du comté de CharolaisBertrand Schnerb, L'État bourguignon, Perrin 2005, p. 88. Ses résidences Vue aérienne du château de Germolles En Bourgogne, les demeures ayant appartenu à Philippe le Hardi et encore conservées sont rares. A part quelques éléments du palais ducal de Dijon (dont la tour de Bar), on trouve le château de Germolles, largement préservé. Cette demeure a été offerte à son épouse, Marguerite III de Flandre en 1381. C'est la princesse qui se chargea de la transformer en une luxueuse résidence où travaillèrent les meilleurs artistes de l'école Bourguignonne, et en particulier Claus Sluter et Jean de Beaumetz. Son tombeau Tombeau de Philippe II Le Hardi au palais des Ducs de Bourgogne de DijonDès 1378, Philippe le Hardi acquiert le domaine de Champmol pour y faire construire une Chartreuse de Champmolchartreuse (devenue depuis un hôpital de Dijon) destinée à accueillir sa dépouille après son décès. Après le décès du duc à Hal (Belgique)Hal, son corps est éviscéré et embaumé, puis placé, revêtu d'une robe de chartreux, dans un cercueil de plomb. Ses viscères sont enterrées en l'église Notre-Dame de Hal. Au terme d'un cortège funèbre de six semaines, le corps est amené à Dijon et déposé dans le chœur de la chartreuse de Champmol le 16 juin 1404. Le tombeau et le gisant sont l'un des chefs d'œuvre de la sculpture bourguignonne. L'ensemble est réalisé par les trois sculpteurs actifs pour le duc, Jean de Marville(1381-1389), Claus Sluter (1389-1406) et Claus de Werve (1406-1410). Jean Malouel, peintre officiel du duc, a été chargé de la polychromie et des dorures. C'est un tombeau monumental qui retrace l'importance de Philippe le Hardi parmi les princes de son époque. Le gisant, en marbre blanc, est mis en valeur par une dalle de marbre noir selon une esthétique encore assez novatrice à l'époque. Le tombeau repose sur un soubassement d'arcades où prennent place les membres du cortège funèbre représentés en train de dire des prières ou de porter les armes du duc. Cette disposition existait depuis le règne de Louis IX soit depuis plus d'un siècle, mais elle gagne ici une dimension novatrice. En effet, il s'agit bien de pleurants en ronde-bosse qui reproduisent réellement l'idée et le mouvement du cortège funèbre. Ils évoluent dans les arcades et chacun d'entre eux a bénéficié d'une grande individualisation. Le gisant de Philippe le Hardi était représenté en armure et en manteau, comme cela était souvent la tradition pour les grands princes, à l'exemple du connétable du Guesclin, à Saint-Denis. Le tombeau de Philippe le Hardi reste à la chartreuse de Champmol jusqu'à la Révolution. En 1792, il est transféré à la cathédrale Saint-Bénigne de Dijon sans destruction. En 1793, en revanche, la Convention vote la destruction du gisant qui est alors découpé. Le reste du tombeau est conservé mais des éléments, en particulier les pleurants, très appréciés pour leur réalisme et leur qualité, passent sur le marché de l'art. Le tombeau est remonté dans la première moitié du XIXe siècle. Un nouveau gisant est constitué, mais cette fois en costume de cérémonie, afin de faire de Philippe le Hardi un presque roi. Des pleurants sont refaits pour remplacer les manquants, mais en albâtre, quand les originaux étaient en marbre. Ainsi adapté, le tombeau se trouve aujourd'hui au musée des Beaux-Arts de Dijon dans le Palais des ducs de Bourgognepalais des Ducs de BourgogneGénéalogie Il est le quatrième fils du roi de France Jean II de France (dit Jean le Bon) et de Bonne de Luxembourg. Ses frères sont Charles V de France, Louis Ier de NaplesLouis d'Anjou et Jean de Berry. "32. Louis IX de France16. Philippe III de France33. Marguerite de Provence8. Charles de Valois34. Jacques Ier d'Aragon17. Isabelle d'Aragon (1247-1271)Isabelle d'Aragon35. Yolande de Hongrie Arpad4. Philippe VI de France36. Charles Ier de Sicile18. Charles II d'Anjou37. Béatrice de Provence9. Marguerite d'Anjou (1273-1299)Marguerite d'Anjou38. Étienne V de Hongrie19. Marie de Hongrie (1257-1323)Marie de Hongrie39. Élisabeth de Coumans2. Jean II de France40. Eudes III de Bourgogne20. Hugues IV de Bourgogne41. Alix de Vergy10. Robert II de Bourgogne42. Robert III de Dreux21. Yolande de Dreux (1212-1248)Yolande de Dreux43. Aénor de Saint-Valéry5. Jeanne de Bourgogne (v. 1293-1349)Jeanne de Bourgogne44. Louis VIII de France22. Louis IX de France45. Blanche de Castille11. Agnès de France (1260-1325)Agnès de France46. Raimond Bérenger IV de Provence23. Marguerite de Provence47. Béatrice de Savoie (1205-1266)Béatrice de Savoie1. Philippe II de Bourgogne48. Henri V de Luxembourg24. Henri VI de Luxembourg49. Marguerite de Bar12. Henri VII du Saint-Empire50. Baudouin Ier d'Avesnes25. Béatrice d'Avesnes51. Félicité de Coucy6. Jean Ier de Bohême52. Henri III de Brabant26. Jean Ier de Brabant53. Adélaïde de Bourgogne13. Marguerite de Brabant (1276-1311)Marguerite de Brabant54. Guy de Dampierre27. Marguerite de Dampierre55. Mahaut de Béthune3. Bonne de Luxembourg56. Venceslas Ier de Bohême (roi)Venceslas Ier de Bohême28. Ottokar II de Bohême57. Cunégonde de Hohenstaufen14. Venceslas II de Bohême (roi)Venceslas II de Bohême58. Rostislaw de Galicie29. Cunégonde de Galicie59. Anne Arpad7. Élisabeth de Bohême (1292-1330)Élisabeth de Bohême60. Albert IV le Sage30. Rodolphe Ier du Saint-Empire61. Hedwige de Kybourg15. Judith de Habsbourg62. Bouchard III de Hohenberg31. Gertrude de Hohenberg63. Mechtilde de TübingenDe son mariage avec Marguerite de Frandre, il a notamment : Jean sans Peur son successeur né le 28 mai 1371 au palais des ducs de Bourgogne de Dijon Charles, né en mars 1372, mort le 13 juillet 1373Marguerite de Bourgogne (1374-1441)Marguerite de Bourgogne, née en octobre 1374, mariée le 12 avril 1385 au comte Guillaume IV de Hainaut, de Liste des comtes de HollandeHollande et de Zélande. Louis de Bourgogne (mai 1377-10 janvier10 janvierjanvier 13781378). Catherine de Bourgogne, née en 1378, morte le 26 janvier 1425; mariée le 15 août15 aoûtaoût 13931393 au duc Léopold IV d'Autriche (1371 - † 1411) Bonne, née en

1379, morte le 10 septembre 1399 à l'âge de 20 ans. Marie de Bourgogne (1380-1428)Marie de Bourgogne, née en août 1380, morte le 6 octobre 1428; mariée en mai 1401 au comte puis duc Amédée VIII de SavoieAntoine de Bourgogne, né en 1384, comte de Réthel, puis Liste des ducs de Brabantduc de Brabant, mort à la bataille d'Azincourt le 25 octobre 1415Philippe de Bourgogne (1389-1415)Philippe de Bourgogne né en octobre 1389, mort le 25 octobre 1415 à la bataille d'Azincourt, devenu en 1404, par renonciation de ses frères Jean et Antoine, comte de Nevers et de Réthel ; Il inaugure ainsi une politique matrimoniale déjà esquissée par son prédécesseur Philippe de Rouvre, politique que continueront ses successeurs et qui, à partir et autour du duché de Bourgogne, constituera en quelques décennies l'État bourguignon. En mariant en 1385 son fils Jean sans Peur à Marguerite, fille du comte Albert Ier de Hainaut et de Hollande, et sa fille Marguerite à Guillaume IV de Hainaut, fils et héritier d'Albert, il prépare l'union des dites principautés à cet État bourguignon patiemment édifié par son petit-fils Philippe III de Bourgogne (dit Philippe le Bon). Il fait aussi entrer par ces mariages la nouvelle dynastie de Bourgogne dans le réseau d'alliances de la maison de Bavière : les autres filles d'Albert Ier de HainautAlbert de Bavière sont mariées au Liste des ducs de Gueldreduc de Gueldre et au Liste des rois de Bohêmeroi de Bohême, le futur empereur Wenceslas Ier du Saint-Empire, cependant que leur cousine Isabeau de Bavière devient Liste des reines de Francereine de France. D'autre part, il marie ses filles Catherine au Liste des souverains d'Autricheduc d'Autriche Léopold IV d'Autriche, et Marie au Liste des ducs de Savoieduc Amédée VIII de Savoie. Il laisse deux enfants naturels : - de Marie d'Auberchicourt (décédée le 31 octobre 1401), dame du Risoir et de Bernissart : Henri du Risoir (v. 1360-1409), qui fonde la famille du Risoir ; - de N : Suzanne de Brabant, épouse en 1409 Jacques WytvlietCitée par Patrick Van Kerrebrouck, in Les Valois - 1990, page 513 : suivant Bergé, "La fondation Pacheco, article Moreez, L'Intermédiaire, n° 38, mars 1952, page 67. Notes et références Voir aussi Liens internes Histoire de la Bourgogne Article de qualité!État bourguignonGuerre de Cent Ans Article de qualité!Guerre de Cent Ans en NormandieGrand Schisme d'Occident Bon article!Charles le Mauvais Article de qualité!Jean II de France Article de qualité!Charles V de France Article de qualité!Charles VI de FranceLouis Ier de NaplesJean de BerryLouis Ier d'OrléansJean sans PeurGrandes compagniesTraité de BrétignyJean de VienneÉdouard III d'AngleterreÉdouard de WoodstockBataille de Poitiers (1356)ChevauchéeTerre déserteArc long anglais Article de qualité!Liens externes Philippe le Hardi, le grand duc de Bourgogne sur historia-nostra.com (fr)

Article Sources and Contributors

Mercurey *Source*: http://fr.wikipedia.org/w/index.php?title=Mercurey *Contributors*: 9o9, Altiplano, Ancalagon, Archimatth, Auseklis, Badmood, Cantons-de-l'Est, Chatsam, Clegemt, Cleprout, CommonsDelinker, Coyau, Coyote du 86, Damonking, Dhatier, Duchénois, Hercule, Isaac Sanolnacov, Jura1970, Laurent Nguyen, Leag, Leguil, Litlok, Lvcvlvs, Mathias.peron, Noel.guillet, Nonopoly, PHILDIC, Paskalo, Paternel 1, Pautard, Pierrot Lunaire, Pmpmpm, Pmpmpmpm, Romary, Romuald 2, Sebleouf, Sguillot, Speculos, Stéphane33, Sylvain de Mercurey, Tom58, Vargenau, Yelkrokoyade, Zetud, ~Pyb, 22 anonymous edits

Commune (France) *Source*: http://fr.wikipedia.org/w/index.php?title=Commune_%28France%29 *Contributors*: A Pirard, Abpong, Absolute, Acetone, Alecs.y, Alexboom, Aloxe, Alphabeta, Alvaro, Anne97432, AntonyB, Aouasabder, Archeos, Archibald, Ash Crow, Auxerroisdu68, Ayack, Badmood, Balougador, Bbullot, BeatrixBelibaste, Benj54, Benjamin.bourderon, Bichenzo, Birdie, Bjankuloski06fr, Bob08, Boly38, Bouette, Bregalad1959, Bserin, C0co1304, Cantons-de-l'Est, Captain T, Carthae, Castordelain, Cdang, Cellosophe, Celui, Cham, Claude villetaneuse, Clicgauche, CommonsDelinker, Comild, Coyote du 86, Creasy, Crouchineki, Curry, Cépey, DSCH, Dadu, DalGobboM, Damouns, David Berardan, Deep silence, Didi2004, Dimitri kaczmarek, Djo0012, Docteur Saint James, DocteurCosmos, Dr Brains, Duckysmokton, EIP, Edeluce, Ediacara, Ejp, Eliane Daphy, Elisabeth Cottier F, Emirix, Encolpe, F.rodrigo, F.verry, Fab97, Fabrice Ferrer, Fitzwarin, Fred.th, G.vacher, GL, GabrieL, Gauss, Genium, Gepetto58, Geralix, GillesC, Gonioul, Greatpatton, Gribeco, Grook Da Oger, Gz260, Gzen92, Haltopub, Hannes, Helleborus, Hemmer, Hercule, Herr Satz, Hégésippe Cormier, IAlex, IP 84.5, Icarwiz, Idarvol, Indif, Isaac Sanolnacov, Isidor44, JLM, Jacfun, JackAttack, JakobZ, Jborme, Jean-no, Jef-Infojef, JeromeJH, Jerotito, Jibi44, Juan17, Jul.H, Kanabiz, Khardan, Kilianours, Kilith, Kimdime, Korg, Korrigan, Koyuki, Kyro, LD93, LPLT, Lacivelle, Lamiot, Laurent Nguyen, Laurent henry, Laurent75005, LaurentD, Lauriane.s, Lax, LeYaYa, Leag, Lehl-14, Lenova, Leszek Jańczuk, Like tears in rain, Lion59, Litlok, Lmaltier, LucasD, Ludo29, Lulu97417, Lysosome, M@rco, Machinator, Malosinus, Manuguf, Marc Mongenet, Matth97, Mercabilis, Mica, Mikayé, Mit-Mit, Monsieur Fou, Mplokinju, Mro, Msoue, NicoRay, Nicolas Lardot, Nicolas Ray, Niczar, Nuno Tavares, O. Morand, Olivier, Oxo, P.poschadel, Pabix, Papatt, Pautard, Perdupan, Phido, Phil94, Pinpin, PoM, Pontauxchats, Poulpy, Pymouss, Père Igor, Péeuh, Racconish, Rambi, RedBadger, Revas, Riri52, Roi du monde, Romanc19s, Rémih, Sdwiki, Seb35, Sebjarod, Seudo, Sharky, Shawn, Sherbrooke, Singeot, Siren, Sisqi, Sixte, Skouratov, Slastic, Sneaky 013, Soumere, Speculoos, Stanlekub, Starus, Supernes, Sxilderik, Symac, Syssoun, Séb du 42, Tabouet, Tango Panaché, Tatooine, Tavernier, Technob105, Tella, Teofilo, Tharkun, Thcollet, Thedreamstree, Touriste, Tracouti, Treehill, VIGNERON, Valérie75, Vargenau, Victeur, Vlaam, Volcan, Vpe, Wester, Xerce, Yenlamare, Zetud, Épiméthée, 245 anonymous edits

Saône-et-Loire *Source*: http://fr.wikipedia.org/w/index.php?title=Sa%C3%B4ne-et-Loire *Contributors*: 307sw136, Alain Caraco, Boretti, Buliwyf, Buzz, CR, Calips, Cantons-de-l'Est, Cham, Clindoreille, Clio64, CommonsDelinker, Coyau, Coyote du 86, Crouchineki, Cyrilb1881, Cépey, Damonking, David BARTHE, Dhatier, DocteurCosmos, EDUCA33E, Elg, Elgranjuego, Emirix, Erkethan, Esperanza222, Fabienamnet, Fafnir, Fanfwah, Faolnesxoyn, Ficanas, Flying jacket, Frikar, Frokor, Gaël2206, Geo115fr, Griveaud, Gustave Graetzlin, Hannes, Hattila, Hemmer, Hercule, Inigode, Inisheer, JakobZ, Jef-Infojef, Jonathan1, Kanabiz, Kimdime, LAWDVX, LeMorvandiau, Leszek Jańczuk, Louis Kehlweiler, Ludo29, Lysandre78, MEB09, Ma'ame Michu, Marc Mongenet, Mats Halldin, Mikefuhr, Mikue, Mith, Musées de Bourgogne, Naema, Naturals, Nicolas Ray, Oakim, Orror, Orthogaffe, PHILDIC, Phe, Phido, Pmpmpm, Pymouss, Père Igor, Qaentil, Rhadamante, Rinaldum, Romuald 2, Rune Obash, Sangjinhwa, Sebleouf, Sneaky 013, Symac, Tim9, Ursutraide, Valérie75, Vargenau, Vincent Calvo, Virgile1991, Wart Dark, Wikialine, Xavierrom, Xofc, Yann, Ybourgogne, Yendred, Youssefsan, script de conversion, ~Pyb, Épiméthée, 104 anonymous edits

Appellation d'origine contrôlée *Source*: http://fr.wikipedia.org/w/index.php?title=Appellation_d%27origine_contr%C3%B4l%C3%A9e *Contributors*: A2, Abrahami, Alkarex, Antoine De Champagne, Arnaudh, Asparagale, Ben Siesta, Benjism89, Calaereb, Ccmpg, Chaoborus, Chris93, Colette7800, Crouchineki, Dhatier, Ejude, Erdrokan, ErwChartes, Esprit Fugace, Fabwash, Fafnir, Francois Trazzi, FrancoisFC, Fred.th, Gede, Greudin, Haypo, Hemmer, Heurtelions, Hégésippe Cormier, Inisheer, J-L Cavey, J. Clef, JPS68, Jeanboyer, Jitmem, Johny-le-cowboy, Jpm2112, Jules78120, Karl1263, Kintaro, Koyuki, Leag, Lomita, Ma'ame Michu, Manuguf, Mathieugp, Mathounette, Med, Megachad, Megateuf, Menchi, Michał Sobkowski, Neuceu, Nono64, Orthogaffe, PANDA 81, Padawane, Patafisik, Pemelet, Pinpin, Polletfa, Richardbl, Romanc19s, Rserger, Saurien, Sdaubert, Semnoz, Singeot, Speculos, Spedona, Spirot, Stéphane33, TR4DER, Tieno, Tikainon, Tux-Man, Valdor65, Wart Dark, Wikiwill, Xavier Combelle, Zj, 77 anonymous edits

Autun *Source*: http://fr.wikipedia.org/w/index.php?title=Autun *Contributors*: A2, Airyn, Alain valtat, Alchemica, Alexandrin, Alphabeta, Angelino, Anpatsa, AntonyB, Archeos, Arnaud.Serander, Arria Belli, Badmood, Bapti, Benchaum, Benjy713, Bh.souzani, Bloubéri, Bob08, Bordatc, Briling, California dream, Cardioceras, Ccmpg, Cham, Chmiel', Chouca, Christophe Dioux, Christophe.Finot, Cicero, Cliath, Cornelis, Coyau, Coyote du 86, CédricGravelle, Damonking, David Berardan, EDUCA33E, Epierre, Erasmus, Erasmus.new, Erine, Erkethan, Ertezoute, Esperanza222, Felhemesi, Fredbo28, Frikar, Frokor, Félix Potuit, GDC, Galoric, Gauss, GillesC, Gz260, Gzen92, GôTô, HAF 932, Harry S., Hashar, Hatonjan, Huster, Inisheer, Isaac Sanolnacov, JPS68, Jacques Ghémard, JakobZ, Jarfe, Jastrow, Jbbizard, Jbdeparis, Jimmy44, Jonathan1, K90, KaTeznik, Kanabiz, Kilith, KoS, Koic, Kokin, Kolkounet, Kolossus, Kyro, L'amateur d'aéroplanes, LeMorvandiau, Leag, Les Meloures, Letartean, Lobgas, Lomita, M-le-mot-dit, MG, MOSSOT, Ma'ame Michu, Maitre capeli, Mandeville, Manu1400, Mith, Moreau.henri, Musées de Bourgogne, NaSH, Nguyenld, NicoV, Nicolas Ray, Nitot, Nonopoly, OldLion, Olrick, Orioane, Orthogaffe, Papydenis, Paternel 1, Patrick89, Pautard, Pegec, Pem, Penjo, Phantasie71, Phe, Pichasso, Pixelyoshi, Pmpmpm, Pontarlier, PrinceConsort, Prof77, Ptyx, Punx, Qaentil, Quentinusc, R, RM77, Raoul75, Renaldus, Richardbl, Rigil, Rocastelo, Romary, Ryo, Sam Hocevar, Sanguinez, Sebcaen, Sebjarod, Selvejp, Seymour, SicreJacques, Skippy114, Ste281, Surdox, Symposiarch, TL, Tejgad, To old, Treanna, Trowa Barton, Urban, Urhixidur, Ursus, VonTasha, William Jexpire, Xavier M., Ybourgogne, Yelkrokoyade, Yeulma, Zelda, Épiméthée, 259 anonymous edits

Dogger *Source*: http://fr.wikipedia.org/w/index.php?title=Dogger *Contributors*: Badmood, Bouchecl, Drtissot, Guérin Nicolas, Mat956, P.B, Phe, Polmars, Semnoz, 3 anonymous edits

Malm *Source*: http://fr.wikipedia.org/w/index.php?title=Malm *Contributors*: Andre315, Badmood, Buggs, Guérin Nicolas, Kolossus, Leag, P.B, Phe, Polmars, Sardur, Semnoz, Sherbrooke, Viking59, Zetud, 5 anonymous edits

Marne (roche) *Source*: http://fr.wikipedia.org/w/index.php?title=Marne_%28roche%29 *Contributors*: Abrahami, Bergonaute, Bicounet, Buggs, Chatsam, Dhenrotte, Dyorkey, Fabrice Ferrer, GaMip, Gemme, Graphophile, Guy Courtois, Gvf, Gérard63, Hemmer, Indeed, JacquesN, K!roman, Like tears in rain, Mahlerite, Mayayu, Numbo3, Ollamh, Passoa15, Phe, Philipendula, Philippe rogez, Phmagnabosco, Poleta33, Poulpy, Sam Hocevar, Sebleouf, Sherbrooke, Srtxg, TiChou, Urban, William Jexpire, Zelda, 28 anonymous edits

Orbise *Source*: http://fr.wikipedia.org/w/index.php?title=Orbise *Contributors*: Fm790, Havang(nl), Philippe rogez, Pmpmpm

Saint-Martin-sous-Montaigu *Source*: http://fr.wikipedia.org/w/index.php?title=Saint-Martin-sous-Montaigu *Contributors*: Ancalagon, Arnaud.Serander, Badmood, Christophe Dioux, CommonsDelinker, Coyau, Damonking, Dhatier, Ggal, Harrieta171, Havang(nl), Jejecam, Kzo, Leag, Linan, Litlok, Lomita, Nonopoly, Phe, Pmpmpm, Pmpmpmpm, Rhizome, Richardbl, Romanc19s, Valois st, Vinz1789, Zetud, 54 anonymous edits

Haie *Source*: http://fr.wikipedia.org/w/index.php?title=Haie *Contributors*: A&p32, Abrahami, Alberth2, Aleks, Auseklis, Badmood, Bob08, Chaoborus, Cwatier, DUMOUCH, Debras, Dhatier, Dodoïste, Donpedro dugers, Eiffele, Elnon, FILLL, Fileas Fog, Ggal, Heimdalltod, Ikmo-ned, Jbm747, Joker-x, JulieADriver, JulieBingen, Kilith, Lamiot, LaurentL, Le choucas, LeonardoRob0t, Litlok, Ludo29, Mafiou44, Manuguf, Martin, Mathieuw, Mielle gris, Mirgolth, Mister Gaga, NicoV, Nortmannus, Ollamh, Ouille57, Padawane, Patlab, Patrick.charpiat, Paulr, Pixeltoo, RM77, Rune Obash, Salangane, Sardur, Thanaek, TiChou, Tieno, Tvpm, Urban, VincentPalmieri, Vinz1789, VonTasha, YanR, Zelda, Zetud, Zyzomys, 39 anonymous edits

Remembrement *Source*: http://fr.wikipedia.org/w/index.php?title=Remembrement *Contributors*: Agro conseil, Ahbon?, Astirmays, Badmood, Chphe, Circeknowledgebase, Crouchineki, Eiffele, Ejp, Emmanuel.boutet, Erasoft24, Friedrich Petersdorff, Gz260, HAF 932, Holycharly, Lamiot, Lomita, Matpib, Moumousse13, Nouill, Padawane, Patrick.charpiat, Phildij, Pok148, Rhadamante, Roland45, Shawn, Smeet666, Spedona, Thesmoothcriminal, TigH, Treehill, Van Rijn, Ybourgogne, 36 anonymous edits

Gel *Source*: http://fr.wikipedia.org/w/index.php?title=Gel *Contributors*: 16@r, Alphos, Amqui, Archibald, Erasmus, Fafnir, Kezia1, MagnetiK, Numbo3, Romary, Wiolshit, Xfigpower, 7 anonymous edits

Climat continental *Source*: http://fr.wikipedia.org/w/index.php?title=Climat_continental *Contributors*: Aaton77, Alexandrin, Archibald, Arkanosis, B-noa, BrightRaven, Cj73, Drongou, Ev, Fabrice Dury, Florival fr, Geographiste, Greteck, Hedwig in Washington, Ji-Elle, Koyuki, Levochik, Litlok, Lucien Duval, Ludovic89, Maxo234, Moumousse13, Mutatis mutandis, Numbo3, Pixeltoo, Quentinv57, Rhadamante, Roumaru, Rémih, Sherbrooke, Speculos, Ste281, Sum, Sxilderik, Tibauk, Tvpm, UncivilFire, Urban, Vargenau, Vi..Cult..., Vincnet, Wku2m5rr, Zelda, 50 anonymous edits

Climat tempéré *Source*: http://fr.wikipedia.org/w/index.php?title=Climat_temp%C3%A9r%C3%A9 *Contributors*: Alecs.y, Alphos, Anthere, Archibald, Ayack, Bart25, BioPupil, Buggs, Didup, Drongou, Fluti, Former user 1, Geographiste, Gonioul, Guiguilegui, Idéalités, Ji-Elle, Lgd, Litlok, Looxix, Mikani, Moala, Monkeytheifx, Olrick, Padawane, Pixeltoo, Plyd, Rhadamante, Romanc19s, Roumaru, Rémih, Sebjarod, SofiaNadezda, Srtxg, Stéphane33, Sémhur, Tavernier, Tvpm, Urban, Ursutraide, 39 anonymous edits

Grêle *Source*: http://fr.wikipedia.org/w/index.php?title=Gr%C3%AAle *Contributors*: Abrahami, Anatole Coralien, Aristy88, Bapt1steD, BicheBeche, CUSENZA Mario, Caknuck, Cantons-de-l'Est, Carbone14, Cevenol2, Chatsam, Chouca, CommonsDelinker, ComputerHotline, Coyote du 86, David Berardan, Dfeldmann, Epop, Esprit Fugace, Gene.arboit, Girouette, Greatpatton, JOPE MARESSOT, Jef-Infojef, Kōan, Lamiot, Lejocelyn, Malosse, Mikefuhr, NicoV, Philippe.OSSWALD, Pierre cb, PouX, Poulpy, Rafal78, Ratigan, Rawet05, Raymond de, Romanskolduns, Sam Hocevar, Shakti, Sherbrooke, The SpaceFox, Treanna, Vivarés, VonTasha, Yorik, 61 anonymous edits

Château de Montaigu *Source*: http://fr.wikipedia.org/w/index.php?title=Ch%C3%A2teau_de_Montaigu *Contributors*: Chaoborus, Freb, M-le-mot-dit, PHILDIC, Pmpmpm, Romanc19s, Sir Gawain, 3 anonymous edits

Abbaye de Cluny *Source*: http://fr.wikipedia.org/w/index.php?title=Abbaye_de_Cluny *Contributors*: A2, Acer11, Alain valtat, Archeos, Atrus75, Badmood, Bbullot, Bob08, Calips, Cantons-de-l'Est, Cdiot, Cehagenmerak, Cezel, Chaoborus, Chaumel, Chtfn, Cicero, Cmperez, Cornelis, Coyau, Coyote du 86, Damonking, EDUCA33E, Eldino, Epierre, Escaladix, Esprit Fugace, F5ZV, Felix8, Fitbanodo, FranckBBG, G CHP, Giogo, Guilhem, Guillaumeg33, Heurtelions, IP 84.5, Isaac Sanolnacov, JPS68, Jeanhousen, Jeannedeaux, Jerome66, Kelson, Litlok, Louis-garden, MOSSOT, MRW, Maehdros, Marimarina, Matth97, Mavra89, Mayeul, Mikio75, Moreau.henri, Moulins19, Nebula38, NicoScPo, Ntametrine, Odejea, Ollamh, Orror, P-e, Padawane, Papydenis, Paternel 1, Patrick89, Petrusbarbygere, Philippe48, Pj44300, Pmpmpm, Pok148, Polmars, Poulpy, Président, Richieman, Romane2010, Smily, Speculos, Sts, Stéphane33, TKostolany, Tella, Theoliane, Titoub, Tourgueniev69, Trizek, Urban, Vol de nuit, Warpsychosis, Wrangel, Xavierrom, Xorxar, Yelkrokoyade, Zouavman Le Zouave, Épiméthée, שמוש, 79 anonymous edits

Dijon *Source*: http://fr.wikipedia.org/w/index.php?title=Dijon *Contributors*: 307sw136, A2, ADM, APCARNOT, Absolute, Adri1mon, Adrien palais, Aeleftherios, Ago21 71, Alain valtat, Alchemica, Alexboom, Alno, Alphos, Amacundu, Anarakis, Angelruc, Anniepaurelle, Anton21, AntonyB, Antrim, Aphaia, Archeos, Arnaud 25, Arnaud.Serander, ArnoLagrange, Aroche, Arsene lapin, Artocarpus, Asgarde, Atmosfair, Atpnh, Axolotl, Aztoar, B-noa, Babatmeuh, Babskwal, Badmood, Bapti, Baronnet, Becycle, Belgavox, Belladon, Benjamin Lefèvre, Bob08, Bouette, BraceRC, Brozouf, Bruno Vallette, Burgundu, Buxy, Cantons-de-l'Est, Cardioceras, Carl-9000, Ccmpg, Chandres, Chaoborus, Charlitos, Chmiel', Choumchoum, Chris93, Christophe.Finot, Chtfn, Claude villetaneuse, Clem23, Clicsouris, Clio64, Clémentsf, Colindla, CommonsDelinker, ComputerHotline, Coyau, Coyote du 86, Creib, Crouchineki, Cyrilb1881, Cépey, DOCUMENTALI, DSCH, Danvers, David Berardan, David.Monniaux, Davric, DavytheFatBoy, Dermuche, Dhatier, Diligent, Doc103, Docholliday, Documentalipedia, DonCamillo, Donuts21, Doudoune21, Dunkerqueenflandre, Ecjscdg, Ecrans 2008, Ellisllk, Emirix, Emmanuel@florentin-dijon.com, Epierre, Erkethan, Eskimo, Esperanza222, FR, FRED, Fabienamnet, Fabizor, Fafnir, Flemtona, Fredbo28, Frokor, G CHP, GDC, Genealogiste21, Generation21, Geographiste, Ginko, Goliadkine, Greatpatton, Greg90, Gribeco, Grimlock, Grondin, Guhao, Guy Courtois, Gz260, Gérard vidal, H-mohamed, Hanpoine, Happyhippie, Harmonia Amanda, Hayastan07, Heliko, Hell21, Hercule, Herminien2, Heurtelions, Hophidie, Hugin, Hégésippe Cormier, Inisheer, Isaac Sanolnacov, JLM, JPP81, JakobZ, Jarfe, Jastrow, Jbbizard, Jbdeparis, Jchenrard, Je.c, Jean-Christophe BENOIST, Jean-Yves Sureau, Jef-Infojef, Jejecam, Jerome66, JiPé, Jimmy44, JohnSonne, Jonathan JAILLET, Jonathan1, Jonathan71, Jospe, Jules78120, Julien Carnot, Juraastro, Justelipse, Jérémie2008, Jérôme Demange, Kanabiz, Keden71, KevFB, Kilom691, Kimdime, KoS, Kokin, Kolossus, Kropotkine 113, LPLT, La Thabarderie, Lamiot, Larkos, Laurent Nguyen, Le Fou, LeMorvandiau, Leslib, Lgd, Lilian, Linan, Litlok, Locktofob, LoisirsUCPA, Lomita, Lordvince, Loribel, LucasD, Ludovic89, Ludovix, Lyon-St-Clair, MG, MJ, MOSSOT, MTPICHON, Ma'ame Michu, Mahe, Maithe38, Maloq, Manchot, Marie de Bueil, Masters piece, Mathieuw, Mayayu, MetallirocK, Michel-georges bernard, Michel421, Mike Coppolano, Mike bzh, Missourinez, Mkaczor2000, Mmenal, Mondorcet, Monsieur Fou, Morburre, Morduderoq, Morlock, Morvan714, Musées de Bourgogne, Mutatis mutandis, MyPs, Mélanie Huguet, NPousseur, NaSH, Nadege.p, Naema, Nananère, Neptune, Nerijp, Nias, Nick Name, NicoV, Nicoco21, Nolege, Nortmannus, Nuage fou, Numbo3, Oblic, Ohkami, Oliv21, Oliver twist, Olivier, Ollamh, Ork, Orror, Orthogaffe, Ovc, P'tit frappé, PRA, Pacman1897, Paco Girasol, Paillasse71, Papatt, Pascalus II, Passoa15, Patrau, Pautard, Pedroclick, Penjo, Phd0, Phe, Phido, Phil25, PhilFree, Phildij, Philippenusbaumer, Pinpin, Pixelyoshi, PoM, Polmars, Pontarlier, Pontauxchats, Poulpy, Prosopee, Prosumac2, Pseudomoi, Pthierry, Pymouss, Quentinv57, Rapcat, Raphdvoj, Rehtse, Remi Mathis, Renlo2171, René Dinkel, Rhion, Richardbl, Ricrac, Rigil, Rinaldum, Romanc19s, Rootsine, Rosenrot, Rosier, Rue mably, Ryo, Rémih, STyx, Saihtam, Sam Hocevar, SammyFisherJr, Sancho21, Sayan, Scoopfinder, Scoubidou75, Sebjarod, Serged, Servonman, Sevenstones, Sherbrooke, Sisyph, Sneaky 013, Squaredge, Starus, Ste281, Stéphane33, Sum, Superjuju10, Supermiton, Surréalatino, Symposiarch, Tagar95, Taguelmoust, Theon, Thesupermat, Thierryjannolle, Thomasbarbier, Tibidibtibo, Tibtib51, Tim9, Titixxx, Toin out, Tonymainaki, Tornad, Trafalguar, Treanna, Tsaki, TwoWings, Ulrikette, Urban, Vargenau, Vlaam, Volcan, Vortesteur, Vpe, Webkid, Wikialine, Wikipedro, Wikisoft*, William Jexpire, Wiz, Xaviateur, Xavierrom, Xiann, Yann Glauser, Yelkrokoyade, Yendred, Yohooo, Yoshi Nara, Yves.legrand, Zetud, Ziprof, Zorlot, Épiméthée, 672 anonymous edits

Burgondes *Source*: http://fr.wikipedia.org/w/index.php?title=Burgondes *Contributors*: Alitta2000, Anto, Archeos, Archimëa, Arnaud.Serander, Aruspice, Asabengurtza, B-noa, Babass, Badmood, Bob08, Calabria, Cehagenmerak, Christophe.Finot, Clodion, Coyote Ugly, Darth Gaut, David Berardan, Dhatier, Diddou, Djidane39, Duistrezon, EDUCA33E, Ethaniel, Fab5669, Fabien HÉRY, Fanfwah, Fphilibert, G CHP, Garbure, Gdgourou, Gemini1980, Howard Drake, Iafss, Isaac Sanolnacov, Jeanrenaud-saussure-102, Jerome66, Jmax, Jyp, Kelson, Keriluamox, Kesch, Knard25, Lalot-Saussure-103, Leguman7, Lilian, Litlok, Lomita, M-le-mot-dit, Maffemonde, Mandeville, Manoillon, Marc Mongenet, Maury-saussure-103, Mbzt, Milky2, Mit-Mit, Molui, Montain, Necrid Master, Nicnac25, Nono64, Odejea, Ollamh, Orthogaffe, Oxam Hartog, P'tit frappé, PHILDIC, PIerre.Lescanne, Pabix, Padawane, Papydenis, Pater Ubu Rex, Pautard, Phe, Phi-Gastrein, Phildij, Pille Muguet, Polmars, Popo le Chien, Poppy, Poulos, Prosumac2, Richardbl, Rocky7624, Romanc19s, Romary, Sam Hocevar, Sanguinez, ScArf, Segismond, Sencha, Sherbrooke, Sienna, Sisyph, Skouratov, Speculoos, Speculos, Symposiarch, TKostolany, Tex, ThomasDELVAUX, Tieum, Treanna, Ultrogothe, Vargenau, Varmin, Verbex, Vincnet, Vlaam, Wikialine, Wikiyco, Ælfgar, Épiméthée, ΛΦΠ, 58 anonymous edits

Hugues III de Bourgogne *Source*: http://fr.wikipedia.org/w/index.php?title=Hugues_III_de_Bourgogne *Contributors*: Badmood, EDUCA33E, G CHP, Odejea, Orror, Oy18, Papydenis, Phildij, Richardbl, 6 anonymous edits

Chalon-sur-Saône *Source*: http://fr.wikipedia.org/w/index.php?title=Chalon-sur-Sa%C3%B4ne *Contributors*: Aboulesteix, Ahbon?, Alain valtat, AlexJB14, Alienor a, Alno, Alphahotel, Anas1712, Archeos, Arnaud.Serander, Aruspice, Astrolabe, Atpnh, Badmood, Bapti, Bbullot, Ben Siesta, Bordolien, Camico, Cantons-de-l'Est, Cham, Chmiel', Claude villetaneuse, Cliath, Clio64, Clément 50, CommonsDelinker, Coyote du 86, Creapixel, Damonking, Daniel71, Davric, Dhatier, Djedj, Duch, EDUCA33E, Ediacara, Elagatis, Elg, Elnon, Enfantdechoeur-slg-e, Epix, Erasmus, Ertezoute, Es2003, Esperanza222, FRED, Fabienamnet, Former user 1, Fr.Latreille, FrancoisFC, Fredbo28, Frikar, Frokor, G CHP, GDC, GaMip, Garfieldairlines, Gavroche75, Geographiste, Ghirlandajo, GillesC, GnuCivodul, Gribeco, Gukino, Gz260, Gzen92, HaguardDuNord, Harmonia Amanda, Hubert le Phacochère, Huguesp34, Huster, Hémant, Inisheer, Isaac Sanolnacov, Iznogood, JB82, JLM, Jakado, JakobZ, Jbbizard, Jef-Infojef, JeromeWiki, Jhésite, Jonathan JAILLET, Juchors, Junky71, Karl1263, Kelson, Kimdime, Klipper, Kolossus, LPLT, Lgd, Lilian, Litlok, Lomita, M-le-mot-dit, MOSSOT, Ma'ame Michu, Mailbox, Maithe38, Mandariine, Mathieugp, Michel421, Mirgolth, Mmenal, Monsieur Fou, N'importe lequel autre, NPousseur, NaSH, Nicolas pato, Noel.guillet, Nono64, Nonopoly, Orthogaffe, PRA, Paternel 1, Penjo, Phantasie71, Phido, Philippe48, Pichasso, Pixelyoshi, Pmpmpm, Pontarlier, Popolon, Q12r, Sam Hocevar, Semnoz, Sneaky 013, Solveig, Ste281, Stéphane33, Symposiarch, Synyster 71234, Thesupermat, Tieno, Treanna, Troyeseffigy, Vargenau, Verbex, Vi..Cult..., Vierlio, Vlaam, Yacinedu71, Yelkrokoyade, Yendred, Zetud, Épiméthée, 174 anonymous edits

Liste des ducs de Bourgogne *Source*: http://fr.wikipedia.org/w/index.php?title=Liste_des_ducs_de_Bourgogne *Contributors*: A2, Alexandrin, Archeos, Arnaud 25, Badmood, Bertol, Bob08, BrightRaven, Briséis, Brozouf, Celette, Chris93, Crouchineki, Cyril-83, Dhenry, EDUCA33E, Enguerrand VII, Erasmus.new, Fitzwarin, G CHP, Gronico, Gzen92, Herr Satz, Isaac Sanolnacov, Jerotito, Jimmy44, Jonathan71, Justelipse, Karel Anthonissen, Kathisma, Laurent Nguyen, Martin.coppens, Massimo Macconi, Mytto, Odejea, Ollamh, Orror, Orthogaffe, Papydenis, Perfidia, Phildij, Piaf, Piku, Polmars, Poppy, Pp1966pp, Rapportroyal, Sebb, Souris2002, Sylvain excoffon, TigH, Treanna, Tuilindo, Vladimir Solovjev, WPF2008, Zigeuner, Épiméthée, Švitrigaila, 68 anonymous edits

Philippe II de Bourgogne *Source*: http://fr.wikipedia.org/w/index.php?title=Philippe_II_de_Bourgogne *Contributors*: Althiphika, Atchika, Balsame, Bob08, Christophe.Finot, Cyberprout, Enguerrand VII, Flamanchti, Félix Potuit, G CHP, Gede, GonzagueJD, Graoully, Grim Reaper, Isaac Sanolnacov, JLM, Jimmy44, Jonathan1, Jorge de Burgos, MORBIHAN, Marionfabert, Mayayu, Mont-Joli, Odejea, Papydenis, Patrick89, Philip, Romanc19s, Scapin23, Selvejp, Stéphane33, Verbex, Xaviateur, Švitrigaila, 30 anonymous edits

Image Sources, Licenses and Contributors

Fichier:IMG Vignoble de Mercurey 12.JPG *Source*: http://fr.wikipedia.org/w/index.php?title=Fichier:IMG_Vignoble_de_Mercurey_12.JPG *License*: unknown *Contributors*: User:Mpmpmp

Image:France relief location map.jpg *Source*: http://fr.wikipedia.org/w/index.php?title=Fichier:France_relief_location_map.jpg *License*: unknown *Contributors*: User:Sting

Image:France location carte-Regions and departements.svg *Source*: http://fr.wikipedia.org/w/index.php?title=Fichier:France_location_carte-Regions_and_departements.svg *License*: unknown *Contributors*: -

File:Vignoble de Mercurey.JPG *Source*: http://fr.wikipedia.org/w/index.php?title=Fichier:Vignoble_de_Mercurey.JPG *License*: unknown *Contributors*: User:Mpmpmp

Fichier:IMG Vignoble de Mercurey 11.JPG *Source*: http://fr.wikipedia.org/w/index.php?title=Fichier:IMG_Vignoble_de_Mercurey_11.JPG *License*: unknown *Contributors*: User:Mpmpmp

Fichier:IMG Bassin Hydraulique.JPG *Source*: http://fr.wikipedia.org/w/index.php?title=Fichier:IMG_Bassin_Hydraulique.JPG *License*: unknown *Contributors*: User:Mpmpmp

File:IMG Chateau de Montaigu 2.JPG *Source*: http://fr.wikipedia.org/w/index.php?title=Fichier:IMG_Chateau_de_Montaigu_2.JPG *License*: unknown *Contributors*: User:Mpmpmp

Image:M de flandre (1350-1405).PNG *Source*: http://fr.wikipedia.org/w/index.php?title=Fichier:M_de_flandre_(1350-1405).PNG *License*: unknown *Contributors*: Original uploader was Paris75000 at fr.wikipedia

Image:Général_Philibert_Duhesme.jpg *Source*: http://fr.wikipedia.org/w/index.php?title=Fichier:Général_Philibert_Duhesme.jpg *License*: unknown *Contributors*: Estebanlenormand, Kilom691, Millevache

Image:Blason Mercurey.svg *Source*: http://fr.wikipedia.org/w/index.php?title=Fichier:Blason_Mercurey.svg *License*: unknown *Contributors*: User:Chatsam

File:IMG Dominique Juillot.JPG *Source*: http://fr.wikipedia.org/w/index.php?title=Fichier:IMG_Dominique_Juillot.JPG *License*: unknown *Contributors*: User:Mpmpmp

File:Photos-0142.jpg *Source*: http://fr.wikipedia.org/w/index.php?title=Fichier:Photos-0142.jpg *License*: unknown *Contributors*: User:Mpmpmp

Fichier:IMG Vignoble de Mercurey 13.JPG *Source*: http://fr.wikipedia.org/w/index.php?title=Fichier:IMG_Vignoble_de_Mercurey_13.JPG *License*: unknown *Contributors*: User:Mpmpmp

Image:Vignoble de Mercurey 2.JPG *Source*: http://fr.wikipedia.org/w/index.php?title=Fichier:Vignoble_de_Mercurey_2.JPG *License*: unknown *Contributors*: User:Mpmpmp

Image:Vignoble de Mercurey 5.JPG *Source*: http://fr.wikipedia.org/w/index.php?title=Fichier:Vignoble_de_Mercurey_5.JPG *License*: unknown *Contributors*: User:Mpmpmp

File:IMG FC Mercurey.JPG *Source*: http://fr.wikipedia.org/w/index.php?title=Fichier:IMG_FC_Mercurey.JPG *License*: unknown *Contributors*: User:Mpmpmp

File:Terrain basket à Mercurey.JPG *Source*: http://fr.wikipedia.org/w/index.php?title=Fichier:Terrain_basket_à_Mercurey.JPG *License*: unknown *Contributors*: User:Mpmpmp

Image:MERCUREY.jpg *Source*: http://fr.wikipedia.org/w/index.php?title=Fichier:MERCUREY.jpg *License*: unknown *Contributors*: User:Elementalkarl

File:Touches (Mercurey, Saône-et-Loire, Fr) église.JPG *Source*: http://fr.wikipedia.org/w/index.php?title=Fichier:Touches_(Mercurey,_Saône-et-Loire,_Fr)_église.JPG *License*: unknown *Contributors*: User:Havang(nl)

File:Touches (Mercurey, Saône-et-Loire, Fr) portail église.JPG *Source*: http://fr.wikipedia.org/w/index.php?title=Fichier:Touches_(Mercurey,_Saône-et-Loire,_Fr)_portail_église.JPG *License*: unknown *Contributors*: User:Havang(nl)

File:Touches (Mercurey, Saône-et-Loire, Fr) calvaire.JPG *Source*: http://fr.wikipedia.org/w/index.php?title=Fichier:Touches_(Mercurey,_Saône-et-Loire,_Fr)_calvaire.JPG *License*: unknown *Contributors*: User:Havang(nl)

File:Mercury (Saône-et-Loire, Fr) église,.JPG *Source*: http://fr.wikipedia.org/w/index.php?title=Fichier:Mercury_(Saône-et-Loire,_Fr)_église,.JPG *License*: unknown *Contributors*: User:Havang(nl)

File:IMG Eglise de Mercurey.JPG *Source*: http://fr.wikipedia.org/w/index.php?title=Fichier:IMG_Eglise_de_Mercurey.JPG *License*: unknown *Contributors*: User:Mpmpmp

File:IMG Ruines du Chateau de Montaigu 2.JPG *Source*: http://fr.wikipedia.org/w/index.php?title=Fichier:IMG_Ruines_du_Chateau_de_Montaigu_2.JPG *License*: unknown *Contributors*: User:Mpmpmp

File:Mairie de Mercurey.JPG *Source*: http://fr.wikipedia.org/w/index.php?title=Fichier:Mairie_de_Mercurey.JPG *License*: unknown *Contributors*: User:Mpmpmp

File:Route d'autun à Mercurey 1.JPG *Source*: http://fr.wikipedia.org/w/index.php?title=Fichier:Route_d'autun_à_Mercurey_1.JPG *License*: unknown *Contributors*: User:Mpmpmp

File:Route d'autun à Mercurey 2.JPG *Source*: http://fr.wikipedia.org/w/index.php?title=Fichier:Route_d'autun_à_Mercurey_2.JPG *License*: unknown *Contributors*: User:Mpmpmp

File:Route d'autun à Mercurey 3.JPG *Source*: http://fr.wikipedia.org/w/index.php?title=Fichier:Route_d'autun_à_Mercurey_3.JPG *License*: unknown *Contributors*: User:Mpmpmp

Image:Vignoble de Mercurey 1.JPG *Source*: http://fr.wikipedia.org/w/index.php?title=Fichier:Vignoble_de_Mercurey_1.JPG *License*: unknown *Contributors*: User:Mpmpmp

Image:Vignoble de Mercurey 6.JPG *Source*: http://fr.wikipedia.org/w/index.php?title=Fichier:Vignoble_de_Mercurey_6.JPG *License*: unknown *Contributors*: User:Mpmpmp

Fichier:IMG Vignoble de Mercurey.JPG *Source*: http://fr.wikipedia.org/w/index.php?title=Fichier:IMG_Vignoble_de_Mercurey.JPG *License*: unknown *Contributors*: User:Mpmpmp

Fichier:IMG Vignoble de Mercurey 21.JPG *Source*: http://fr.wikipedia.org/w/index.php?title=Fichier:IMG_Vignoble_de_Mercurey_21.JPG *License*: unknown *Contributors*: User:Mpmpmp

File:IMG Mairie Salle des fêtes de Mercurey.JPG *Source*: http://fr.wikipedia.org/w/index.php?title=Fichier:IMG_Mairie_Salle_des_fêtes_de_Mercurey.JPG *License*: unknown *Contributors*: User:Mpmpmp

File:IMG Etroyes.JPG *Source*: http://fr.wikipedia.org/w/index.php?title=Fichier:IMG_Etroyes.JPG *License*: unknown *Contributors*: User:Mpmpmp

File:IMG Entrée de Mercurey.JPG *Source*: http://fr.wikipedia.org/w/index.php?title=Fichier:IMG_Entrée_de_Mercurey.JPG *License*: unknown *Contributors*: User:Mpmpmp

File:Img bouteille Mercurey.JPG *Source*: http://fr.wikipedia.org/w/index.php?title=Fichier:Img_bouteille_Mercurey.JPG *License*: unknown *Contributors*: User:Mpmpmp

Fichier:Flag of France.svg *Source*: http://fr.wikipedia.org/w/index.php?title=Fichier:Flag_of_France.svg *License*: unknown *Contributors*: (de) (en) (es)

Fichier:Communes of France.png *Source*: http://fr.wikipedia.org/w/index.php?title=Fichier:Communes_of_France.png *License*: unknown *Contributors*: User:Godefroy

Image:Communes france-fr.svg *Source*: http://fr.wikipedia.org/w/index.php?title=Fichier:Communes_france-fr.svg *License*: unknown *Contributors*: Iofo7

Image:Comunne Y picardhiv68.jpg *Source*: http://fr.wikipedia.org/w/index.php?title=Fichier:Comunne_Y_picardhiv68.jpg *License*: unknown *Contributors*: Markus3, Mortadelo2005, Olivier2, Pixeltoo, Ske, TwoWings, 1 anonymous edits

Image:Logo 71 Saône-et-loire.png *Source*: http://fr.wikipedia.org/w/index.php?title=Fichier:Logo_71_Saône-et-loire.png *License*: unknown *Contributors*: Naturals

Fichier:Saône-et-Loire departement locator map.svg *Source*: http://fr.wikipedia.org/w/index.php?title=Fichier:Saône-et-Loire_departement_locator_map.svg *License*: unknown *Contributors*: User:Sting

Fichier:Cluny monast od JV z parku DSCN1094.JPG *Source*: http://fr.wikipedia.org/w/index.php?title=Fichier:Cluny_monast_od_JV_z_parku_DSCN1094.JPG *License*: unknown *Contributors*: Jan Sokol

Fichier:Chaos Uchon 3.jpg *Source*: http://fr.wikipedia.org/w/index.php?title=Fichier:Chaos_Uchon_3.jpg *License*: unknown *Contributors*: Propre travail

Fichier:Carte de la Saône-et-Loire.svg *Source*: http://fr.wikipedia.org/w/index.php?title=Fichier:Carte_de_la_Saône-et-Loire.svg *License*: unknown *Contributors*: User:LeMorvandiau

Fichier:Blason département fr Saône-et-Loire.svg *Source*: http://fr.wikipedia.org/w/index.php?title=Fichier:Blason_département_fr_Saône-et-Loire.svg *License*: unknown *Contributors*: User:Spedona

Image:Logo_AOC.jpg *Source*: http://fr.wikipedia.org/w/index.php?title=Fichier:Logo_AOC.jpg *License*: unknown *Contributors*: Megateuf

Image:AOC-CH-LOGO.jpg *Source*: http://fr.wikipedia.org/w/index.php?title=Fichier:AOC-CH-LOGO.jpg *License*: unknown *Contributors*: Alchemica

Fichier:Joseph Capus 1919.jpg *Source*: http://fr.wikipedia.org/w/index.php?title=Fichier:Joseph_Capus_1919.jpg *License*: unknown *Contributors*: JPS68

Fichier:Baron Pierre Le Roy de Boiseaumarié.jpg *Source*: http://fr.wikipedia.org/w/index.php?title=Fichier:Baron_Pierre_Le_Roy_de_Boiseaumarié.jpg *License*: unknown *Contributors*: User:Véronique PAGNIER

Fichier:Édouard Barthe 1910.jpg *Source*: http://fr.wikipedia.org/w/index.php?title=Fichier:Édouard_Barthe_1910.jpg *License*: unknown *Contributors*: JPS68, TwoWings

Image:France-AOC Piment d'Espelette-2005-08-05.jpg *Source*: http://fr.wikipedia.org/w/index.php?title=Fichier:France-AOC_Piment_d'Espelette-2005-08-05.jpg *License*: unknown *Contributors*: Jibi44, Man vyi, Pinpin, 1 anonymous edits

Image:Weinbaugebiete-frankreich-bordeaux.png *Source*: http://fr.wikipedia.org/w/index.php?title=Fichier:Weinbaugebiete-frankreich-bordeaux.png *License*: unknown *Contributors*: Original uploader was Domenico-de-ga at de.wikipedia

Fichier:Autun panorama 2.JPG *Source*: http://fr.wikipedia.org/w/index.php?title=Fichier:Autun_panorama_2.JPG *License*: unknown *Contributors*: User:Kokin

Fichier:Blason autun.svg *Source*: http://fr.wikipedia.org/w/index.php?title=Fichier:Blason_autun.svg *License*: unknown *Contributors*: User:Manassas

Image:Brosen windrose-fr.svg *Source*: http://fr.wikipedia.org/w/index.php?title=Fichier:Brosen_windrose-fr.svg *License*: unknown *Contributors*: User:Delhovlyn

Image:Autun Panoramic Photo.jpg *Source*: http://fr.wikipedia.org/w/index.php?title=Fichier:Autun_Panoramic_Photo.jpg *License*: unknown *Contributors*: Q. Scouflaire

Fichier:Temple Janus angle.jpg *Source*: http://fr.wikipedia.org/w/index.php?title=Fichier:Temple_Janus_angle.jpg *License*: unknown *Contributors*: User:Alchemica

Image:Autun porte Saint-André.JPG *Source*: http://fr.wikipedia.org/w/index.php?title=Fichier:Autun_porte_Saint-André.JPG *License*: unknown *Contributors*: User:Kokin

Image:Théâtre romain Autun.JPG *Source*: http://fr.wikipedia.org/w/index.php?title=Fichier:Théâtre_romain_Autun.JPG *License*: unknown *Contributors*: User:Kokin

File:Autun Pyramide de Couhard.jpg *Source*: http://fr.wikipedia.org/w/index.php?title=Fichier:Autun_Pyramide_de_Couhard.jpg *License*: unknown *Contributors*: Glenn, Kurpfalzbilder.de, Man vyi, Nguyenld, Olivier2, Teofilo, Xvdvoort, 1 anonymous edits

File:Leger dutchms 500.jpg *Source*: http://fr.wikipedia.org/w/index.php?title=Fichier:Leger_dutchms_500.jpg *License*: unknown *Contributors*: AndreasPraefcke, Infrogmation, Polylerus, Romain0

File:LazareAutun.jpg *Source*: http://fr.wikipedia.org/w/index.php?title=Fichier:LazareAutun.jpg *License*: unknown *Contributors*: Gislabertus?

Image:Cathédrale Autun 02.JPG *Source*: http://fr.wikipedia.org/w/index.php?title=Fichier:Cathédrale_Autun_02.JPG *License*: unknown *Contributors*: User:Kokin

Image:Autun Tympanon-cathedral-judgment-day.jpg *Source*: http://fr.wikipedia.org/w/index.php?title=Fichier:Autun_Tympanon-cathedral-judgment-day.jpg *License*: unknown *Contributors*: Q. Scouflaire

Image:Croix de la Libération - Autun.jpg *Source*: http://fr.wikipedia.org/w/index.php?title=Fichier:Croix_de_la_Libération_-_Autun.jpg *License*: unknown *Contributors*: User:Mith

Image:BSicon MBAHN.svg *Source*: http://fr.wikipedia.org/w/index.php?title=Fichier:BSicon_MBAHN.svg *License*: unknown *Contributors*: User:TeVe

Fichier:Autun hôtel de ville.jpg *Source*: http://fr.wikipedia.org/w/index.php?title=Fichier:Autun_hôtel_de_ville.jpg *License*: unknown *Contributors*: User:Kokin

Image:Monument-aux-morts-Autun.jpg *Source*: http://fr.wikipedia.org/w/index.php?title=Fichier:Monument-aux-morts-Autun.jpg *License*: unknown *Contributors*: Utilisateur:Archeos

File:113 Autun Devant le lycée Bonaparte.jpg *Source*: http://fr.wikipedia.org/w/index.php?title=Fichier:113_Autun_Devant_le_lycée_Bonaparte.jpg *License*: unknown *Contributors*: User:Moreau.henri

File:119 Autun L'école militaire préparatoire enfants de troupe (bâtiment du XVIIe).jpg *Source*: http://fr.wikipedia.org/w/index.php?title=Fichier:119_Autun_L'école_militaire_préparatoire_enfants_de_troupe_(bâtiment_du_XVIIe).jpg *License*: unknown *Contributors*: User:Moreau.henri

Image:Autun JB Lallemand.jpg *Source*: http://fr.wikipedia.org/w/index.php?title=Fichier:Autun_JB_Lallemand.jpg *License*: unknown *Contributors*: Félix Potuit depuis gravure Jean-Baptiste Lallemand (1716-1803)

File:120 Autun Le passage de la Halle (passage couvert du XIXe).jpg *Source*: http://fr.wikipedia.org/w/index.php?title=Fichier:120_Autun_Le_passage_de_la_Halle_(passage_couvert_du_XIXe).jpg *License*: unknown *Contributors*: User:Moreau.henri

Image:Tour Ursulines Autun.JPG *Source*: http://fr.wikipedia.org/w/index.php?title=Fichier:Tour_Ursulines_Autun.JPG *License*: unknown *Contributors*: User:Kokin

Image:Autun cathédrale clocher.JPG *Source*: http://fr.wikipedia.org/w/index.php?title=Fichier:Autun_cathédrale_clocher.JPG *License*: unknown *Contributors*: User:Kokin

Image:Autun fontaine Saint-Lazare.JPG *Source*: http://fr.wikipedia.org/w/index.php?title=Fichier:Autun_fontaine_Saint-Lazare.JPG *License*: unknown *Contributors*: User:Kokin

Image:Autun théâtre italien.JPG *Source*: http://fr.wikipedia.org/w/index.php?title=Fichier:Autun_théâtre_italien.JPG *License*: unknown *Contributors*: User:Kokin

Image:Autun remparts.jpg *Source*: http://fr.wikipedia.org/w/index.php?title=Fichier:Autun_remparts.jpg *License*: unknown *Contributors*: Christophe.Finot

Image:Autun prison cellulaire.jpg *Source*: http://fr.wikipedia.org/w/index.php?title=Fichier:Autun_prison_cellulaire.jpg *License*: unknown *Contributors*: Christophe.Finot

Image:Plaque sur la Croix de la Libération.jpg *Source*: http://fr.wikipedia.org/w/index.php?title=Fichier:Plaque_sur_la_Croix_de_la_Libération.jpg *License*: unknown *Contributors*: User:Mith

Fichier:Autun lac.JPG *Source*: http://fr.wikipedia.org/w/index.php?title=Fichier:Autun_lac.JPG *License*: unknown *Contributors*: User:Kokin

Image:ChristianitySymbol.PNG *Source*: http://fr.wikipedia.org/w/index.php?title=Fichier:ChristianitySymbol.PNG *License*: unknown *Contributors*: Tinette.

Image:IslamSymbol.PNG *Source*: http://fr.wikipedia.org/w/index.php?title=Fichier:IslamSymbol.PNG *License*: unknown *Contributors*: Tinette.

Image:Bats head from white nothe.jpg *Source*: http://fr.wikipedia.org/w/index.php?title=Fichier:Bats_head_from_white_nothe.jpg *License*: unknown *Contributors*: User:JimChampion

Fichier:Col St Jean (Marnes bleues) 3.JPG *Source*: http://fr.wikipedia.org/w/index.php?title=Fichier:Col_St_Jean_(Marnes_bleues)_3.JPG *License*: unknown *Contributors*: Jo Weber, Kevmin, Philipendula

Fichier:Col St Jean (Marnes bleues) 2 F.JPG *Source*: http://fr.wikipedia.org/w/index.php?title=Fichier:Col_St_Jean_(Marnes_bleues)_2_F.JPG *License*: unknown *Contributors*: Jo Weber, Kevmin, Philipendula

Fichier:Orbize 2.JPG *Source*: http://fr.wikipedia.org/w/index.php?title=Fichier:Orbize_2.JPG *License*: unknown *Contributors*: User:Mpmpmp

Fichier:Château de Germolles (71) - 2.JPG *Source*: http://fr.wikipedia.org/w/index.php?title=Fichier:Château_de_Germolles_(71)_-_2.JPG *License*: unknown *Contributors*: PHILDIC

File:IMG Orbize 1.JPG *Source*: http://fr.wikipedia.org/w/index.php?title=Fichier:IMG_Orbize_1.JPG *License*: unknown *Contributors*: User:Mpmpmp

File:Saint-Martin-sous-Montaigu (Saône-et-Loire, Fr) L'Orbise avec passerelle.JPG *Source*: http://fr.wikipedia.org/w/index.php?title=Fichier:Saint-Martin-sous-Montaigu_(Saône-et-Loire,_Fr)_L'Orbise_avec_passerelle.JPG *License*: unknown *Contributors*: User:Havang(nl)

File:Orbize 3.JPG *Source*: http://fr.wikipedia.org/w/index.php?title=Fichier:Orbize_3.JPG *License*: unknown *Contributors*: User:Mpmpmp

File:IMG Orbize.JPG *Source*: http://fr.wikipedia.org/w/index.php?title=Fichier:IMG_Orbize.JPG *License*: unknown *Contributors*: User:Mpmpmp

Fichier:IMG Place à Saint-Martin-sous-Montaigu.JPG *Source*: http://fr.wikipedia.org/w/index.php?title=Fichier:IMG_Place_à_Saint-Martin-sous-Montaigu.JPG *License*: unknown *Contributors*: User:Mpmpmp

Image:Img1412_Vignes_Côte_Chalonnaise.jpg *Source*: http://fr.wikipedia.org/w/index.php?title=Fichier:Img1412_Vignes_Côte_Chalonnaise.jpg *License*: unknown *Contributors*: User:Mpmpmp

File:Saint-Martin-sous-Montaigu.JPG *Source*: http://fr.wikipedia.org/w/index.php?title=Fichier:Saint-Martin-sous-Montaigu.JPG *License*: unknown *Contributors*: User:Mpmpmp

Image:Vignoble de Mercurey 8.JPG *Source*: http://fr.wikipedia.org/w/index.php?title=Fichier:Vignoble_de_Mercurey_8.JPG *License*: unknown *Contributors*: User:Mpmpmp

Image:Vignoble de Mercurey 10.JPG *Source*: http://fr.wikipedia.org/w/index.php?title=Fichier:Vignoble_de_Mercurey_10.JPG *License*: unknown *Contributors*: User:Mpmpmp

File:IMG Bouteilles de vins Mercurey 1er cru.JPG *Source*: http://fr.wikipedia.org/w/index.php?title=Fichier:IMG_Bouteilles_de_vins_Mercurey_1er_cru.JPG *License*: unknown *Contributors*: User:Mpmpmp

File:IMG Ecole de Saint-Martin-sous-Montaigu.JPG *Source*: http://fr.wikipedia.org/w/index.php?title=Fichier:IMG_Ecole_de_Saint-Martin-sous-Montaigu.JPG *License*: unknown *Contributors*: User:Mpmpmp

File:IMG Terrain de pétanque à Saint-Martin-sous-Montaigu.JPG *Source*: http://fr.wikipedia.org/w/index.php?title=Fichier:IMG_Terrain_de_pétanque_à_Saint-Martin-sous-Montaigu.JPG *License*: unknown *Contributors*: User:Mpmpmp

File:IMG Société des vignerons de Saint-Martin-sous-Montaigu.JPG *Source*: http://fr.wikipedia.org/w/index.php?title=Fichier:IMG_Société_des_vignerons_de_Saint-Martin-sous-Montaigu.JPG *License*: unknown *Contributors*: User:Mpmpmp

File:Fête de l'école à Saint-Martin-sous-Montaigu.JPG *Source*: http://fr.wikipedia.org/w/index.php?title=Fichier:Fête_de_l'école_à_Saint-Martin-sous-Montaigu.JPG *License*: unknown *Contributors*: User:Mpmpmp

File:Fête de l'école à Saint-Martin-sous-Montaigu 1.JPG *Source*: http://fr.wikipedia.org/w/index.php?title=Fichier:Fête_de_l'école_à_Saint-Martin-sous-Montaigu_1.JPG *License*: unknown *Contributors*: User:Mpmpmp

File:Carnaval de l'école à Saint-Martin-sous-Montaigu.JPG *Source*: http://fr.wikipedia.org/w/index.php?title=Fichier:Carnaval_de_l'école_à_Saint-Martin-sous-Montaigu.JPG *License*: unknown *Contributors*: User:Mpmpmp

File:IMG Ruines du Chateau de Montaigu 3.JPG *Source*: http://fr.wikipedia.org/w/index.php?title=Fichier:IMG_Ruines_du_Chateau_de_Montaigu_3.JPG *License*: unknown *Contributors*: User:Mpmpmp

File:IMG Ruines du Chateau de Montaigu 1.JPG *Source*: http://fr.wikipedia.org/w/index.php?title=Fichier:IMG_Ruines_du_Chateau_de_Montaigu_1.JPG *License*: unknown *Contributors*: User:Mpmpmp

File:IMG Vignoble de Mercurey 14.JPG *Source*: http://fr.wikipedia.org/w/index.php?title=Fichier:IMG_Vignoble_de_Mercurey_14.JPG *License*: unknown *Contributors*: User:Mpmpmp

File:IMG Lavoir à Saint-Martin-sous-Montaigu.JPG *Source*: http://fr.wikipedia.org/w/index.php?title=Fichier:IMG_Lavoir_à_Saint-Martin-sous-Montaigu.JPG *License*: unknown *Contributors*: User:Mpmpmp

File:IMG Lavoir à Saint-Martin-sous-Montaigu 1.JPG *Source*: http://fr.wikipedia.org/w/index.php?title=Fichier:IMG_Lavoir_à_Saint-Martin-sous-Montaigu_1.JPG *License*: unknown *Contributors*: User:Mpmpmp

File:IMG Eglise Saint-Martin-sous-Montaigu 2.JPG *Source*: http://fr.wikipedia.org/w/index.php?title=Fichier:IMG_Eglise_Saint-Martin-sous-Montaigu_2.JPG *License*: unknown *Contributors*: User:Mpmpmp

File:Saint-Martin-sous-Montaigu (Saône-et-Loire, Fr) monument aux morts.jpg *Source*: http://fr.wikipedia.org/w/index.php?title=Fichier:Saint-Martin-sous-Montaigu_(Saône-et-Loire,_Fr)_monument_aux_morts.jpg *License*: unknown *Contributors*: User:Havang(nl)

File:IMG Pierre Voarick.JPG *Source*: http://fr.wikipedia.org/w/index.php?title=Fichier:IMG_Pierre_Voarick.JPG *License*: unknown *Contributors*: User:Mpmpmp

File:MerlinHolland pub pic 2.JPG *Source*: http://fr.wikipedia.org/w/index.php?title=Fichier:MerlinHolland_pub_pic_2.JPG *License*: unknown *Contributors*: Merlin Holland

File:IMG Mairie Saint-Martin-sous-Montaigu.JPG *Source*: http://fr.wikipedia.org/w/index.php?title=Fichier:IMG_Mairie_Saint-Martin-sous-Montaigu.JPG *License*: unknown *Contributors*: User:Mpmpmp

File:IMG Ecole Saint-Martin-sous-Montaigu.JPG *Source*: http://fr.wikipedia.org/w/index.php?title=Fichier:IMG_Ecole_Saint-Martin-sous-Montaigu.JPG *License*: unknown *Contributors*: User:Mpmpmp

File:IMG Ecole Saint-Martin-sous-Montaigu 2.JPG *Source*: http://fr.wikipedia.org/w/index.php?title=Fichier:IMG_Ecole_Saint-Martin-sous-Montaigu_2.JPG *License*: unknown *Contributors*: User:Mpmpmp

File:Ecole de Saint-Martin-sous-Montaigu 1.JPG *Source*: http://fr.wikipedia.org/w/index.php?title=Fichier:Ecole_de_Saint-Martin-sous-Montaigu_1.JPG *License*: unknown *Contributors*: User:Mpmpmp

File:IMG Place à Saint-Martin-sous-Montaigu 2.JPG *Source*: http://fr.wikipedia.org/w/index.php?title=Fichier:IMG_Place_à_Saint-Martin-sous-Montaigu_2.JPG *License*: unknown *Contributors*: User:Mpmpmp

File:IMG Place à Saint-Martin-sous-Montaigu 3.JPG *Source*: http://fr.wikipedia.org/w/index.php?title=Fichier:IMG_Place_à_Saint-Martin-sous-Montaigu_3.JPG *License*: unknown *Contributors*: User:Mpmpmp

File:Cimetière de Saint-Martin-sous-Montaigu.JPG *Source*: http://fr.wikipedia.org/w/index.php?title=Fichier:Cimetière_de_Saint-Martin-sous-Montaigu.JPG *License*: unknown *Contributors*: User:Mpmpmp

File:Cimetière de Saint-Martin-sous-Montaigu 1.JPG *Source*: http://fr.wikipedia.org/w/index.php?title=Fichier:Cimetière_de_Saint-Martin-sous-Montaigu_1.JPG *License*: unknown *Contributors*: User:Mpmpmp

File:IMG Saint-Martin-sous-Montaigu (les boussoy).JPG *Source*: http://fr.wikipedia.org/w/index.php?title=Fichier:IMG_Saint-Martin-sous-Montaigu_(les_boussoy).JPG *License*: unknown *Contributors*: User:Mpmpmp

File:Saint-Martin-sous-Montaigu 2.JPG *Source*: http://fr.wikipedia.org/w/index.php?title=Fichier:Saint-Martin-sous-Montaigu_2.JPG *License*: unknown *Contributors*: User:Mpmpmp

File:Saint-Martin-sous-Montaigu 3.JPG *Source*: http://fr.wikipedia.org/w/index.php?title=Fichier:Saint-Martin-sous-Montaigu_3.JPG *License*: unknown *Contributors*: User:Mpmpmp

File:IMG Vignoble de Mercurey 15.JPG *Source*: http://fr.wikipedia.org/w/index.php?title=Fichier:IMG_Vignoble_de_Mercurey_15.JPG *License*: unknown *Contributors*: User:Mpmpmp

Image:Beacon Nationalpark.jpg *Source*: http://fr.wikipedia.org/w/index.php?title=Fichier:Beacon_Nationalpark.jpg *License*: unknown *Contributors*: Heinz-Josef Lücking

Image:EildonScottsView.jpg *Source*: http://fr.wikipedia.org/w/index.php?title=Fichier:EildonScottsView.jpg *License*: unknown *Contributors*: Fmercury1980, Jonathan Cardy, Oxam Hartog, Patrick.charpiat

Image:FieldWindbreaks.JPG *Source*: http://fr.wikipedia.org/w/index.php?title=Fichier:FieldWindbreaks.JPG *License*: unknown *Contributors*: Alexandrin, H2O-C, Man vyi, Moreau1, Wouterhagens, Überraschungsbilder, 1 anonymous edits

Image:Vista da Serra de Santa Bárbara, ilha Terceira, Açores, Portugal.jpg *Source*: http://fr.wikipedia.org/w/index.php?title=Fichier:Vista_da_Serra_de_Santa_Bárbara,_ilha_Terceira,_Açores,_Portugal.jpg *License*: unknown *Contributors*: Luís Silveira

Image:Höfen heckel.jpg *Source*: http://fr.wikipedia.org/w/index.php?title=Fichier:Höfen_heckel.jpg *License*: unknown *Contributors*: Steffen Heinz

Image:Haie vive.JPG *Source*: http://fr.wikipedia.org/w/index.php?title=Fichier:Haie_vive.JPG *License*: unknown *Contributors*: Original uploader was Patrick.charpiat at fr.wikipedia

Image:Haie vive2.JPG *Source*: http://fr.wikipedia.org/w/index.php?title=Fichier:Haie_vive2.JPG *License*: unknown *Contributors*: Original uploader was Patrick.charpiat at fr.wikipedia

Image:Syke Barrien 0030.JPG *Source*: http://fr.wikipedia.org/w/index.php?title=Fichier:Syke_Barrien_0030.JPG *License*: unknown *Contributors*: User:Kamel15

Image:Moisson.JPG *Source*: http://fr.wikipedia.org/w/index.php?title=Fichier:Moisson.JPG *License*: unknown *Contributors*: User:Tcherome

Image:Bocage country at Cotentin Peninsula.jpg *Source*: http://fr.wikipedia.org/w/index.php?title=Fichier:Bocage_country_at_Cotentin_Peninsula.jpg *License*: unknown *Contributors*: User:W.wolny

File:080110 zell mosel.JPG *Source*: http://fr.wikipedia.org/w/index.php?title=Fichier:080110_zell_mosel.JPG *License*: unknown *Contributors*: User:Friedrich Petersdorff

Fichier:Beauce France 1.jpg *Source*: http://fr.wikipedia.org/w/index.php?title=Fichier:Beauce_France_1.jpg *License*: unknown *Contributors*: Urban

File:Enregistrement Sous Sign Privee echange 1819.jpg *Source*: http://fr.wikipedia.org/w/index.php?title=Fichier:Enregistrement_Sous_Sign_Privee_echange_1819.jpg *License*: unknown *Contributors*: User:TigH

Image:Disambig colour.svg *Source*: http://fr.wikipedia.org/w/index.php?title=Fichier:Disambig_colour.svg *License*: unknown *Contributors*: User:Bub's

Image:Koppen World Map D.png *Source*: http://fr.wikipedia.org/w/index.php?title=Fichier:Koppen_World_Map_D.png *License*: unknown *Contributors*: User:Me ne frego

Image:Fall_on_the_Yukon_Flats_NWR.jpg *Source*: http://fr.wikipedia.org/w/index.php?title=Fichier:Fall_on_the_Yukon_Flats_NWR.jpg *License*: unknown *Contributors*: Heuer, Ted

Image:Klimadiagramm-Jekaterinburg-Russland-metrisch-deutsch.png *Source*: http://fr.wikipedia.org/w/index.php?title=Fichier:Klimadiagramm-Jekaterinburg-Russland-metrisch-deutsch.png *License*: unknown *Contributors*: User:Hedwig in Washington

Image:800px-Climats dans le Monde.svg.png *Source*: http://fr.wikipedia.org/w/index.php?title=Fichier:800px-Climats_dans_le_Monde.svg.png *License*: unknown *Contributors*: User:Roumaru

Image:Diagramme tempéré nord.gif *Source*: http://fr.wikipedia.org/w/index.php?title=Fichier:Diagramme_tempéré_nord.gif *License*: unknown *Contributors*: Original uploader was Ggbb at fr.wikipedia

Image:Diagramme tempéré sud.gif *Source*: http://fr.wikipedia.org/w/index.php?title=Fichier:Diagramme_tempéré_sud.gif *License*: unknown *Contributors*: Original uploader was Ggbb at fr.wikipedia

Fichier:Grêlon.JPG *Source*: http://fr.wikipedia.org/w/index.php?title=Fichier:Grêlon.JPG *License*: unknown *Contributors*: ComputerHotline

Fichier:Orage de grêle.png *Source*: http://fr.wikipedia.org/w/index.php?title=Fichier:Orage_de_grêle.png *License*: unknown *Contributors*: User:Pierre cb

Fichier:Detail of hail (5).JPG *Source*: http://fr.wikipedia.org/w/index.php?title=Fichier:Detail_of_hail_(5).JPG *License*: unknown *Contributors*: User:Chmee2

Fichier:Granizo.jpg *Source*: http://fr.wikipedia.org/w/index.php?title=Fichier:Granizo.jpg *License*: unknown *Contributors*: nssl0001, National Severe Storms Laboratory (NSSL) Collection

Fichier:Grêle_pommiers.JPG *Source*: http://fr.wikipedia.org/w/index.php?title=Fichier:Grêle_pommiers.JPG *License*: unknown *Contributors*: Philippe.OSSWALD at fr.wikipedia

Fichier:Record hailstone Vivian, SD.jpg *Source*: http://fr.wikipedia.org/w/index.php?title=Fichier:Record_hailstone_Vivian,_SD.jpg *License*: unknown *Contributors*: NWS Aberdeen, SD

Fichier:IMG Ruines du Chateau de Montaigu.JPG *Source*: http://fr.wikipedia.org/w/index.php?title=Fichier:IMG_Ruines_du_Chateau_de_Montaigu.JPG *License*: unknown *Contributors*: User:Mpmpmp

Fichier:IMG Chateau de Montaigu 2.JPG *Source*: http://fr.wikipedia.org/w/index.php?title=Fichier:IMG_Chateau_de_Montaigu_2.JPG *License*: unknown *Contributors*: User:Mpmpmp

Image:Blason Ducs Bourgogne (ancien).svg *Source*: http://fr.wikipedia.org/w/index.php?title=Fichier:Blason_Ducs_Bourgogne_(ancien).svg *License*: unknown *Contributors*: User:Zigeuner

Image:Blason Maison de Damas.svg *Source*: http://fr.wikipedia.org/w/index.php?title=Fichier:Blason_Maison_de_Damas.svg *License*: unknown *Contributors*: User:Zigeuner

Image:Blason fr Bourgogne.svg *Source*: http://fr.wikipedia.org/w/index.php?title=Fichier:Blason_fr_Bourgogne.svg *License*: unknown *Contributors*: Zigeuner

Fichier:Cluny Tours et Clochers.jpg *Source*: http://fr.wikipedia.org/w/index.php?title=Fichier:Cluny_Tours_et_Clochers.jpg *License*: unknown *Contributors*: Kilom691, Loveless

Fichier:Logo monument historique - rouge sans texte.svg *Source*: http://fr.wikipedia.org/w/index.php?title=Fichier:Logo_monument_historique_-_rouge_sans_texte.svg *License*: unknown *Contributors*: User:Coyau

Fichier:CARTE BOURGOGNE 21753 A.svg *Source*: http://fr.wikipedia.org/w/index.php?title=Fichier:CARTE_BOURGOGNE_21753_A.svg *License*: unknown *Contributors*: User:Wikisoft*

Fichier:France location map-Regions and departements.svg *Source*: http://fr.wikipedia.org/w/index.php?title=Fichier:France_location_map-Regions_and_departements.svg *License*: unknown *Contributors*: User:Sting

Image:Dehio 212 Cluny.jpg *Source*: http://fr.wikipedia.org/w/index.php?title=Fichier:Dehio_212_Cluny.jpg *License*: unknown *Contributors*: Bibi Saint-Pol, Fb78, Olivier2, TomAlt

Fichier:Plan.abbaye.Cluny.png *Source*: http://fr.wikipedia.org/w/index.php?title=Fichier:Plan.abbaye.Cluny.png *License*: unknown *Contributors*: Bibi Saint-Pol, Buzz, Olivier2, TomAlt

Fichier:Manuscrit Cluny.jpg *Source*: http://fr.wikipedia.org/w/index.php?title=Fichier:Manuscrit_Cluny.jpg *License*: unknown *Contributors*: inconnu / unknow

Image:Blason Abbaye Cluny.svg *Source*: http://fr.wikipedia.org/w/index.php?title=Fichier:Blason_Abbaye_Cluny.svg *License*: unknown *Contributors*: Aroche, Bruno Vallette, Bvs-aca, DenghiùComm, Kilom691, VIGNERON, Zigeuner

Image:Cluny abbaye GG.jpg *Source*: http://fr.wikipedia.org/w/index.php?title=Fichier:Cluny_abbaye_GG.jpg *License*: unknown *Contributors*: EmmanuelFrance, Kilom691, Loveless

Image:Cluny-Abtei-Ostfluegel-mtob.jpg *Source*: http://fr.wikipedia.org/w/index.php?title=Fichier:Cluny-Abtei-Ostfluegel-mtob.jpg *License*: unknown *Contributors*: Bibi Saint-Pol, Breeze, Forseti, Leipnizkeks, Liesel, Matt314, Olivier2, Ronaldino, Thuresson, Wst

Image:Clocher abbaye cluny 1.JPG *Source*: http://fr.wikipedia.org/w/index.php?title=Fichier:Clocher_abbaye_cluny_1.JPG *License*: unknown *Contributors*: Bibi Saint-Pol, TL

Image:Clocher abbaye cluny 2.JPG *Source*: http://fr.wikipedia.org/w/index.php?title=Fichier:Clocher_abbaye_cluny_2.JPG *License*: unknown *Contributors*: Bibi Saint-Pol, Haltiamieli, Olivier2, TL

Image:Cluny Abbaye Clocher 03.jpg *Source*: http://fr.wikipedia.org/w/index.php?title=Fichier:Cluny_Abbaye_Clocher_03.jpg *License*: unknown *Contributors*: Kilom691, Loveless

Image:Cluny_Farinier_depuis_clocher.jpg *Source*: http://fr.wikipedia.org/w/index.php?title=Fichier:Cluny_Farinier_depuis_clocher.jpg *License*: unknown *Contributors*: Kilom691, Loveless

Image:Cluny_Tours_et_Clochers.jpg *Source*: http://fr.wikipedia.org/w/index.php?title=Fichier:Cluny_Tours_et_Clochers.jpg *License*: unknown *Contributors*: Kilom691, Loveless

Image:Abbaye cluny depuis tour fromages.JPG *Source*: http://fr.wikipedia.org/w/index.php?title=Fichier:Abbaye_cluny_depuis_tour_fromages.JPG *License*: unknown *Contributors*: Bibi Saint-Pol, TL

Image:Panorama Abbaye de Cluny.jpg *Source*: http://fr.wikipedia.org/w/index.php?title=Fichier:Panorama_Abbaye_de_Cluny.jpg *License*: unknown *Contributors*: User:Ntametrine

Image:Clocher de cluny.jpg *Source*: http://fr.wikipedia.org/w/index.php?title=Fichier:Clocher_de_cluny.jpg *License*: unknown *Contributors*: User:Ntametrine

Image:Orage à Cluny.jpg *Source*: http://fr.wikipedia.org/w/index.php?title=Fichier:Orage_à_Cluny.jpg *License*: unknown *Contributors*: User:Ntametrine

Image:Cluny_Vue_de_la_voute_du_Clocher.jpg *Source*: http://fr.wikipedia.org/w/index.php?title=Fichier:Cluny_Vue_de_la_voute_du_Clocher.jpg *License*: unknown *Contributors*: User:Maehdros

Fichier:Dijon - montage.jpg *Source*: http://fr.wikipedia.org/w/index.php?title=Fichier:Dijon_-_montage.jpg *License*: unknown *Contributors*: User:PRA

Fichier:Blason ville fr Dijon (Côte-d'Or).svg *Source*: http://fr.wikipedia.org/w/index.php?title=Fichier:Blason_ville_fr_Dijon_(Côte-d'Or).svg *License*: unknown *Contributors*: User:Bruno Vallette

Image:CARTE BOURGOGNE 21753 B.svg *Source*: http://fr.wikipedia.org/w/index.php?title=Fichier:CARTE_BOURGOGNE_21753_B.svg *License*: unknown *Contributors*: User:Wikisoft*

Image:City locator 14.svg *Source*: http://fr.wikipedia.org/w/index.php?title=Fichier:City_locator_14.svg *License*: unknown *Contributors*: User:Wikisoft*

Fichier:France_relief_location_map.jpg *Source*: http://fr.wikipedia.org/w/index.php?title=Fichier:France_relief_location_map.jpg *License*: unknown *Contributors*: User:Sting

Image:CARTE BOURGOGNE 21753 A.svg *Source*: http://fr.wikipedia.org/w/index.php?title=Fichier:CARTE_BOURGOGNE_21753_A.svg *License*: unknown *Contributors*: User:Wikisoft*

Fichier:Magnify-clip.png *Source*: http://fr.wikipedia.org/w/index.php?title=Fichier:Magnify-clip.png *License*: unknown *Contributors*: User:Erasoft24

Fichier:Dijon Landsat.png *Source*: http://fr.wikipedia.org/w/index.php?title=Fichier:Dijon_Landsat.png *License*: unknown *Contributors*: David.Monniaux, Howcheng, Olivier2

Fichier:France TGV.png *Source*: http://fr.wikipedia.org/w/index.php?title=Fichier:France_TGV.png *License*: unknown *Contributors*: User:Classical geographer

Fichier:Sinnbild Autobahnausfahrt.svg *Source*: http://fr.wikipedia.org/w/index.php?title=Fichier:Sinnbild_Autobahnausfahrt.svg *License*: unknown *Contributors*: Apalsola, Augiasstallputzer, Cfaerber, Cäsium137, Menasim, Miuet, Qualle, Tariqhada, Umherirrender

Fichier:Citaro G II caréné Divia Liane 6.JPG *Source*: http://fr.wikipedia.org/w/index.php?title=Fichier:Citaro_G_II_caréné_Divia_Liane_6.JPG *License*: unknown *Contributors*: User:Eastpak

Fichier:Tramway Dijon - Pose des rails.JPG *Source*: http://fr.wikipedia.org/w/index.php?title=Fichier:Tramway_Dijon_-_Pose_des_rails.JPG *License*: unknown *Contributors*: User:PRA

Fichier:Dijon Jardin Darcy02.jpg *Source*: http://fr.wikipedia.org/w/index.php?title=Fichier:Dijon_Jardin_Darcy02.jpg *License*: unknown *Contributors*: User:Nikater

Fichier:Jeux d'eau Place Wilson.JPG *Source*: http://fr.wikipedia.org/w/index.php?title=Fichier:Jeux_d'eau_Place_Wilson.JPG *License*: unknown *Contributors*: User:Arnaud 25

Fichier:Dijon case nuove.jpg *Source*: http://fr.wikipedia.org/w/index.php?title=Fichier:Dijon_case_nuove.jpg *License*: unknown *Contributors*: Paolo da Reggio

Fichier:Tour-Elithis-Dijon-01.JPG *Source*: http://fr.wikipedia.org/w/index.php?title=Fichier:Tour-Elithis-Dijon-01.JPG *License*: unknown *Contributors*: Utilisateur:Alchemica

Fichier:Dijon - Plan des anciens remparts romains au Moyen Age.svg *Source*: http://fr.wikipedia.org/w/index.php?title=Fichier:Dijon_-_Plan_des_anciens_remparts_romains_au_Moyen_Age.svg *License*: unknown *Contributors*: User:LeMorvandiau

Fichier:Dijon vestige mur d'enceinte.JPG *Source*: http://fr.wikipedia.org/w/index.php?title=Fichier:Dijon_vestige_mur_d'enceinte.JPG *License*: unknown *Contributors*: User:G CHP

Fichier:Le royaume Burgonde au Ve siècle.png *Source*: http://fr.wikipedia.org/w/index.php?title=Fichier:Le_royaume_Burgonde_au_Ve_siècle.png *License*: unknown *Contributors*: G CHP

Fichier:Etat bourguignons.png *Source*: http://fr.wikipedia.org/w/index.php?title=Fichier:Etat_bourguignons.png *License*: unknown *Contributors*: User:Sidonius

Fichier:MD 315 - DIJON - Place du Théatre.JPG *Source*: http://fr.wikipedia.org/w/index.php?title=Fichier:MD_315_-_DIJON_-_Place_du_Théatre.JPG *License*: unknown *Contributors*: Scanné par Claude_villetaneuse

Fichier:Carte de la Communauté d'Agglomération dijonnaise (Grand Dijon).svg *Source*: http://fr.wikipedia.org/w/index.php?title=Fichier:Carte_de_la_Communauté_d'Agglomération_dijonnaise_(Grand_Dijon).svg *License*: unknown *Contributors*: User:LeMorvandiau

Fichier:Logo Grand Dijon (communauté d'agglomération).jpg *Source*: http://fr.wikipedia.org/w/index.php?title=Fichier:Logo_Grand_Dijon_(communauté_d'agglomération).jpg *License*: unknown *Contributors*: LeMorvandiau

Fichier:Socialist rally Zenith 2007 05 29 n15.jpg *Source*: http://fr.wikipedia.org/w/index.php?title=Fichier:Socialist_rally_Zenith_2007_05_29_n15.jpg *License*: unknown *Contributors*: User:Jastrow

Fichier:Digione palazzo duchi.jpg *Source*: http://fr.wikipedia.org/w/index.php?title=Fichier:Digione_palazzo_duchi.jpg *License*: unknown *Contributors*: Paolo da Reggio

Fichier:Lycée Carnot (Dijon) 04.jpg *Source*: http://fr.wikipedia.org/w/index.php?title=Fichier:Lycée_Carnot_(Dijon)_04.jpg *License*: unknown *Contributors*: Christophe.Finot

Fichier:Talant - Vue sur le lac Kir 02.jpg *Source*: http://fr.wikipedia.org/w/index.php?title=Fichier:Talant_-_Vue_sur_le_lac_Kir_02.jpg *License*: unknown *Contributors*: Christophe.Finot

Fichier:Philippe le Hardi.jpg *Source*: http://fr.wikipedia.org/w/index.php?title=Fichier:Philippe_le_Hardi.jpg *License*: unknown *Contributors*: Arnaud 25, Christophe.Finot, Ecummenic, Kürschner

Fichier:Tourphlebon-1.jpg *Source*: http://fr.wikipedia.org/w/index.php?title=Fichier:Tourphlebon-1.jpg *License*: unknown *Contributors*: User:Thierryjannolle

Fichier:cathédrale St Bénigne - Dijon.jpg *Source*: http://fr.wikipedia.org/w/index.php?title=Fichier:Cathédrale_St_Bénigne_-_Dijon.jpg *License*: unknown *Contributors*: Akela NDE, AnRo0002, Christophe.Finot, Mattis, PRA

Image:Dijon-StBenigne-crypte.jpg *Source*: http://fr.wikipedia.org/w/index.php?title=Fichier:Dijon-StBenigne-crypte.jpg *License*: unknown *Contributors*: User:Morburre

Image:Dijon-StBenigne-toit.jpg *Source*: http://fr.wikipedia.org/w/index.php?title=Fichier:Dijon-StBenigne-toit.jpg *License*: unknown *Contributors*: User:Morburre

Fichier:Dijon-EgliseNotreDame-Interieur.jpg *Source*: http://fr.wikipedia.org/w/index.php?title=Fichier:Dijon-EgliseNotreDame-Interieur.jpg *License*: unknown *Contributors*: Jean-Christophe BENOIST

Fichier:Chouette Dijon.JPG *Source*: http://fr.wikipedia.org/w/index.php?title=Fichier:Chouette_Dijon.JPG *License*: unknown *Contributors*: user:Bouette

Fichier:Thomas Bresson - Porte Guillaume (by).JPG *Source*: http://fr.wikipedia.org/w/index.php?title=Fichier:Thomas_Bresson_-_Porte_Guillaume_(by).JPG *License*: unknown *Contributors*: Thomas Bresson from Belfort, France

Fichier:Cour hotel de Vogüé.JPG *Source*: http://fr.wikipedia.org/w/index.php?title=Fichier:Cour_hotel_de_Vogüé.JPG *License*: unknown *Contributors*: Donniedarko37

Fichier:Claus Sluter Dijon.JPG *Source*: http://fr.wikipedia.org/w/index.php?title=Fichier:Claus_Sluter_Dijon.JPG *License*: unknown *Contributors*: User:Donniedarko37

Fichier:Dijon - Chartreuse de Champmol - Puits de Moïse 1.jpg *Source*: http://fr.wikipedia.org/w/index.php?title=Fichier:Dijon_-_Chartreuse_de_Champmol_-_Puits_de_Moïse_1.jpg *License*: unknown *Contributors*: Christophe.Finot

Fichier:Dijon Rue vieille.jpg *Source*: http://fr.wikipedia.org/w/index.php?title=Fichier:Dijon_Rue_vieille.jpg *License*: unknown *Contributors*: User:Pontauxchats

Fichier:Dortoir des moines ancienne abbaye bénédictine Saint-Bénigne Dijon France.JPG *Source*: http://fr.wikipedia.org/w/index.php?title=Fichier:Dortoir_des_moines_ancienne_abbaye_bénédictine_Saint-Bénigne_Dijon_France.JPG *License*: unknown *Contributors*: User:Thesupermat

Fichier:Cinema Darcy.JPG *Source*: http://fr.wikipedia.org/w/index.php?title=Fichier:Cinema_Darcy.JPG *License*: unknown *Contributors*: Akela NDE, Arnaud 25, Christophe.Finot

Fichier:Moutarde de Dijon.JPG *Source*: http://fr.wikipedia.org/w/index.php?title=Fichier:Moutarde_de_Dijon.JPG *License*: unknown *Contributors*: Akela NDE, Arnaud 25, Bohème, Christophe.Finot, 1 anonymous edits

Fichier:Gustave Eiffel.jpg *Source*: http://fr.wikipedia.org/w/index.php?title=Fichier:Gustave_Eiffel.jpg *License*: unknown *Contributors*: François Touranchet

Fichier:Blason Vide 3D.svg *Source*: http://fr.wikipedia.org/w/index.php?title=Fichier:Blason_Vide_3D.svg *License*: unknown *Contributors*: Adelbrecht, AtonX, CORNELIUSSEON, Gaët, Giro720, Massimop, Ocmey, Wagner51

Fichier:Blason ville fr Dijon-Empire.svg *Source*: http://fr.wikipedia.org/w/index.php?title=Fichier:Blason_ville_fr_Dijon-Empire.svg *License*: unknown *Contributors*: User:Spedona

Fichier:Blason Dijon-(LdH).svg *Source*: http://fr.wikipedia.org/w/index.php?title=Fichier:Blason_Dijon-(LdH).svg *License*: unknown *Contributors*: User: Bruno Vallette, User:Zigeuner

Image:Europa Germanen 50 n Chr-fr.svg *Source*: http://fr.wikipedia.org/w/index.php?title=Fichier:Europa_Germanen_50_n_Chr-fr.svg *License*: unknown *Contributors*: User:Bourrichon, User:KarlUdo

Fichier:Gondebaud Statue.JPG *Source*: http://fr.wikipedia.org/w/index.php?title=Fichier:Gondebaud_Statue.JPG *License*: unknown *Contributors*: User:Moumou82

Fichier:KN DFK Fresko N Sigismund.JPG *Source*: http://fr.wikipedia.org/w/index.php?title=Fichier:KN_DFK_Fresko_N_Sigismund.JPG *License*: unknown *Contributors*: User:Fb78

Image:Alamannien.svg *Source*: http://fr.wikipedia.org/w/index.php?title=Fichier:Alamannien.svg *License*: unknown *Contributors*: Marco Zanoli (Sidonius)

image:Blason Ducs Bourgogne (ancien).svg *Source*: http://fr.wikipedia.org/w/index.php?title=Fichier:Blason_Ducs_Bourgogne_(ancien).svg *License*: unknown *Contributors*: User:Zigeuner

Fichier:chalon-hiver.jpg *Source*: http://fr.wikipedia.org/w/index.php?title=Fichier:Chalon-hiver.jpg *License*: unknown *Contributors*: pjacquet

Fichier:Blason Chalon Ville.svg *Source*: http://fr.wikipedia.org/w/index.php?title=Fichier:Blason_Chalon_Ville.svg *License*: unknown *Contributors*: User:Zigeuner

Image:Mapeurovelo6.png *Source*: http://fr.wikipedia.org/w/index.php?title=Fichier:Mapeurovelo6.png *License*: unknown *Contributors*: User:Monsieur Fou

Fichier:Chalon-sur-Saône--place-du-marché.jpg *Source*: http://fr.wikipedia.org/w/index.php?title=Fichier:Chalon-sur-Saône--place-du-marché.jpg *License*: unknown *Contributors*: User:GnuCivodul

Fichier:Place mairie chalon q12r.jpg *Source*: http://fr.wikipedia.org/w/index.php?title=Fichier:Place_mairie_chalon_q12r.jpg *License*: unknown *Contributors*: L'auteur est q12r

Image:BF 41 - CHALON-S-SAONE - Vue prise de Champgaillard.JPG *Source*: http://fr.wikipedia.org/w/index.php?title=Fichier:BF_41_-_CHALON-S-SAONE_-_Vue_prise_de_Champgaillard.JPG *License*: unknown *Contributors*: Scanné par Claude_villetaneuse

Image:Chalon-dans-la-rue1.jpg *Source*: http://fr.wikipedia.org/w/index.php?title=Fichier:Chalon-dans-la-rue1.jpg *License*: unknown *Contributors*: Jeffdelonge

Fichier:Img Carnaval Chalon.jpg *Source*: http://fr.wikipedia.org/w/index.php?title=Fichier:Img_Carnaval_Chalon.jpg *License*: unknown *Contributors*: User:Mpmpmp

File:Fête carnaval Chalon sur Saône 2008.JPG *Source*: http://fr.wikipedia.org/w/index.php?title=Fichier:Fête_carnaval_Chalon_sur_Saône_2008.JPG *License*: unknown *Contributors*: User:Thesupermat

File:Chalon sur Saone carnaval 2008 les Zigeunerinsel 03.JPG *Source*: http://fr.wikipedia.org/w/index.php?title=Fichier:Chalon_sur_Saone_carnaval_2008_les_Zigeunerinsel_03.JPG *License*: unknown *Contributors*: User:Thesupermat

Fichier:Elan Chalon 5.JPG *Source*: http://fr.wikipedia.org/w/index.php?title=Fichier:Elan_Chalon_5.JPG *License*: unknown *Contributors*: User:Mpmpmp

Image:Sigoire dans les airs.jpg *Source*: http://fr.wikipedia.org/w/index.php?title=Fichier:Sigoire_dans_les_airs.jpg *License*: unknown *Contributors*: Alexis Hontang

File:HBCC 2.jpg *Source*: http://fr.wikipedia.org/w/index.php?title=Fichier:HBCC_2.jpg *License*: unknown *Contributors*: User:Mpmpmp

File:Loubra3.JPG *Source*: http://fr.wikipedia.org/w/index.php?title=Fichier:Loubra3.JPG *License*: unknown *Contributors*: Julien Bertrand

Fichier:Rachida dati.jpg *Source*: http://fr.wikipedia.org/w/index.php?title=Fichier:Rachida_dati.jpg *License*: unknown *Contributors*: User:Lordkirbs

Fichier:Joseph Nicéphore Niépce.jpg *Source*: http://fr.wikipedia.org/w/index.php?title=Fichier:Joseph_Nicéphore_Niépce.jpg *License*: unknown *Contributors*: G.dallorto, Kelson, Mu, Odder, Pinkville, Svavarl, Svencb, 2 anonymous edits

File:Vues de Chalon sur Saone 04.JPG *Source*: http://fr.wikipedia.org/w/index.php?title=Fichier:Vues_de_Chalon_sur_Saone_04.JPG *License*: unknown *Contributors*: User:Thesupermat

Image:Img1420 Colisée Elan Chalon 1.jpg *Source*: http://fr.wikipedia.org/w/index.php?title=Fichier:Img1420_Colisée_Elan_Chalon_1.jpg *License*: unknown *Contributors*: Elan Chalon

Fichier:FacadeCathédraleSaintVincent1.JPG *Source*: http://fr.wikipedia.org/w/index.php?title=Fichier:FacadeCathédraleSaintVincent1.JPG *License*: unknown *Contributors*: User:Benchaum

Fichier:Musee Denon.jpg *Source*: http://fr.wikipedia.org/w/index.php?title=Fichier:Musee_Denon.jpg *License*: unknown *Contributors*: User:Tangopaso

File:Chalon-sur-Saône (centre).JPG *Source*: http://fr.wikipedia.org/w/index.php?title=Fichier:Chalon-sur-Saône_(centre).JPG *License*: unknown *Contributors*: User:Mpmpmp

Fichier:Panoramique palais duc de Bourgogne.jpg *Source*: http://fr.wikipedia.org/w/index.php?title=Fichier:Panoramique_palais_duc_de_Bourgogne.jpg *License*: unknown *Contributors*: User:Arnaud 25

Image:Palais Duc de Bourgogne2.jpg *Source*: http://fr.wikipedia.org/w/index.php?title=Fichier:Palais_Duc_de_Bourgogne2.jpg *License*: unknown *Contributors*: Arnaud 25, Christophe.Finot, Man vyi, Tangopaso, 1 anonymous edits

Fichier:Blason fr Bourgogne.svg *Source*: http://fr.wikipedia.org/w/index.php?title=Fichier:Blason_fr_Bourgogne.svg *License*: unknown *Contributors*: Zigeuner

Fichier:John the Fearless Arms.svg *Source*: http://fr.wikipedia.org/w/index.php?title=Fichier:John_the_Fearless_Arms.svg *License*: unknown *Contributors*: User:Ipankonin

Fichier:Cross of Burgundy (Template).png *Source*: http://fr.wikipedia.org/w/index.php?title=Fichier:Cross_of_Burgundy_(Template).png *License*: unknown *Contributors*: User:Buho07

Fichier:Philip the Good Arms.svg *Source*: http://fr.wikipedia.org/w/index.php?title=Fichier:Philip_the_Good_Arms.svg *License*: unknown *Contributors*: User:Ipankonin

Image:Armoiries_empereur_Maximilien_Ier.svg *Source*: http://fr.wikipedia.org/w/index.php?title=Fichier:Armoiries_empereur_Maximilien_Ier.svg *License*: unknown *Contributors*: User:David Liuzzo

fichier:philip II duke of burgundy.jpg *Source*: http://fr.wikipedia.org/w/index.php?title=Fichier:Philip_II_duke_of_burgundy.jpg *License*: unknown *Contributors*: Gryffindor, Kelson, Serinde

Image:Capture Jean le Bon.jpg *Source*: http://fr.wikipedia.org/w/index.php?title=Fichier:Capture_Jean_le_Bon.jpg *License*: unknown *Contributors*: User:Cyberprout

Image:Savoy Palace.jpg *Source*: http://fr.wikipedia.org/w/index.php?title=Fichier:Savoy_Palace.jpg *License*: unknown *Contributors*: AnRo0002, Charles Matthews, Gryffindor, Magnus Manske, Ronaldino, 1 anonymous edits

Image:Succession simplifiée Bourgogne.svg *Source*: http://fr.wikipedia.org/w/index.php?title=Fichier:Succession_simplifiée_Bourgogne.svg *License*: unknown *Contributors*: User:Cyberprout

Image:Jaqueries et compagnies.svg *Source*: http://fr.wikipedia.org/w/index.php?title=Fichier:Jaqueries_et_compagnies.svg *License*: unknown *Contributors*: User:Cyberprout

Image:Battle najera froissart.jpg *Source*: http://fr.wikipedia.org/w/index.php?title=Fichier:Battle_najera_froissart.jpg *License*: unknown *Contributors*: Acoma, Adaxl, Anual, Bkwillwm, Gryffindor, Man vyi, Shakko, Zaqarbal, 4 anonymous edits

Fichier:Margaret of Dampierre.jpg *Source*: http://fr.wikipedia.org/w/index.php?title=Fichier:Margaret_of_Dampierre.jpg *License*: unknown *Contributors*: Original uploader was Michaelsanders at en.wikipedia

Image:Succéssion de Bourgogne.svg *Source*: http://fr.wikipedia.org/w/index.php?title=Fichier:Succéssion_de_Bourgogne.svg *License*: unknown *Contributors*: User:Cyberprout

Image:Reconquète_Charles_V.svg *Source*: http://fr.wikipedia.org/w/index.php?title=Fichier:Reconquète_Charles_V.svg *License*: unknown *Contributors*: User:Cyberprout

Image:Johnofgaunt.jpg *Source*: http://fr.wikipedia.org/w/index.php?title=Fichier:Johnofgaunt.jpg *License*: unknown *Contributors*: Cladeal832, Elcobbola, Elphion, GrindtXX, MaiDireLollo, Thomas Gun, Yann

Fichier:Couronnement de Charles VI le Bien-Aimé.jpg *Source*: http://fr.wikipedia.org/w/index.php?title=Fichier:Couronnement_de_Charles_VI_le_Bien-Aimé.jpg *License*: unknown *Contributors*: Bibi Saint-Pol, Diligent, Dsmdgold, Kuerschner, Kürschner, Man vyi, Notafish, Shakko, Yann

Image:FilipsDestoute.jpg *Source*: http://fr.wikipedia.org/w/index.php?title=Fichier:FilipsDestoute.jpg *License*: unknown *Contributors*: Alexius Manfelt, BeatrixBelibaste, Sidonius

Image:Slagbijrozebeke.jpg *Source*: http://fr.wikipedia.org/w/index.php?title=Fichier:Slagbijrozebeke.jpg *License*: unknown *Contributors*: Kroniek van Jean Froissart (1405)

Image:Dijon - Notre-Dame - Jacquemard.jpg *Source*: http://fr.wikipedia.org/w/index.php?title=Fichier:Dijon_-_Notre-Dame_-_Jacquemard.jpg *License*: unknown *Contributors*: Christophe.Finot

Fichier:Retours Charles VI.jpg *Source*: http://fr.wikipedia.org/w/index.php?title=Fichier:Retours_Charles_VI.jpg *License*: unknown *Contributors*: Cyberprout

Image:HRR 14Jh.jpg *Source*: http://fr.wikipedia.org/w/index.php?title=Fichier:HRR_14Jh.jpg *License*: unknown *Contributors*: Electionworld, Johnanth, Responsible?, RobNS, 2 anonymous edits

Image:Grand schisme 1378-1417.png *Source*: http://fr.wikipedia.org/w/index.php?title=Fichier:Grand_schisme_1378-1417.png *License*: unknown *Contributors*: @lankazame

Fichier:Carte Etat bourguignons 1.svg *Source*: http://fr.wikipedia.org/w/index.php?title=Fichier:Carte_Etat_bourguignons_1.svg *License*: unknown *Contributors*: User:Sidonius

Fichier:Vue aérienne de Germolles.jpg *Source*: http://fr.wikipedia.org/w/index.php?title=Fichier:Vue_aérienne_de_Germolles.jpg *License*: unknown *Contributors*: Christian Degrigny

Image:Philippe le Hardi.jpg *Source*: http://fr.wikipedia.org/w/index.php?title=Fichier:Philippe_le_Hardi.jpg *License*: unknown *Contributors*: Arnaud 25, Christophe.Finot, Ecummenic, Kürschner

Image:Fairytale bookmark gold.png *Source*: http://fr.wikipedia.org/w/index.php?title=Fichier:Fairytale_bookmark_gold.png *License*: unknown *Contributors*: Caihua

Image:Fairytale bookmark silver.png *Source*: http://fr.wikipedia.org/w/index.php?title=Fichier:Fairytale_bookmark_silver.png *License*: unknown *Contributors*: Libellulia, Lilyu, Meithal, The Obento Musubi

Kolibri 360 GmbH
Ferdinand-Jühlke-Straße 7
99095 Erfurt, Deutschland
produktsicherheit@kolibri360.de

Druck:
CPI Druckdienstleistungen GmbH
im Auftrag der
Kolibri 360 GmbH
Ferdinand-Jühlke-Str. 7
99095 Erfurt